U0289520

"十二五"国家重点图书出版规划项目

中国土系志
Soil Series of China

总主编 张甘霖

安 徽 卷
Anhui

李德成 张甘霖 王 华 著

科学出版社

北京

内 容 简 介

《中国土系志·安徽卷》在对安徽省区域概况和主要土壤类型进行全面调查研究的基础上，进行了土壤系统分类高级分类单元(土纲-亚纲-土类-亚类)的鉴定和基层分类单元(土族-土系)的划分。本书的上篇论述区域概况、成土因素、成土过程、诊断层与诊断特性、土壤分类的发展以及本次土系调查的概况；下篇重点介绍建立的安徽省典型土系，内容包括每个土系所属的高级分类单元、分布与环境条件、土壤性状与特征变幅、代表性单个土体、对比土系、利用性能综述和参比土种以及相应的理化性质。最后附安徽省土系与土种参比表。

本书的主要读者为从事土壤学相关的学科包括农业、环境、生态和自然地理等科学研究和教学工作人员，以及从事土壤与环境调查的政府管理部门和科研机构的相关人员。

图书在版编目（CIP）数据

中国土系志·安徽卷/李德成, 张甘霖, 王华著. —北京：科学出版社，2017.4

　ISBN 978-7-03-051334-2

　Ⅰ. 中⋯　Ⅱ. ①李⋯ ②张⋯ ③王⋯　Ⅲ. ①土壤地理-中国②土壤地理-安徽　Ⅳ. ①S159.2

中国版本图书馆 CIP 数据核字（2017）第 003992 号

责任编辑：胡　凯　周　丹　梅靓雅/责任校对：邹慧卿
责任印制：张　倩/封面设计：许　瑞

科 学 出 版 社 出版
北京东黄城根北街 16 号
邮政编码：100717
http://www.sciencep.com

中国科学院印刷厂 印刷

科学出版社发行　各地新华书店经销

*

2017 年 4 月第 一 版　　开本：787×1092　1/16
2017 年 4 月第一次印刷　　印张：23
字数：545 000

定价：198.00 元
（如有印装质量问题，我社负责调换）

《中国土系志》编委会顾问

孙鸿烈　赵其国　龚子同　黄鼎成　王人潮
张玉龙　黄鸿翔　李天杰　田均良　潘根兴
黄铁青　杨林章　张维理　郧文聚

土系审定小组

组　长　张甘霖
成　员（以姓氏笔画为序）

王天巍　王秋兵　龙怀玉　卢　瑛　卢升高
刘梦云　杨金玲　李德成　吴克宁　辛　刚
张凤荣　张杨珠　赵玉国　袁大刚　黄　标
常庆瑞　章明奎　麻万诸　隋跃宇　慈　恩
蔡崇法　漆智平　翟瑞常　潘剑君

《中国土系志》编委会

《中国土系志·安徽卷》作者名单

主要作者　　李德成　张甘霖　王　华

参编人员　（按姓氏笔画排列）

田　杰　吕成文　刘　峰　宋效东

李贤胜　余　忠　杨　平　杨金玲

张文凯　张兆东　陈　燚　胡荣根

赵玉国　赵燕洲　钱国平　钱晓华

聂文芳

顾　问　　龚子同　杜国华

丛 书 序 一

土壤分类作为认识和管理土壤资源不可或缺的工具，是土壤学最为经典的学科分支。现代土壤学诞生后，近150年来不断发展，日渐加深人们对土壤的系统认识。土壤分类的发展一方面促进了土壤学整体进步，同时也为相邻学科提供了理解土壤和认知土壤过程的重要载体。土壤分类水平的提高也极大地提高了土壤资源管理的水平，为土地利用和生态环境建设提供了重要的科学支撑。在土壤分类体系中，高级单元主要体现土壤的发生过程和地理分布规律，为宏观布局提供科学依据；基层单元主要反映区域特征、层次组合以及物理、化学性状，是区域规划和农业技术推广的基础。

我国幅员辽阔，自然地理条件迥异，人为活动历史悠久，造就了我国丰富多样的土壤资源。自现代土壤学在中国发端以来，土壤学工作者对我国土壤的形成过程、类型、分布规律开展了卓有成效的研究。就土壤基层分类而言，自20世纪30年代开始，早期的土壤分类引进美国C.F.Marbut体系，区分了我国亚热带低山丘陵区的土壤类型及其续分单元，同时定名了一批土系，如孝陵卫系、萝岗系、徐闻系等，对后来的土壤分类研究产生了深远的影响。

与此同时，美国土壤系统分类（soil taxonomy）也在建立过程中，当时Marbut分类体系中的土系（soil series）没有严格的边界，一个土系的属性空间往往跨越不同的土纲。典型的例子是Miami系，在系统分类建立后按照属性边界被拆分成为不同土纲的多个土系。我国早期建立的土系也同样具有属性空间变异较大的情形。

20世纪50年代，随着全面学习苏联土壤分类理论，以地带性为基础的发生学土壤分类迅速成为我国土壤分类的主体。1978年，中国土壤学会召开土壤分类会议，制定了依据土壤地理发生的"中国土壤分类暂行草案"。该分类方案成为随后开展的全国第二次土壤普查中使用的主要依据。通过这次普查，于20世纪90年代出版了《中国土种志》，其中包含近3000个典型土种。这些土种成为各行业使用的重要土壤数据来源。限于当时的认识和技术水平，《中国土种志》所记录的典型土种依然存在"同名异土"和"同土异名"的问题，代表性的土壤剖面没有具体的经纬度位置，也未提供剖面照片，无法了解土种的直观形态特征。

随着"中国土壤系统分类"的建立和发展，在建立了从土纲到亚类的高级单元之后，建立以土系为核心的土壤基层分类体系是"中国土壤系统分类"发展的必然方向。建立我国的典型土系，不但可以从真正意义上使系统完整，全面体现土壤类型的多样性和丰富性，而且可以为土壤利用和管理提供最直接和完整的数据支持。

　　在科技部基础性工作专项项目"我国土系调查与《中国土系志》编制"的支持下，以中国科学院南京土壤研究所张甘霖研究员为首，联合全国二十多大学和相关科研机构的一批中青年土壤科学工作者，经过数年的努力，首次提出了中国土壤系统分类框架内较为完整的土族和土系划分原则与标准，并应用于土族和土系的建立。通过艰苦的野外工作，先后完成了我国东部地区和中西部地区的主要土系调查和鉴别工作。在比土、评土的基础上，总结和建立了具有区域代表性的土系，并编纂了以各省市为分册的《中国土系志》，这是继"中国土壤系统分类"之后我国土壤分类领域的又一重要成果。

　　作为一个长期从事土壤地理学研究的科技工作者，我见证了该项工作取得的进展和一批中青年土壤科学工作者的成长，深感完善这项成果对中国土壤系统分类具有重要的意义。同时，这支中青年土壤分类工作者队伍的成长也将为未来该领域的可持续发展奠定基础。

　　对这一基础性工作的进展和前景我深感欣慰。是为序。

中国科学院院士

2017 年 2 月于北京

丛 书 序 二

　　土壤分类和分布研究既是土壤学也是自然地理学中的基础工作。认识和区分土壤类型是理解土壤多样性和开展土壤制图的基础，土壤分类的建立也是评估土壤功能，促进土壤技术转移和实现土壤资源可持续管理的工具。对土壤类型及其分布的勾画是土地资源评价、自然资源区划的重要依据，同时也是诸多地表过程研究所不可或缺的数据来源，因此，土壤分类研究具有显著的基础性，是地球表层系统研究的重要组成部分。

　　我国土壤资源调查和土壤分类工作经历了几个重要的发展阶段。20 世纪 30 年代至70 年代，老一辈土壤学家在路线调查和区域综合考察的基础上，基本明确了我国土壤的类型特征和宏观分布格局；80 年代开始的全国土壤普查进一步摸清了我国的土壤资源状况，获得了大量的基础数据。当时由于历史条件的限制，我国土壤分类基本沿用了苏联的地理发生分类体系，强调生物气候带的影响，而对母质和时间因素重视不够。此后虽有局部的调查考察，但都没有形成系统的全国性数据集。

　　以诊断层和诊断特性为依据的定量分类是当今国际土壤分类的主流和趋势。自 20 世纪 80 年代开始的"中国土壤系统分类"研究历经 20 多年的努力构建了具有国际先进水平的分类体系，成果获得了国家自然科学二等奖。"中国土壤系统分类"完成了亚类以上的高级单元，但对基层分类级别——土族和土系——仅仅开始了一些样区尺度的探索性研究。因此，无论是从土壤系统分类的完整性，还是土壤类型代表性单个土体的数据积累来看，仅仅高级单元与实际的需求还有很大距离，这也说明进行土系调查的必要性和紧迫性。

　　在科技部基础性工作专项的支持下，自 2008 年开始，中国科学院南京土壤研究所联合国内 20 多所大学和科研机构，在张甘霖研究员的带领下，先后承担了"我国土系调查与《中国土系志》编制"（项目编号 2008FY110600）和"我国土系调查与《中国土系志（中西部卷）》编制"（项目编号 2014FY110200）两期研究项目。自项目开展以来，近百名项目参加人员，包括数以百计的研究生，以省区为单位，依据统一的布点原则和野外调查规范，开展了全面的典型土系调查和鉴定。经过 10 多年的努力，参加人员足迹遍布全国各地，克服了种种困难，不畏艰辛，调查了近 7000 个典型土壤单个土体，结合历史土壤数据，建立了近 5000 个我国典型土系；并以省区为单位，完成了我国第一部包含30 分册、基于定量标准和统一分类原则的土系志，朝着系统建立我国基于定量标准的基层分类体系迈进了重要的一步。这些基础性的数据，无疑是我国自第二次土壤普查以来重要的土壤信息来源，相关成果可望为各行业、部门和相关研究者，特别是土壤质量提升、土地资源评价、水文水资源模拟、生态系统服务评估等工作提供最新的、系统的数据支撑。

我欣喜于并祝贺《中国土系志》的出版，相信其对我国土壤分类研究的深入开展、对促进土壤分类在地球表层系统科学研究中的应用有重要的意义。欣然为序。

中国科学院院士

2017 年 3 月于北京

丛 书 前 言

　　土壤分类的实质和理论基础，是区分地球表面三维土壤覆被这一连续体发生重要变化的边界，并试图将这种变化与土壤的功能相联系。区分土壤属性空间或地理空间变化的理论和实践过程在不断进步，这种演变构成土壤分类学的历史沿革。无论是古代朴素分类体系所使用的颜色或土壤质地，还是现代分类采用的多种物理、化学属性乃至光谱（颜色）和数字特征，都携带或者代表了土壤的某种潜在功能信息。土壤分类正是基于这种属性与功能的相互关系，构建特定的分类体系，为使用者提供土壤功能指标，这些功能可以是农林生产能力，也可以是固存土壤有机碳或者无机碳的潜力或者抵御侵蚀的能力，乃至是否适合作为建筑材料。分类体系也构筑了关于土壤的系统知识，在一定程度上厘清了土壤之间在属性和空间上的距离关系，成为传播土壤科学知识的重要工具。

　　毫无疑问，对土壤变化区分的精细程度决定了对土壤功能理解和合理利用的水平，所采用的属性指标也决定了其与功能的关联程度。在大陆或国家尺度上，土纲或亚纲级别的分布已经可以比较准确地表达大尺度的土壤空间变化规律。在农场或景观水平，土壤的变化通常从诊断层（发生层）的差异变为颗粒组成或层次厚度等属性的差异，表达这种差异正是土族或土系确立的前提。因此，建立一套与土壤综合功能密切相关的土壤基层单元分类标准，并据此构建亚类以下的土壤分类体系（土族和土系），是对土壤变异精细认识的体现。

　　基于现代分类体系的土系鉴定工作在我国基本处于空白状态。我国早期（1949 年以前）所建立的土系沿用了美国系统分类建立之前的 Marbut 分类原则，基本上都是区域的典型土壤类型，大致可以相当于现代系统分类中的亚类水平，涵盖范围较大。"中国土壤系统分类"研究在完成高级单元之后尝试开展了土系研究，进行了一些局部的探索，建立了一些典型土系，并以海南等地区为例建立了省级尺度的土系概要，但全国范围内的土系鉴定一直未能实现。缺乏土族和土系的分类体系是不完整的，也在一定程度上制约了分类在生产实际中特别是区域土壤资源评价和利用中的应用，因此，建立"中国土壤系统分类"体系下的土族和土系十分必要和紧迫。

　　所幸，这项工作得到了国家科技基础性工作专项的支持。自 2008 年开始，我们联合国内 20 多所大学和科研机构，先后组织了"我国土系调查与《中国土系志》编制"（项目编号 2008FY110600）和"我国土系调查与《中国土系志（中西部卷）》编制"（项目编号 2014FY110200）两期研究，朝着系统建立我国基于定量标准的基层分类体系迈近了重要的一步。自项目开展以来，近百名项目参加人员，包括数以百计的研究生，以省区为单位，依据统一的布点原则和野外调查规范，开展了全面的典型土系调查和鉴定。经过 10 多年的努力，参加人员足迹遍布全国各地，克服了种种困难，不畏艰辛，调查了近 7000 个典型土壤单个土体，结合历史土壤数据，建立了近 5000 个我国典型土系，并以省区为单位，完成了我国第一部基于定量标准和统一分类原则的土系志。这些基础性的数据，无疑是自我国第二次土壤普查以来重要的土壤信息来源，可望为各行业部门和相关研究者提供最新的、系统的数据支撑。

项目在执行过程中，得到了两届项目专家小组和项目主管部门、依托单位的长期指导和支持。孙鸿烈院士、赵其国院士、龚子同研究员和其他专家为项目的顺利开展提供了诸多重要的指导。中国科学院前沿科学与教育局、科技促进发展局、中国科学院南京土壤研究所以及土壤与农业可持续发展国家重点实验室都持续给予关心和帮助。

值得指出的是，作为研究项目，在有限的资助下只能着眼主要的和典型的土系，难以开展全覆盖式的调查，不可能穷尽亚类单元以下所有的土族和土系，也无法绘制土系分布图。但是，我们有理由相信，随着研究和调查工作的开展，更多的土系会被鉴定，而基于土系的应用将展现巨大的潜力。

由于有关土系的系统工作在国内尚属首次，在国际上可资借鉴的理论和方法也十分有限，因此我们对于土系划分相关理论的理解和土系划分标准的建立上肯定会存在诸多不足乃至错误；而且，由于本次土系调查工作在人员和经费方面的局限性以及项目执行期限的限制，文中错误也在所难免，希望得到各方的批评与指正！

张甘霖

2017 年 4 月于南京

序

万物土中生，有土斯有粮。中国历代哲人深植土壤、探求奥秘，提出了闪耀光辉思想的著名论断。"土宜论"指出，不同地区、不同地形、不同土壤，各有适宜生长的植物和动物；"土脉论"则把土壤视为有血脉、能变动、与气候变化相呼应的鲜活机体；"地力常新壮论"是对中国古代农学史上土壤改良经验的高度概括。这些光辉思想像一盏盏明灯，照亮了人民认识土壤、改土培肥、开展农业生产的道路。

安徽热土，蕴藏着物华天宝的灵秀，土壤资源丰富，土壤类型数量位居全国前列。1958年以来，安徽省先后开展了两次规模较大的土壤调查与土壤分类研究。1958~1960年第一次土壤普查，将全省土壤划分为12个土型、34个土组、101个土种，为全省土壤改良利用提供了科学依据，但第一次土壤普查土壤分类及其命名研究，以农民群众识土用土经验为主，科学性、系统性欠缺；1979~1987年开展了第二次土壤普查，将全省土壤共分为5个土纲、13个土类、33个亚类、115个土属、218个土种，出版了《安徽土壤》和《安徽土种》，是安徽省土壤调查与分类研究的一个重要里程牌，但第二次土壤普查土壤分类及其命名研究，缺乏标准化、定量化、规范化，土种独立性不强，出现同名异土、同土异名现象，不便于国际国内学术交流与宽区域大尺度生产应用。

革故鼎新，潮起江淮。近年来，世界土壤分类与命名研究方兴未艾，尤其是以土壤诊断层和诊断特征为标志的土壤系统研究进展较快。安徽省作为土壤资源大省，顺应世界土壤分类潮流，开展土系研究，弥补以往土壤基层分类单元土种研究的不足，具有积极的现实意义和深远的历史意义。《中国土系志·安徽卷》既有历史的传承，更有时代的创新。在成土因素、成土过程和生产性能等描述上，充分尊重安徽省第二次土壤普查成果，建立了土种与土系的参比，方便读者从土种到土系的对应；在土壤系统分类上，突出了标准化、定量化、规范化和国际化的特征，建立了一套全新的诊断指标体系，便于应用和交流。《中国土系志·安徽卷》将是安徽省土壤调查与分类研究的又一个里程牌。

当前，我国正处于传统农业向现代农业转变的关键时期，加快转变农业发展方式是"十三五"时期推进农业现代化的主要任务和基本路径。安徽省作为农业大省，开启了现代生态农业产业化建设新征程，围绕加快转变农业发展方式，构建现代农业产业体系、生产体系和经营体系，探索品牌化运营的产品生态圈、联合体组织的企业生态圈、复合式循环的产业生态圈"三位一体"现代生态农业产业化发展模式，组织实施绿色增效、品牌建设、科技推广、主体培育、改革创新"五大示范行动"，推进农业绿色发展、转型发展、可持续发展，加快由传统农业大省向现代生态农业强省转变。

　　《中国土系志·安徽卷》的出版，有利于推动安徽土壤肥料工作，强化技术支撑，服务领导决策，服务农业生产，服务现代生态农业产业化建设。期待全省农业生产、科研、教学等部门广大工作者，切实用好本次土系调查研究成果，使之转化为生产力，服务、指导农业生产实践；也期待安徽土壤科学研究能够与时俱进，不断推陈出新！

安徽省农业委员会党组书记、主任

2016 年 5 月 23 日

前　言

2008 年起,在国家基础性工作专项"我国土系调查与《中国土系志》编制"(2008FY110600)支持下,由中国科学院南京土壤研究所牵头,联合全国 16 所高等院校和科研单位,开展了我国东部地区黑、吉、辽、京、津、冀、鲁、豫、鄂、皖、苏、沪、浙、闽、粤、琼 16 个省(直辖市)的中国系统分类基层单元土族-土系的系统性调查研究。本书是该专项的主要成果之一,也是继 20 世纪 80 年代第二次土壤普查后,有关安徽省土壤调查与分类方面的最新成果体现。

安徽省土系调查研究覆盖了全省区域,经历了基础资料与图件收集整理、代表性单个土体布点、野外调查与采样、室内测定分析、高级单元土纲-亚纲-土类-亚类的确定、基层单元土族-土系划分与建立、专著的编撰一系列艰辛、繁琐、细致的过程,历时近八年。共调查了 208 个典型土壤剖面,观察了 250 多个检查剖面,测定分析了近 1000 个发生层土样,拍摄了 2000 多张景观、剖面和新生体等照片,获取了 20 多万个成土因素、土壤剖面形态、土壤理化性质方面的信息,最终共划分出 85 个土族,新建了 151 个土系。

本书中单个土体布点依据"空间单元(地形、母质、利用)+历史土壤图+专家经验"的方法,土壤剖面调查依据项目组制订的《野外土壤描述与采样手册》,土样测定分析依据《土壤调查实验室分析方法》,土纲-亚纲-土类-亚类高级分类单元的确定依据《中国土壤系统分类检索》(第三版),基层分类单元土族-土系的划分和建立根据项目组制订的《中国土壤系统分类土族和土系划分标准》。

本书第一稿于 2013 年 12 月撰写完成,之后经多次修订和完善,于 2016 年 4 月正式定稿。作为一本区域性专著,全书共两篇九章。上篇(第 1~3 章)为总论,主要介绍安徽省的区域概况、成土因素与成土过程特征、土壤诊断层和诊断类型及其特征、土壤分类简史等;下篇(第 4~9 章)为区域典型土系,详细介绍所建立的典型土系,包括分布与环境条件、土系特征与变幅、代表性单个土体形态描述、对比土系、利用性能综述和参比土种以及相应的理化性质、利用评价等。

安徽省土系调查工作的完成与本书的定稿,自始至终均饱含着我国众多老一辈专家、各界同仁和研究生的辛勤劳动,谨此特别感谢龚子同先生和杜国华先生在本书编撰过程中给予的悉心指导!感谢项目组专家和同仁多年来的温馨合作和热情指导!感谢安徽省及各市、县、区农委和土壤肥料工作站同仁给予的支持和帮助!感谢所领导和其他同仁给予的支持和帮助!感谢参与野外调查、室内测定分析、土系数据库建设的同仁和研究生!尤其是那些未能列入名单的同仁和研究生!在土系调查和本书写作过程中参阅了大量资料,特别是安徽省第二次土壤普查资料,包括《安徽土壤》和《安徽土种》以及相关图件,在此一并表示感谢!

受时间和经费的限制,本次土系调查研究不同于全面的土壤普查,而是重点针对安徽省的典型土系，因此，虽然建立的典型土系遍布安徽全省，但由于自然条件复杂、农业利用形式多样，肯定尚有一些土系还没有被列入。因此本书对安徽省土系研究而言，仅是一个开端，新的土系还有待今后的进一步充实。另外，由于编者水平有限，错误之处在所难免，希望读者给予指正。

李德成　王　华

2016 年 4 月 20 日

目　录

上篇　总　论

下篇　区域典型土系

上篇 总论

第 1 章 区域概况

1.1 区域概况

1.1.1 区域位置

安徽省地处中国的东南部，介于 114°54′～119°37′E 和 29°41′～34°38′N 之间，东西宽约 450 km，南北长约 570 km，国土总面积为 13.99 万 km²。周边与江苏省、山东省、浙江省、江西省、湖北省、河南省接壤。2015 年辖 16 个地级市、44 个市辖区、6 个县级市、55 个县（图 1-1 和表 1-1）。

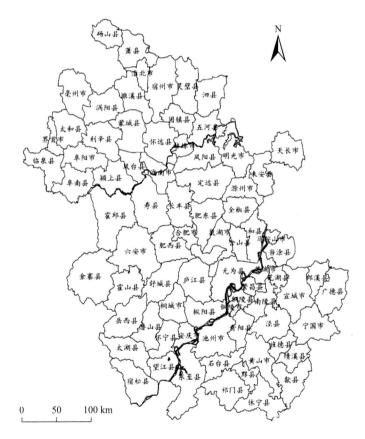

图 1-1 安徽省行政区划（2015 年）

安徽省自然资源丰富，为东部长江三角洲经济发达区和西部大开发区的过渡区，也是中部崛起战略的领军省份，具有重要的战略地位。

表 1-1　安徽省行政区划（安徽省民政厅，2015 年）

省辖市	市辖区	县级市	县
合肥	瑶海、庐阳、蜀山、包河	巢湖	长丰、肥东、肥西、庐江
芜湖	镜湖、弋江、鸠江、三山		芜湖、繁昌、南陵、无为
蚌埠	龙子湖、蚌山、禹会、淮上		怀远、五河、固镇
淮南	大通、田家庵、谢家集、八公山、潘集		凤台、寿县
马鞍山	花山、雨山、博望		当涂、含山、和县
淮北	杜集、相山、烈山		濉溪
铜陵	铜官、郊区、义安		枞阳
安庆	迎江、大观、宜秀	桐城	怀宁、潜山、太湖、宿松、望江、岳西
黄山	屯溪、黄山、徽州		歙县、休宁、黟县、祁门
滁州	琅琊、南谯	天长、明光	来安、全椒、定远、凤阳
阜阳	颍州、颍东、颍泉	界首	临泉、太和、阜南、颍上
宿州	埇桥		砀山、萧县、灵璧、泗县
六安	金安、裕安、叶集		霍邱、舒城、金寨、霍山
亳州	谯城		涡阳、蒙城、利辛
池州	贵池		东至、石台、青阳
宣城	宣州	宁国	郎溪、广德、泾县、绩溪、旌德

1.1.2　土地利用

安徽省 2010 年土地利用现状见图 1-2，土地利用构成动态变化见表 1-2（安徽省人民政府，2010）。安徽土地资源具有以下特点：

（1）耕地主要分布在淮北平原区、江淮丘陵区和沿江平原区，耕地复种指数高。其中水田主要分布于沿江平原区、江淮丘陵区、皖西大别山区和皖南山地丘陵区，旱地主要分布于淮北平原区和江淮丘陵区。耕地复种指数为 190%~200%，多为一年两熟，淮北平原多为小麦-玉米/豆类轮作，江淮丘陵岗地区和皖南山地丘陵区多为麦/油-稻轮作。

（2）林地主要分布于皖南山区和皖西大别山区。2011 年末全省森林面积 0.38 亿 hm^2，森林覆盖率约 27%，活立木总蓄积量 2.2 亿 m^3，森林蓄积量 1.8 亿 m^3，林业产值达到 420 亿元，有林地面积为 260 万 hm^2，商品用材林基地 130 万 hm^2，经果林和竹林基地 110 万 hm^2。

（3）土地利用率高。全省土地利用率高达 91.6%，未利用地中可作为耕地后备资源比例不足土地总面积的 2%，耕地后备资源缺乏。

（4）旱、涝、僵、瘦、黏的中低产田问题突出。全省有砂土的耕地 470 万 hm^2，多砾石耕地 6 万 hm^2，质地黏重板结的耕地 180 万 hm^2，土壤有障碍层的耕地 99 万 hm^2（其中有砂层的 17 万 hm^2，砂姜层的 35 万 hm^2，卵石层的 3 万 hm^2，黏磐层的 41 万 hm^2），土壤 pH<5.5 的酸性耕地 10 万 hm^2，土壤 pH>8.5 的碱性耕地 27 万 hm^2。1985 年全省中

低产田面积占全省耕地面积的 80.7%（安徽省土壤普查办公室，1990），2002 年降至
70.0%（程燚等，2005）。

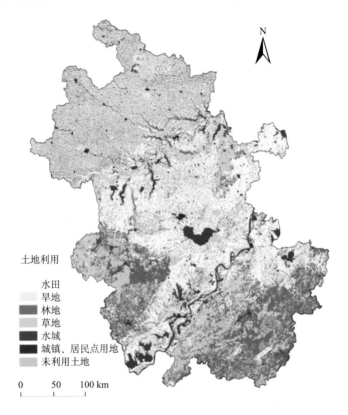

图 1-2 安徽省土地利用现状（2010 年）

表 1-2 安徽省土地利用构成变化（刘万青，2011）

土地利用	1995 年		2000 年		2005 年	
	/10⁴ hm²	/%	/10⁴ hm²	/%	/10⁴ hm²	/%
耕地	5991.3	42.8	5936.8	42.4	5734.6	40.9
林地	3378.7	24.1	3406.8	24.3	3599.5	25.7
园地	341.4	2.4	342.2	2.4	342.1	2.4
牧草地	43.4	0.3	34.3	0.2	20.1	0.1
居民点及工矿	1255.1	9.0	1272.7	9.1	1294.4	9.2
交通用地	255.7	1.8	273.1	2.0	301.4	2.1
水域	1537.1	11.0	1539.8	11.0	1541.8	11.0
未利用地	1209.9	8.6	1206.9	8.6	1178.7	8.4
合计	14012.6	100.0	14012.6	100.0	14012.6	100.0

1.1.3 社会经济状况

2016 年年末全省户籍人口 7027 万人，常住人口 6195.5 万人，GDP 为 2.4 万亿元，人均 GDP 为 3.91 万元，粮食作物、油料、棉花和蔬菜种植面积分别为 660 万 hm^2、73 万 hm^2、18 万 hm^2 和 92 万 hm^2。全年粮食、油料和棉花产量分别为 3417.5 万 t、214.8 万 t 和 18.5 万 t。农业机械总动力 0.7 亿 kW，化肥施用量（折纯）327 万 t，有效灌溉面积 446 万 hm^2（安徽省统计局和国家统计局安徽调查总队，2016）。

安徽省地处东南沿海地区与内陆腹地的过渡带，是沟通北京、上海、江苏、广州和香港的南北重要通道，为水陆交通之要津。2016 年底全省高速公路里程达 4543 km，一级公路里程达 3833 km，铁路营运里程达 4124.4 km，航道总里程 6507 km，通航里程 5596 km（安徽省统计局和国家统计局安徽调查总队，安徽省交通运输厅，2016）。

安徽有着丰富的自然旅游资源与人文旅游资源，现有国家级以上旅游资源 74 处，省级风景名胜区 19 处，省级历史文化名城 11 个，省级历史文化保护区 11 处，旅游名镇 3 个，省级森林公园 12 处，省级重点文物保护单位 331 处，野生公园 2 个，城市公园 17 个。总体上，南部以自然山水风光为主，北部以历史文物古迹为主（金建明，2007）。

1.2 成 土 因 素

1.2.1 气候

安徽省淮河以北属暖温带半湿润气候，淮河以南属北亚热带湿润气候。总体上是气候温和，雨量适中，春温多变，秋高气爽，梅雨显著，夏雨集中，光照充足，无霜期长（安徽省气象局资料室，1983）。

安徽省年均日照时数 1800～2500 h（图 1-3），年均气温 14～17 ℃（图 1-4），日均气温稳定通过 0℃ 和 10℃ 平均积温分别为 5100～6100 ℃ 和 4600～5300 ℃，年均降水量 750～1700 mm（图 1-5），年均蒸发量 1100～2000 mm（图 1-6），年均无霜期 190～250 d（图 1-7），年均相对湿度 70%～80%（图 1-8），年干燥度指数 $K=$ 1 的等值线基本上平行于淮河略偏南，淮河以北 $K \geqslant 1$，淮河以南 $K < 1$。正常降水年份的本地径流量约 620 亿 m^3，过境径流中，长江和淮河分别为 8400 亿 m^3 和 150 亿 m^3（刘义国，2004 年）。安徽省主要气候灾害包括旱涝、暴雨、台风、寒潮、冰雹和干热风（安徽省农业资源区划信息网，2012）。

50 cm 深处年均土温（图 1-9）可按其与年均气温相差约 1～3 ℃ 推出（龚子同，1993；龚子同等，1999），本书中代表性单个土体的 50 cm 土温采用年均气温与海拔和经纬度的模型推断（冯学民和蔡德利，2004；张慧智，2008；张慧智等，2009），按模型推算出安徽省仅宿州市的砀山县和萧县、亳州市的市辖区、淮北市的市辖区和濉溪县 50 cm 深度处年均土壤温度低于 16 ℃（为温性），其他地区温度一般在 16～19℃（为热性）。

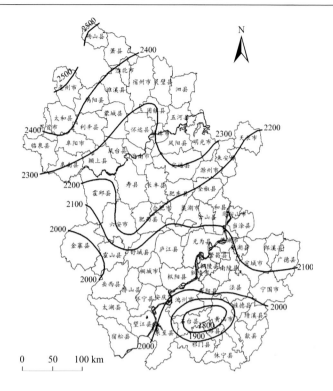

图 1-3 安徽省日照时数的空间分布（单位：h）

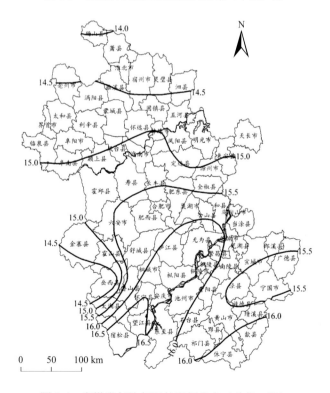

图 1-4 安徽省年均气温的空间分布（单位：℃）

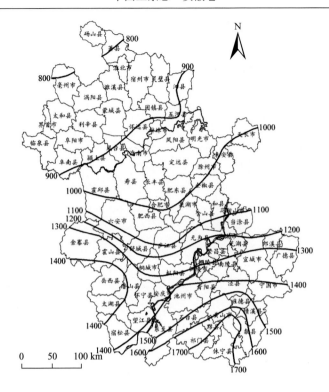

图 1-5　安徽省年均降水量的空间分布（单位：mm）

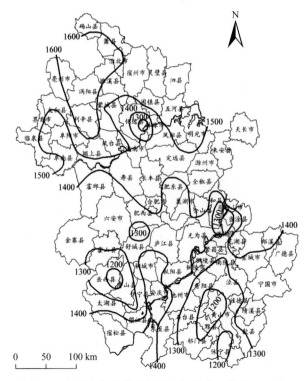

图 1-6　安徽省年均蒸发量的空间分布（单位：mm）

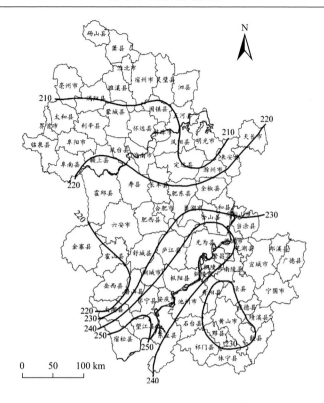

图 1-7 安徽省年均无霜期的空间分布（单位：d）

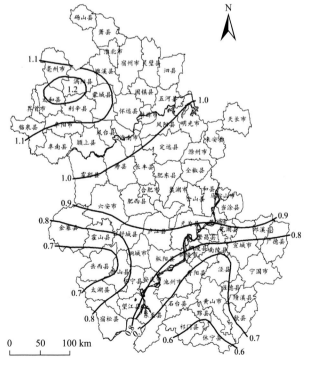

图 1-8 安徽省年均相对湿度的空间分布（单位：%）

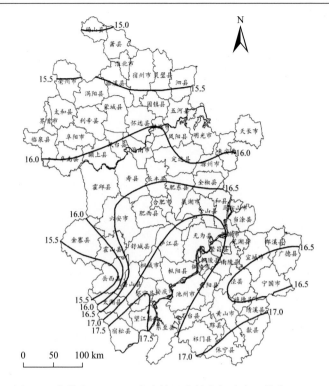

图 1-9　安徽省 50 cm 深度土壤温度的空间分布（单位：℃）

1.2.2　地形地貌

安徽在大地构架上分三个不同的构造单元：中部属大别山-张八岭隆起区，北部属中朝准地台，南部属扬子准地台（顾也萍和王长荣，1998）。

安徽省在地形地貌上大的分区包括：淮北与沿淮平原区、江淮丘陵区、皖西大别山区、沿江平原区和皖南山地丘陵区（图 1-10）。其中，①淮北与沿淮平原区海拔一般介于 15～50 m，零星分布的丘陵和石质残丘海拔大多在 100～350 m；②江淮丘陵区多是海拔 100～400 m 的丘陵岗地，断续相连，一直伸展到江苏省洪泽湖畔；③皖西大别山区海拔介于 800～1774 m，山间盆地多属于断陷盆地；④沿江平原区海拔一般 6～15 m 左右，以冲积平原和沙洲为主，湖泊星罗棋布，低丘岗地零星分布，圩埂纵横；⑤皖南山地丘陵区海拔介于 300～1800 m，主要有九华山、黄山、白际山与天目山。安徽省东北部主要为长江支流青弋江、水阳江、郎溪河等所形成的沿岸冲积平原、岗地与湖泊洼地；宣州、郎溪、广德及宁国、南陵等市县呈二级阶地成片分布，受流水切割影响，部分成为坡度在 5°～10°的波状起伏岗地，部分成为馒头状或袋形岗地；中部与南部属皖南山区，呈南西-北东走向的三条近似平行的山脉（九华山、黄山与白际-天目山）斜贯本区，在三条平行的山脉之间，分布着一系列的断陷盆地，在九华山与黄山之间有石台盆地、太平盆地、泾县盆地等，在黄山与白际-天目山之间有祁门盆地、黟县盆地、休宁盆地、屯溪盆地、歙县盆地、绩溪盆地等，形成连绵百余公里的串珠状宽广盆谷。

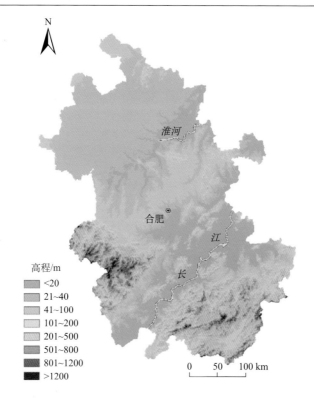

图 1-10　安徽省数字高程（DEM）的空间分布

1.2.3　成土母质

安徽省成土母质主要包括黄土性古河湖相沉积物、冲积物、湖积物、晚更新世黄土、第四纪红土、基岩风化残积物与坡积物-洪积物以及异源母质（近代冲积物覆盖-埋藏）等类型（图 1-11）。

（1）黄土性古河湖相沉积物：主要分布于淮北平原中部与南部，物质来源为富含碳酸钙的黄土性物质，但碳酸钙淋洗较为彻底，土体石灰反应较弱或没有。

（2）冲积物：主要分布在淮北平原、沿江河两岸，其中近代黄泛沉积物主要分布于淮北平原，未经强烈淋洗，具石灰反应；淮泛沉积物来自淮河上游片麻岩、花岗岩、千枚岩山地的近代冲积物，分布于阜南、颍上、霍邱等县沿淮地区，无石灰性；沿长江两岸的冲积物多具石灰性，长江支流两岸的冲积物基本没有石灰性。

（3）湖积物：质地多较黏细，主要分布在沿江、巢湖附近、白湖及沿淮一带。

（4）晚更新世黄土（下蜀黄土）：在沿淮、江淮地区中部、北部与东部以及沿江一带分布广泛，最远分布到东南部的广德。

（5）第四纪红土：主要分布于长江以南沿江丘陵、岗地与贵池、东至、铜陵、青阳、南陵、繁昌、芜湖、宣城、郎溪、广德、宁国一带，向北在舒城、五河等县有零星分布，往南一直到休宁。

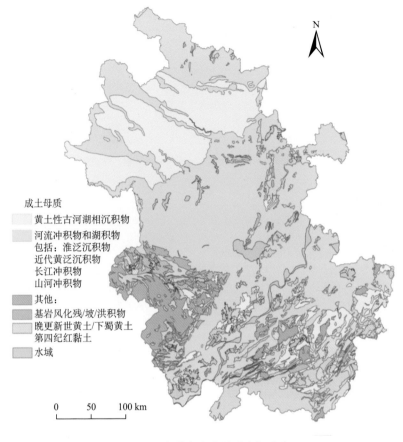

图 1-11　安徽省成土母质空间分布

（6）基岩风化残积物与坡积-洪积物：主要见于皖南山区、大别山山区和江淮丘陵区，包括酸性结晶岩（花岗岩、片麻岩等）、中性结晶岩（正长岩、闪长岩、粗面岩与安山岩）、基性结晶岩（辉长岩、辉绿岩、玄武岩、辉岩、角闪岩、橄榄岩等）、碳酸盐岩（石灰岩、白云岩、大理岩）、碎屑岩（砾岩、砂岩与页岩）、其他变质岩（云母片岩、千枚岩、板岩与石英岩）等。

（7）异源母质：主要分布在淮河两岸地势低洼地区，主要是近代黄泛冲积物覆盖黄土性古河湖相沉积物、淮泛沉积物覆盖湖积物。

1.2.4　植被

安徽省处于我国暖温带植被与亚热带植被的过渡区域，全省的维管束植物约有 3200 余种，分隶于 187 科 1003 属，其中蕨类植物 32 科 68 属 180 余种，裸子植物 7 科 14 属 21 种，被子植物 148 科 921 属 3000 种左右。农作物的品种约 7000 多个（《安徽植被》协作组，1983）。

安徽省自然植被主要集中在大别山区和皖南山区，很多林区现以人工马尾松林为主，天然林仅在大别山区和皖南山区交通不便、人烟稀少的深山之中才有，淮北平原残丘上尚有少量的落叶阔叶林（《安徽植被》协作组，1983）。安徽省亚热带常绿阔叶林地带与暖温带常绿、落叶阔叶混交林地带的分界线位于叶集、六安、舒城、庐江、铜陵、宣城至广德一线，而淮河是暖温带常绿、落叶阔叶混交林与落叶阔叶林的天然分界线（夏爱梅和聂乐群，2004）。

1.2.5　人为因素

1949 年中华人民共和国成立之后，人类活动对土壤类型改变产生影响的主要表现在以下方面。

1）旱改水

20 世纪 50 年代后，安徽省一些地区进行了"旱改水"。以淮北平原地区砂姜黑土旱改水后的变化为例，旱改水 8～10 a 后，土壤渗漏作用增强，黏粒淋溶淀积，下移至40～60 cm 深度，并在土壤结构表面形成灰色胶膜，种稻淹水时间愈长，灰色胶膜愈明显。种稻期间田面淹水，耕层和犁底层形成还原状态，Fe^{3+}、Mn^{4+} 被还原成 Fe^{2+}、Mn^{2+}，提高了活动性，并随着渗漏水下移，到下部仍保持氧化环境的心土层，重新被氧化为 Fe^{3+}、Mn^{4+} 而淀积。络合铁在淹水种稻后明显增加，排水落干后又被氧化为暗红色的膜状斑块，黏附于土壤结构面或孔壁上，形成水稻土特有的"鳝血"（任明英等，1998），形成了水耕表层和氧化还原层，土壤类型由潮湿变性土或潮湿雏形土过渡到水耕人为土。这一转变也被 2010～2012 年在皖南青弋江沿岸的考察证实，原旱作种植棉花和油菜的普通淡色潮湿雏形土旱改水约 10 a 后，已演变为普通简育水耕人为土。

2）水退旱

进入 21 世纪后，水改旱现象日趋增多。根据已有的研究成果，水改旱种植棉花 1～5 a 内，犁底层逐渐被打破，铁锰胶膜、结核受耕作和淋溶的影响逐年下移，亚铁化合物也逐年下移和减少，氧化还原特征逐渐减弱（叶培韬，1985），逐步由水耕人为土转为潮湿雏形土。而水改旱种植蔬菜后，土壤 pH 提高，有机质、全氮含量下降，碱解氮、全磷、有效磷和速效钾含量显著增加，有效磷含量负荷累积平均可达 98 mg/kg，盐分、硝态氮含量累积明显，出现次生盐渍化现象（林兰稳等，2009），逐步由水耕人为土转为肥熟旱耕人为土。

3）复钙

分布在石灰岩低山丘陵区的沟谷冲垄及岗塝冲、畈地段的水耕人为土和滨湖圩区的水耕人为土，土壤有石灰反应，呈碱性，碳酸钙含量可高达 250 g/kg 左右，主要是人为施用石灰、引用周边石灰岩山体上的富钙水灌溉、长期受附近石灰岩山丘富钙潜水的浸渍等原因，导致碳酸钙在耕层或犁底层下聚积，一般由初期的普通潜育或普通简育水耕人为土逐渐变为复钙潜育或复钙简育水耕人为土。但随着石灰用量的降低以及停用富钙水灌溉，复钙水耕人为土中碳酸钙明显减少，部分重新回归到普通潜育或普通简育水耕人为土。

4）土壤酸化

土壤酸化是我国农田土壤普遍存在的趋势，主要原因是大量施用酸性化学肥料特别是铵态氮肥（Guo et al.，2010）。与第二次土壤普查时相比，安徽省水田 pH 普遍下降了 0.5～1 个单位（程燦等，2005）。宣城市广德县土壤 pH 在第二次土壤普查时为 4.3～8.0，平均为 5.3，到 2008 年降至 4.2～7.4 之间，平均为 5.0，下降 0.3 个单位（李贤胜等，2008）。黄山市祁门县茶园 0～60 cm 深土壤，pH 由树龄 6 a 时的 5.0～6.3 逐步降低到树龄 19 a 时的 4.1 左右和树龄 23 a 时的 3.9 左右（徐楚生，1993）。近些年的野外调查也发现，淮北平原上某些潮土农田，耕作层由于长期施用酸性肥料和有机质的逐步提升，pH 由 8 以上降到 6～7 之间，原来的石灰性或已消失，其土壤系统分类类型由原来的石灰淡色潮湿雏形土亚类演变为普通淡色潮湿雏形土亚类。

　　5）盐碱地改造

　　20 世纪 80 年代在淮北地区北部有 10 万 hm² 的黄泛区和 0.7 万 hm² 的盐碱地，含盐量一般在 1～10 g/kg 之间。通过 20 多年的改造，已基本消除了盐碱化现象（曹稳根，1997；程燦等，2005）。

　　6）潜育水耕人为土改造

　　20 世纪 80 年代安徽省有各类次生潜育水耕人为土 9.3 万 hm²，通过完善水利设施、改革耕作制度等措施，其生产力均得到明显提高（程燦等，2005），一些土壤的潜育层深度出现明显降低，脱潜化现象明显，有的已变为底潜水耕人为土或简育水耕人为土。

　　7）覆土

　　皖南地区宣城市的水阳江、青弋江、华阳河两岸河滩，原始土层厚度为 5～10 cm，之下为卵石，一般为冲积正常新成土。近年来因种植烤烟进行客土覆盖，土层厚度增至 15～20 cm，已演变为扰动人为新成土。

1.2.6　时间因素

　　时间对土壤类型的影响可用江淮丘陵区位于坡地上的黏磐湿润淋溶土的演变案例来说明：一些丘陵地区较陡的坡地，由于植被消失，经相当长的时间后，上部土壤流失殆尽，原在下部的黏磐或黏化层直接暴露于地表，由饱和黏磐或普通黏磐湿润淋溶土转为表蚀黏磐湿润淋溶土。

第2章 土壤分类

2.1 土壤分类的历史回顾

2.1.1 20世纪30~40年代

这一时期土壤调查是零星的，如1933年出版的《中国土壤区域略图》，安徽省从北向南分别划分为砂姜土区域、淮河冲积土区域、泥磐土区域和红土区域，概略地反映了安徽省的主要土壤类型及其区域分布范围；1936年出版的《中国之土壤》（梭颇著，李庆逵，李连捷译），安徽省自北向南为盐性冲积土、石灰性冲积土、砂姜土、无石灰性冲积土及水稻土、灰棕黏磐壤及灰化之棕色黏磐壤、灰棕壤及灰化之棕壤、无石灰性冲积土及水稻土、灰化之老年红壤及幼稚红壤；1947年黄孝燮、曾昭顺和何金海、陈明敏发表的《安徽凤台县之土壤》和《安徽凤阳五河区之土壤》两篇文章中，划分出山地棕壤、河岸棕壤、石灰性冲积土和砂姜土等。但限于当时的条件、科学水平和开展调查区域的局部性，尚不能对安徽省的土壤类型划分及其系统排列作出确切的明示。

2.1.2 20世纪50年代

20世纪50年代初，黄瑞采等对绩溪、歙县、休宁、黟县、祁门五县进行了路线土壤调查，在《徽属五县土训调查报告》中划分出灰棕色灰化土和棕色灰化土、黄色灰化土和黄色土、红色灰化土和红色土、黄壤、灰化幼红壤、紫棕色土、石骨土、冲积土等类型，对皖南山区土壤区分较细，并注意到中山地区土壤垂直分布的变化，在分类历史上较早提出紫棕色土、石骨土等初育土类型的存在。

1953年起，淮河流域开展了大、中比例尺土壤调查，制订的土壤分类系统是20世纪50年代中期全面学习苏联土壤科学的产物，由于受苏联土壤地带性学说的影响，认为淮北平原属于褐土带，相应地划分了淋溶褐土、草甸褐土、原始褐土、潜育褐土等亚类；此外还划分了盐渍化土壤、碱化土壤、水稻土和冲积土等土类，后来盐渍化土壤和碱化土壤又分别改称为盐渍化原始褐土和碱化潜育褐土，二者均作为褐土的亚类。在亚类以下对土种也进行了续分，例如，原始褐土亚类根据石灰性的有无和潜育褐土的埋藏部位差异，划分强石灰性原始褐土、无石灰性原始褐土、上位埋藏（25~50 cm）强石灰性原始褐土、下位埋藏（50~100 cm）强石灰性原始褐土等土种。在土种以下又根据剖面质地类型以及质地层次的排列差异划分变种，例如，在强石灰性原始褐土土种中划分出砂质、壤质、黏质及上砂下黏等变种。土壤命名采用连续命名法，如黄淮冲积强石灰性黏质原始褐土。

1958年，沈梓培在《华阳河流域土壤的一般性状和利用概况》一文中，对望江、宿松的土壤区分出湿土（实际包括潜育土和草甸土两类）、红壤、幼红壤、灰化红壤、石灰性冲积土、无石灰性冲积土、山地残积土。

1958～1959 年间,全省开展了大规模的第一次土壤普查,绘制了公社、县、专区(市)以至省的土壤图,编写了《土壤志》。土壤分类和命名主要根据土壤的农业生产性能进行分类,土壤命名几乎完全采用群众习用的土壤名称加以区分(表 2-1)。

表 2-1　安徽第一次土壤普查的土壤分类系统(1959 年)

土型	土组	土型	土组
青泥土	青泥土	砂泥土	山淤土
	黑泥土		砂泥土
	冷浸田		砂土
白土	白土		麻砂土
	白淌土	红黄土	青黄泥
	香灰土		红泥土
黄泥土	黄泥土		铁板土
	鸡粪土		黄石夹
	黄岗土		山黄泥
黑土	黑土	砂黄泥	黑砂土
	黄土		麻骨土
	砂姜土	猪血土	猪血土
盐碱土	盐碱土	鸡肝土	鸡肝土
	白碱土		山红土
淤土	两合土		黑碎石土
	淤土	蒿蒲土	蒿蒲土
	淤砂土		草炭土

在 20 世纪 50 年代后半期,戴昌达等(1958)在《黄山土壤的垂直分布和基本性质》一文中指出黄山自下至上分布着山地黄壤、山地黄棕壤、山地沼泽土与山地草甸土。同年暑期,宋仲耆在大别山进行林业土壤调查,在报告中指出位于潜山、舒城两县交界的猪头尖(海拔 1538 m)中山区,自下至上分布着山地黄棕壤、山地棕壤、山地沼泽土与山地草甸土。

2.1.3　20 世纪 60～70 年代

在这一历史阶段土壤地理研究工作有较大的发展,在不同地区开展大范围的土壤调查,对某些重要土壤进行了系统的专题研究,如 1976 出版的《安徽淮北平原土壤》(安徽省水利局勘测设计院和中国科学院南京土壤研究所,1976)确认安徽淮北平原地处我国暖温带南缘,属棕壤地带,褐土仅局限于东北部石灰岩丘陵地区的零星分布;砂姜土(第一次土壤普查时称黑土)改称青黑土,并对半水成土作了较详细的区分。该土壤分类系统(表 2-2)在基层分类中保留了较多的群众土壤名称,使用较为方便。

表 2-2　《安徽淮北平原土壤》提出的土壤分类系统（1976 年）

土类	亚类	土类	亚类	土属	土种
棕壤	棕壤	青黑土（砂姜黑土）	普通青黑土	黑土	油黑土
					黄黑土
					黑土
					死黑土
				黄土	青黄土
					黄土
					死黄土
				白涝土	青白土
					白涝土
				淤黑土	黑底淤
					黄底淤
				砂姜土	砂姜土
褐土	普通褐土		碱化青黑土	白碱土	死碱土
					活碱土
	淋溶褐土		普通潮土		
潮棕壤	潮棕壤	潮土（黄潮土）	盐化潮土		
棕潮土	棕潮土		碱化潮土		
褐潮土	褐潮土	水稻土	水稻土		
黑色石灰土	黑色石灰土				

20 世纪 70 年代末期，宋仲耆等（1980）在安徽省土壤区划中，根据土壤地带性和地域性的差异，将全省土壤划分为 3 个带、9 个区、25 个亚区，为本省土壤地理研究奠定了骨架基础，其带和区名称如下：

Ⅰ 棕壤带，包括 I_A 黄泛平原黄潮土区，I_B 河间浅洼平原砂姜黑土区，I_C 沿淮岗地、平原潮棕壤、潮土、砂姜黑土区。

Ⅱ 黄棕壤带，包括 II_A 江淮丘陵、岗地黏磐黄棕壤、黄棕壤、水稻土区，II_B 皖东沿江岗地、平原黏磐黄棕壤、灰潮土、水稻土区，II_C 大别山区黄棕壤、山地棕壤、水稻土区。

Ⅲ 红壤、黄壤带，包括 III_A 宣郎广岗地、平原黄红壤、水稻土区，III_B 皖西沿江丘陵、平原黄红壤、灰潮土、水稻土区，III_C 皖南山区黄红壤、山地黄壤、水稻土区。

2.1.4　20 世纪 80 年代

20 世纪 80 年代，安徽省进行了第二次土壤普查工作（1979 年春～1989 年年底），普查土壤面积 1035.5 万 hm^2，挖掘土壤剖面 20 万条，编绘各级土壤普查成果图件 1.3 万余幅，编写地（市）、县土壤志 90 部、土种志 16 部、调查报告 908 份、专题调查报告

691 份。全省土壤共分为 5 个土纲、8 个亚纲、13 个土类、34 个亚类、122 个土属和 218 个土种（安徽省土壤普查办公室，1990）。

安徽省第二次土壤普查的分类原则包括发生学原则和统一性原则，依据全国土壤普查统一分类原则，采用土纲、亚纲、土类、亚类、土属、土种六级分类制，以土类为基本分类单元，土种为基层分类单元（土种是指处于一定景观部位，水热条件相似，剖面性态特征在数量上基本一致的一组土壤实体），其划分依据和标准主要有：土层厚度和层位、土壤的发生层类型和非发生层类型、土体中特殊土层的层位和厚度。土种是相对独立的土壤基层分类单元，即使土壤高级分类单元发生变动，亦不致影响其客观存在。土种的命名简练，符合中国文字特点，便于记忆与引用。而对地带性土壤、初育土上纲土壤及半水成土土纲中的山地草甸上，土种名称冠以典型土种剖面所在地的地名，或分布最广的地名。对于半水成土土纲中的砂姜黑土、潮土及人为土土纲中的水稻土土种，名称取当地引用较久的土种习用名称。

2.1.5　21 世纪以来

20 世纪 90 年代后期，随着土壤系统分类研究在我国的开展和兴起，陆续有学者对安徽土壤开展了系统分类方面的研究。

刘付程等（2002）通过对休屯盆地不同时期紫红色沉积岩上发育的 6 个土壤剖面进行研究，认为：①在地形部位较低、植被良好的基本无侵蚀的情况下，砂性土壤有形成淋溶土和均腐土的可能；②"红色砂页岩岩性特征"不只是仅存在于新成土中，也可能存在于雏形土，甚至淋溶土和均腐土中，并提出了新增普通紫色岩性均腐土、普通红色岩性均腐土、酸性紫色湿润淋溶土、普通紫色湿润淋溶土、酸性红色湿润淋溶土、普通红色湿润淋溶土、红色湿润雏形土（下设石灰、表蚀、耕淀、斑纹、酸性和普通红色湿润雏形土 6 个亚类）的建议。

顾也萍等（2006）对皖南宣郎广岗丘地区 40 个土壤剖面按中国土壤系统分类体系进行了鉴别、检索、分类定名，归为人为土、富铁土、淋溶土、雏形土和新成土 5 个土纲、5 个亚纲、15 个土类和 23 个亚类（表 2-3）。

表 2-3　宣郎广岗丘地区土壤发生分类类型在系统分类中的归属

亚类（CSGC）	剖面序列号	亚类（CST）	亚类（CSGC）	剖面序列号	亚类（CST）
黄红壤	2	红色酸性湿润淋溶土	黏磐黄褐土	16，17	普通铁质湿润淋溶土
	1	普通铝质湿润雏形土		18	黄色铝质湿润淋溶土
	4	红色铁质湿润雏形土		—	普通简育湿润淋溶土
	—	普通酸性湿润雏形土		19，20，21	普通铁质湿润雏形土
	3	普通简育湿润雏形土	酸性紫色土	22	黄色铝质湿润雏形土
棕红壤	13	盐基黏化湿润富铁土		23	普通铝质湿润雏形土
	5，6	普通黏化湿润富铁土		—	红色铁质湿润雏形土
	9	石质铝质湿润淋溶土	棕色石灰土	—	淋溶钙质湿润雏形土
	8，12	普通铝质湿润淋溶土		—	棕色钙质湿润雏形土

亚类（CSGC）	剖面序列号	亚类（CST）	亚类（CSGC）	剖面序列号	亚类（CST）
	10	红色酸性湿润淋溶土	渗育水稻土	29	普通铁渗水耕人为土
	—	普通铁质湿润淋溶土		28	普通铁渗水耕人为土
	11，17	红色铁质湿润淋溶土	潴育水稻土	25，26	普通铁聚水耕人为土
红壤性土	15	普通铝质湿润雏形土		27，—	普通简育水耕人为土
	14，—	红色铁质湿润雏形土	脱潜水稻土	—	铁渗潜育水耕人为土
石灰性紫色土	24	石灰红色正常新成土	漂洗水稻土	30	漂白铁聚水耕人为土

李德成等（2011）根据我国第二次土壤普查资料，将安徽省的 12 个砂姜黑土土种中的 7 个划为钙积潮湿变性土，3 个划为砂姜潮湿雏形土，2 个划为潮湿碱积盐成土（表2-4）。

表 2-4　安徽省砂姜黑土土种的系统分类归属

土种	系统分类亚类	土种	系统分类亚类	土种	系统分类亚类	土种	系统分类亚类
黑姜土	砂姜钙积潮湿变性土	黄姜土	砂姜钙积潮湿变性土	薄淤黑姜土	砂姜钙积潮湿变性土	覆泥黑姜土	砂姜钙积潮湿变性土
油黑姜土	砂姜潮湿雏形土	瘦黄姜土	砂姜钙积潮湿变性土	厚淤黑姜土	普通钙积潮湿变性土	轻碱化黑姜土	潮湿碱积盐成土
瘦黑姜土	砂姜钙积潮湿变性土	白姜土	砂姜潮湿雏形土	覆两合黑姜土	砂姜潮湿雏形土	重碱化黑姜土	潮湿碱积盐成土

在安徽省土系建立方面也开展了一定的工作，杜国华等（1999）在淮北平原的怀远县北部包集乡对发育于黄土性古河湖相沉积物母质上通过研究比较，划分了 8 个土系（表 2-5）。

顾也萍等（2001）针对皖南宣城样区岗坡地第四纪红土、下蜀黄土与沟谷地黄土性堆积物母质所发育的土壤，确立了 12 个特征土层，并以特征土层的种类、排列及性状，具体划分了 15 个土系（表 2-6）。

季学军等（2013）将安徽主要植烟区皖南宣城市宣州区 4 个烟-旱作作物轮作典型烟田（潮湿雏形土）按土壤颗粒大小级别划为 2 个土系，6 个烟-晚稻轮作典型烟田（水耕人为土）按氧化还原层中铁锰结核的特征划为 5 个土系（表 2-7）。

有关学者在安徽皖南地区也开展了相应的土系制图工作尝试。陈鸿昭（2002）以安徽省宣郎广烟区为例，探讨了土系制图的原则和方法。吕成文等（2001）以安徽宣城样区为例，提出了制图的指导思想，拟订了上图单元类型，在此基础上详细地阐述了样区大比例尺土壤制图的过程。

表 2-5　安徽省怀远县包集样区土系划分

土系	土族	特征土层组合	主要性状
塘沿系	黏质蒙皂石热性普通简育潮湿变性土	淡泊表层，残留黑土层，结构（B）层	土色暗、有机质及黏粒含量高，棱块状、具滑擦面，50 cm 以下为棕色结构（B）层
宋小圩系	壤质蒙皂石热性变性砂姜潮湿雏形土	淡薄表层，残留黑土层，砂姜结核层	淡薄表层 20 cm 左右，残留黑土层，40 cm 以下有结构（B）层与砂姜结核复合层
罗元系	黏质蒙皂石热性普通砂姜潮湿雏形土	淡薄表层，残留黑土层，砂姜结核层	淡薄表层 20～25 cm，结构（B）层薄，50 cm 或 60 cm 以下复合砂姜结构层
包集系		暗沃表层，残留黑土层，结构（B）层，砂姜结核层	暗沃表层 25～32 cm，残留黑土层 30 cm，结构（B）层块状棱块状，60 cm 以下复合砂姜结构层
孙家园系	壤质蒙皂石热性普通砂姜潮湿雏形土	暗沃表层，残留黑土层，结构（B）层，砂姜结核层	暗沃表层 30 cm 以上，残留黑土层 30 cm，结构（B）层棱块状，中裂隙，80 cm 以下复合砂姜结构层
藕塘系		淡薄表层，结构（B）层，砂姜结核层	淡薄表层 23～27 cm，结构（B）层薄，50 cm 或 60 cm 以下复合砂姜结构层
薛场系		淡薄表层，结构（B）层，砂姜结核层	淡薄表层 23～30 cm，结构（B）层锈斑灰斑多，80 cm 以下复合砂姜结构层
窑后头系	黏质蒙皂石热性普通淡色潮湿雏形土	淡薄表层，结构（B）层	淡薄表层 20～25 cm，结构（B）层块状，发育弱

表 2-6　安徽省宣城样区土系划分（改编自顾也萍等，2001）

拟定土系	土族	母质	特征土层类型	主要性状
汤村系	（黏）壤质云母混合型热性普通铁聚水耕人为土	黄土性堆积物	水耕表层，铁锰斑纹层	粉砂壤土至粉砂黏壤土，铁锰斑纹层深厚，游离铁含量高，Fh 值大于 1.5
任家湾系	壤质云母混合型热性普通铁聚水耕人为土	黄土性堆积物	水耕表层、铁锰斑纹层及母土层	铁锰斑纹层薄，40～50 cm 下为母土层
阮家冲系	壤质云母混合型热性普通简育水耕人为土	黄土性堆积物	水耕表层、铁锰斑纹层	铁锰斑纹层深厚，Fh 值小于 1.5
祝公系	粗骨-黏质高岭石混合型热性石质铝质湿润淋溶土	第四纪红土	淡薄红土层，砾石红土层，网状泥砾层	红棕色黏土，土层浅薄，含多量砾石，黏粒淀积胶膜明显，交换性铝含量高
胡村系	黏质高岭石混合型热性普通铝质湿润淋溶土	第四纪红土	淡薄红土层，均质红土层，焦斑红土层	红棕色粉砂黏土，均质红土层厚 30～80 cm，交换性铝含量高，黏粒淀积胶膜明显
宣城系[*]	壤质硅质混合型热性普通铁质湿润淋溶土	第四纪红土	淡薄红土层，焦斑红土层，网状红土层	红棕色粉砂黏土，焦斑层接近地表，有明显黏粒淀积胶膜

续表

拟定土系	土族	母质	特征土层类型	主要性状
梅村系*	壤质硅质混合型热性普通铁质湿润淋溶土	第四纪下蜀黄土，下伏第四纪红土	淡薄黄土层，焦斑红土层，网状红土层	红棕色粉砂黏壤土，淡薄表层为黄土，其下为红土层，极细砂和粗粉砂含量很高，交换性盐基及养分含量低，黏粒淀积胶膜明显
黄门口系*	壤质硅质混合型热性普通铁质湿润淋溶土	第四纪下蜀黄土，下伏第四纪红土	淡薄黄土层，焦斑黄土层，焦斑红土层，网状红土层	浊橙色至橙色粉砂黏壤土，上覆黄土 30～40 cm，淡薄黄土层下为焦斑黄土和红土层，土体结构紧实，黏粒淀积胶膜明显
九里岗系	壤质云母混合型热性普通铁质湿润淋溶土	第四纪下蜀黄土，下伏第四纪红土	淡薄黄土层，均质黄土层，焦斑黄土层，网状红土层	橙色至亮棕色粉砂黏壤土，上覆黄土厚约 100 cm，黏粒淀积胶膜明显，下伏网状红土层
小王村系	壤质云母混合型热性普通铁质湿润淋溶土	第四纪下蜀黄土，下伏第四纪红土	淡薄黄土层，焦斑黄土层，网状红土层	黄棕色粉砂黏壤土，黄土厚 100 cm，下伏网状红土层，有明显黏粒淀积胶膜
凤凰翅系	黏质高岭石混合型热性红色铁质湿润雏形土	第四纪下蜀黄土，下伏第四纪红土	淡薄黄土层，均质红土层，焦斑红土层，网状红土层	亮红棕色粉砂黏壤土，上覆淡薄黄土，其下为红土层
二场系	黏质高岭石混合型热性红色铁质湿润雏形土	第四纪红土	淡薄红土层，焦斑红土层，网状红土层	红棕色粉砂黏壤土，表层下紧接焦斑红土层，网状红土层，土体结构紧实，养分含量低
三房村系	砂壤质硅质混合型热性红色铁质湿润雏形土	第四纪下蜀黄土，下伏红土	淡薄黄土层，均质红土层，焦斑红土层，网状红土层	红棕色壤土，有淡薄黄土层，其下为红土层，粉砂含量高
刘村系	壤质云母混合型热性普通铁质湿润雏形土	第四纪下蜀黄土	淡薄黄土层，均质黄土层，焦斑红土层	黄棕色粉砂黏壤土，黄土深厚，均质
洪村系*	壤质云母混合型热性普通铁质湿润雏形土	第四纪下蜀黄土，下伏第四纪红土	淡薄黄土层，均质黄土层，焦斑黄土层，网状红土层	棕色至橙色粉砂黏壤土，黄土厚 60～80 cm，下伏网状红土层

* 依据描述信息，应为"红色"亚类。

表 2-7　宣城市宣州区典型烟田土系划分

土族	土系	典型烟田	不同土系差异	地点
砂质硅质混合型非酸性热性-普通淡色潮湿雏形土	鲁溪系	XZ-01, XZ-04, XZ-05		向阳镇鲁溪村、文昌镇沿河村、文昌镇福川村
壤质盖粗骨质硅质混合型非酸性热性-普通淡色潮湿雏形土	山岭系	XZ-02		新田镇山岭村
黏壤质硅质混合型非酸性热性-普通铁渗水耕人为土	西扎系	XZ-07	80 cm 以下无铁锰结核	黄渡乡西扎村
	红祥系	XZ-03, XZ-10	80 cm 以下有铁锰结核	周王镇红祥村、沈村社区万里组
黏壤质硅质混合型热性-普通铁聚水耕人为土	安莲系	XZ-8	40 cm 以下有大量粒径 2~4 mm 的铁锰结核	黄渡乡安莲村
	刘村系	XZ-09	40 cm 以下有少量粒径<1 mm 的铁锰结核	孙埠镇刘村
壤质硅质混合型热性-普通简育水耕人为土	三长系	XZ-06		杨柳镇三长村

注：XZ-01,XZ-02 位于河漫滩上，其他位于阶地上；XZ-10 母质为河湖相沉积物，其他为冲积物。

2.2　本次土系调查

2.2.1　依托项目

本次土系调查主要依托国家科技基础性工作专项项目"我国土系调查与《中国土系志》编制"（2008FY110600，1999~2013）和中国科学院战略性先导科技专项课题"中国农田土壤固碳潜力与速率研究"（XDA05050500，2011~2015）中的"安徽省专题"。

2.2.2　调查方法

1）单个土体位置确定与调查方法

单个土体位置确定考虑全省及重点县市两个尺度，采用综合地理单元法，即通过将 90 m 分辨率的 DEM 数字高程图、1∶25 万地质图（转化为成土母质图）、植被类型图和土地利用类型图（由 TM 卫星影像提取）、地形因子、二普土壤类型图进行数字化叠加（表 2-8），形成综合地理单元图，再考虑各个综合地理单元类型对应的二普土壤类型及其代表的面积大小，逐个确定单个土体的调查位置。

本次调查合计调查单个土体 208 个（图 2-1），其中省级单个土体 140 个，淮北平原区的蒙城县（Mengchen）、江淮丘陵区的定远县（Dingyuan）和皖南山地丘陵区的宣州区（Xuanzhou）三个典型区的单个土体分别为 23 个、23 个和 22 个。

表 2-8 安徽土系调查单个土体位置确定协同环境因子数据

协同环境因子		比例尺/分辨率
气候	年均气温、降雨量和蒸发量	1 km
母质	母岩图	1:50 万
植被	植被归一化指数 NDVI（2000~2009 年的均值）	1 km
土地利用	土地利用类型（2000）	1:25 万
地形	高程、坡度、沿剖面曲率、沿等高线曲率、地形湿度指数	90 m

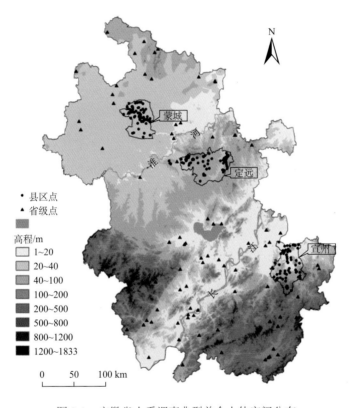

图 2-1 安徽省土系调查典型单个土体空间分布

2）野外单个土体调查和描述、土壤样品测定、系统分类归属的依据

野外单个土体调查和描述依据中国科学院南京土壤研究所编著的《野外土壤描述与采样手册》，土壤颜色比色依据《中国土壤标准色卡》（中国科学院南京土壤研究所和中国科学院西安光学精密机械研究所，1989），土样测定分析依据《土壤调查实验室分析方法》（张甘霖和龚子同，2012），土壤系统分类高级单元确定依据《中国土壤系统分类检索（第三版）》（中国科学院南京土壤研究所土壤系统分类课题组和中国土壤系统分类课题研究协作组，2001），土族和土系建立依据"中国土壤系统分类土族和土系划分标准"（张甘霖等，2013）。

2.2.3　土系建立情况

通过对调查的 208 个单个土体的筛选和归并，合计建立 151 个土系（不含顾也萍、刘付程等 2001 年建立的 15 个土系），涉及 6 个土纲，7 个亚纲，19 个土类，36 个亚类，85 个土族（表 2-9），各土系的详细信息见"下篇区域典型土系"。

表 2-9　安徽省土系分布统计

序号	土纲	亚纲	土类	亚类	土族	土系
1	人为土	1	4	10	33	58
2	变性土	1	1	1	1	2
3	潜育土	1	1	1	1	1
4	淋溶土	1	6	9	15	19
5	雏形土	2	6	13	31	64
6	新成土	1	1	2	4	7
合计		7	19	36	85	151

第3章 成土过程与主要土层

3.1 成 土 过 程

安徽省空间跨度大，气候属暖温带向亚热带过渡型，存在水平（纬度）和垂直（海拔）上的双重差异；地形复杂，兼有山地、丘陵、岗地、平原、湖泊和洼地，海拔高差达 1800 m 以上；成土母质复杂多变，包括黄土性古河湖相沉积物、冲积物、湖积物、晚更新世黄土、第四纪红土、基岩风化残积物与坡积-洪积物以及近代冲积物覆盖-埋藏等类型；土地利用类型多种多样，包括水田、旱地、林地、草地等，因此其成土过程类型也较多。

3.1.1 有机物质积累过程

有机物质积累过程广泛存在于各种土壤中，但由于水热条件和植被类型的差异，有机物质积累过程的表现形式也不一样。安徽省有机物质积累过程大体表现为：①枯枝落叶堆积过程，指植物残体在矿质土表累积的过程，一般发生在森林植被条件下，落在地表的枯枝落叶由于通风干燥缺水难以分解，形成一个枯枝落叶层；②腐殖质积累过程，森林土壤的有机质含量积累明显，森林凋落物中的大量氮素和灰分元素归还土壤，从而使土壤富含有机质和矿质养分。有机物质积累过程主要发生在江淮丘陵地区、皖西大别山区和皖南山区森林植被下的湿润淋溶土、湿润雏形土和湿润正常新成土中。

3.1.2 钙积过程

钙积过程是指土壤钙的碳酸盐发生移动积累的过程。在季节性淋溶条件下，存在于土壤上部土层中的石灰以及植物残体分解释放出的钙在雨季以重碳酸钙形式向下移动，达到一定深度，以 $CaCO_3$ 形式累积下来，形成钙积层。钙积过程主要发生在皖北平原地区的钙积潮湿变性土、砂姜潮湿雏形土中。

3.1.3 黏化过程

黏化过程是指原生硅铝酸盐不断变质而形成次生硅铝酸盐，由此产生的黏粒积聚的过程。黏化过程可进一步分为：

（1）残积黏化，指就地黏化，为土壤形成中的普遍现象之一。主要特点是土壤颗粒只表现为由粗变细，不涉及黏土物质的移动或淋失；化学组成中除 CaO 和 Na_2O 稍有移动外，其他活动性小的元素皆有不同程度积累；黏化层无光性定向黏土出现。

（2）淀积黏化，指新成黏粒发生机械性的淋溶和淀积。这种作用均发生在碳酸盐从土层上部淋失，土壤呈中性或微酸性反应时，新形成的黏粒失去了与钙相固结的能力，发生下淋并在底层淀积。在气候温暖湿润地区，易溶盐类和碳酸盐强烈淋溶，土壤黏粒剖面出现明显的淋溶淀积现象，并形成淀积黏化层。淀积黏化层中，铁铝氧化物显著增加，但胶体组成无明显变化，黏土矿物尚未遭分解或破坏，仍处于开始脱钾阶段；出现明显的光性定向黏土。

（3）残积-淀积黏化，残积黏化和淀积黏化两个作用的联合形式，多发生在从湿润到干旱的过渡地区。其特点是黏粒在淀积层中最高，但其下部土层黏粒含量相对稍低，黏化淀积层的下部光性定向最高，上部次之。残积黏化作用下形成的黏粒只有少部分下移到黏化淀积层的下部，大部分仍残积在黏化淀积层的上部。

黏化过程是普遍存在的成土过程，是江淮丘陵区、皖西大别山区和皖南山地丘陵区的湿润淋溶土土类主要的成土过程，强度上为皖南山地丘陵区>皖西大别山区>江淮丘陵区。

3.1.4 脱硅富铝化过程

脱硅富铝化过程是指热带、亚热带地区水热丰沛、化学风化深刻、生物循环活跃，土壤物质由于矿物的风化，形成弱碱性条件，随着可溶性盐、碱金属和碱土金属盐基及硅酸的大量流失，而造成铁铝在土体内相对富集的过程。它包括脱硅作用和铁铝相对富集作用两个方面。脱硅富铝化过程主要发生在地处亚热带的皖西大别山区和皖南山地丘陵区，是湿润淋溶土（铝质和铁质）的主要成土过程。

3.1.5 潜育过程

潜育过程是土壤长期渍水，水、气比例失调，几乎完全处于闭气状态，受到有机质嫌气分解，而铁锰强烈还原，发生潜育过程，形成灰蓝-灰绿色潜育层的过程。潜育过程主要发生在：①皖西大别山区和皖南山地丘陵区海拔1000 m以上地势平缓或低洼、空气湿度高、长期积水的地段，是正常潜育土主要成土过程；②皖西大别山区和皖南山地丘陵区沟谷冲垄地段，由于地下水位高或上层滞水，表现出潜育特征，是潜育水耕人为土类的主要成土过程之一。

3.1.6 氧化还原过程

氧化还原过程是潮湿雏形土和水耕人为土的重要成土过程。潮湿雏形土发生的主要原因是地下水的升降，水耕人为土发生的主要原因是种植水稻季节性人为灌溉，两者均致使土体干湿交替，引起铁锰化合物氧化态与还原态的变化，产生局部的移动或淀积，从而形成一个具有铁锰斑纹、结核、胶膜或结皮的土层。氧化还原过程是平原、沿湖、沿河地区潮湿雏形土和水耕人为土的主要成土过程，也是一些山地丘陵区地势平缓地段斑纹湿润雏形土或淋溶土的成土过程之一。

3.1.7 漂白过程

由于降雨或灌溉水在土体上部被阻滞，造成还原条件，在强还原剂有机质的参与下，土体中铁锰被还原并随下渗水而漂洗出上部土体，导致土体逐渐脱色而形成一个白色土层。漂白过程主要发生在地势相对较高的皖北平原区的潮湿变性土和潮湿雏形土以及皖南山区水耕人为土中。

3.1.8　熟化过程

熟化过程主要指由于人类的耕作、灌溉、施肥等农业措施改良和培肥土壤的过程，包括旱耕熟化过程（旱地）和水耕熟化过程（水田）。主要表现为耕作层的厚度增加、结构改善、容重降低、有机质及各类养分含量增加、肥力和生产力提高等方面，是各类耕作土壤（水田、旱地、园地）的主要成土过程之一。皖北平原区农田主要是旱耕熟化过程，而江淮丘陵区、皖西大别山区和皖南山地丘陵区的农田主要是水旱轮作，其熟化过程包括了旱耕熟化和水耕熟化两个过程。

3.2　诊断层与诊断特性

《中国土壤系统分类检索（第三版）》（中国科学院南京土壤研究所土壤系统分类课题组和中国土壤系统分类课题研究协作组，2001）设有 33 个诊断层、20 个诊断现象和 25 个诊断特性。建立的 151 个安徽土系涉及 11 个诊断层，包括暗沃表层、暗瘠表层、淡薄表层、水耕表层、漂白层、雏形层、聚铁网纹层、水耕氧化还原层、黏化层、黏磐、钙积层；6 个诊断现象，包括水耕现象、聚铁网纹现象、水耕氧化还原现象、钙积现象、变性现象、铝质现象；12 个诊断特性，包括岩性特征、石质接触面、准石质接触面、变性特征、土壤水分状况、潜育特征、氧化还原特征、土壤温度状况、腐殖质特性、铁质特性、铝质特性、石灰性。

3.2.1　暗沃表层

暗沃表层仅出现在三门系，为腐殖棕色钙质湿润淋溶土，土层厚度约 20cm，有机质含量约 10 g/kg，干态明度为 4～5，润态明度为 3，润态彩度≤2，pH 6.2。

3.2.2　暗瘠表层

暗瘠表层仅出现在天堂寨系和方塘系，分别为暗瘠简育正常潜育土和腐殖铝质湿润雏形土，厚度 25～40 cm，有机质含量 21～50 g/kg，干态明度为 4～6，润态明度为 3～5，润态彩度≤2，pH 4.6～5.0。

3.2.3　淡薄表层

淡薄表层遍布全省的除水耕人为土外众多土系中，厚度 10～36 cm，干态明度 4～8，润态明度 2～7，润态彩度 1～6，有机碳含量 6.3～30.7 g/kg，淡薄表层在各土类和亚类中上述指标的统计见表 3-1。

表 3-1　淡薄表层表现特征统计

类型（土系数）	平均厚度/cm	平均干态明度	平均润态明度	平均润态彩度	有机碳平均含量/（g/kg）
变性土（2）	10～15/12.5	5～6/5.5	5/5	1/1	8.8～10.0/9.4
淋溶土（18）	10～36/16.9	5～8/6.3	4～7/4.5	1～6/2.4	6.3～30.7/14.6

续表

类型（土系数）	平均厚度/cm	平均干态明度	平均润态明度	平均润态彩度	有机碳平均含量/（g/kg）
潮湿雏形土（49）	10～35/17.9	4～8/6.4	3～6/4.7	1～4/1.8	7.0～17.3/10.7
湿润雏形土（15）	10～27/16.7	4～7/5.7	2～6/4.3	1～4/1.9	7.1～30.0/14.6
新成土（7）	10～20/15.0	5～7/6.0	3～5/4.3	1～4/2.0	6.3～27.8/16.2

3.2.4　水耕表层与水耕现象

水耕人为土土系中，水耕表层中耕作层（Ap1）厚度 10～26 cm，平均厚度 15 cm，但由于近年来普遍采用了旋耕技术，水耕表层厚度基本为 12～17 cm，以粒状结构为主，容重 0.58～1.43 g/cm³；犁底层（Ap2）厚度 4～12 cm，平均厚度 8 cm，一般为块状结构，容重 1.43～1.62 g/cm³；耕作层和犁底层的容重比为 1.1～2.2，平均容重比为 1.2。排水落干状态下，水耕表层中根孔壁上可见根锈，个别肥力高的土系可见鳝血斑，结构面上有 5%～40%铁锰斑纹。

水耕现象出现在太美系，分布在河流两岸，为水耕淡色潮湿雏形土，旱改水时间较短，但犁底层发育弱，与耕作层的容重比<1.1，尚不能归属于水耕人为土。

3.2.5　漂白层

漂白层出现在双池系、兴北系、西庄系、水东系、郭河系、青草湖系，一般出现在 13～30 cm 之下，厚度 6～36 cm，干态明度 6～8，润态明度 5～7，润态彩度 1～2，黏粒含量 111～364 g/kg，游离氧化铁含量 7.2～26.9 g/kg，结构面上的铁锰斑纹<5%，土体中的铁锰结核<10%。

3.2.6　雏形层

潮湿雏形土土系的雏形层出现上界一般 10～38 cm，结构面上可见<40%的氧化还原斑纹，土体或可见<10%的铁锰结核；湿润雏形土土系的雏形层出现上界一般 10～40 cm，土体中可见<40%的岩石风化碎屑或可见<5%的铁锰结核，结构面上可见<2%的铁锰斑纹简育潜育土的雏形层出现上界一般 25~40 cm，潜育特征明显。

3.2.7　聚铁网纹层与聚铁网纹现象

聚铁网纹层主要出现皖南地区的中埠系，聚铁网纹现象出现在金坝系，成土母质均匀为第四纪红黏土，出现上界在 40 cm 以下，视觉上为红色、黄色、白色混杂，黏粒含量 290～350 g/kg，可见铁锰胶膜和铁锰斑纹。

3.2.8　水耕氧化还原层与水耕氧化还原现象

水耕人为土中除铁渗淋亚层（3 个土系）、漂白层（7 个土系）和具有潜育特征的层次（10 个土系）外，水耕氧化还原层（41 个土系）出现上界 18～30 cm，厚度 80～100 cm，游离氧化铁含量 0.5～51.0 g/kg，结构面上或可见铁锰斑纹、或可见灰色胶膜，土体中较多的铁锰结核。铁渗淋亚层出现在蜀山系、泉塘系和郑村系，出现上界在 23～25 cm，厚度 10～22 cm，色调均为 10YR，润态明度为 5，润态彩度为 1，游离氧化铁含量 10～29 g/kg，结构面上可见>15%的铁锰斑纹，土体中或可见少量铁锰结核。水耕氧化还原现象仅出现在太美系，由于旱改水年限较短，尚未形成犁底层，未发育成水耕人为土，仍为潮湿雏形土。

3.2.9 黏化层

黏化层出现在湿润淋溶土的 18 个土系中，上部淋溶层的黏粒含量 11～39 g/kg，平均含量 22 g/kg；下部的黏化层的黏粒含量 17～56 g/kg，平均含量 32 g/kg。黏化层出现上界在 11～45 cm，厚度>15 cm，结构面上可见黏粒胶膜。

3.2.10 黏磐

黏磐出现在上派系和前孙系，成土母质为下蜀黄土，出现上界在 35 cm 左右，厚度>50 cm，黏粒含量 310～509 g/kg，容重 1.38～1.57 g/cm^3，棱块状或棱柱状结构，结构面上可见黏粒胶膜、铁锰胶膜，土体中可见铁锰结核。

3.2.11 钙积层与钙积现象

钙积层和钙积现象分别出现在淮北平原的 14 个土系中，出现上界在 25～100 cm，砂姜体积含量 5%～15%，不同亚类的土系钙积层/钙积现象统计特征见表 3-2。

表 3-2 钙积层与钙积现象特征统计

类型（土系数量）	出现上界/cm	碳酸钙结核含量/%	土系
砂姜钙积潮湿变性土（2）	30～60	10～15	大苑系、双桥系
变性砂姜潮湿雏形土（1）	80	15	李寨系
普通砂姜潮湿雏形土（11）	25～100	5～15	刘油系、曹店系、陈桥系、贾寨系、前胡系、新庄系、新城寨系、于庙系、中袁系、邹圩系、官山系

3.2.12 岩性特征

紫色砂、页岩岩性特征出现在华阳系，色调为 10RP，出现上界在 40～50 cm；碳酸盐岩岩性特征出现在三门系和仁里系，三门系出现上界在 70 cm 左右，仁里系成土母质为下蜀黄土，但由于位于石灰岩丘陵区，土体中混有 10%～15%石灰岩风化碎屑；红色砂岩特征出现在五城系和璜源系，出现上界分别在 50 cm 和 90 cm 左右，色调分别为 5YR 和 10R。

3.2.13 石质接触面与准石质接触面

主要出现在新成土和雏形土土系，其中新成土的 7 个土系（准）石质接触面出现的上界在 15～40 cm，湿润淋溶土 7 个土系的（准）石质接触面上界在 60～100 cm，湿润雏形土的 14 个土系的（准）石质接触面上界在 38～110 cm。石质接触面的岩石类型主要是石灰岩、板岩、花岗岩、石英岩、玄武岩等，准石质接触面的岩石类型主要是凝灰岩、紫砂岩、泥质岩等。

3.2.14　变性特征与变性现象

变性特征和变性现象均出现在淮北平原地区土系，成土母质均为古黄土性河湖相沉积物，矿物为膨胀性强的蒙皂石类，干时可见多条宽 3～20 mm 的裂隙，但滑擦面较少见。其中具有变性特征的双桥系和大苑系（砂姜钙积潮湿变性土），土体黏粒含量 300～520 g/kg，具有变性现象的李寨系（变性砂姜潮湿雏形土），表层黏粒含量略低于 300 g/kg。

3.2.15　土壤水分状况

水耕人为土土系（58 个）为人为滞水土壤水分状况，潜育土土系（1 个，天堂寨系）分布在高海拔的山间洼地，为滞水土壤水分状况，淋溶土土系（18 个）和新成土（7 个）的土系主要分布山丘岗的坡地上，为湿润土壤水分状况，潮湿变性土土系（2 个）和潮湿雏形土土系（49 个）分布于淮北冲积平原或沿江、沿河两岸，为潮湿土壤水分状况。

3.2.16　潜育特征

潜育特征出现在水耕人为土（10 个土系）和潜育土（1 个土系）。水耕人为土中，太白系（铁聚）潜育水耕人为土通体简育潜育特征，范岗系、油坊系（铁聚潜育水耕人为土）50 cm 以上土体具有潜育特征，坦头系、向阳桥系、中埠系、九联系（普通潜育水耕人为土）水耕表层之下土体均具潜育特征，龙湖系（普通潜育水耕人为土）、湖阳系和苏子系（底潜潜育水耕人为土）48 cm 或 60 cm 以下土体具有潜育特征。具有潜育特征的土层色调为 5YR～7.5Y，润态明度 2～6，润态彩度为 1，结构面上或可见少量的铁锰斑纹，土体中或可见铁锰结核。潜育土的天堂寨系位于海拔 1000 m 以上的山上洼地，受降水和潮湿空气等影响，土体常年积水，通体具有潜育特征，色调为 7.5Y，润态明度为 3，润态彩度为 1。

3.2.17　氧化还原特征

氧化还原特征主要出现在水耕人为土、潮湿变性土、湿润淋溶土、潮湿雏形土中，主要表现为结构面上可见铁锰斑纹或土体中可见铁锰结核或润态彩度≤2。氧化还原特征的统计见表 3-3。

表 3-3　氧化还原特征统计

类型（土系数量）	结构面上铁锰斑纹面积/%	土体中铁锰结核面积/%	润态彩度
水耕人为土（58）	<40	<15	≤6
潜育土（1）			1
潮湿变性土（2）		<15（碳酸钙结核）	1
湿润淋溶土（15）	<5	<5	≤4
潮湿雏形土（51）	<40	<5	≤4

3.2.18　土壤温度状况

151 个土系中，位于淮北平原北部地区的 10 个土系（刘油系、砀山系、马井系、毛雷系、杨堤口系、永堌系、百善系、古饶系、欧盘系、黑塔系）为温性土壤温度状况，代表性单个土体 50 cm 深度土壤温度介于 15.3～15.9℃，其余的土系（主要分布在淮北平原的南部地区和淮河以南地区）均为热性土壤温度状况，代表性单个土体 50 cm 深度土壤温度介于 16.0～18.8℃。

3.2.19　腐殖质特性

腐殖质特性出现在三门系和方塘系，腐殖质特性大致表现在 30～70 cm 土体，其结构面和裂隙壁上可见少量腐殖质积胶膜，裂隙壁内填有自 A 层落下的暗色细土，土体有机碳总量约 31 kg/m^2 和 15 kg/m^2。

3.2.20　铁质特性

铁质特性主要出现在长江以南谭家桥系、罗河系、文家系、桃花潭系、齐云山系，谭家桥系、罗河系、文家系为红色铁质湿润淋溶土（土体色调为 5YR），桃花潭系为普通铁质湿润淋溶土（土体色调为 10YR），齐云山系为红色铁质湿润雏形土（土体色调为 5YR），具有铁质特性的土壤中游离氧化铁含量 22～67 g/kg，其中罗河系和文家系土体中可见铁锰结核或铁锰斑纹。

3.2.21　铝质特性与铝质现象

主要出现在长江以南地区的土系，铝质特性出现在渚口系、渭桥系和前坦系，pH（KCl）为 3.3～3.9，黏粒阳离子交换量 CEC_7 为 58～123 cmol（+）/kg，KCl 浸提黏粒 Al 含量为 14～51 cmol（+）/kg；铝质现象出现在张家湾系、金坝系、漆铺系、柯坦系、方塘系、铁冲系，pH（KCl）为 4.0～4.2，黏粒阳离子交换量 CEC_7 为 40～74 cmol（+）/kg，KCl 浸提黏粒 Al 含量为 13～17 cmol（+）/kg。

3.2.22　石灰性

石灰性主要出现在淮北黄泛冲积平原地区的土系，其成土母质或是近代黄泛冲积物、古黄土性河湖沉积物上覆近代黄泛冲积物，pH 为 8.0～9.0，碳酸钙含量为 21～85 g/kg。皖南山区五城系和华阳系的石灰性来自其成土母岩钙质紫色砂岩，土壤 pH 为 5.6～6.5，碳酸钙含量为 6～100 g/kg。江淮丘陵区永康系的石灰性来自其土体存在的石灰岩风化残体。沿江的东胜系、杨村系、庆丰系、大渡口系、章家湾系的石灰性来自长江冲积物母质，具有石灰性的层次 pH 为 7.6～8.4，碳酸钙含量为 24～47 g/kg。值得注意的是，淮北冲积平原上一些土壤，由于长期使用酸性肥料以及有机质含量的逐渐提升，耕层原有的石灰性不同程度的减弱甚至已消失。

下篇　区域典型土系

第4章 人为土纲

4.1 铁聚潜育水耕人为

4.1.1 太白系（Taibai Series）

土族：砂质硅质混合型非酸性热性-铁聚潜育水耕人为土
拟定者：李德成，陈吉科，赵明松

分布与环境条件 分布于沿长江中低圩地段，海拔 10～30 m，母质为冲积物，水田，麦/油-稻轮作或单季稻。北亚热带湿润季风气候，年均日照时数 2000～2100 h，气温 15.5～16.0 ℃，降水量 1300～1500 mm，无霜期 230～240 d。

太白系典型景观

土系特征与变幅 诊断层包括水耕表层、水耕氧化还原层；诊断特性包括热性土壤温度状况、人为滞水土壤水分状况、潜育特征。土体厚度多在 1 m 以上，水耕表层为砂质壤土，氧化还原层为砂质黏壤土。砂粒含量≥500 g/kg，pH 6.0～6.7。潜育特征出现在 20～30 cm 以下，由于目前地下水位在 60 cm 左右，60 cm 以下潜育特征更为明显。结构面上有 2%～15%铁锰斑纹，土体中有 2%左右的铁锰结核。

对比土系[*] 油坊系和范岗系，同一亚类不同土族，成土母质为下蜀黄土搬运物，颗粒大小级别为黏壤土。

利用性能综述 土层深厚，砂性重，耕性好，滞水严重，有机质含量较高，但氮、磷、钾含量较低。应改善排水条件，深沟排水，及时晒田，实行水旱轮作，增施有机肥和秸秆还田。

参比土种 强青潮砂泥田。

---

[*] 对比土系选择：①分类上最相近的，如同一土族的土系；②空间上最相近的，如同一乡镇的土系、同一地形序列的土系。

太白系代表性单个土体剖面

代表性单个土体　位于安徽省当涂县太白镇太白村西北，31°29′10.7″N，118°30′50.5″E，海拔 6 m，中圩地，成土母质为冲积物，水田，麦/油-稻轮作，50 cm 深度土温 17.6 ℃。

Ap1：0～14 cm，灰色（10Y 6/1，干），灰色（10Y 5/1，润）；砂质壤土，发育强的直径 2～5 mm 块状结构，松软；结构面上有 15%左右铁锰斑纹，土体中 3 个蚯蚓孔，内有细土填充物；向下层平滑清晰过渡。

Ap2：14～22 cm，灰色（10Y 6/1，干），灰色（10Y 5/1，润）；砂质壤土，发育强的直径 20～50 mm 块状结构，稍坚实；结构面上有 15%左右铁锰斑纹；土壤中 3 个蚯蚓孔，内有细土填充物；向下层平滑渐变过渡。

Bg1：22～65 cm，灰色（10Y 6/1，干），灰色（10Y 5/1，润）；砂质黏壤土，发育中等的直径 20～50 mm 块状结构，稍坚实；结构面上有 2%左右铁锰斑纹，土体中有 2%左右直径≤3 mm 的球形黄褐色软铁锰结核，2 个蚯蚓孔，内有细土填充物；向下层波状清晰过渡。

Bg2：65～103 cm，橄榄黑色（10Y 3/1，干），黑色（10Y 2/1，润）；砂质黏壤土，糊泥状，无结构。

太白系代表性单个土体物理性质*

土层	深度 /cm	砾石 （>2 mm，体积分数）/%	细土颗粒组成（粒径：mm）/（g/kg）			质地	容重 /（g/cm³）
			砂粒 2～0.05	粉粒 0.05～0.002	黏粒 <0.002		
Ap1	0～14	—	718	156	126	砂质壤土	1.15
Ap2	14～22	—	687	116	197	砂质壤土	1.33
Bg1	22～65	2	635	146	219	砂质黏壤土	1.53
Bg2	65～103	—	541	204	255	砂质黏壤土	1.23

*包括岩石碎屑、结核等（下同）。

太白系代表性单个土体化学性质

深度 /cm	pH （H₂O）	有机质 /（g/kg）	全氮（N） /（g/kg）	全磷（P） /（g/kg）	全钾（K） /（g/kg）	CEC /[cmol (+) /kg]	游离氧化铁 /（g/kg）
0～14	6.0	31.3	1.04	0.44	13.1	20.1	7.2
14～22	6.3	24.9	0.83	0.38	18.3	20.2	41.2
22～65	6.6	6.7	0.32	0.20	16.8	19.2	31.5
65～103	6.7	18.3	0.87	0.16	18.8	35.2	10.9

4.1.2　范岗系〔Fangang Series〕

土族：黏壤质混合型非酸性热性-铁聚潜育水耕人为土
拟定者：李德成，陈吉科

分布与环境条件　　分布于江
淮丘陵平缓岗区的低冲部位，
海拔 8～70 m，母质为下蜀黄
土搬运物，水田，麦/油-稻轮
作或单季稻。北亚热带湿润季
风气候，年均日照时数 2000～
2100 h，气温 15.5～16.5 ℃，
降水量 1200～1400 mm，无霜
期 230～240 d。

范岗系典型景观

土系特征与变幅　　诊断层包括水耕表层、水耕氧化还原层；诊断特性包括热性土壤温度
状况、人为滞水土壤水分状况、潜育特征。土层厚度多在 1 m 以上，通体粉砂质黏壤土，
pH 5.4～7.1，结构面上有 5%～40%左右的铁锰斑纹，下部土体中有 2%左右的铁锰结核。
由于长期植稻冬沤和蓄水防旱，造成 25～55 cm 的上层土体滞水，具有潜育特征，下部
土体由于长期排水改良已基本脱潜。
对比土系　　油坊系，同一土族，成土母质一致，但分布于冲、畈低洼地段及水库塘坝下
的低洼之处，位置略低，50 cm 以下铁锰结核明显且相对较多，约 10%；太白系，同一
亚类但不同土族，颗粒大小级别为砂质。
利用性能综述　　土层深厚，质地偏黏，耕性差，滞水严重，有机质和全氮含量较高，磷
钾略低。应改善排灌条件，深沟排水，水旱轮作，增施有机肥和实行秸秆还田，增施磷
肥和钾肥，防止进一步酸化。
参比土种　　青马肝田。
代表性单个土体　　位于安徽省桐城市范岗镇合安村西北，31°00′24.8″N，116°54′31.4″E，
海拔 9 m，低冲地，成土母质为下蜀黄土搬运物，水田，麦/油-稻轮作。　　50 cm 深度
土温 18.0 ℃。

Ap1：0～17 cm，淡灰色（2.5Y 7/1，干），黄灰色（2.5Y 6/1，润）；粉砂质黏壤土，发育中等的直径 2～5 mm 块状结构，松软；结构面上有 20%左右铁锰斑纹；向下层平滑清晰过渡。

Ap2：17～25 cm，暗灰黄色（2.5Y 5/2，干），黄灰色（2.5Y 5/1，润）；粉砂质黏壤土，发育中等的直径 20～50 mm 块状结构，稍坚实；结构面上有 5%左右铁锰斑纹；向下层平滑模糊过渡。

Bg：25～55 cm，灰色（2.5Y 5/1，干），黄灰色（2.5Y 4/1，润）；粉砂质黏壤土，发育中等的直径 20～50 mm 块状结构，稍坚实；结构面上有 5%左右铁锰斑纹，可见灰色胶膜；向下层平滑清晰过渡。

Br：55～120 cm，灰色（2.5Y 7/2，干），黄灰色（2.5Y 6/1，润）；粉砂质黏壤土，发育中等的直径 20～50 mm 块状结构，稍坚实；结构面上有 40%左右铁锰斑纹，可见灰色胶膜，土体中有 2%左右直径≤5 mm 的褐色球形软铁锰结核。

范岗系代表性单个土体剖面

范岗系代表性单个土体物理性质

土层	深度 /cm	砾石 （>2 mm，体积分数）/%	细土颗粒组成（粒径：mm）/（g/kg）			质地	容重 /（g/cm³）
			砂粒 2～0.05	粉粒 0.05～0.002	黏粒 <0.002		
Ap1	0～17	—	171	538	291	粉砂质黏壤土	1.24
Ap2	17～25	—	168	505	327	粉砂质黏壤土	1.44
Bg	25～55	—	130	556	314	粉砂质黏壤土	1.43
Br	55～120	2	194	480	326	粉砂质黏壤土	1.57

范岗系代表性单个土体化学性质

深度 /cm	pH （H₂O）	有机质 /（g/kg）	全氮（N） /（g/kg）	全磷（P） /（g/kg）	全钾（K） /（g/kg）	CEC /[cmol（+）/kg]	游离氧化铁 /（g/kg）
0～17	5.5	43.5	2.03	0.27	13.7	21.5	24.3
17～25	6.2	30.9	1.44	0.19	14.2	28.3	19.7
25～55	6.6	26.4	1.41	0.18	13.7	25.8	16.3
55～120	7.0	6.1	0.26	0.40	11.5	16.4	43.2

4.1.3 油坊系（Youfang Series）

土族：黏壤质混合型非酸性热性-铁聚潜育水耕人为土

拟定者：李德成，赵明松，黄来明

分布与环境条件 分布于江淮丘陵的冲、畈低洼地段及水库塘坝下的低洼之处，海拔 10～30 m，成土母质为下蜀黄土搬运物，水田，麦/油-稻轮作或单季稻。北亚热带湿润季风气候，年均日照时数 2000～2100 h，气温 15.5～16.0 ℃，降水量 1000～1300 mm，无霜期 230～240 d。

土系特征与变幅 诊断层包括水耕表层、水耕氧化还原层；诊断特性包括热性土壤

油坊系典型景观

温度、人为滞水土壤水分状况、潜育特征。经长期植稻冬沤，导致上层滞水，土壤处于还原状态，潜育特征一般出现 60 cm 以上，厚度为 40～60 cm，之下土体由于长期改良已基本脱潜。土体厚度在 1 m 以上，通体粉砂质黏壤土，pH 5.5～7.0，水耕表层之下土体中有 10%左右铁锰结核，结构面上有 20%左右铁锰斑纹。

对比土系 范岗系，同一土族，成土母质一致，但分布于平缓岗区的低冲部位，位置略高，50 cm 以下铁锰结核明显较少，约 2%。

利用性能综述 土层厚，质地偏黏，耕性和通透性差，滞水严重，养分含量偏低。应改善排水条件，深沟排水；水旱轮作，增施有机肥和实行秸秆还田，增施磷肥和钾肥。

参比土种 强青马肝田。

代表性单个土体 位于安徽省舒城县柏林乡油坊村西南，31°30′1.3″N，116°50′51.1″E，海拔 19 m，丘陵岗地宽沟谷地带，成土母质为下蜀黄土搬运物，水田，麦/油-稻轮作。50 cm 深度土温 17.6 ℃。

油坊系代表性单个土体剖面

Apg1：0～17 cm，灰色（10Y 6/1，干），棕灰色（10Y 5/1，润）；粉砂黏壤土，糊泥状，松软；结构面上 2%左右铁锰斑纹；向下层平滑渐变过渡。

Apg2：17～25cm，灰色（10Y 6/1，干），棕灰色（10Y 5/1，润）；黏壤土，发育较弱的直径 10～20 mm 块状结构，松软；结构面上有 2%左右铁锰斑纹；向下层平滑清晰过渡。

Bg：25～48 cm，灰色（10Y 6/1，干），棕灰色（10Y 5/1，润）；黏壤土，发育较弱的直径约 20～40 mm 块状结构，松软；结构面上有 5%左右铁锰斑纹；向下层平滑渐变过渡。

Br：48～120 cm，灰黄色（10YR 7/2，干），黄灰色（10YR 6/1，润）；黏壤土，发育中等的直径 20～50 mm 块状结构，稍坚实；结构面上有 20%左右铁锰斑纹，土体中有 10%左右直径≤5 mm 的褐色球形软铁锰结核。

油坊系代表性单个土体物理性质

| 土层 | 深度 /cm | 砾石 (>2 mm，体积分数) /% | 细土颗粒组成（粒径：mm）/（g/kg） | | | 质地 | 容重 /（g/cm³） |
			砂粒 2～0.05	粉粒 0.05～0.002	黏粒 <0.002		
Apg1	0～17	—	179	528	293	粉砂质黏壤土	0.58
Apg2	17～25	—	174	509	317	粉砂质黏壤土	1.25
Bg	25～48	—	130	546	324	粉砂质黏壤土	1.51
Br	48～120	10	194	464	342	粉砂质黏壤土	1.53

油坊系代表性单个土体化学性质

深度 /cm	pH (H₂O)	有机质 /（g/kg）	全氮（N） /（g/kg）	全磷（P） /（g/kg）	全钾（K） /（g/kg）	CEC /[cmol (+) /kg]	游离氧化铁 /（g/kg）
0～17	5.5	28.7	1.81	0.36	12.7	21.1	8.9
17～25	6.2	18.5	1.30	0.28	14.2	17.7	9.2
25～48	6.6	12.1	0.92	0.21	17.2	15.4	17.4
48～120	7.0	4.5	0.51	0.35	13.5	15.9	18.3

4.2 普通潜育水耕人为土

4.2.1 坦头系（Tantou Series）

土族：粗骨砂质硅质混合型非酸性热性-普通潜育水耕人为土
拟定者：李德成，赵明松，黄来明

分布与环境条件 分布于皖南山区低塝低冲地段，海拔50～300 m，成土母质为冲积物，水田，麦/油-稻轮作或单季稻。北亚热带湿润季风气候，年均日照时数 1900～2000 h，气温 15.5～16.0 ℃，降水量 1500～1600 mm，无霜期 230～240 d。

坦头系典型景观

土系特征与变幅 诊断层包括水耕表层、水耕氧化还原层；诊断特性包括热性土壤温度状况、人为滞水土壤水分状况、潜育特征。地下水位一般在 30～50 cm，潜育特征一般出现在犁底层（20 cm）以下。土体厚度在 1 m 以上，土体中含有 20%～40%直径>2 mm 的石英颗粒，层次质地复杂，pH 6.6～7.4。水耕表层中通常鳝血斑，氧化还原层结构面上有 2%左右铁锰斑纹。

对比土系 同一亚类但不同土族的土系中，向阳桥系成土母质为花岗岩风化形成的洪积-冲积物，颗粒大小级别为砂质；龙湖系、中埠系、九联系成土母质为湖相沉积物，前两者颗粒大小级别为黏质，后者为黏壤质。

利用性能综述 砂性重，耕性好，但地下水为较高，排水困难，有机质和全氮含量较高，但磷、钾含量不足。应改善排灌条件，深沟排水，实行水旱轮作，增施磷肥和钾肥。

参比土种 青潮砂田。

代表性单个土体 位于安徽省绩溪县长安镇坦头村西南，30°09′16.1″N，118°29′28.2″E，海拔 270 m，宽阔的低冲地，成土母质为花岗岩风化形成的冲积物，水田，麦/油-稻轮作或单季稻。50 cm 深度土温 18.4 ℃。

坦头系代表性单个土体剖面

Ap1：0～13 cm，亮棕色（7.5YR 5/6，干），棕色（7.5YR 4/4，润）；壤土，发育强的直径 2～5 mm 块状结构，松软；结构面上有 40%左右铁锰斑纹，土体中有 20%左右直径 2～5 mm 的石英颗粒；向下层平滑清晰过渡。

Ap2：13～20 cm，亮棕色（7.5YR 5/6，干），棕色（7.5YR 4/4，润）；砂质黏壤土，发育强的直径 20～50 mm 块状结构，稍坚实；结构面上有 20%左右铁锰斑纹，土体中有 20%左右直径 2～5 mm 石英颗粒；向下层平滑渐变过渡。

Bg1：20～35 cm，棕灰色（7.5YR 6/1，干），棕灰色（7.5YR 5/1，润）；壤土，发育较弱的直径 20～50 mm 块状结构，稍坚实；结构面上有 2%左右的铁锰斑纹；土体中有 40%左右直径 2～3 mm 石英颗粒；向下层平滑渐变过渡。

Bg2：35～50 cm，棕灰色（7.5YR 5/1，干），棕灰色（7.5YR 4/1，润）；砂质壤土，发育较弱的直径 20～50 cm 的块状结构，稍坚实；土体中有 40%左右直径 2～3 mm 的石英颗粒；向下层平滑清晰过渡。

Bg3：50～120 cm，淡棕灰色（7.5YR 7/1，干），棕灰色（7.5YR 6/1，润）；砂质壤土，发育较弱的直径 20～50 mm 块状结构，松软；土体中有 40%左右直径 2～3 mm 石英颗粒。

坦头系代表性单个土体物理性质

土层	深度 /cm	砾石（>2 mm，体积分数）/%	细土颗粒组成（粒径：mm）/（g/kg）			质地	容重 /（g/cm³）
			砂粒 2～0.05	粉粒 0.05～0.002	黏粒 <0.002		
Ap1	0～13	20	418	416	166	壤土	0.90
Ap2	13～20	20	481	267	252	砂质黏壤土	1.24
Bg1	20～35	40	437	372	191	壤土	1.29
Bg2	35～50	40	748	122	130	砂质壤土	1.43
Bg3	50～120	40	724	126	150	砂质壤土	1.32

坦头系代表性单个土体化学性质

深度 /cm	pH（H₂O）	有机质 /（g/kg）	全氮（N）/（g/kg）	全磷（P）/（g/kg）	全钾（K）/（g/kg）	CEC /[cmol（+）/kg]	游离氧化铁 /（g/kg）
0～13	6.6	37.3	2.00	0.56	4.9	14.6	28.3
13～20	6.6	29.0	1.70	0.47	5.3	12.6	15.4
20～35	7.2	26.7	1.27	0.44	5.1	12.9	6.3
35～50	7.3	10.3	0.71	0.62	5.0	3.8	29.2
50～120	7.4	4.1	0.20	0.26	6.1	4.7	7.7

4.2.2 向阳桥系（Xiangyangqiao Series）

土族：砂质硅质混合型非酸性热性-普通潜育水耕人为土

拟定者：李德成，杨　帆

分布与环境条件　分布于大别山南麓波状起伏岗地沟谷中低洼地段，海拔 25～40 m，成土母质为花岗岩风化冲积物，水田，麦/油-稻轮作或单季稻。北亚热带湿润季风气候，年均日照时数 2000～2100 h，气温 15.0～16.5 ℃，降水量 1300～1400 mm，无霜期 220～250 d。

向阳桥系典型景观

土系特征与变幅　诊断层包括水耕表层、水耕氧化还原层；诊断特性包括热性土壤温度状况、人为滞水土壤水分状况、潜育特征。地下水位一般在 30 cm 左右，潜育特征一般出现 25 cm 以下，土层厚度一般在 1 m 以上，结构面可见 2%～5%的铁锰斑纹，pH 7.0～7.5。

对比土系　同一亚类但不同土族的土系中，坦头系分布于低塝低冲地段，颗粒大小级别为粗骨砂质；龙湖系、中埠系、九联系成土母质为湖相沉积物，前两者颗粒大小级别为黏质，后者为黏壤质。

利用性能综述　砂性重，耕性好地下水位高，排水困难，有机质和全氮含量较高，磷和钾含量不足。应改善排灌条件，深沟排水，实行水旱轮作，增施磷肥和钾肥。

参比土种　强青砂泥田。

代表性单个土体　位于安徽省太湖县城西乡向阳桥东北，30°24′51.8″N，116°15′25.4″E，海拔 37 m，低丘区沟谷低洼地段，成土母质为花岗岩风化冲积物，水田，麦/油-稻轮作或单季稻。50 cm 深度土温 18.4 ℃。

向阳桥系代表性单个土体剖面

Ap1：0～18 cm，亮棕色（7.5YR 5/6，干），棕色（7.5YR 4/4，润）；砂质壤土，发育强的直径 1～2 mm 粒状结构，松散；结构面上有 10%左右铁锰斑纹；向下层平滑清晰过渡。

Ap2：18～28 cm，亮棕色（7.5YR 5/6，干），棕色（7.5YR 4/4，润）；砂质黏壤土，发育中等的直径 20～50 mm 块状结构，稍坚实；结构面上有 20%左右铁锰斑纹；向下层平滑清晰过渡。

Bg1：28～38 cm，淡棕灰色（7.5YR 7/1，干），棕灰色（7.5YR 6/1，润）；砂质壤土，发育较弱的直径 20～50 mm 块状结构，松软；向下层平滑渐变过渡。

Bg2：38～60 cm，淡棕灰色（7.5YR 6/1，干），棕灰色（7.5YR 5/1，润）；砂质壤土，发育较弱的直径 20～50 mm 块状结构，松软；结构面上有 2%左右铁锰斑纹，向下层平滑模糊过渡。

Bg3：60～73 cm，棕灰色（7.5YR 6/1，干），棕灰色（7.5YR 5/1，润）；砂质壤土，发育较弱的直径 20～50 mm 块状结构，松软；结构面上有 10%左右铁锰斑纹，向下层平滑模糊过渡。

Bg4：73～120 cm，棕灰色（7.5YR 5/1，干），棕色（7.5YR 4/1，润）；砂质壤土，糊泥状，松软。

向阳桥系代表性单个土体物理性质

土层	深度 /cm	砾石 (>2 mm，体积分数) /%	细土颗粒组成（粒径：mm）/（g/kg）			质地	容重 /（g/cm³）
			砂粒 2～0.05	粉粒 0.05～0.002	黏粒 <0.002		
Ap1	0～18	—	645	182	173	砂质壤土	1.18
Ap2	18～28	—	631	110	259	砂质黏壤土	1.41
Bg1	28～38	—	758	122	120	砂质壤土	1.63
Bg2	38～60	—	709	167	124	砂质壤土	1.63
Bg3	60～73	—	645	182	173	砂质壤土	1.60
Bg4	73～120	—	631	210	159	砂质壤土	1.63

向阳桥系代表性单个土体化学性质

深度 /cm	pH (H₂O)	有机质 /（g/kg）	全氮（N） /（g/kg）	全磷（P） /（g/kg）	全钾（K） /（g/kg）	CEC /[cmol (+) /kg]	游离氧化铁 /（g/kg）
0～18	7.0	25.8	1.55	0.45	17.7	7.0	25.5
18～28	7.1	1.7	0.26	0.33	17.2	2.4	14.6
28～38	7.2	1.1	0.20	0.28	18.6	2.0	12.6
38～60	7.3	2.3	0.37	0.38	17.5	3.6	5.1
60～73	7.3	0.2	0.09	0.54	16.3	4.1	5.1
73～120	8.1	4.4	0.29	0.55	17.2	5.8	18.6

4.2.3　龙湖系（Longhu Series）

土族：黏质混合型非酸性热性-普通潜育水耕人为土

拟定者：李德成，刘　锋，扬　帆

分布与环境条件　分布于沿江圩区低洼地段，海拔约 10 m 左右，成土母质为湖相沉积物，水田，麦/油-稻轮作或单季稻。北亚热带湿润季风气候，年均日照时数 2000～2100 h，气温 15.5～16.0 ℃，降水量 1200～1300 mm，无霜期 230～240 d。

龙湖系典型景观

土系特征与变幅　诊断层包括水耕表层、水耕氧化还原层；诊断特性包括热性土壤温度状况、人为滞水土壤水分状况、潜育特征。分布于沿江湖泊的滨湖低圩区，排水困难，潜育特征一般出现在 18～20 cm 以下，厚度多大于 1 m，脱潜程度较高，现地下水位 80～100 cm，棱块状～块状结构。45～50 cm 以下为埋藏土层。层次质地复杂，粉砂质黏壤土-黏土，pH 6.8～7.0。潜育层有 5% 左右铁锰斑纹。

对比土系　中埠系，同一土族，分布于沿湖圩区低平地段，成土母质为湖相沉积物，层次质地构型为粉砂壤土-黏土-黏壤土。

利用性能综述　质地黏重，通透性不良，有机质和全氮含量较高，但磷、钾含量不足。应改善排灌条件，深沟排水，实行水旱轮作，增施磷肥和钾肥。

参比土种　脱青湖泥田。

代表性单个土体　位于安徽省芜湖市三山区龙湖街道五四村南，31°16′26.2″N，118°15′54.9″E，海拔 6 m，湖积平原滨湖圩区较低洼地段，成土母质为湖相沉积物，水田，麦/油-稻轮作或单季稻。50 cm 深度土温 17.8 ℃。

Ap1: 0～14 cm, 淡黄色（2.5Y 7/3, 干）, 灰黄色（2.5Y 6/2, 润）; 粉砂质黏壤土, 发育强的直径 10～20 mm 块状结构, 松软; 结构面上有 20%左右铁锰斑纹; 向下层平滑清晰过渡。

Ap2: 14～23 cm, 淡黄色（2.5Y 7/3, 干）, 灰黄色（2.5Y 6/2, 润）; 黏土, 发育强的直径 20～50 mm 块状结构, 稍坚实; 结构面上有 20%左右铁锰斑纹; 向下层平滑渐变过渡。

Br: 23～48 cm, 灰黄色（2.5Y 7/2, 干）, 黄灰色（2.5Y 5/1, 润）; 黏土, 发育强的直径 20～50 mm 棱块状结构, 坚实; 结构面上有 5%左右铁锰斑纹, 可见灰色胶膜; 向下层不规则清晰过渡。

Bg1: 48～90 cm, 黄灰色（2.5Y 4/1, 干）, 黑棕色（2.5Y 3/1, 润）; 粉砂质黏土, 发育中等的直径 20～50 mm 块状结构, 稍坚实; 结构面上有 2%左右铁锰斑纹; 向下层不规则清晰过渡。

Bg2: 90～110 cm, 灰黄色（2.5Y 7/2, 干）, 黄灰色（2.5Y 5/1, 润）; 粉砂质黏土, 发育较弱的直径 20～50 mm 块状结构, 稍坚实; 结构面上有 5%左右铁锰斑纹。

龙湖系代表性单个土体剖面

龙湖系代表性单个土体物理性质

土层	深度 /cm	砾石 (>2 mm, 体积分数) /%	细土颗粒组成（粒径: mm）/ (g/kg)			质地	容重 /(g/cm³)
			砂粒 2～0.05	粉粒 0.05～0.002	黏粒 <0.002		
Ap1	0～14	—	128	467	405	粉砂质黏壤土	1.01
Ap2	14～23	—	128	394	478	黏土	1.13
Br	23～48	—	125	293	582	黏土	1.20
Bg1	48～90	—	127	433	440	粉砂质黏土	1.29
Bg2	90～110	—	109	468	423	粉砂质黏土	1.51

龙湖系代表性单个土体化学性质

深度 /cm	pH (H₂O)	有机质 / (g/kg)	全氮（N） / (g/kg)	全磷（P） / (g/kg)	全钾（K） / (g/kg)	CEC /[cmol (+) /kg]	游离氧化铁 / (g/kg)
0～14	6.8	47.4	2.50	0.65	19.1	31.0	34.9
14～23	6.9	40.3	2.02	0.62	19.7	34.5	36.0
23～48	7.1	26.3	1.36	0.16	17.8	27.5	40.3
48～90	7.1	33.4	1.44	0.23	14.2	22.9	28.3
90～110	7.2	12.5	0.58	0.42	14.7	26.5	30.3

4.2.4 中垾系（Zhonghan Series）

土族：黏质混合型非酸性热性-普通潜育水耕人为土
拟定者：李德成，陈吉科，赵明松

分布与环境条件　分布于江淮丘陵沿湖圩区低平地段，海拔 5～20 m，成土母质为湖相沉积物，水田，麦/油-稻轮作或单季稻。北亚热带湿润季风气候，年均日照时数 2100～2200 h，气温 15.5～16.0 ℃，降水量 1000～1100 mm，无霜期 220～240 d。

中垾系典型景观

土系特征与变幅　诊断层包括水耕表层、水耕氧化还原层；诊断特性包括热性土壤温度状况、人为滞水土壤水分状况、潜育特征。早期土体长期处于还原态，通体潜育特征明显，40～45 cm 以上土体颜色发黑，现地下水位 80～100 cm，土层厚度一般在 1 m 以上，层次质地复杂，粉砂壤土-黏土，pH 6.9～7.2。约 7.0，潜育层结构面上有 5%～20%的铁锰斑纹，土体中有 2%左右铁锰结核。

对比土系　龙湖系，同一土族，成土母质一致，但沿江圩区低洼地段，层次质地构型为粉砂质黏壤土-黏土-粉砂质黏土。

利用性能综述　地下水位较高，排水困难，质地黏重，通透性不良，耕性差，有机质和全氮含量较高，但磷、钾含量不足。应改善排灌条件，深沟排水，实行水旱轮作，增施磷肥和钾肥。

参比土种　湖泥田。

代表性单个土体　位于安徽省巢湖市中垾镇建华村东南，31°39′25.6″N，117°46′9.4″E，海拔 10 m，沿湖圩区地平地段，成土母质为湖相沉积物，水田，麦/油-稻轮作或单季稻。50 cm 深度土温 17.5 ℃。

Ap1：0～15 cm，黑棕色（5Y 3/1，干），黑色（5Y 2/1，润）；粉砂壤土，发育强的直径 1～3 mm 粒状结构，松软；结构面上有 5%铁锰斑纹；向下层平滑清晰过渡。

Ap2：15～22 cm，黑棕色（5Y 3/1，干），黑色（5Y 2/1，润）；黏土，发育强的直径 10～20 mm 块状结构，稍坚实；结构面上有 5%左右铁锰斑纹；向下层平滑渐变过渡。

Bg1：22～50 cm，黑棕色（5Y 3/1，干），黑色黑色（5Y 2/1，润）；黏壤土，发育中等的直径 10～20 mm 块状结构，稍坚实；结构面上有 5%左右的铁锰斑纹，土体中有 2%左右直径≤3 mm 褐色软小铁锰结核；向下层不规则清晰过渡。

Bg2：50～67 cm，灰色（2.5Y 6/1，干），灰色（2.5Y 5/1，润）；黏壤土，发育较弱的直径 20～50 mm 块状结构，稍坚实；结构面上有 10%左右铁锰斑纹，可见灰色胶膜，土体中有 2%左右直径≤3 mm 的褐色软小铁锰结核；向下层平滑渐变过渡。

Bg3：67～120 cm，灰色（2.5Y 6/1，干），灰色（2.5Y 5/1，润）；黏壤土，发育较弱的直径 20～50 mm 块状结构，稍坚实；结构面有 20%左右铁锰斑纹。

中埠系代表性单个土体剖面

中埠系代表性单个土体物理性质

| 土层 | 深度 /cm | 砾石 (>2 mm，体积分数) /% | 细土颗粒组成（粒径：mm）/（g/kg） | | | 质地 | 容重 /(g/cm³) |
			砂粒 2～0.05	粉粒 0.05～0.002	黏粒 <0.002		
Ap1	0～15	—	281	545	174	粉砂壤土	1.10
Ap2	15～22	—	239	327	434	黏土	1.31
Bg1	22～50	2	428	182	390	黏壤土	1.35
Bg2	50～67	3.5	447	166	387	黏壤土	1.49
Bg3	67～120	—	451	152	397	黏壤土	1.49

中埠系代表性单个土体化学性质

深度 /cm	pH (H₂O)	有机质 /（g/kg）	全氮（N） /（g/kg）	全磷（P） /（g/kg）	全钾（K） /（g/kg）	CEC /[cmol (+) /kg]	游离氧化铁 /（g/kg）
0～15	6.9	36.2	2.11	0.59	14.8	29.9	39.2
15～22	7.1	25.4	1.55	0.38	14.3	26.5	11.4
22～50	7.2	6.5	0.44	0.13	12.9	23.3	19.4
50～67	7.2	3.1	0.26	0.15	11.6	18.1	4.3
67～120	7.2	2.5	0.93	0.24	11.7	15.0	15.7

4.2.5 九联系（Jiulian Series）

土族：黏壤质混合型非酸性热性-普通潜育水耕人为土

拟定者：李德成，陈吉科，赵明松

分布与环境条件 分布于江淮丘陵滨湖低圩区，海拔 10～15 m，成土母质为湖相沉积物，水田，麦/油-稻轮作或单季稻。北亚热带湿润季风气候，年均日照时数 2000～2100 h，气温 15.5～16.5 ℃，降水量 1000～1200 mm，无霜期 230～240 d。

九联系典型景观

土系特征与变幅 诊断层包括水耕表层、水耕氧化还原层；诊断特性包括热性土壤温度状况、人为滞水土壤水分状况、潜育特征。地下水位 80～100 cm，潜育特征出现在 18～20 cm 以下，土体厚度多大于 1 m，通体砂质黏壤土，pH 5.5～7.0，潜育层结构面上有 2%左右铁锰斑纹，土体中有 2%左右铁锰结核。

对比土系 同一亚类但不同土族中，坦头系、向阳桥系成土母质为花岗岩风化洪积-冲积物，颗粒大小级别分别为粗骨砂质、砂质；中埠系层次质地构型为粉砂壤土-黏土-黏壤土。

利用性能综述 排水困难，质地偏黏，通透性不良，耕性差，养分含量偏低。应改善排灌条件，深沟排水，实行水旱轮作，增施有机肥、秸秆还田以及磷钾肥。

参比土种 湖砂泥田。

代表性单个土体 位于安徽省庐江县白山镇九联村北，31°9′52.3″N，117°22′23.5″E，海拔 7 m，湖积平原滨湖低圩地，成土母质为湖相沉积物，水田，麦/油-稻轮作或单季稻。50 cm 深度土温 17.9 ℃。

Ap1：0～15 cm，浊黄橙色（10YR 6/3，干），棕灰色（10YR 5/1，润）；砂质黏壤土，发育强的直径5～10 mm 块状结构，松软；结构面上有5%左右铁锰斑纹；向下层平滑清晰过渡。

Ap2：15～21 cm，浊黄橙色（10YR 6/3，干），棕灰色（10YR 5/1，润）；砂质黏壤土，发育强的直径10～20 mm 块状结构，松软；结构面上有5%左右铁锰斑纹；向下层平滑渐变过渡。

Bg1：21～65 cm，棕灰色（10YR 6/1，干），棕灰色（10YR 4/1，润）；砂质黏壤土，发育中等的直径10～20 mm 块状结构，松软；结构面上有2%左右铁锰斑纹，土体中有2%左右直径≤3 mm 球形褐色软铁锰结核；向下层平滑清晰过渡。

Bg2：65～110 cm，棕灰色（10Y 4/1，干），黑色（10Y 2/1，润）；砂质黏壤土，糊泥状。

九联系代表性单个土体剖面

九联系代表性单个土体物理性质

土层	深度 /cm	砾石 （>2 mm，体积 分数）/%	细土颗粒组成（粒径：mm）/（g/kg）			质地	容重 /(g/cm³)
			砂粒 2～0.05	粉粒 0.05～0.002	黏粒 <0.002		
Ap1	0～15	—	526	130	344	砂质黏壤土	1.10
Ap2	15～21	—	558	155	287	砂质黏壤土	1.44
Bg1	21～65	2	505	240	255	砂质黏壤土	1.43
Bg2	65～110	—	545	205	251	砂质黏壤土	1.33

九联系代表性单个土体化学性质

深度 /cm	pH (H₂O)	有机质 /（g/kg）	全氮（N） /（g/kg）	全磷（P） /（g/kg）	全钾（K） /（g/kg）	CEC /[cmol(+)/kg]	游离氧化铁 /（g/kg）
0～15	6.8	26.9	1.18	0.35	13.9	16.7	12.7
15～21	6.7	23.8	1.11	0.30	14.9	12.6	12.4
21～65	6.4	16.7	0.70	0.18	14.3	14.0	6.9
65～110	5.7	24.4	1.15	0.23	15.7	16.7	4.1

4.3 普通铁渗水耕人为土

4.3.1 梅城系（Meicheng Series）

土族：砂质硅质混合型非酸性热性-普通铁渗水耕人为土
拟定者：李德成，杨 帆

分布与环境条件 分布于大别山紫色岩丘岗区畈地，海拔 30～150 m，成土母质为紫砂岩沟谷堆积物，水田，麦/油-稻轮作。北亚热带湿润季风气候，年均日照时数 2000～2100 h，气温 15.0～16.5 ℃，降水量 1300～1400 mm，无霜期 220～240 d。

梅城系典型景观

土系特征与变幅 诊断层包括水耕表层、水耕氧化还原层；诊断特性包括热性土壤温度状况、人为滞水土壤水分状况。地势低洼，地表水和侧渗水易汇集，易上层滞水。土体厚度多在 1 m 以上，水耕表层为壤土，氧化还原层为砂质壤土，pH 6.8～7.0，土体中有 2%左右石英颗粒。氧化还原层结构面上有 2%～10%左右铁锰斑纹。

对比土系 同一土类不同土族的土系中，蜀山系、泉塘系和郑村系成土母质分别为下蜀黄土、河湖相冲积-沉积物、冲积物，前两者颗粒大小级别为黏壤质，后者为壤质。

利用性能综述 砂性重，耕性好，土层深厚，但地下水位约在 1 m 左右，下部土体易滞水，理化性状较差，有机质和全氮含量较高，但磷、钾含量不足。应深沟排水，浅水湿润灌溉，及时烤田，水旱轮作，增施有机肥和秸秆还田，增施磷肥和钾肥。

参比土种 青紫泥田。

代表性单个土体 位于安徽省潜山县梅城镇七里村南，30°37′1.5″N，116°31′3.2″E，海拔 40 m，紫色岩丘岗区畈地，成土母质为紫砂岩风化的沟谷堆积物，水田，麦/油-稻轮作。50 cm 深度土温 18.3 ℃。

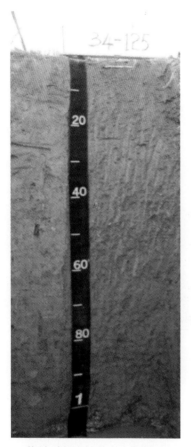

Ap1：0～15 cm，亮棕色（7.5YR 5/6，干），棕色（7.5YR 4/4，润）；壤土，发育强的直径2～5 mm块状结构，疏松；结构面上有40%左右铁锰斑纹，土体中有2%左右粒径≤3 mm的石英颗粒；向下层平滑清晰过渡。

Ap2：15～23 cm，淡棕灰色（7.5YR 7/1，干），棕灰色（7.5YR 6/1，润）；壤土，发育强的直径20～50 mm块状结构，坚实；结构面上有15%左右铁锰斑纹，土体中有2%左右粒径≤3 mm石英颗粒；向下层平滑渐变过渡。

Br1：23～46 cm，淡棕灰色（7.5YR 7/1，干），棕灰色（7.5YR 6/1，润）；砂质壤土，发育强的直径20～50 mm块状结构，坚实；结构面上有2%左右铁锰斑纹，土体中有2%左右粒径≤3 mm石英颗粒；向下层平滑渐变过渡。

Br2：46～82 cm，淡棕灰色（7.5YR 7/1，干），棕灰色（7.5YR 6/1，润）；砂质壤土，发育强的直径20～50 mm块状结构，稍坚实；结构面上有2%左右铁锰斑纹，土体中有2%左右粒径≤3 mm石英颗粒；向下层平滑渐变过渡。

Br3：82～110 cm，淡棕灰色（7.5YR 7/1，干），棕灰色（7.5YR 6/1，润）；砂质壤土，发育中等的直径20～50 mm块状结构，稍坚实；结构面上有10%左右铁锰斑纹，土体中有2%左右粒径2～3 mm石英颗粒。

梅城系代表性单个土体剖面

梅城系代表性单个土体物理性质

土层	深度 /cm	砾石（>2 mm，体积分数）/%	细土颗粒组成（粒径：mm）/（g/kg）			质地	容重 /（g/cm³）
			砂粒 2～0.05	粉粒 0.05～0.002	黏粒 <0.002		
Ap1	0～15	2	460	406	134	壤土	1.10
Ap2	15～23	2	414	405	181	壤土	1.37
Br1	23～46	2	511	370	116	砂质壤土	1.44
Br2	46～82	2	556	320	124	砂质壤土	1.44
Br3	82～110	2	707	152	141	砂质壤土	1.25

梅城系代表性单个土体化学性质

深度 /cm	pH （H₂O）	有机质 /（g/kg）	全氮（N）/（g/kg）	全磷（P）/（g/kg）	全钾（K）/（g/kg）	CEC /[cmol(+)/kg]	游离氧化铁 /（g/kg）
0～15	6.8	30.5	1.58	0.31	15.9	11.1	33.2
15～23	6.8	23.0	1.19	0.23	16.9	10.2	30.6
23～46	6.9	20.5	0.86	0.15	14.3	8.3	28.0
46～82	7.0	18.8	0.73	0.10	15.4	7.4	28.0
82～110	6.8	6.7	0.31	0.07	14.8	2.9	13.7

4.3.2　蜀山系（Shushan Series）

土族：黏壤质硅质混合型非酸性热性-普通铁渗水耕人为土
拟定者：李德成，黄来明，赵明松

分布与环境条件　分布于沿江北部冲畈地段，成土母质为下蜀黄土搬运物，水田，麦/油-稻轮作或单季稻。北亚热带湿润季风气候，年均日照时数 2000～2100 h，气温 16.0～16.5 ℃，降水量 1100～1300 mm，无霜期 240～250 d。

蜀山系典型景观

土系特征与变幅　诊断层包括水耕表层、水耕氧化还原层；诊断特性包括热性土壤温度状况、人为滞水土壤水分状况、铁渗特征。土体深厚，多在 1 m 以上，水耕表层为粉砂壤土-粉砂质黏壤土，氧化还原层为粉砂质黏壤土，pH 7.0～7.5。水耕表层下出现铁渗淋亚层，厚度约 20 cm，氧化还原层结构面上有 5%～30%左右铁锰斑纹，可见灰色胶膜，土体中有 2%～10%左右铁锰结核。

对比土系　同一土类不同土族的土系中，梅城系、泉塘系和郑村系，成土母质分别为紫砂岩沟谷堆积物、河湖相冲积-沉积物、冲积物，梅城系颗粒大小级别为砂质，泉塘系矿物学类型为混合型，层次质地类型为粉砂壤土-壤土-黏壤土；郑村系颗粒大小级别为壤质，层次质地类型为粉砂壤土-壤土。

利用性能综述　质地偏黏，耕性较差，有机质和氮含量较高，磷钾含量不足。应加强水利设施建设，改善灌排条件，增施磷肥和钾肥。

参比土种　马肝田。

代表性单个土体　位于安徽省无为县蜀山镇石岗村西，31°15′1.0″N，117°32′49.0″E，海拔 35 m，冲畈田，成土母质为下蜀黄土搬运物，水田，油-稻轮作。50 cm 深度土温 17.4 ℃。

蜀山系代表性单个土体剖面

Ap1：0～20 cm，暗黄灰色（10YR 5/2，干），棕灰色（10YR 4/1，润）；粉砂壤土，发育强的直径 2～5 mm 块状结构，疏松；结构面上有 5%左右铁锰斑纹；向下层平滑清晰过渡。

Ap2：20～28 cm，灰黄棕色（10YR 6/2，干），棕灰色（10YR 5/1，润）；粉砂质黏壤土，发育强的直径 20～50 mm 块状结构，坚实；结构面上有 5%左右铁锰斑纹；向下层平滑清晰过渡。

Br1：28～48 cm，灰黄棕色（10YR 6/2，干），棕灰色（10YR 5/1，润）；粉砂质黏壤土，发育强的直径 20～50 mm 棱块状结构，坚实；结构面上有 20%左右铁锰斑纹，可见灰色胶膜，土体中有 2%左右褐色-黄褐色直径≤3 mm 球形软铁锰结核；向下层平滑渐变过渡。

Br2：48～78 cm，浊黄橙色（10YR 7/3，干），棕灰色（10YR 6/1，润）；粉砂质黏壤土，发育强的直径 20～50 mm 棱块状结构，坚实；结构面上有 20%左右铁锰斑纹，可见灰色胶膜，土体中有 5%左右褐色-黄褐色直径≤10 mm 球形软铁锰结核；向下层平滑渐变过渡。

Br3：78～120 cm，浊黄橙色（10YR 7/4，干），灰黄棕色（10YR 6/2，润）；粉砂质黏壤土，发育强的直径 20～50 mm 棱块状结构，坚实；结构面上有 30%左右铁锰斑纹，土体中有 10%左右褐色-黄褐色直径≤20 mm 球形软铁锰结核。

蜀山系代表性单个土体物理性质

| 土层 | 深度 /cm | 砾石 （>2 mm，体积 分数）/% | 细土颗粒组成（粒径：mm）/（g/kg） | | | 质地 | 容重 /（g/cm³） |
			砂粒 2～0.05	粉粒 0.05～0.002	黏粒 <0.002		
Ap1	0～20	—	257	520	223	粉砂壤土	1.19
Ap2	20～28	—	113	564	323	粉砂质黏壤土	1.44
Br1	28～48	2	112	501	387	粉砂质黏壤土	1.58
Br2	48～78	10	120	504	376	粉砂质黏壤土	1.53
Br3	78～120	10	123	520	357	粉砂质黏壤土	1.52

蜀山系代表性单个土体化学性质

深度 /cm	pH （H₂O）	有机质 /（g/kg）	全氮（N） /（g/kg）	全磷（P） /（g/kg）	全钾（K） /（g/kg）	CEC /[cmol(+)/kg]	游离氧化铁 /（g/kg）
0～20	7.0	34.6	1.74	0.62	15.1	18.0	8.3
20～28	7.5	12.5	0.63	0.30	14.7	14.3	19.7
28～48	7.6	11.7	0.45	0.20	15.3	17.2	15.4
48～78	7.6	6.8	0.32	0.23	13.9	12.9	39.2
78～120	7.5	4.0	0.24	0.21	15.2	15.2	35.2

4.3.3　泉塘系（Quantang Series）

土族：黏壤质混合型非酸性热性-普通铁渗水耕人为土
拟定者：李德成，刘　锋，杨　帆

分布与环境条件　分布于滨湖圩区较低洼地段，海拔在 5～10 m，成土母质为河湖相冲积-沉积物，水田，麦/油-稻轮作。北亚热带湿润季风气候，年均日照时数 2000～2100 h，气温 16.0～16.5 ℃，降水量 1100～1300 mm，无霜期 240～250 d。

泉塘系典型景观

土系特征与变幅　诊断层包括水耕表层、水耕氧化还原层；诊断特性包括热性土壤温度状况、人为滞水土壤水分状况、铁渗特征。地势低洼，但脱潜作用强。土体深厚，多在 1 m 以上。层次质地复杂，粉砂壤土-黏壤土，pH 7.7～8.5。铁渗淋亚层厚度 20～40 cm。水耕表层之下土体中有 2%～15%的铁锰结核，结构面可见 15%左右铁锰斑纹。

对比土系　同一土类不同土族的土系中，梅城系、蜀山系和郑村系成土母质分别为紫砂岩沟谷堆积物、下蜀黄土搬运物、冲积物，梅城系颗粒大小级别为砂质，蜀山系矿物学类型为硅质混合型，层次质地类型为粉砂壤土-粉砂质黏壤土；郑村系颗粒大小级别为壤质，层次质地类型为粉砂壤土-壤土。

利用性能综述　地势低洼，通透性不良，质地偏黏，耕性较差，有机质和钾含量不足，氮、磷含量较高。应进一步改善排灌设施，增施有机肥和实行秸秆还田，排涝防渍，增施钾肥。

参比土种　脱青湖泥田。

代表性单个土体　位于安徽省无为县泉塘镇金牛村西南，31°10′22.3″N，117°38′52.0″E，海拔 6 m，滨湖圩区较低洼地，成土母质为河湖相冲积-沉积物，水田，油-稻轮作，50 cm 深度土温 18.4 ℃。

泉塘系代表性单个土体剖面

Ap1：0～16 cm，浊黄橙色（10YR 6/3，干），灰黄棕色（10YR 5/2，润）；粉砂壤土，发育强的直径 2～5 mm 块状结构，疏松；结构面上有 15%左右铁锰斑纹；向下层平滑清晰过渡。

Ap2：16～23 cm，浊黄橙色（10YR 7/3，干），黄灰色（10YR 6/1，润）；壤土，发育强的直径 20～50 mm 块状结构，坚实；结构面上有 15%左右的铁锰斑纹，土体中有 5%左右褐色-黄褐色直径≤3 mm 球形软铁锰结核，2 个砖块；向下层平滑渐变过渡。

Br1：23～44 cm，浊黄棕色（10YR 6/3，干），黄灰色（10YR 5/1，润）；壤土，发育强的直径 20～50 mm 棱块状结构，坚实；结构面上有 15%左右铁锰斑纹，土体中有 2%左右黄褐色直径≤3 mm 球形软铁锰结核，2 个砖块；向下层平滑渐变过渡。

Br2：44～60 cm，亮黄棕色（10YR 6/6，干），浊黄棕色（10YR 5/4，润）；壤土，发育强的直径 20～50 mm 棱块状结构，坚实；结构面上有 15%左右铁锰斑纹，可见灰色胶膜，土体中有 15%左右褐色-黄褐色直径≤20 mm 球形软铁锰结核；向下层波状清晰过渡。

Br3：60～120 cm，亮黄棕色（10YR 6/6，干），浊黄棕色（10YR 5/4，润）；黏壤土，发育强的直径 20～50 mm 棱块状结构，坚实；结构面上有 40%左右铁锰斑纹，可见灰色胶膜，土体中有 5%左右褐色-黄褐色直径≤20 mm 球形软铁锰结核。

泉塘系代表性单个土体物理性质

土层	深度 /cm	砾石 （>2 mm，体积 分数）/%	细土颗粒组成（粒径：mm）/（g/kg）			质地	容重 /（g/cm³）
			砂粒 2～0.05	粉粒 0.05～0.002	黏粒 <0.002		
Ap1	0～16	—	185	592	223	粉砂壤土	1.19
Ap2	16～23	2	330	419	251	壤土	1.37
Br1	23～44	5	383	364	253	壤土	1.32
Br2	44～60	15	451	301	248	壤土	1.54
Br3	60～120	5	263	424	313	黏壤土	1.54

泉塘系代表性单个土体化学性质

深度 /cm	pH （H₂O）	有机质 /（g/kg）	全氮（N） /（g/kg）	全磷（P） /（g/kg）	全钾（K） /（g/kg）	CEC /[cmol(+)/kg]	游离氧化铁 /（g/kg）
0～16	8.5	28.5	1.5	1.08	12.8	17.8	37.2
16～23	7.7	12.4	0.51	0.37	12.8	15.5	28.6
23～44	7.8	8.9	0.34	0.37	12.0	15.2	28.6
44～60	7.8	8.7	0.35	0.49	12.4	13.0	31.5
60～120	7.8	9.6	0.47	0.18	11.6	26.1	40.7

4.3.4 郑村系（Zhengcun Series）

土族：壤质硅质混合型非酸性热性-普通铁渗水耕人为土
拟定者：李德成，杨 帆

分布与环境条件 分布于皖南
山区河谷盆地和沟谷冲、垄地段，
海拔 10～250 m，成土母质为冲
积物，水田，麦/油-稻轮作或单
季稻。北亚热带湿润季风气候，
年均日照时数 1900～2000 h，气
温 15.5～16.5℃，降水量 1500～
1700 mm，无霜期 230～240 d。

郑村系典型景观

土系特征与变幅 诊断层包括水耕表层、水耕氧化还原层；诊断特性包括热性土壤温度
状况、人为滞水土壤水分状况、铁渗特征。土层深厚，粉砂壤土-壤土，pH 5.8～6.6。铁
渗淋亚层厚度 10～15 cm。氧化还原层有 2%～10%的铁锰斑纹，可见灰色胶膜，2%～5%
的铁锰结核。
对比土系 同一土类不同土族的土系中，梅城系、蜀山系和泉塘系成土母质分别为紫砂
岩沟谷堆积物、河湖相冲积-沉积物、冲积物，梅城系颗粒大小级别为砂质，蜀山系和泉
塘系颗粒大小级别为黏壤质。
利用性能综述 地形低平，排灌方便，质地适中，耕性好，有机质和全氮含量较高，但
磷钾含量不足。应深沟排水，水旱轮作，秸秆还田和增施磷肥和钾肥。
参比土种 潮砂泥田。
代表性单个土体 位于安徽省歙县郑村镇浩村东，29°51′17.3″N，118°22′6.1″E，海拔 146 m，
垄地，成土母质为河相冲积物，水田，麦/油-稻轮作或单季稻。50 cm 深度土温 18.7 ℃。

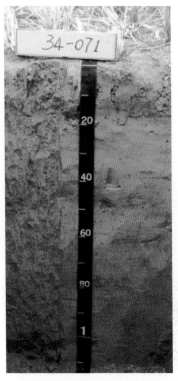

Ap1：0～15 cm，淡灰色（10YR 7/1，干），棕灰色（10YR 6/1，润）；粉砂壤土，发育强的直径1～2 mm粒状结构，松散；结构面上有2%左右铁锰斑纹；向下层平滑清晰过渡。

Ap2：15～25 cm，淡灰色（10YR 7/1，干），棕灰色（10YR 6/1，润）；粉砂壤土；发育强的直径约20～50 mm棱块状结构，坚实；结构面上有2%左右铁锰斑纹；向下层平滑渐变过渡。

Br1：25～38 cm，灰黄棕色（10YR 6/2，干），黄灰色（10YR 5/1，润）；壤土；发育强的直径5～20 mm棱块状结构，坚实；结构面上有2%左右铁锰斑纹，可见灰色胶膜，土体中有2%左右直径≤3 mm球状褐色软铁锰结核；向下层平滑清晰过渡。

Br2：38～50cm，灰黄棕色（10YR 6/2，干），黄灰色（10YR 5/1，润）；壤土，发育强的直径5～20 mm棱块状结构，坚实；结构面上有15%左右铁锰斑纹，可见灰色胶膜，土体中有2%左右直径≤3 mm球状褐色软铁锰结核；向下层平滑清晰边界。

Br3：50～110cm，亮黄棕色（10YR 6/6，干），浊黄棕色（10YR 5/4，润）；壤土，发育强的直径5～20 mm棱块状结构，坚实；结构面上有30%左右铁锰斑纹，可见灰色胶膜，土体中有5%左右直径≤3 mm球状褐色软铁锰结核。

郑村系代表性单个土体剖面

郑村系代表性单个土体物理性质

| 土层 | 深度 /cm | 砾石 （>2 mm，体积 分数）/% | 细土颗粒组成（粒径：mm）/（g/kg） | | | 质地 | 容重 /（g/cm³） |
			砂粒 2～0.05	粉粒 0.05～0.002	黏粒 <0.002		
Apg1	0～15	—	336	551	113	粉砂壤土	1.11
Apg2	15～25	—	308	552	140	粉砂壤土	1.51
Br1	25～38	2	368	496	136	壤土	1.60
Br2	38～50	2	342	496	162	壤土	1.61
Br3	50～110	5	408	445	147	壤土	1.61

郑村系代表性单个土体化学性质

深度 /cm	pH （H₂O）	有机质 /（g/kg）	全氮（N） /（g/kg）	全磷（P） /（g/kg）	全钾（K） /（g/kg）	CEC /[cmol(+)/kg]	游离氧化铁 /（g/kg）
0～15	6.0	41.6	2.56	0.31	17.8	12.1	12.3
15～25	5.9	16.0	1.15	0.25	18.8	10.6	26.0
25～38	5.8	9.8	0.97	0.38	17.9	11.9	10.6
38～50	6.2	10.2	0.85	0.54	13.6	12.5	22.0
50～110	6.55	5.75	1.03	0.5	17.1	11.3	31.5

4.4 漂白铁聚水耕人为土

4.4.1 双池系（Shuangchi Series）

土族：砂质硅质混合型非酸性热性-漂白铁聚水耕人为土
拟定者：李德成，魏昌龙，李山泉

分布与环境条件 分布于江淮丘陵区坡度稍大的冲塝地，海拔 25～50 m，成土母质为花岗片麻岩风化坡积物，水田，麦-稻轮作。北亚热带湿润季风气候，年均日照时数 2200～2400 h，气温 14.5～15.5 ℃，降水量 900～1000 mm，无霜期 200～220 d。

双池系典型景观

土系特征与变幅 诊断层包括水耕表层、漂白层、水耕氧化还原层；诊断特性包括热性土壤温度状况、人为滞水土壤水分状况。土体厚度一般在 1 m 以上，砂质壤土-砂质黏壤土，pH 5.2～7.0。30～60 cm 土体经过长期漫灌，部分铁锰被还原淋失，黏粒流失，形成漂白层。氧化还原层有 5%～10%的铁锰斑纹。

对比土系 同一亚类但不同土族的土系中，西庄系分布于皖南沿江和沿河平原地段，成土母质为冲积物，颗粒大小级别为黏壤质；水东系分布于皖南山区沟谷中部，成土母质为泥质岩风化沟谷堆积物，颗粒大小级别为壤质。位于同一乡镇的小阚系，同一土类，不同亚类，为普通铁聚水耕人为土。

利用性能综述 土层深厚，质地砂，耕性好，有机质和全氮含量较高，但磷钾含量不足，酸性重。应应防止串流漫灌导致的表土流失和白土化，实行秸秆还田，增施磷肥和钾肥，防止进一步酸化。

参比土种 渗麻砂泥田。

代表性单个土体 位于安徽省定远县池河镇金湾村池河村西南，32°30′53.0″N，117°56′19.0″E，海拔 27 m，冲塝地，成土母质为母质多为花岗片麻岩风化坡积物，水田，麦-稻轮作。50 cm 深度土温 17.0 ℃。

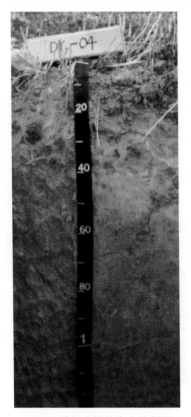

Ap1：0～18 cm，浊黄橙色（10YR 7/3，干），灰黄棕色（10YR 6/2，润）；砂质黏壤土，发育强的直径 1～2 mm 粒状结构，松散；向下层平滑清晰过渡。

Ap2：18～30 cm，浊黄橙色（10YR 7/3，干），灰黄棕色（10YR 6/2，润）；砂质黏壤土，发育强的直径 20～50 mm 块状结构，很硬；结构面上有 5%左右铁锰斑纹；向下层平滑清晰过渡。

E：30～60 cm，淡灰色（10YR 7/1，干），棕灰色（10YR 6/1，润）；砂质壤土，发育强的直径 20～50 mm 棱块状结构，很硬；结构面上有 2%左右铁锰斑纹，土体中 2～3 个小砖块；向下层平滑清晰过渡。

Br1：60～90 cm，亮黄棕色（10YR 7/6，干），浊黄橙色（10YR 6/4，润）；砂质黏壤土，发育强的直径 20～50 mm 棱块状结构，很硬；结构面上有 10%左右铁锰斑纹；向下层平滑渐变过渡。

Br2：90～120 cm，浊黄橙色（10YR 7/3，干），灰黄棕色（10YR 6/2，润）；砂质黏壤土，发育强的直径 20～50 mm 块状结构，很硬；结构面上有 5%左右铁锰斑纹。

双池系代表性单个土体剖面

双池系代表性单个土体物理性质

土层	深度 /cm	砾石 (>2 mm，体积分数) /%	细土颗粒组成（粒径：mm）/（g/kg）			质地	容重 /（g/cm³）
			砂粒 2～0.05	粉粒 0.05～0.002	黏粒 <0.002		
Ap1	0～18	—	590	170	240	砂质黏壤土	1.20
Ap2	18～30	—	587	154	259	砂质黏壤土	1.46
E	30～60	—	551	283	166	砂质壤土	1.58
Br1	60～90	—	555	206	239	砂质黏壤土	1.50
Br2	90～120	—	644	151	205	砂质黏壤土	1.55

双池系代表性单个土体化学性质

深度 /cm	pH (H₂O)	有机质 /（g/kg）	全氮（N） /（g/kg）	全磷（P） /（g/kg）	全钾（K） /（g/kg）	CEC /[cmol(+)/kg]	游离氧化铁 /（g/kg）
0～18	5.2	15.1	0.81	0.61	17.5	16.4	7.7
18～30	5.7	10.2	0.73	0.57	12.1	17.3	2.3
30～60	7.0	0.4	0.31	0.67	12.3	19.9	16.6
60～90	7.2	3.3	0.33	1.01	12.8	17.8	14.6
90～120	7.4	1.2	0.21	0.73	12.7	13.9	18.0

4.4.2 兴北系（Xingbei Series）

土族：黏质混合型非酸性热性-漂白铁聚水耕人为土

拟定者：李德成，魏昌龙，李山泉

分布与环境条件 分布于江淮丘岗地区坡度稍小的冲畈地段，海拔 25～80 m，成土母质为下蜀黄土搬运物，水田，麦-稻轮作。北亚热带湿润季风气候，年均日照时数 2200～2400 h，气温 14.5～15.5 ℃，降水量 900～1000 mm，无霜期 200～220 d。

兴北系典型景观

土系特征与变幅 诊断层包括水耕表层、漂白层、水耕氧化还原层；诊断特性包括热性土壤温度状况、人为滞水土壤水分状况。土体厚度一般在 1 m 以上，水耕表层为壤土-黏壤土，漂白层和氧化还原层为黏壤土，pH 6.0～8.0。40 cm 以上土体经过长期漫灌，部分铁锰被还原淋失，黏粒流失，形成漂白层，厚约 40 cm，可见少量铁锰斑纹和铁锰结核。氧化还原层结构面上有 10%左右铁锰斑纹，土体中有 2%左右铁锰结核。

对比土系 同一亚类但不同土族的土系中，西庄系分布于皖南沿江和沿河平原地段，成土母质为冲积物，颗粒大小级别为黏壤质；水东系分布于皖南山区沟谷中部，成土母质为泥质岩风化沟谷堆积物，颗粒大小级别为壤质。位于同一乡镇的官桥系，同一亚纲，不同土类，为简育水耕人为土。

利用性能综述 土层深厚，质地黏，耕性和通透性较差，有机质和磷含量较高，氮和钾含量不足。应防止串流漫灌导致的表土流失和白土化，实行秸秆还田，增施氮肥和钾肥。

参比土种 黄白土田。

代表性单个土体 位于安徽省定远县严桥乡兴北村东北，32°28′5.5″N，117°36′22.4″E，海拔 72 m，冲地，成土母质为下蜀黄土搬运物，水田，麦-稻轮作。50 cm 深度土温 16.8 ℃。

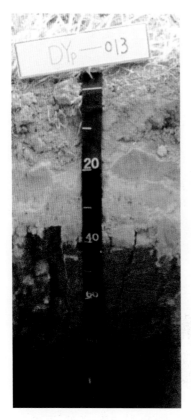

Ap1：0～15 cm，浅淡灰黄色（2.5Y 8/4，干），灰黄色（2.5Y 7/2，润）；壤土，发育强的直径 1～2 mm 粒状结构，松散；向下层平滑清晰过渡。

Ap2：15～23 cm，浊黄橙色（10YR 7/3，干），灰黄棕色（10YR 6/2，润）；黏壤土，发育强的直径 20～50 mm 块状结构，很硬；向下层平滑清晰过渡。

E：23～40 cm，灰白色（2.5Y 8/2，干），淡灰色（2.5Y 7/1，润）；黏壤土，发育强的直径 20～50 mm 棱柱状结构，很硬；结构面上有2%左右铁锰斑纹，可见灰色胶膜，土体中有5%左右直径≤3 mm 球状黄褐色软铁锰结核，3 条直径 3～5 mm 裂隙；向下层平滑清晰过渡。

Br1：40～80 cm，浊黄橙色（10YR 7/4，干），灰黄色（10YR 6/2，润）；黏壤土，发育强的直径 20～50 mm 棱柱状结构，很硬；结构面上有10%左右铁锰斑纹，可见灰色胶膜，土体中有2%左右直径≤3 mm 球状黄褐色软铁锰结核，6 条直径 2～4 mm 裂隙；向下层平滑渐变过渡。

Br2：80～120 cm，浊黄棕色（10YR 5/4，干），暗灰黄色（10YR 4/2，润）；黏壤土，发育强的直径 20～50 mm 棱柱状结构，很硬；结构面上有10%左右的铁锰斑纹，土体中有2%左右直径≤3 mm 球状黄褐色软铁锰结核，可见灰色胶膜，3 条直径 2～3 mm 裂隙。

兴北系代表性单个土体剖面

兴北系代表性单个土体物理性质

| 土层 | 深度 /cm | 砾石（>2 mm，体积分数）/% | 细土颗粒组成（粒径：mm）/（g/kg） | | | 质地 | 容重 /（g/cm³） |
			砂粒 2～0.05	粉粒 0.05～0.002	黏粒 <0.002		
Ap1	0～15	—	422	320	258	壤土	1.04
Ap2	15～23	—	324	314	362	黏壤土	1.56
E	23～40	5	380	256	364	黏壤土	1.57
Br1	40～80	2	368	239	393	黏壤土	1.55
Br2	80～120	2	361	268	371	黏壤土	1.51

兴北系代表性单个土体化学性质

深度 /cm	pH（H₂O）	有机质 /（g/kg）	全氮（N）/（g/kg）	全磷（P）/（g/kg）	全钾（K）/（g/kg）	CEC /[cmol(+)/kg]	游离氧化铁 /（g/kg）
0～15	6.3	24.5	1.32	1.07	12.1	27.1	16.9
15～23	7.6	13.8	0.7	0.73	11.6	20.2	24.6
23～40	8.0	5.6	0.22	0.79	11.4	12.9	17.4
40～80	7.9	5.1	0.28	0.69	11.6	23.3	28.6
80～120	8.0	4.5	0.22	0.75	13.5	22.0	21.2

4.4.3 西庄系〔Xizhuang Series〕

土族：黏壤质硅质混合型非酸性热性-漂白铁聚水耕人为土
拟定者：李德成，赵玉国

分布与环境条件 分布于皖
南沿江和沿河平原地段，海拔
15～30 m，成土母质为冲积物，
水田，麦/油-稻轮作或单季稻。
北亚热带湿润季风气候，年均
日照时数 2000～2100 h，气温
15.5～16.5 ℃，降水量 1200～
1400 mm，无霜期 230～240 d。

西庄系典型景观

土系特征与变幅 诊断层包括水耕表层、漂白层、水耕氧化还原层；诊断特性包括热性
土壤温度状况、人为滞水土壤水分状况。土体厚度一般大于 1 m，土体上砂下黏，30～
50 cm 以上土体为壤土，漂白作用明显；40～50 cm 以下的土体黏粒含量增加，壤土-黏
壤土，铁锰斑纹及铁锰结核随之增加，pH 6.2～7.0。

对比土系 同一亚类但不同土族的土系中，双池系分布于江淮丘陵区冲塝地，成土母质
为花岗片麻岩等坡洪积物，颗粒大小级别为砂质；兴北系分布于江淮丘岗地区冲畈地段，
成土母质为下蜀黄土，颗粒大小级别为黏质。

利用性能综述 排灌方便，质地适中，耕性好，有机质、氮、钾含量略显不足，磷含量
较高，酸性重。应改善排灌条件，增施有机肥和实行秸秆还田，增施钾肥，防止进一步
酸化。

参比土种 黏身潮砂泥田。

代表性单个土体 位于安徽省宣城市宣州区沈村镇西庄村西南，31°3′49.0″N，
118°51′3.7″E，海拔 17 m，冲积平原，成土母质为冲积物，水田，麦/油-稻轮作或单季稻。
50 cm 深度土温 18.0 ℃。

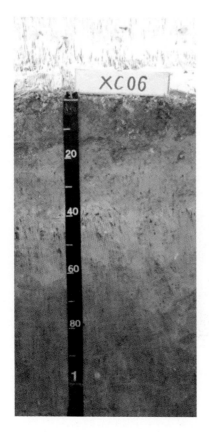

Ap1：0～14 cm，黄灰色（2.5Y 5/1，干），黄灰色（2.5Y 4/1，润）；壤土，发育强的直径 2～5 mm 块状结构，疏松；结构面上有10%左右铁锰斑纹；向下层平滑清晰过渡。

Ap2：14～20 cm，淡灰色（2.5Y 7/1，干），黄灰色（2.5Y 6/1，润）；壤土，发育强的直径 20～50 mm 块状结构，稍坚实；结构面上有2%左右铁锰斑纹，土体中有2%左右直径≤5mm 的球形褐色软铁锰结核；向下层平滑清晰过渡。

E：20～37 cm，浊黄橙色（10YR 6/3，干），黄灰色（10YR 5/1，润）；壤土，发育强的直径 20 ～50 mm 棱块状结构，坚实；结构面上有 2%左右铁锰斑纹，土体中有 2%左右直径≤5 mm 球形褐色软铁锰结核；向下层平滑清晰过渡。

Br1：37～48 cm，淡黄色（2.5Y 7/3，干），黄灰色（2.5Y 5/1，润）；壤土，发育强的直径 20～50 mm 棱块状结构，坚实；结构面上有15%左右铁锰斑纹，土体中有10%左右直径≤20 mm 球形褐色软铁锰结核；向下层平滑渐变过渡。

Br2：48～110 cm，淡黄色（2.5Y 7/3，干），黄灰色（2.5Y 5/1，润）；黏壤土，发育强的直径 20～50 mm 棱块状结构，坚实；结构面上有 20%左右铁锰斑纹，土体中有 5%左右直径≤5 mm 球形褐色软铁锰结核。

西庄系代表性单个土体剖面

西庄系代表性单个土体物理性质

| 土层 | 深度/cm | 砾石（>2 mm，体积分数）/% | 细土颗粒组成（粒径：mm）/（g/kg） | | | 质地 | 容重/（g/cm³） |
			砂粒 2～0.05	粉粒 0.05～0.002	黏粒 <0.002		
Ap1	0～14	—	488	350	162	壤土	1.13
Ap2	14～20	2	484	378	138	壤土	1.48
E	20～37	2	439	450	111	壤土	1.60
Br1	37～48	10	491	284	225	壤土	1.53
Br2	48～110	5	359	242	399	黏壤土	1.52

西庄系代表性单个土体化学性质

深度/cm	pH（H₂O）	有机质/（g/kg）	全氮（N）/（g/kg）	全磷（P）/（g/kg）	全钾（K）/（g/kg）	CEC/[cmol(+)/kg]	游离氧化铁/（g/kg）
0～14	5.2	29.4	1.46	0.91	8.2	19.7	16.9
14～20	6.0	21.4	1.22	0.93	6.8	18.8	33.5
20～37	6.9	2.0	0.49	0.78	6.5	18.7	26.9
37～48	7.1	2.4	0.53	0.88	8.4	20.9	36.6
48～110	7.2	0.8	0.55	0.67	9.3	23.5	33.5

4.4.4 水东系（Shuidong Series）

土族：壤质硅质混合型非酸性热性-漂白铁聚水耕人为土
拟定者：李德成，赵玉国

分布与环境条件 分布于皖南山区的沟谷中部，海拔约 30～50 m，成土母质为泥质岩风化沟谷堆积物，水田，麦/油-稻轮作或单季稻。北亚热带湿润季风气候，年均日照时数 2000～2100 h，气温 15.5～16.5 ℃，降水量 1200～1400 mm，无霜期 230～240 d。

水东系典型景观

土系特征与变幅 诊断层包括水耕表层、漂白层、水耕氧化还原层；诊断特性包括热性土壤温度状况、人为滞水土壤水分状况。土体深厚，一般在 1 m 以上，通体为粉砂壤土，pH 6.5～7.0。20 cm 以上土体漂白明显，氧化还原层结构面上有 5%～10%的铁锰斑纹，土体中有 2%～5%的铁锰结核。

对比土系 同一亚类但不同土族中，双池系分布于江淮丘陵区冲塝地，成土母质为花岗片麻岩等坡洪积物，颗粒大小级别为砂质；兴北系分布于江淮丘岗地区冲畈地段，成土母质为下蜀黄土搬运物，颗粒大小级别为黏质。位于同一乡镇的东胜系，同一土类，不同亚类，铁聚水耕人为土；七岭系，同一亚纲，不同土类，为简育水耕人为土。

利用性能综述 质地适中，耕性和通透性好，有机质、氮、磷含量较高，但钾含量严重不足。改良利用措施：①改善排灌条件；②维护梯田设施建设，防止水土流失；③增施钾肥。

参比土种 扁石泥田。

代表性单个土体 位于安徽省宣城市宣州区水东镇枣乡村东南，30°47′16.9″N，118°57′47.6″E，海拔 45 m，沟谷中部，成土母质为泥质岩风化沟谷堆积物，水田，麦/油-稻轮作或单季稻。50 cm 深度土温 17.8 ℃。

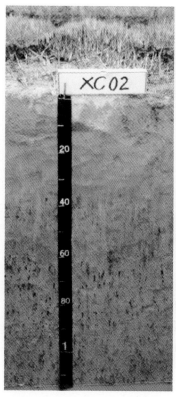

水东系代表性单个土体剖面

Ap1：0～13 cm，淡灰色（10YR 7/1，干），棕灰色灰黄色（10YR 6/1，润）；粉砂壤土，发育强的直径2～5 mm块状结构，松散；向下层平滑清晰过渡。

Ap2：13～19 cm，淡灰色（10YR 7/1，干），棕灰色灰黄色（10YR 6/1，润）；粉砂壤土，发育强的直径20～50 mm块状结构，坚实；土体中有2%左右直径≤3 mm球形褐色-黄褐色软铁锰结核；向下层平滑清晰过渡。

Br1：19～38 cm，亮黄棕色（10YR 7/6，干），浊黄橙色（10YR 6/4，润）；粉砂壤土，发育中等的直径20～50 mm块状结构，坚实；结构面上有5%左右的铁锰斑纹，土体中有2%左右直径≤3 mm球形褐色-黄褐色软铁锰结核；向下层平滑清晰过渡。

Br2：38～65 cm，亮黄棕色（10YR 6/8，干），亮黄棕色（10YR 6/6，润）；粉砂壤土，发育强的直径20～50 mm块状结构，坚实；结构面上有10%左右的铁锰斑纹，可见灰色胶膜，土体中有5%左右直径≤10 mm球形褐色-黄褐色软铁锰结核；向下层平滑清晰过渡。

Br3：65～120 cm，亮黄棕色（10YR 6/6，干），浊黄棕色（10YR 5/4，润）；粉砂壤土，发育强的直径20～50 mm块状结构，坚实；结构面上有10%左右铁锰斑纹，可见灰色胶膜，土体中有5%左右直径≤10 mm球形褐色-黄褐色软铁锰结核。

水东系代表性单个土体物理性质

土层	深度 /cm	砾石 （>2 mm，体积分数）/%	细土颗粒组成（粒径：mm）/（g/kg）			质地	容重 /（g/cm³）
			砂粒 2～0.05	粉粒 0.05～0.002	黏粒 <0.002		
Ap1	0～13	—	191	619	190	粉砂壤土	1.24
Ap2	13～19	2	214	614	172	粉砂壤土	1.44
Br1	19～38	2	120	695	185	粉砂壤土	1.66
Br2	38～65	5	155	602	243	粉砂壤土	1.62
Br3	65～120	5	131	572	297	粉砂壤土	1.63

水东系代表性单个土体化学性质

深度 /cm	pH （H₂O）	有机质 /（g/kg）	全氮（N） /（g/kg）	全磷（P） /（g/kg）	全钾（K） /（g/kg）	CEC /[cmol(+)/kg]	游离氧化铁 /（g/kg）
0～13	6.4	28.0	1.59	0.98	8.1	12.1	24.9
13～19	6.4	22.0	1.25	0.84	7.8	10.1	7.2
19～38	6.9	10.5	0.58	0.76	8.2	7.1	8.0
38～65	7.1	8.4	0.41	0.77	8.4	6.1	18.6
65～120	7.1	5.7	0.4	0.66	9.3	7.1	45.5

4.5　底潜铁聚水耕人为土

4.5.1　湖阳系（Huyang Series）

土族：黏壤质硅质混合型非酸性热性-底潜铁聚水耕人为土

拟定者：李德成，刘　锋，杨　帆

分布与环境条件　分布于皖
南山区沿河两岸开阔低平地
段，呈条带状分布，海拔 75～
250 m，成土母质为冲积物，
水田，麦/油-稻轮作或单季稻。
北亚热带湿润季风气候，年均
日照时数 2000～2100 h，气温
15.5～16.0 ℃，降水量 1300～
1500 mm，无霜期230～240 d。

湖阳系典型景观

土系特征与变幅　诊断层包括水耕表层、水耕氧化还原层；诊断特性包括热性土壤温度
状况、人为滞水土壤水分状况、低潜特征。土体深厚，多在 1 m 以上，水耕表层为粉砂
壤土-黏壤土，氧化还原层为黏壤土，pH 6.0～6.3。潜育层出现在 60～70 cm 以下。氧化
还原层结构面上有 30%左右铁锰斑纹。

对比土系　苏子系，同一土族，但分布于沿江冲积平原的低平圩区，成土母质为冲积物，
有砂质壤土、壤土和砂质黏壤土层次。

利用性能综述　质地偏黏，耕性略差，有机质和氮含量较高，但磷、钾含量不足。应完
善排灌渠系，深沟排水，实行浅水湿润灌溉，水旱轮作，秸秆还田，增施磷肥和钾肥。

参比土种　复石灰潮泥田。

代表性单个土体　位于安徽省当涂县湖阳乡陶村港西北，31°25′3.3″N，118°44′28.4″E，
海拔 6 m，一级阶地，成土母质为冲积物，水田，麦/油-稻轮作或单季稻。50 cm 深度土
温 17.7 ℃。

Ap1：0～13 cm，亮黄棕色（10YR 6/6，干），浊黄棕色（10YR 5/4，润）；粉砂壤土，发育强的直径2～5 mm块状结构，松软；结构面上有40%左右的铁锰斑纹；向下层平滑清晰过渡。

Ap2：13～19 cm，亮黄棕色（10YR 6/6，干），浊黄棕色（10YR 5/4，润）；黏壤土，发育强的直径20～50 mm块状结构，稍坚实；结构面上有15%左右铁锰斑纹，向下层平滑渐变过渡。

Br：19～62 cm，灰黄棕色（10YR 6/2，干），棕灰色（10YR 5/1，润）；黏壤土，发育中等的直径20～50 mm棱块状结构，稍坚实；结构面上有30%左右铁锰斑纹，可见灰色胶膜；向下层平滑渐变过渡。

Bg1：62～78 cm，棕灰色（10YR 6/1，干），棕灰色（10YR 4/1，润）；黏壤土，发育中等的直径20～50 mm块状结构，稍坚实；特征3根芦苇腐根；向下层不规则渐变过渡。

Bg2：78～100 cm，棕灰色（10YR 5/1，干），棕灰色（10YR 4/1，润）；黏壤土，糊泥状。

湖阳系代表性单个土体剖面

湖阳系代表性单个土体物理性质

深度 /cm		砾石（>2 mm，体积分数）/%	细土颗粒组成（粒径：mm）/（g/kg）			质地	容重 /（g/cm³）
			砂粒 2～0.05	粉粒 0.05～0.002	黏粒 <0.002		
Ap1	0～13	—	240	532	228	粉砂壤土	1.02
Ap2	13～19	—	278	393	329	黏壤土	1.14
Br	19～62	—	244	457	299	黏壤土	1.05
Bg1	62～78	—	236	477	287	黏壤土	1.20
Bg2	78～100	—	210	502	288	黏壤土	1.17

湖阳系代表性单个土体化学性质

深度 /cm	pH（H₂O）	有机质 /（g/kg）	全氮（N）/（g/kg）	全磷（P）/（g/kg）	全钾（K）/（g/kg）	CEC /[cmol（+）/kg]	游离氧化铁 /（g/kg）
0～13	6.3	50.8	2.85	0.36	19.0	28.6	22.6
13～19	6.1	32.6	1.99	0.19	17.6	22.4	42.9
19～62	6.3	23.3	1.26	0.27	17.0	29.1	46.1
62～78	6.0	22.6	0.88	0.28	16.6	29.0	19.4
78～100	6.2	20.9	0.82	0.47	15.2	15.3	18.3

4.5.2　苏子系（Suzi Series）

土族：黏壤质硅质混合型非酸性热性-底潜铁聚水耕人为土
拟定者：李德成，陈吉科，赵明松

分布与环境条件　分布于沿江冲积平原的低平圩区，海拔 6～15 m，成土母质为长江河湖相冲积-沉积物，水田，麦/油-稻轮作或单季稻。北亚热带湿润季风气候，年均日照时数 2000～2100 h，气温 15.5～16.0 ℃，降水量 1200～1300 mm，无霜期 230～240 d。

苏子系典型景观

土系特征与变幅　诊断层包括水耕表层、水耕氧化还原层；诊断特性包括热性土壤温度状况、人为滞水土壤水分状况。土体厚度一般在 1 m 以上，层次质地复杂，砂质壤土-黏壤土，pH 6.6～7.5。氧化还原层结构面上有 5%左右铁锰斑纹，可见灰色胶膜，60～80 cm 以下易滞水。

对比土系　湖阳系，同一土族，成土母质和分布地形部位一致，但质地层次构型为粉砂壤土-黏壤土。

利用性能综述　质地偏黏，耕性和通透性略差，有机质、氮、磷、钾含量均较低。改良利用措施：①兴修地坝小水库，改善排灌条件，深沟排水，降低地下水位；②实行水旱轮作，干耕晒垡，改良土壤通透性能；③增施有机肥和实行秸秆还田以培肥土壤，改善土壤结构；④增施磷肥和钾肥。

参比土种　潮泥骨田。

代表性单个土体　位于安徽省芜湖市鸠江区万春街道苏子社区王村，31°18′50.0″N，118°32′19.3″E，海拔 6 m，圩地，成土母质为冲积物，水田，麦/油-稻轮作或单季稻，50 cm 深度土温 18.3 ℃。

Ap1：0～14 cm，淡灰色（10YR 7/1，干），棕灰色（10YR 6/1，润）；砂质壤土，发育强的直径 2～5 mm 块状结构，松软；结构面上有 5%左右铁锰斑纹，土体中 3 个虫孔，内有细土填充物，5 个贝壳；向下层平滑清晰过渡。

Ap2：14～23 cm，浊黄橙色（10YR 6/3，干），灰黄棕色（10YR 5/2，润）；壤土，发育强的直径 20～50 mm 块状结构，稍坚实；结构面上有 5%左右铁锰斑纹，土体中 3 个蚯蚓孔，内有细土填充物，8 个贝壳；向下层平滑渐变过渡。

Br：23～63 cm，浊黄橙色（10YR 6/3，干），灰黄棕色（10YR 5/2，润）；砂质黏壤土，发育强的直径 20～50 mm 块状结构，坚实；结构面上有 5%左右铁锰斑纹，可见灰色胶膜，土体中 3 个蚯蚓孔，内有细土填充物，6 个贝壳；向下层平滑清晰过渡。

Bg：63～100 cm，棕灰色（10YR 6/1，干），棕灰色（10YR 4/1，润）；黏壤土，发育中等的直径 20～50 mm 块状结构，稍坚实；结构面上有 5%左右铁锰斑纹，可见灰色胶膜，土体中 4 个贝壳。

苏子系代表性单个土体剖面

苏子系代表性单个土体物理性质

| 土层 | 深度 /cm | 砾石 （>2 mm，体积分数）/% | 细土颗粒组成（粒径：mm）/（g/kg） | | | 质地 | 容重 /（g/cm³） |
			砂粒 2～0.05	粉粒 0.05～0.002	黏粒 <0.002		
Ap1	0～14	—	615	235	150	砂质壤土	1.20
Ap2	14～23	—	432	342	226	壤土	1.57
Br	23～63	—	487	260	253	砂质黏壤土	1.49
Bg	63～100	—	438	214	348	黏壤土	1.48

苏子系代表性单个土体化学性质

深度 /cm	pH （H₂O）	有机质 /（g/kg）	全氮（N） /（g/kg）	全磷（P） /（g/kg）	全钾（K） /（g/kg）	CEC /[cmol (+)/kg]	游离氧化铁 /（g/kg）
0～14	6.6	23.9	1.21	0.72	18.2	25.8	5.4
14～23	7.0	8.3	0.43	0.26	21.8	29.3	7.4
23～63	7.3	10.8	0.86	0.45	19.1	23.6	24.3
63～100	7.5	14.6	0.76	0.48	16.2	22.4	24.3

4.6　普通铁聚水耕人为土

4.6.1　新潭系（Xintan Series）

土族：砂质盖粗骨砂质硅质混合型非酸性热性-普通铁聚水耕人为土

拟定者：李德成，杨　帆

分布与环境条件　分布于皖南山区低丘岗塝地段，海拔 120～170 m，成土母质为石灰性紫色砂页岩坡积物，水田，麦/油-稻轮作。北亚热带湿润季风气候，年均日照时数 1800～2000 h，气温 15.5～16.0 ℃，降水量 1500～1700 mm，无霜期 230～240 d。

新潭系典型景观

土系特征与变幅　诊断层包括水耕表层、水耕氧化还原层；诊断特性包括热性土壤温度状况、人为滞水土壤水分状况。土层厚度一般在 80 cm，含有 5%左右的砂页岩风化残余碎屑，通体砂质壤土，pH 5.5～6.5，氧化还原层结构面上有 40%左右铁锰斑纹，可见灰色胶膜，土体中有 5%～10%的铁锰结核。

对比土系　兴洋系，同一亚类不同土族，分布于岗地冲地地段，成土母质为洪积-冲积物，颗粒大小级别为砂质盖粗骨质。

利用性能综述　砂性重，通透性和耕性好，氮含量较高，但有机质、磷、钾含量略低，酸性重。应维护和修缮现有的水利设施，保障灌溉保证率，增施有机肥和实行秸秆还田，增施磷肥和钾肥，适度使用白云石粉改酸。

参比土种　石灰性紫泥田。

代表性单个土体　位于安徽省黄山市屯溪区新潭镇东关村西南，29°45′32.1″N，118°17′33.5″E，海拔 144 m，低丘下部，成土母质为石灰性紫色砂岩页岩的坡积物，水田，麦/油-稻轮作。50 cm 深度土温 18.8 ℃。

新潭系代表性单个土体剖面

Ap1：0～13 cm，浊黄橙色（10YR 7/2，干），棕灰色（10YR 6/1，润）；砂质壤土，发育强的直径2～5 mm块状结构，稍坚实；向下层平滑清晰过渡。

Ap2：13～24 cm，浊黄橙色（10YR 7/4，干），浊黄橙色（10YR 6/3，润）；砂质壤土，发育强的直径20～50 mm块状结构，稍坚实；结构面上有30%左右铁锰斑纹，土体中2个小砖块；向下层平滑清晰过渡。

Br1：24～44 cm，亮黄棕色（10YR 6/6，干），浊黄棕色（10YR 5/4，润）；砂质壤土，发育强的直径20～50 mm块状结构，坚实；结构面上有40%左右铁锰斑纹，可见灰色胶膜，土体中有5%左右直径≤10 mm的褐色球形软铁锰结核，3%左右直径≤10 mm砂页岩风化碎屑；向下层平滑清晰过渡。

Br2：44～81 cm，亮黄棕色（10YR 6/6，干），浊黄棕色（10YR 5/4，润）；砂质壤土，发育强的直径20～50 mm棱块状结构，坚实；结构面上有30%左右铁锰斑纹，可见灰色胶膜，土体中有10%左右直径≤10 mm褐色球形软铁锰结核，5%左右直径≤10 mm砂页岩风化碎屑；向下层平滑渐变过渡。

BCr：81～105 cm，亮黄棕色（10YR 6/6，干），浊黄棕色（10YR 5/4，润）；砂质壤土，发育强的直径20～50 mm块状结构，坚实；结构面上有30%左右铁锰斑纹，土体中有5%左右直径≤3 mm褐色球形软铁锰结核，60%左右直径≤50 mm砂页岩风化碎屑。

新潭系代表性单个土体物理性质

| 土层 | 深度 /cm | 砾石 （>2 mm，体积分数）/% | 细土颗粒组成（粒径：mm）/（g/kg） | | | 质地 | 容重 /（g/cm³） |
			砂粒 2～0.05	粉粒 0.05～0.002	黏粒 <0.002		
Ap1	0～13	—	651	220	129	砂质壤土	1.21
Ap2	13～24	—	594	237	169	砂质壤土	1.42
Br1	24～44	8	633	217	150	砂质壤土	1.45
Br2	44～81	15	661	229	110	砂质壤土	1.45
BCr	81～105	65	562	299	139	砂质壤土	1.45

新潭系代表性单个土体化学性质

深度 /cm	pH （H₂O）	有机质 /（g/kg）	全氮（N） /（g/kg）	全磷（P） /（g/kg）	全钾（K） /（g/kg）	CEC /[cmol(+)/kg]	游离氧化铁 /（g/kg）
0～13	5.5	22.6	1.99	0.3	15.1	16.1	24.6
13～24	5.8	9.4	1.1	0.2	14.3	16.6	17.2
24～44	6.1	2.4	0.64	0.19	14.6	15.2	69.5
44～81	6.3	1.5	0.46	0.15	13.9	14.8	58.7
81～105	6.5	2.7	0.5	0.45	13.9	14.9	24.6

4.6.2　兴洋系（Xingyang Series）

土族：砂质盖粗骨质硅质混合型非酸性热性-普通铁聚水耕人为土
拟定者：李德成，赵玉国

分布与环境条件　分布于皖
南山区岗地冲地地段，海拔约
20～50 m，成土母质为石灰岩
低丘区洪积-冲积物，水田，
麦/油-稻轮作或单季稻。北亚
热带湿润季风气候，年均日照
时数 2000～2100 h，气温
15.5～16.5 ℃，降水量 1200～
1400 mm，无霜期 230～240 d。

兴洋系典型景观

土系特征与变幅　诊断层包括水耕表层、水耕氧化还原层；诊断特性包括热性土壤温度
状况、人为滞水土壤水分状况。土层深度一般低于 80 cm，其下为洪积形成的砾石层，
通体砂质壤土，pH 5.0～6.5。氧化还原层结构面上有 10%～30%的铁锰斑纹，土体中有
5%～10%的铁锰结核。

对比土系　新潭系，同一亚类但不同土族，分布于低丘岗塝地段，成土母质为石灰性紫
色砂页岩坡积物，颗粒大小级别为砂质盖粗骨砂质。位于同一乡镇的瓦屋系，同一亚类，
不同土族，颗粒大小级别为黏壤质。

利用性能综述　砂性重，通透性和耕性好，供肥快，易旱易涝，有冷浸现象，有机质、
氮、磷含量较高，但钾含量略显不足，酸性重。改良利用措施：①完善排灌系统，改善
冷浸现象；②秸秆还田，增施钾肥，防止进一步酸化。

参比土种　石灰泥田。

代表性单个土体　位于安徽省宣城市宣州区杨柳镇兴洋村东南，30°48′19.0″N，
118°38′18.2″E，海拔 26 m，岗冲地，成土母质为石灰岩低丘区洪积-冲积物，水田，麦/
油-稻轮作或单季稻。50 cm 深度土温 18.1 ℃。

兴洋系代表性单个土体剖面

Ap1：0～14 cm，灰黄色（2.5Y 6/3，干），黄灰色（2.5Y 5/1润），砂质壤土，发育强的直径 2～5 mm 块状结构，疏松；结构面上有 5%左右铁锰斑纹，土体中有 2%直径≤5 mm 石灰岩等砾石残体；向下层平滑清晰过渡。

Ap2：14～19 cm，灰黄色（2.5Y 6/3，干），黄灰色（2.5Y 5/1，润）；砂质壤土，发育强的直径 20～50 mm 块状结构，稍坚实；结构面上有 5%左右铁锰斑纹，土体中有 2%左右直径≤5 mm 石灰岩等砾石残体，2～3 块草木炭；向下层平滑渐变过渡。

Br1：19～37 cm，灰黄色（2.5Y 7/4，干），灰黄色（2.5Y 6/2，润）；砂质壤土，发育强的直径 20～50 mm 棱块状结构，坚实；结构面上有 10%左右铁锰斑纹，土体中有 10%左右直径≤5 mm 的球形褐色软铁锰结核，10%左右直径≤5 mm 石灰岩等砾石残体；向下层平滑渐变过渡。

Br2：37～75 cm，亮黄棕色（2.5Y 7/6，干），浊黄色（2.5Y 6/4，润）；砂质壤土，发育强的直径 20～50 mm 棱块状结构，稍坚实；结构面上有 30%左右铁锰斑纹，土体中有 5%左右直径≤5 mm 球形褐色软铁锰结核，2%左右直径≤5 mm 石灰岩等砾石残体；向下层平滑清晰过渡。

BCr：75～120 cm，亮黄棕色（2.5Y 6/6，干），黄棕色（2.5Y 5/4，润）；砂质壤土，发育较弱的直径 20～50 mm 块状结构，稍坚实；结构面上有 5%左右铁锰斑纹，土体中有 80%直径≤50 mm 石灰岩等砾石残体。

兴洋系代表性单个土体物理性质

土层	深度 /cm	砾石 （>2 mm，体积分数）/%	细土颗粒组成（粒径：mm）/（g/kg）			质地	容重 /（g/cm³）
			砂粒 2～0.05	粉粒 0.05～0.002	黏粒 <0.002		
Ap1	0～14	2	558	263	179	砂质壤土	1.06
Ap2	14～19	2	615	216	169	砂质壤土	1.43
Br1	19～37	20	636	171	193	砂质壤土	1.74
Br2	37～75	7	638	164	198	砂质壤土	1.74
BCr	75～120	80	676	136	188	砂质壤土	1.06

兴洋系代表性单个土体化学性质

深度 /cm	pH （H₂O）	有机质 /（g/kg）	全氮（N）/（g/kg）	全磷（P）/（g/kg）	全钾（K）/（g/kg）	CEC /[cmol(+)/kg]	游离氧化铁 /（g/kg）
0～14	4.9	33.8	1.83	1.09	17.2	11.4	8.6
14～19	5.1	28.4	1.47	1.03	12.5	14.2	6.0
19～37	5.4	16.6	0.96	0.97	12.1	16.6	24.3
37～75	6.2	7.2	0.37	0.91	11.6	15.6	38.0
75～120	6.5	4.8	0.27	0.86	12.0	8.8	8.6

4.6.3　陈文系〔Chenwen Series〕

土族：砂质硅质混合型非酸性热性-普通铁聚水耕人为土
拟定者：李德成，黄来明

分布与环境条件　分布于皖南山区沟谷开阔冲、垄地段，海拔多在 30～360 m，成土母质为花岗片麻岩风化沟谷堆积物，水田，麦/油-稻轮作。北亚热带湿润季风气候，年均日照时数 2000～2100 h，气温 15.5～16.5 ℃，降水量 1200～1400 mm，无霜期 230～240 d。

陈文系典型景观

土系特征与变幅　诊断层包括水耕表层、水耕氧化还原层；诊断特性包括热性土壤温度状况、人为滞水土壤水分状况。土体深厚，多在 1 m 以上，水耕表层为壤土-砂质黏壤土，氧化还原层为砂质黏壤土，pH 4.6～6.7。氧化还原层结构面上有 10%～50%的铁锰斑纹，土体中有 2%～5%的铁锰结核。

对比土系　同一土族的土系中，小阉系成土母质一致，但分布于缓坡岗地，通体为砂质黏壤土；奕棋系分布于低丘岗地坡麓和低塝地段，成土母质为紫色砂页岩风化坡积-洪积物，层次质地构型为砂质壤土-壤土；驿山系地形部位一致，成土母质为冲积物，层次质地构型为砂质壤土-砂质黏壤土-黏土。

利用性能综述　质地砂，通透性和耕性好，有机质、氮、磷含量略低，钾含量较高，酸性重。应该维护和修缮现有的水利设置，增施有机肥和实行秸秆还田，增施钾肥，防止进一步酸化。

参比土种　砂泥田。

代表性单个土体　位于安徽省宣城市宣州区洪林镇陈文村南，31°0′42.6″N，118°56′25.0″E，海拔 25 m，丘陵沟谷区的开阔冲地，成土母质为花岗岩片麻岩风化沟谷堆积物，水田，麦/油-稻轮作。50 cm 深度土温 17.9 ℃。

Ap1：0～14 cm，浊黄橙色（10YR 7/3，干），灰黄棕色（10YR 6/2，润）；壤土，发育强的直径2～5 mm块状结构，疏松；结构面上有5%左右铁锰斑纹；向下层平滑清晰过渡。

Ap2：14～20 cm，浊黄橙色（10YR 7/3，干），灰黄棕色（10YR 6/2，润）；砂质黏壤土，发育强的直径20～50 mm块状结构，稍坚实；结构面上有5%左右铁锰斑纹；向下层平滑清晰过渡。

Br1：20～28 cm，浊黄橙色（10YR 7/4，干），灰黄棕色（10YR 6/2，润）；砂质黏壤土，发育强的直径20～50 mm棱块状结构，稍坚实；结构面上有10%左右铁锰斑纹，土体中有2%左右直径≤3 mm的黄褐色球形软铁锰结核；向下层平滑渐变过渡。

Br2：28～76 cm，浊黄橙色（10YR 7/4，干），灰黄棕色（10YR 6/2，润）；砂质黏壤土，发育强的直径20～50 mm棱块状结构，稍坚实；结构面上有30%左右铁锰斑纹，土体中有5%左右直径≤3 mm黄褐色球形软铁锰结核；向下层平滑渐变过渡。

Br3：76～130 cm，浊黄橙色（10YR 6/4，干），灰黄棕色（10YR 5/2，润）；砂质黏壤土，发育强的直径20～50 mm棱块状结构，稍坚实；结构面上有50%左右铁锰斑纹，土体中有2%左右直径≤3 mm黄褐色球形软铁锰结核。

陈文系代表性单个土体剖面

陈文系代表性单个土体物理性质

| 土层 | 深度 /cm | 砾石 （>2 mm，体积分数）/% | 细土颗粒组成（粒径：mm）/（g/kg） | | | 质地 | 容重 /（g/cm³） |
			砂粒 2～0.05	粉粒 0.05～0.002	黏粒 <0.002		
Ap1	0～14	—	491	301	208	壤土	1.17
Ap2	14～20	—	621	170	209	砂质黏壤土	1.32
Br1	20～28	2	609	170	221	砂质黏壤土	1.58
Br2	28～76	5	616	171	213	砂质黏壤土	1.62
Br3	76～130	2	509	279	212	砂质黏壤土	1.61

陈文系代表性单个土体化学性质

深度 /cm	pH （H₂O）	有机质 /（g/kg）	全氮（N） /（g/kg）	全磷（P） /（g/kg）	全钾（K） /（g/kg）	CEC /[cmol(+)/kg]	游离氧化铁 /（g/kg）
0～14	4.6	32.5	1.54	0.97	8.6	10.2	6.9
14～20	4.9	29.2	1.47	0.8	8.2	8.1	30.9
20～28	5.3	18.1	1.03	0.98	8.8	5.1	37.5
28～76	6.1	8.7	0.63	0.8	8.8	6.1	36.3
76～130	6.7	5.5	0.6	0.91	11.6	12.1	31.5

4.6.4　小阚系（Xiaokan Series）

土族：砂质硅质混合型非酸性热性-普通铁聚水耕人为土
拟定者：李德成，黄来明

分布与环境条件　分布于江淮丘陵区地势较高缓坡岗地，海拔 20～100 m，成土母质为花岗片麻岩风化坡积物，水田，麦-稻轮作。北亚热带湿润季风气候，年均日照时数 2200～2400 h，气温 14.5～15.5 ℃，降水量 900～1000 mm，无霜期 200～220 d。

小阚系典型景观

土系特征与变幅　诊断层包括水耕表层、水耕氧化还原层；诊断特性包括热性土壤温度状况、人为滞水土壤水分状况。土体深厚，多在 1 m 以上，通体砂质黏壤土，pH 6.1～7.4，土体中有 10%左右的花岗片麻岩风化碎屑。氧化还原层结构面上有 10%左右铁锰斑纹。

对比土系　同一土族中，陈文系分布于沟谷开阔冲、垄地段，成土母质一致，层次质地构型为壤土-砂质黏壤土；奕棋系成土母质为紫色砂页岩风化坡积-洪积物，层次质地构型为砂质壤土-壤土；驿山系分布于河谷盆地和沟谷冲、垄地段，成土母质为冲积物，不同层次质地类型多样。位于同一乡镇的双池系，同一土类，不同亚类，为漂白铁聚水耕人为土。

利用性能综述　质地砂，通透性和耕性好，土层深厚，磷含量较高，有机质、氮、钾含量略低。应维护和修缮现有的水利设置，增施有机肥和实行秸秆还田，增施钾肥。

参比土种　麻砂泥田

代表性单个土体　位于安徽省定远县池河镇小阚家村西北，32°25′33.0″N，117°59′24.0″E，海拔 84 m，岗坡地，成土母质为花岗片麻岩风化坡积物，水田，麦-稻轮作。50 cm 深度土温 16.9 ℃。

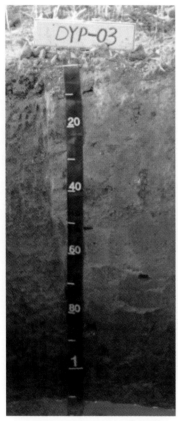

Ap1：0～10 cm，浊橙色（7.5YR 6/4，干），灰棕色（7.5YR 4/2，润）；砂质黏壤土，发育强的直径2～5 mm块状结构，稍坚实；结构面上有2%左右铁锰斑纹；土体中有10%左右直径≤3 mm花岗片麻岩风化碎屑；向下层平滑渐变过渡。

Ap2：10～20 cm，浊橙色（7.5YR 6/4，干），灰棕色（7.5YR 4/2，润）；砂质黏壤土，发育强的直径20～50 mm块状结构，稍坚实；结构面上有5%左右铁锰斑纹；土体中有10%左右直径≤3 mm花岗片麻岩风化碎屑；向下层平滑渐变过渡。

Br1：20～40 cm，亮棕色（7.5YR 5/6，干），棕色（7.5YR 4/4，润）；砂质黏壤土，发育强的直径20～50 mm棱块状结构，稍坚实；结构面上有10%左右铁锰斑纹，土体中有10%左右花岗片麻岩风化碎屑，2个小砖块；向下层平滑清晰过渡。

Br2：40～80 cm，亮棕色（7.5YR 5/8，干），棕色（7.5YR 4/6，润）；砂质黏壤土，发育强的直径20～50 mm棱块状结构，稍坚实；结构面上有10%左右铁锰斑纹，土体中有10%左右直径≤3 mm花岗片麻岩风化碎屑；1个小砖块；向下层平滑清晰过渡。

Br3：80～120 cm，灰棕色（7.5YR 4/2，干），黑棕色（7.5YR 3/1，润）；砂质黏壤土，发育中等的直径20～50mm块状结构，稍坚实；结构面上有10%左右铁锰斑纹，土体中有10%左右直径≤3 mm花岗片麻岩风化碎屑。

小阚系代表性单个土体剖面

小阚系代表性单个土体物理性质

土层	深度/cm	砾石（>2 mm，体积分数）/%	细土颗粒组成（粒径：mm）/（g/kg）			质地	容重/（g/cm³）
			砂粒 2～0.05	粉粒 0.05～0.002	黏粒 <0.002		
Ap1	0～10	10	640	141	219	砂质黏壤土	1.34
Ap2	10～20	10	616	150	234	砂质黏壤土	1.62
Br1	20～40	10	604	166	230	砂质黏壤土	1.75
Br2	40～80	10	624	124	252	砂质黏壤土	1.63
Br3	80～120	10	554	184	262	砂质黏壤土	1.59

小阚系代表性单个土体化学性质

深度/cm	pH（H₂O）	有机质/（g/kg）	全氮（N）/（g/kg）	全磷（P）/（g/kg）	全钾（K）/（g/kg）	CEC/[cmol(+)/kg]	游离氧化铁/（g/kg）
0～10	6.1	21	1.39	0.96	12.8	13.2	3.4
10～20	6.6	16	0.84	0.84	19.5	6.1	13.4
20～40	7.2	4	0.37	0.71	17.0	7.1	26.6
40～80	7.4	1	0.2	0.69	19.6	6.1	9.7
80～120	7.4	8	0.31	0.75	19.8	9.1	11.4

4.6.5 奕棋系（Yiqi Series）

土族：砂质硅质混合型非酸性热性-普通铁聚水耕人为土

拟定者：李德成，杨 帆

分布与环境条件 分布于皖南平缓低丘岗地坡麓和低塝地段，海拔 40～150 m，成土母质为紫色砂页岩风化坡积物，水田，麦/油-稻轮作。北亚热带湿润季风气候，年均日照时数 1800～2000 h，气温 15.5～16.0 ℃，降水量 1500～1700 mm，无霜期230～240 d。

奕棋系典型景观

土系特征与变幅 诊断层包括水耕表层、水耕氧化还原层；诊断特性包括热性土壤温度状况、人为滞水土壤水分状况。土体厚度一般在 1 m 以上，pH 5.8～6.4，土体中有 5%～10%的砂页岩风化碎屑，水耕表层为砂质壤土，氧化还原层为砂质壤土-壤土。氧化还原层结构面上有 10%左右铁锰斑纹，可见灰色胶膜，土体中有 2%～5%的铁锰结核。

对比土系 同一土族中，陈文系成土母质为花岗片麻岩风化沟谷堆积物，层次质地构型为壤土-砂质黏壤土；小阚系成土母质为花岗片麻岩风化坡积-洪积物，通体为砂质黏壤土；驿山系分布于河谷盆地和沟谷冲、垄地段，成土母质为冲积物，层次质地构型为砂质壤土-砂质黏壤土-黏土。

利用性能综述 质地砂，通透性和耕性好，水源丰富，前期供肥性能好，后期易脱肥，发小苗不发老苗，施肥显效快，但保水保肥性能差。土层深厚，氮含量较高，但有机质、磷、钾含量略低。改良利用措施：①维护和修缮现有的水利设置，保障灌溉保证率；②增施有机肥和实行秸秆还田以培肥土壤，改善土壤结构；③增施磷肥和钾肥。

参比土种 渗紫砂泥田。

代表性单个土体 位于安徽省黄山市屯溪区奕棋镇瑶干村东南，29°43′33.6″N，118°12′47.1″E，海拔 137 m，低塝地，成土母质为紫砂页岩风化坡积物，水田，麦/油-稻轮作。50 cm 深度土温 18.8 ℃。

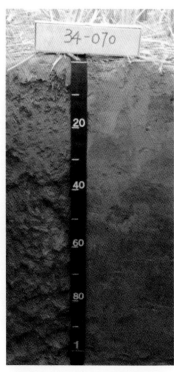

奕棋系代表性单个土体剖面

Ap1：0～19 cm，浊橙色（5YR 6/3，干），灰棕色（5YR 5/2，润）；砂质壤土，发育强的直径 2～5 mm 块状结构，稍坚实；结构面上有 10%左右铁锰斑纹；向下层平滑清晰过渡。

Ap2：19～30cm，橙色（5YR 6/8，干），浊红棕色（5YR 4/4，润）；砂质壤土，发育强的直径 20～50 mm 块状结构，稍坚实；结构面上有 10%左右铁锰斑纹，土体中有 2%左右直径≤3 mm 褐色球形软铁锰结核，5%左右直径≤10 mm 砂页岩风化碎屑，1 个小砖瓦；向下层平滑清晰过渡。

Br1：30～55 cm，浊红棕色（5YR 5/4，干），浊红棕色（5YR 4/3，润）；砂质壤土，发育强的直径 20～50 mm 棱块状结构，稍坚实；结构面上有 10%左右铁锰斑纹，可见灰色胶膜，土体中有 2%左右直径≤5 mm 褐色球形软铁锰结核，5%左右直径≤10 mm 砂页岩风化碎屑；向下层平滑渐变过渡。

Br2：55～80 cm，浊红棕色（5YR 5/4，干），浊红棕色（5YR 4/3，润）；砂质壤土，发育强的直径 20～50 mm 棱块状结构，稍坚实；结构面上有 10%左右铁锰斑纹，可见灰色胶膜，土体中有 5%左右直径≤5 mm 褐色球形软铁锰结核，5%左右直径≤10 mm 砂页岩风化碎屑；向下层平滑渐变过渡。

Br3：80～110 cm，浊红棕色（5YR 5/4，干），浊红棕色（5YR 4/3，润）；壤土，发育强的直径 20～50 mm 块状结构，稍坚实；结构面上有 10%左右铁锰斑纹，可见灰色胶膜，土体中有 5%左右直径≤5 mm 褐色球形软铁锰结核。

奕棋系代表性单个土体物理性质

| 土层 | 深度 /cm | 砾石 （>2 mm，体积分数）/% | 细土颗粒组成（粒径：mm）/（g/kg） | | | 质地 | 容重 /（g/cm³） |
			砂粒 2～0.05	粉粒 0.05～0.002	黏粒 <0.002		
Ap1	0～19	—	701	167	132	砂质壤土	1.39
Ap2	19～30	5	608	221	171	砂质壤土	1.55
Br1	30～55	7	570	272	158	砂质壤土	1.42
Br2	55～80	10	512	329	159	壤土	1.42
Br3	80～110	5	589	282	129	砂质壤土	1.42

奕棋系代表性单个土体化学性质

深度 /cm	pH （H₂O）	有机质 /（g/kg）	全氮（N） /（g/kg）	全磷（P） /（g/kg）	全钾（K） /（g/kg）	CEC /[cmol（+）/kg]	游离氧化铁 /（g/kg）
0～19	5.8	18.1	1.17	0.22	11.4	7.7	10.6
19～30	5.8	3.9	0.5	0.1	12.7	6.6	30.6
30～55	6.1	1.9	0.33	0.13	12.6	9.0	18.6
55～80	6.2	3.1	0.48	0.15	13.0	13.0	3.1
80～110	6.4	2.4	0.49	0.21	14.7	15.3	6.6

4.6.6　驿山系（Yishan Series）

土族：　砂质硅质混合型非酸性热性-普通铁聚水耕人为土
拟定者：李德成，赵玉国

分布与环境条件　分布于皖南山区河谷盆地和沟谷冲、垄地段，海拔介于 10～100 m，成土母质为冲积物，水田，麦/油-稻轮作或单季稻。北亚热带湿润季风气候，年均日照时数 2000～2100 h，气温 15.5～16.5 ℃，降水量 1200～1400 mm，无霜期 230～240 d。

驿山系典型景观

土系特征与变幅　诊断层包括水耕表层、水耕氧化还原层；诊断特性包括热性土壤温度状况、人为滞水土壤水分状况。土体厚度多大于 1 m。水耕表层为砂质壤土，氧化还原层为黏壤土-黏土，向下质地逐渐变细，pH 5.5～7.0。50 cm 以上土体具有一定漂白特征，35 cm 出现近水平分布厚约 2 cm 左右铁锰结核层。氧化还原层结构面上有 10%～15%的铁锰斑纹，土体中有 5%左右铁锰结核。

对比土系　同一土族中，陈文系成土母质为花岗片麻岩风化形成的沟谷冲积物，层次质地构型为壤土-砂质黏壤土；小阚系分布于缓坡岗地，成土母质为花岗片麻岩风化形成的坡积-洪积物，通体为砂质黏壤土；奕棋系分布于低丘岗地坡麓和低塝地段，成土母质为紫色砂页岩风化坡积-洪积物，层次质地构型为砂质壤土-壤土。

利用性能综述　地形低平，排灌方便，质地偏砂，通透性和耕性好，水、气、热协调，有机质和全氮含量较高，但磷、钾含量不足，酸性重。应加强水利建设，防止雨季洪涝危害，增施有机肥和实行秸秆还田，增施磷肥和钾肥，防止进一步酸化。

参比土种　潮砂泥田。

代表性单个土体　位于安徽省宣城市宣州区黄渡乡驿山村西北，30°51′35.4″N，118°48′17.6″E，海拔 44 m，冲积平原垄地，成土母质为冲积物，水田，麦/油-稻轮作或单季稻。50 cm 深度土温 18.0 ℃。

驿山系代表性单个土体剖面

Ap1：0～20 cm，浊橙色（7.5YR 7/3，干），灰棕色（7.5YR 6/2，润）；砂质壤土，发育强的直径 2～5 mm 块状结构，松散；结构面上有 5%左右铁锰斑纹；向下层平滑清晰过渡。

Ap2：20～32 cm，浊橙色（7.5YR 7/3，干），灰棕色（7.5YR 6/2，润）；砂质壤土，发育强的直径 20～50 mm 块状结构，稍坚实；结构面上有 2%左右铁锰斑纹；向下层平滑清晰过渡。

Br1：32～48cm，灰棕色（7.5YR 6/2，干），棕灰色（7.5YR 5/1，润）；砂质黏壤土，发育强的直径 20～50 mm 棱块状结构，坚实；结构面上有 10%左右铁锰斑纹，土体中有 10%左右直径≤3 mm 球形褐色-黄褐色软铁锰结核层；向下层不规则清晰过渡。

Br2：48～90 cm，亮黄棕色（10YR 6/6，干），浊黄棕色（10YR 5/4，润）；砂质黏壤土，发育强的直径 20～50 mm 棱块状结构，坚实；结构面上有 20%左右铁锰斑纹，土体中有 10%左右直径≤3 mm 球形褐色-黄褐色软铁锰结核；向下层平滑渐变过渡。

Br3：90～130 cm，亮黄棕色（10YR 6/6，干），浊黄棕色（10YR 5/4，润）；黏土，发育强的直径 20～50 mm 棱块状结构，坚实；结构面上有 15%左右铁锰斑纹，土体中有 5%左右直径≤3 mm 球形褐色-黄褐色软铁锰结核。

驿山系代表性单个土体物理性质

| 土层 | 深度 /cm | 砾石 （>2 mm，体积分数）/% | 细土颗粒组成（粒径：mm）/（g/kg） | | | 质地 | 容重 /（g/cm³） |
			砂粒 2～0.05	粉粒 0.05～0.002	黏粒 <0.002		
Ap1	0～20	—	618	211	171	砂质壤土	1.13
Ap2	20～32	—	609	220	171	砂质壤土	1.25
Br1	32～48	10	578	158	264	砂质黏壤土	1.73
Br2	48～90	10	577	136	287	砂质黏壤土	1.61
Br3	90～130	5	444	129	427	黏土	1.61

驿山系代表性单个土体化学性质

深度 /cm	pH （H₂O）	有机质 /（g/kg）	全氮（N） /（g/kg）	全磷（P） /（g/kg）	全钾（K） /（g/kg）	CEC /[cmol(+)/kg]	游离氧化铁 /（g/kg）
0～20	5.6	24.7	1.35	0.73	8.1	16.0	26.9
20～32	5.7	22.2	1.29	0.87	8.4	23.1	31.2
32～48	6.7	2.45	0.51	0.82	17.1	17.6	50.9
48～90	7.1	0.3	0.54	1.05	17.0	16.5	44.9
90～130	7.3	6.4	0.65	0.87	15.7	19.9	18.6

4.6.7　桐梓岗系（Tongzigang Series）

土族：黏质混合型非酸性热性-普通铁聚水耕人为土
拟定者：李德成，赵玉国

分布与环境条件　分布于皖南地区红土岗地坡中下部，海拔约 30～50 m，成土母质为第四纪红黏土。水田，麦/油-稻轮作或单季稻。北亚热带湿润季风气候，年均日照时数 2000～2100 h，气温 15.5～16.5 ℃，降水量 1200～1400 mm，无霜期 230～240 d。

桐梓岗系典型景观

土系特征与变幅　诊断层包括水耕表层、水耕氧化还原层；诊断特性包括热性土壤温度状况、人为滞水土壤水分状况。土体厚度在 1 m 以上，水耕表层为黏壤土-黏土，氧化还原层为黏土，pH 5.3～7.1。氧化还原层结构面上有 10%～50%的铁锰斑纹，可见灰色胶膜，土体中有 5%左右铁锰结核。

对比土系　位于同一区境内同一亚类但不同土族的土系中，兴洋系、陈文系、驿山系成土母质为洪积-冲积物，颗粒大小级别为砂质；东胜系成土母质为河湖相沉积物，颗粒大小级别为黏壤质，通体为黏壤土；瓦屋系成土母质为洪积-冲积物，颗粒大小级别为黏壤质，通体为壤土；桃岙系、汪南系成土母质为下蜀黄土搬运物，颗粒大小级别为黏壤质。

利用性能综述　土层厚，质地黏，通透性和耕性差，有机质、氮、磷、钾含量低，酸性重。应维护和修缮现有的水利设置，增施有机肥和实行秸秆还田，增施磷肥和钾肥，防止进一步酸化。

参比土种　（宣城）棕红壤。

代表性单个土体　位于安徽省宣城市宣州区向阳镇桐梓岗村东北，30°50′27.6″N，118°44′50.0″E，海拔 33 m，红土缓岗坡地中下部，成土母质为第四纪红黏土，水田，麦/油-稻轮作或单季稻。50 cm 深度土温 16.8 ℃。

桐梓岗系代表性单个土体剖面

Ap1：0～15 cm，浊黄橙色（10YR 7/2，干），棕灰色（10YR 6/1，润）；黏壤土，发育强的直径 2～5 mm 块状结构，疏松；结构面上有 2%左右铁锰斑纹；向下层平滑清晰过渡。

Ap2：15～20 cm，浊黄橙色（10YR 7/2，干），棕灰色（10YR 6/1，润）；黏土，发育强的直径 20～50 mm 块状结构，稍坚实；结构面上有 5%左右铁锰斑纹；向下层平滑清晰过渡。

Br1：20～42 cm，浊黄橙色（10YR 6/3，干），棕灰色（10YR 5/1，润）；黏土，发育强的直径 20～50 mm 棱块状结构，稍坚实；结构面上有 10%左右的铁锰斑纹，可见灰色胶膜，土体中有 5%左右直径≤3 mm 黄褐色球形软铁锰结核；向下层平滑清晰过渡。

Br2：42～70 cm，浊黄橙色（10YR 6/3，干），棕灰色（10YR 5/1，润）；黏土，发育强的直径 20～50 mm 棱块状结构，稍坚实；结构面上有 15%左右铁锰斑纹，可见灰色胶膜，土体中有 5%左右直径≤3 mm 黄褐色球形软铁锰结核；向下层平滑渐变过渡。

Br3：70～120 cm，亮黄棕色（10YR 7/6，干），浊黄橙色（10YR 6/4，润）；黏土，发育强的直径 20～50 mm 棱块状结构，稍坚实；结构面上有 50%的铁锰斑纹，可见灰色胶膜，土体中有 5%左右直径≤10 mm 褐色-黄褐色球形软铁锰结核。

桐梓岗系代表性单个土体物理性质

| 土层 | 深度/cm | 砾石（>2 mm，体积分数）/% | 细土颗粒组成（粒径：mm）/（g/kg） | | | 质地 | 容重/(g/cm³) |
			砂粒 2～0.05	粉粒 0.05～0.002	黏粒 <0.002		
Ap1	0～15	—	255	350	395	黏壤土	1.16
Ap2	15～20	—	274	323	403	黏土	1.29
Br1	20～42	5	251	333	416	黏土	1.64
Br2	42～70	5	210	362	428	黏土	1.69
Br3	70～120	5	220	355	425	黏土	1.68

桐梓岗系代表性单个土体化学性质

深度/cm	pH（H₂O）	有机质/（g/kg）	全氮（N）/（g/kg）	全磷（P）/（g/kg）	全钾（K）/（g/kg）	CEC/[cmol(+)/kg]	游离氧化铁/（g/kg）
0～15	5.3	19.1	1.24	0.99	19.1	7.6	3.1
15～20	5.5	19.9	1.14	0.94	14.8	7.1	5.4
20～42	6.3	5.8	0.57	1.13	16.6	6.1	30.0
42～70	6.6	0.5	0.28	0.78	16.8	7.1	26.9
70～120	7.0	1.4	0.17	0.72	16.2	5.6	52.6

4.6.8 东胜系〔Dongsheng Series〕

土族：黏壤质硅质混合型石灰性热性-普通铁聚水耕人为土
拟定者：李德成，赵玉国

分布与环境条件 分布于沿江冲积平原的水网圩区，成土母质为河湖相沉积物，海拔一般在 7～50 m，水田，麦/油-稻轮作或单季稻。北亚热带湿润季风气候，年均日照时数 2000～2100 h，气温 15.5～16.5 ℃，降水量 1200～1400 mm，无霜期 230～240 d。

东胜系典型景观

土系特征与变幅 诊断层包括水耕表层、水耕氧化还原层；诊断特性包括热性土壤温度状况、人为滞水土壤水分状况、石灰性。旱改水而成，土体厚多是 1 m 以上，pH 7.3～8.6，有石灰性，土体中有 2%～5%的碳酸钙结核，通体黏壤土。氧化还原层结构面上有5%左右铁锰斑纹，土体中有 2%～5%的铁锰结核。

对比土系 杨村系，同一土族，分布于沿江的江洲和滩地的外缘，成土母质为冲积物，层次质地构型为粉砂质黏壤土-粉砂壤土。位于同一乡镇的水东系，同一土类，不同亚类，为漂白铁聚水耕人为土，土体无石灰性，层次质地构型为壤土-黏壤土；同一土类但不同亚类，西庄系、水东系，为漂白铁聚水耕人为土；七岭系，同一亚纲但不同土类，为简育水耕人为土。

利用性能综述 土质偏黏，通透性和耕性略差，有机质、氮、磷含量较高，但钾含量严重缺乏。应做好间沟渠配套，深耕松土，种植绿肥，增施有机肥，掺砂改黏，增施钾肥。

参比土种 石灰性泥土。

代表性单个土体 位于安徽省宣城市宣州区水东镇东胜村西南，30°45′38.1″N，118°58′10.5″E，海拔 52 m，圩地，成土母质为河湖相沉积物，水田，麦/油-稻轮作或单季稻。50 cm 深度土温 17.8 ℃。

东胜系代表性单个土体剖面

Ap1：0～13 cm，灰黄色（2.5Y 6/2，干），黄灰色（2.5Y 5/1，润）；黏壤土，发育强的直径 10～20 mm 块状结构，较坚实；结构面上有 2%左右铁锰斑纹；轻度石灰反应；向下层平滑清晰过渡。

Ap2：13～20 cm，灰黄色（2.5Y 6/2，干），黄灰色（2.5Y 5/1，润）；黏壤土，发育强的直径 20～50 mm 块状结构，坚实；结构面上有 5%左右铁锰斑纹，土体中 3 个瓦砾；中度石灰反应；向下层平滑渐变过渡。

Br1：20～34 cm，灰黄色（2.5Y 6/2，干），黄灰色（2.5Y 5/1，润）；黏壤土，发育强的直径 20～50 mm 棱块状结构，坚实；结构面上有 5%左右铁锰斑纹，土体中有 2%左右直径≤3 mm 碳酸钙结核；强度石灰反应；向下层平滑清晰过渡。

Br2：34～57 cm，淡黄色（2.5Y 7/4，干），灰黄色（2.5Y 6/2，润）；黏壤土，发育强的直径 20～50 mm 棱块状结构，坚实；结构面上有 5%左右铁锰斑纹，土体中有 2%左右直径≤3 mm 球形褐色-黄褐色软铁锰结核，2%左右直径≤5mm 碳酸钙结核，2 个草木炭；强度石灰反应；向下层平滑渐变过渡。

Br3：57～120 cm，浊黄色（2.5Y 6/4，干），橄榄棕色（2.5Y 4/4，润）；黏壤土，发育强的直径 20～50 mm 块状结构，坚实；结构面上有 5%左右铁锰斑纹，土体中有 2%左右直径≤3mm 球形褐色-黄褐色软铁锰结核，2%左右直径≤5 mm 碳酸钙结核，2 个草木炭。

东胜系代表性单个土体物理性质

土层	深度 /cm	砾石 （>2 mm，体积分数）/%	细土颗粒组成（粒径：mm）/（g/kg）			质地	容重 /（g/cm³）
			砂粒 2～0.05	粉粒 0.05～0.002	黏粒 <0.002		
Ap1	0～13	—	280	413	307	黏壤土	1.04
Ap2	13～20	—	225	450	325	黏壤土	1.34
Br1	20～34	2	219	439	342	黏壤土	1.65
Br2	34～57	4	207	448	345	黏壤土	1.65
Br3	57～120	4	211	441	348	黏壤土	1.62

东胜系代表性单个土体化学性质

深度 /cm	pH （H₂O）	有机质 /（g/kg）	全氮（N）/（g/kg）	全磷（P）/（g/kg）	全钾（K）/（g/kg）	CEC /[cmol（+）/kg]	游离氧化铁 /（g/kg）
0～13	7.3	37.5	1.93	0.89	11.0	23.2	12.6
13～20	7.9	34.5	1.79	0.93	10.9	25.3	41.8
20～34	8.5	27.6	1.44	0.72	10.9	25.1	42.3
34～57	8.6	12.8	0.72	0.97	12.4	10.6	13.7
57～120	8.4	10.1	0.77	1.08	12.5	21.5	34.3

4.6.9 杨村系（Yangcun Series）

土族：黏壤质硅质混合型石灰性热性-普通铁聚水耕人为土
拟定者：李德成，刘　锋，杨　帆

分布与环境条件　分布于沿江的
江洲和滩地的外缘，海拔 6～15 m，
成土母质为冲积物，水田，麦-稻
轮作。北亚热带湿润季风气候，
年均日照时数 2000～2100 h，气
温 16.0～16.5 ℃，降水量 1100～
1300 mm，无霜期 240～250 d。

杨村系典型景观

土系特征与变幅　诊断层包括水耕表层、水耕氧化还原层；诊断特性包括热性土壤温度
状况、人为滞水土壤水分状况、石灰性。地下水位在 80～120 cm，40 cm 以上土体有石
灰反应，pH 7.3～8.1，水耕表层为粉砂质黏壤土，氧化还原层为粉砂质黏壤土-粉砂壤土。
氧化还原层结构面上有 10%左右铁锰斑纹，可见灰色胶膜，土体中有 2%左右铁锰结核。
40～70 cm 土体呈灰黑色。
对比土系　东胜系，同一土族，分布于沿江冲积平原的水网圩区，成土母质为河湖相沉
积物，通体为黏壤土。
利用性能综述　地势低洼，易涝渍，质地偏黏，通透性和耕性较差，有机质、氮、磷、
钾含量不足。应改善排灌条件，深沟沥水，适时烤田，水旱轮作，深耕，增施有机肥和
实行秸秆还田，增施磷肥和钾肥。
参比土种　石灰性砂泥田。
代表性单个土体　位于安徽省无为县汤沟镇杨村东北，31°20′30.9″N，118°10′48.9″E，海
拔 9 m，圩地，成土母质为冲积物，水田，麦-稻轮作。50 cm 深度土温 17.7 ℃。

　　Ap1：0～16 cm，棕灰色（10YR 6/1，干），棕灰色（10YR 5/1，润）；粉砂质黏壤土，发育强的
直径 2～4 mm 块状结构，稍坚实；结构面上有 5%左右铁锰斑纹，土体中 4 个贝壳；中度石灰反应；向
下层平滑清晰过渡。

Ap2：16～24 cm，棕灰色（10YR 6/1，干），棕灰色（10YR 5/1，润）；粉砂质黏壤土，发育强的直径 10～20 mm 块状结构，稍坚实；结构面上有 5%左右铁锰斑纹，土体中 3 个贝壳；中度石灰反应；向下层平滑清晰过渡。

Br1：24～36 cm，浊黄橙色（10YR 7/3，干），灰黄棕色（10YR 6/2，润）；粉砂质黏壤土，发育强的直径 20～50 mm 棱块状结构，稍坚实；结构面上有 10%左右铁锰斑纹，可见灰色胶膜，土体中有 2%左右直径≤3 mm 球形褐色软铁锰结核，3 个贝壳；轻度石灰反应；向下层平滑清晰过渡。

Br2：36～69 cm，棕灰色（10YR 5/1，干），黑棕色（10YR 3/1，润）；粉砂质黏壤土，发育中等的直径 20～50 mm 棱块状结构，稍坚实；结构面上有 10%左右铁锰斑纹，可见灰色胶膜，土体中有 2%左右直径≤3 mm 球形褐色软铁锰结核，3 个贝壳；轻度石灰反应；向下层平滑清晰过渡。

Br3：69～110 cm，浊黄橙色（10YR 7/4，干），灰黄棕色（10YR 6/2，润）；粉砂壤土，发育中等的直径 20～50 mm 块状结构，稍坚实；结构面上有 10%左右铁锰斑纹，可见灰色胶膜，土体中有 2%左右直径≤3 mm 球形褐色软铁锰结核，2～5 个贝壳；轻度石灰反应。

杨村系代表性单个土体剖面

杨村系代表性单个土体物理性质

土层	深度 /cm	砾石 (>2 mm，体积分数) /%	细土颗粒组成（粒径：mm）/ (g/kg)			质地	容重 /(g/cm³)
			砂粒 2～0.05	粉粒 0.05～0.002	黏粒 <0.002		
Ap1	0～16	—	142	568	290	粉砂质黏壤土	1.24
Ap2	16～24	—	169	506	325	粉砂质黏壤土	1.52
Br1	24～36	2	100	569	331	粉砂质黏壤土	1.49
Br2	36～69	2	130	530	340	粉砂质黏壤土	1.42
Br3	69～110	2	259	534	207	粉砂壤土	1.45

杨村系代表性单个土体化学性质

深度 /cm	pH (H₂O)	有机质 / (g/kg)	全氮（N） / (g/kg)	全磷（P） / (g/kg)	全钾（K） / (g/kg)	CEC /[cmol (+) /kg]	游离氧化铁 / (g/kg)
0～16	7.3	25.8	1.25	0.70	18.1	21.7	13.7
16～24	7.6	18.7	0.99	0.38	17.0	16.5	42.0
24～36	8.0	17.3	0.93	0.31	16.2	16.3	28.3
36～69	8.1	6.6	0.85	0.21	14.6	19.1	39.2
69～110	8.0	8.4	0.41	0.58	15.4	15.7	42.9

4.6.10　泥溪系（Nixi Series）

土族：黏壤质硅质混合型非酸性热性-普通铁聚水耕人为土
拟定者：李德成，杨　帆

分布与环境条件　分布于皖南山区的沟谷低洼地段，海拔 50～200 m，成土母质为泥页岩类风化洪积物，水田，麦/油-稻轮作或单季稻。北亚热带湿润季风气候，年均日照时数 1900～2000 h，气温 16.0～16.5 ℃，降水量 1400～1700 mm，无霜期 230～250 d。

泥溪系典型景观

土系特征与变幅　诊断层包括水耕表层、水耕氧化还原层；诊断特性包括热性土壤温度状况、人为滞水土壤水分状况。受山丘坡麓地表径流和侧渗水汇集影响，地下水位多在50～80 cm，通体壤土，pH 5.0～6.0。氧化还原层结构面上有 2%～10%的铁锰斑纹，可见灰色胶膜，土体中有 2%左右铁锰结核，10%～20%的泥页岩风化碎屑。
对比土系　瓦屋系，同一土族，氧化还原层铁锰结核明显，含量 5%～15%。
利用性能综述　地势低洼，易滞水，排水困难，质地适中，通透性和耕性较好，有机质和全氮含量较高，但磷钾含量不足，酸性重。应开好撇洪沟，拦洪截渗，深沟排水，实行水旱轮作，适时烤田，实行秸秆还田，增施磷肥和钾肥，防止进一步酸化。
参比土种　青泥田。
代表性单个土体　位于安徽省东至县泥溪乡官村西北，29°48′16.0″N，116°49′59.0″E，海拔 47 m，沟谷地，成土母质为泥质岩洪积物，水田，麦/油-稻轮作或单季稻。50 cm 深度土温 18.8 ℃。

Ap1：0～18 cm，淡黄棕色（10YR 8/3，干），灰黄棕色（10YR 6/2，润）；壤土，发育强的直径 1～2 mm 粒状结构，疏松；结构面上有 30%左右铁锰斑纹；向下层平滑渐变过渡。

Ap2：18～25 cm，淡黄棕色（10YR 8/3，干），灰黄棕色（10YR 6/2，润）；壤土，发育强的直径 20～50 mm 块状结构，疏松；结构面上有 40%左右铁锰斑纹，土体中有 2%左右直径≤3 mm 球状褐色软铁锰结核；向下层平滑清晰过渡。

Br1：25～45 cm，灰黄棕色（10YR 5/2，干），棕灰色（10YR 4/1，润）；壤土，发育中等的直径 20～50 mm 块状结构，疏松；结构面上有 2%左右铁锰斑纹，可见灰色胶膜，土体中有 2%左右直径≤3 mm 的球状褐色软铁锰结核，10%左右直径≤40 mm 泥页岩风化碎屑；向下层平滑渐变过渡。

Br2：45～120 cm，浊黄橙色（10YR 6/4，干），灰黄棕色（10YR 5/2，润）；壤土，发育中等的直径 20～50 mm 块状结构，疏松；结构面上有 10%左右铁锰斑纹，可见灰色胶膜，土体中有 5%左右直径≤3 mm 的球状褐色软铁锰结核，20%左右直径≤40 mm 泥页岩风化碎屑。

泥溪系代表性单个土体剖面

泥溪系代表性单个土体物理性质

| 土层 | 深度 /cm | 砾石 （>2 mm，体积分数）/% | 细土颗粒组成（粒径：mm）/（g/kg） | | | 质地 | 容重 /（g/cm³） |
			砂粒 2～0.05	粉粒 0.05～0.002	黏粒 <0.002		
Ap1	0～18	—	469	326	205	壤土	1.18
Ap2	18～25	2	356	396	248	壤土	1.41
Br1	25～45	5	471	317	212	壤土	1.63
Br2	45～120	25	454	338	208	壤土	1.63

泥溪系代表性单个土体化学性质

深度 /cm	pH （H₂O）	有机质 /（g/kg）	全氮（N） /（g/kg）	全磷（P） /（g/kg）	全钾（K） /（g/kg）	CEC /[cmol(+)/kg]	游离氧化铁 /（g/kg）
0～18	5.2	43.9	2.77	0.30	18.1	10.0	35.2
18～25	5.3	16.4	1.28	0.20	17.7	9.2	65.2
25～45	5.5	7.8	0.94	0.21	18.4	8.6	54.3
45～120	6.1	1.6	0.65	0.19	19.4	8.7	82.7

4.6.11　瓦屋系（Wawu Series）

土族：黏壤质硅质混合型非酸性热性-普通铁聚水耕人为土
拟定者：李德成，赵玉国

分布与环境条件　分布于皖
南山区坡地中下部，海拔介
于 25～50 m，成土母质为石
灰岩低丘区洪积-冲积物，水
田，麦/油-稻轮作或单季稻。
北亚热带湿润季风气候，年
均日照时数 2000～2100 h，
气温 15.5～16.5 ℃，降水量
1200 ～ 1400 mm，无霜期
230～240 d。

瓦屋系典型景观

土系特征与变幅　诊断层包括水耕表层、水耕氧化还原层；诊断特性包括热性土壤温度
状况、人为滞水土壤水分状况。土体厚度一般大于 1 m，通体壤土，pH 6.6～7.0。氧化
还原层结构面上有 10%～40%的铁锰斑纹，土体中有 5%～15%的铁锰结核。
对比土系　同一土族中，泥溪系氧化还原层土体中铁锰结核模糊且少，含量为 2%左右。
位于同一乡镇的兴洋系，同一亚类，不同土族，颗粒大小级别为砂质。
利用性能综述　质地适中，通透性和耕性好，易旱易涝，有冷浸现象，有机质、氮、磷
含量较高，但钾含量略显不足。应维护和修缮梯田系统和完善排灌系统，秸秆还田，增
施钾肥。
参比土种　棕色石灰土。
代表性单个土体　位于安徽省宣城市宣州区杨柳镇瓦屋村东南，30°49′47.0″N，
118°32′15.8″E，海拔 27 m，低丘中下部缓坡地，成土母质为石灰山区的洪积-冲积物，水
田，麦/油-稻轮作或单季稻。50 cm 深度土温 18.1 ℃。

瓦屋系代表性单个土体剖面

Ap1：0～18 cm，灰黄橙色（10YR 7/2，干），棕灰色（10YR 5/1，润）；壤土，发育强的直径 2～5 mm 块状结构，疏松；结构面上有 5%左右铁锰斑纹；向下层平滑清晰过渡。

Ap2：18～30 cm，灰黄橙色（10YR 7/2，干），棕灰色（10YR 5/1，润）；壤土，发育强的直径 20～50 mm 块状结构，稍坚实；结构面上有 5%左右铁锰斑纹，土体中有 5%左右直径 ≤3 mm 球形褐色软铁锰结核，2～3 块草木炭；向下层平滑渐变过渡。

Br1：30～42 cm，浊黄橙色（10YR 6/3，干），棕灰色（10YR 5/1，润）；壤土，发育强的直径 20～50 mm 棱块状结构，稍坚实；结构面上有 10%左右铁锰斑纹，土体中有 5%左右直径 ≤3 mm 球形褐色软铁锰结核；向下层平滑渐变过渡。

Br2：42～62 cm，浊黄橙色（10YR 6/3，干），棕灰色（10YR 5/1，润）；壤土，发育强的直径 20～50 mm 棱块状结构，稍坚实；结构面上有 10%左右铁锰斑纹，土体中有 10%左右直径 ≤5 mm 球形褐色软铁锰结核；向下层平滑渐变过渡。

Br3：62～120 cm，浊黄橙色（10YR 6/4，干），灰黄棕色（10YR 5/2，润）；壤土，发育中等的直径 20～50 mm 棱块状结构，稍坚实；结构面上有 40%左右的铁锰斑纹，土体中有 5%左右直径 ≤5 mm 球形褐色软铁锰结核。

瓦屋系代表性单个土体物理性质

土层	深度 /cm	砾石（>2 mm，体积分数）/%	砂粒 2～0.05	粉粒 0.05～0.002	黏粒 <0.002	质地	容重 /（g/cm³）
Ap1	0～18	—	502	321	177	壤土	1.30
Ap2	18～30	—	496	324	180	壤土	1.46
Br1	30～42	5	423	376	201	壤土	1.77
Br2	42～62	10	372	392	236	壤土	1.80
Br3	62～120	5	430	335	235	壤土	1.61

（细土颗粒组成（粒径：mm）/（g/kg））

瓦屋系代表性单个土体化学性质

深度 /cm	pH (H₂O)	有机质 /（g/kg）	全氮（N）/（g/kg）	全磷（P）/（g/kg）	全钾（K）/（g/kg）	CEC /[cmol(+)/kg]	游离氧化铁 /（g/kg）
0～18	6.6	31.2	1.42	0.87	11.5	8.8	3.1
18～30	6.7	23.9	1.19	1.06	11.7	16.2	18.6
30～42	6.7	11.5	0.52	0.84	10.3	19.4	28.0
42～62	6.8	4.6	0.39	0.84	11.7	19.2	57.5
62～120	7.0	4.1	0.35	0.86	11.7	18.5	40.0

4.6.12 永康系（Yongkang Series）

土族：黏壤质混合型石灰性热性-普通铁聚水耕人为土

拟定者：李德成，魏昌龙

分布与环境条件 分布于江淮丘陵区坡中下部，海拔 50～100 m，成土母质为石灰岩低丘区下蜀黄土搬运物，水田，麦-稻轮作。北亚热带湿润季风气候，年均日照时数 2200～2400 h，气温 14.5～15.5 ℃，降水量 900～1000 mm，无霜期 200～220 d。

永康系典型景观

土系特征与变幅 诊断层包括水耕表层、水耕氧化还原层；诊断特性包括热性土壤温度状况、人为滞水土壤水分状况、石灰性。土体厚度一般在 30～120 cm，含有石灰岩风化碎屑，向下逐渐增多和增大，土体有石灰反应，水耕表层为壤土-黏壤土，氧化还原层为黏壤土，pH 6.8～8.4。氧化还原层结构面上有 2%左右铁锰斑纹，可见灰色胶膜，土体中有 2%～5%的铁锰结核，2%～10%的石灰岩风化碎屑。

对比土系 位于同一县境内的土系，大谢系，同一亚类，不同土族，土体中无石灰岩风化碎屑或石灰性；双池系和兴北系，同一土类，不同亚类，为漂白铁聚水耕人为土；康西系、谢集系、官桥系、桑涧系，同一亚纲，不同土类，为简育水耕人为土。

利用性能综述 质地偏重，板结僵硬，通透性和耕性差，有机质、氮、磷、钾含量不足。应维护和修缮现有的水利设置，深耕松土，增施有机肥和实行秸秆还田，增施磷肥和钾肥。

参比土种 棕色石灰土。

代表性单个土体 位于安徽省定远县永康镇友爱村西南，32°34′59.6″N，117°25′49.0″E，海拔 71 m，丘陵中下部缓坡地，成土母质为石灰岩低丘区下蜀黄土搬运物，水田，麦-稻轮作。50 cm 深度土温 16.7 ℃。

永康系代表性单个土体剖面

Ap1：0～20 cm，浊黄橙色（10YR 6/4，干），灰黄棕色（10YR 5/2，润）；壤土，发育强的直径 2～5 mm 块状结构，硬；结构面上有 2%左右铁锰斑纹；轻度石灰反应；向下层平滑清晰过渡。

Ap2：20～28 cm，浊黄橙色（10YR 6/4，干），灰黄棕色（10YR 5/2，润）；黏壤土，发育强的直径 20～50 mm 块状结构，很硬；结构面上有 2%左右铁锰斑纹；轻度石灰反应；向下层平滑清晰过渡。

Br1：28～60 cm，浊黄橙色（10YR 6/3，干），棕灰色（10YR 5/1，润）；黏壤土，发育强的直径 20～50 mm 棱块状结构，很硬；结构面上有 2%左右铁锰斑纹，可见灰色胶膜，土体中有 2%左右直径≤3 mm 褐色球形软铁锰结核，2%左右直径≤3 mm 石灰岩风化碎屑；轻度石灰反应；向下层平滑渐变过渡。

Br2：60～80 cm，浊黄橙色（10YR 6/3，干），棕灰色（10YR 5/1，润）；黏壤土，发育中等的直径 20～50 mm 棱块状结构，很硬；结构面上有 2%左右铁锰斑纹，可见灰色胶膜，土体中有 2%左右直径≤3 mm 褐色球形软铁锰结核，10%左右直径≤30 mm 石灰岩风化碎屑，轻中度石灰反应；向下层平滑渐变过渡。

Br3：80～120 cm，浊黄橙色（10YR 6/3，干），棕灰色（10YR 5/1，润）；黏壤土，发育中等的直径 20～50 mm 棱块状结构，很硬；结构面上有 2%左右铁锰斑纹，可见灰色胶膜，土体中有 2%左右直径≤3 mm 褐色球形软铁锰结核，5%左右直径≤30 mm 石灰岩风化碎屑；中度石灰反应。

永康系代表性单个土体物理性质

土层	深度/cm	砾石（>2 mm，体积分数）/%	细土颗粒组成（粒径：mm）/（g/kg）			质地	容重/（g/cm³）
			砂粒 2～0.05	粉粒 0.05～0.002	黏粒 <0.002		
Ap1	0～20	—	280	482	238	壤土	1.16
Ap2	20～28	—	288	349	363	黏壤土	1.62
Br1	28～60	4	276	335	389	黏壤土	1.53
Br2	60～80	12	304	374	322	黏壤土	1.64
Br3	80～120	7	302	365	333	黏壤土	1.64

永康系代表性单个土体化学性质

深度/cm	pH（H₂O）	有机质/（g/kg）	全氮（N）/（g/kg）	全磷（P）/（g/kg）	全钾（K）/（g/kg）	CEC/[cmol(+)/kg]	游离氧化铁/（g/kg）
0～20	6.8	17.7	0.85	0.66	14.7	20.7	27.2
20～28	7.5	9.8	0.52	0.98	13.4	23.0	30.0
28～60	7.7	8.1	0.36	0.6	14.4	27.2	39.2
60～80	8.1	1.6	0.32	0.65	14.9	25.2	40.6
80～120	8.4	1.6	0.18	0.78	14.2	23.6	44.3

4.6.13 大谢系（Daxie Series）

土族：黏壤质混合型非酸性热性-普通铁聚水耕人为土
拟定者：李德成，黄来明

分布与环境条件 分布于江淮丘陵区地势较高的岗塝地段，海拔 20～100 m，成土母质为下蜀黄土搬运物，水田，麦-稻轮作。北亚热带湿润季风气候，年均日照时数 2200～2400 h，气温 14.5～15.5℃，降水量 900～1000 mm，无霜期 200～220 d。

大谢系典型景观

土系特征与变幅 诊断层包括水耕表层、水耕氧化还原层；诊断特性包括热性土壤温度状况、人为滞水土壤水分状况。土体深厚，多在 1 m 以上。水耕表层壤土-黏壤土，氧化还原层为黏壤土，pH 6.1～7.9。氧化还原层结构面上有 2%左右铁锰斑纹，润态彩度 ≤ 2，60 cm 以下土体有 2%左右铁锰结核。

对比土系 同一土族的土系中，桃岱系 40～70 cm 层次铁锰结核明显，含量为 20%左右；汪南系氧化还原层铁锰斑纹多，含量为 10%～40%。

利用性能综述 质地黏重，板结僵硬，通透性和耕性差，结构不良，易旱，磷含量较高，有机质、氮、钾含量不足。应维护和修缮现有的水利设置，深耕松土，增施有机肥和实行秸秆，增施钾肥。

参比土种 上位黏磐马肝土。

代表性单个土体 位于安徽省定远县藕塘镇大谢村东北，32°28′20.0″N，117°56′1.0″E，海拔 39 m，低塝地，成土母质为下蜀黄土搬运物，水田，麦-稻轮作。50 cm 深度土温 16.9 ℃。

Ap1：0～10 cm，浊黄橙色（10YR 6/4，干），灰黄棕色（10YR 5/2，润）；壤土，发育强的直径 2～5 mm 块状结构，稍坚实；向下层平滑清晰变过渡。

Ap2：10～20 cm，浊黄橙色（10YR 6/4，干），灰黄棕色（10YR 5/2，润）；黏壤土，发育强的直径 20～50 mm 块状结构，稍坚实；向下层平滑清晰过渡。

Br1：20～40 cm，浊黄橙色（10YR 6/4，干），灰黄棕色（10YR 5/2，润）；黏壤土，发育强的直径 20～50 mm 棱块状结构，稍坚实；结构面上有 2%左右铁锰斑纹，可见灰色胶膜；向下层平滑清晰过渡。

Br2：40～80 cm，浊黄棕色（10YR 5/4，干），灰黄棕色（10YR 4/2，润）；黏土，发育强的直径 20～50 mm 棱块状结构，稍坚实；结构面上有 2%左右铁锰斑纹，可见灰色胶膜；向下层平滑清晰过渡。

Br3：80～120 cm，浊黄棕色（10YR 5/4，干），灰黄棕色（10YR 4/2，润）；黏壤土，发育强的直径 20～50 mm 块状结构，稍坚实；结构面上有 2%左右铁锰斑纹，可见灰色胶膜，土体中有 2%左右直径≤3 mm 褐色球形软铁锰结核。

大谢系代表性单个土体剖面

大谢系代表性单个土体物理性质

| 土层 | 深度 /cm | 砾石 （>2 mm，体积分数）/% | 细土颗粒组成（粒径：mm）/（g/kg） | | | 质地 | 容重 /（g/cm³） |
			砂粒 2～0.05	粉粒 0.05～0.002	黏粒 <0.002		
Ap1	0～10	—	308	437	255	壤土	1.08
Ap2	10～20	—	308	407	285	黏壤土	1.46
Br1	20～40	—	261	392	347	黏壤土	1.52
Br2	40～80	—	362	301	337	黏壤土	1.48
Br3	80～120	2	312	339	349	黏壤土	1.48

大谢系代表性单个土体化学性质

深度 /cm	pH （H₂O）	有机质 /（g/kg）	全氮（N） /（g/kg）	全磷（P） /（g/kg）	全钾（K） /（g/kg）	CEC /[cmol(+)/kg]	游离氧化铁 /（g/kg）
0～10	6.1	21.2	1.39	0.96	12.8	11.9	3.4
10～20	6.1	17.1	0.77	1.13	12.7	21.0	3.4
20～40	7.3	14.5	0.45	0.83	13.7	27.6	29.2
40～80	7.5	13.7	0.43	1.06	14.5	24.7	31.2
80～120	7.9	13.5	0.31	0.99	15.0	22.7	23.7

4.6.14　桃岱系（Taodai Series）

土族：黏壤质混合型非酸性热性-普通铁聚水耕人为土

拟定者：李德成，赵玉国

分布与环境条件　分布于皖南山区低丘岗地中上部，海拔介于 30～100 m，成土母质为下蜀黄土，水田，麦/油-稻轮作或单季稻。北亚热带湿润季风气候，年均日照时数 2000～2100 h，气温 15.5～16.5 ℃，降水量 1200～1400 mm，无霜期 230～240 d。

桃岱系典型景观

土系特征与变幅　诊断层包括水耕表层、水耕氧化还原层；诊断特性包括热性土壤温度状况、人为滞水土壤水分状况。旱改水而成。土体厚度多大于 1 m，水耕表层为壤土-黏壤土，氧化还原层为黏壤土，pH 5.2～7.0。氧化还原层结构面上有 10%～20% 的铁锰斑纹，土体中有 2%～20% 的铁锰结核，集中分布在 40～70 cm。

对比土系　同一土族的土系中，大谢系土体中铁锰结核稍，含量为 2% 左右，铁锰斑纹少，含量为 2% 左右；汪南系氧化还原层结构面上铁锰斑纹明显，含量为 10%～40%。

利用性能综述　质地偏黏，通透性和耕性较差，有机质、氮、钾含量略低，磷含量较高，酸性重。应加强水利设施建设，保证灌排，维护和修缮梯田田埂，增施有机肥和实行秸秆还田，增施钾肥，防止进一步酸化。

参比土种　马肝土。

代表性单个土体　位于安徽省宣城市宣州区古泉镇桃岱村，31°0′48.6″N，118°35′24.3″E，海拔 44 m，岗地下部，成土母质为下蜀黄土，水田，麦/油-稻轮作或单季稻。50 cm 深度土温 17.9 ℃。

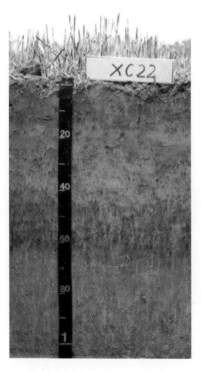

桃岱系代表性单个土体剖面

Ap1：0～12 cm，淡灰色（10YR 7/1，干），棕灰色（10YR 6/1 润），壤土，发育强的直径 2～5 mm 块状结构，疏松；结构面上有 5%左右铁锰斑纹；向下层平滑清晰过渡。

Ap2：12～18 cm，淡灰色（10YR 7/1，干），棕灰色（10YR 6/1，润）；黏壤土，发育强的直径 20～50 mm 块状结构，稍坚实；结构面上有 5%左右铁锰斑纹；向下层平滑清晰过渡。

Br1：18～42 cm，浊黄橙色（10YR 7/4，干），灰黄棕色（10YR 5/2，润）；黏壤土，发育强的直径 20～50 mm 棱块状结构，稍坚实；结构面上有 10%左右铁锰斑纹，土体中有 5%左右直径≤10 mm 褐色-黄褐色球形软铁锰结核；向下层平滑清晰过渡。

Br2：42～67 cm，浊黄橙色（10YR 6/3，干），棕灰色（10YR 5/1，润）；黏壤土，发育强的直径 20～50 mm 棱块状结构，稍坚实；结构面上有 20%左右铁锰斑纹，土体中有 20%左右直径≤15 mm 褐色-黄褐色球形软铁锰结核；向下层不规则清晰过渡。

Br3：67～120cm，浊黄橙色（10YR 6/4，干），灰黄棕色（10YR 5/2，润）；黏壤土，发育强的直径 20～50 mm 棱块状结构，稍坚实；结构面上有 20%左右铁锰斑纹，土体中有 2%左右直径≤3 mm 褐色-黄褐色球形软铁锰结核。

桃岱系代表性单个土体物理性质

土层	深度 /cm	砾石 （>2 mm，体积分数）/%	细土颗粒组成（粒径：mm）/（g/kg）			质地	容重 /（g/cm³）
			砂粒 2～0.05	粉粒 0.05～0.002	黏粒 <0.002		
Ap1	0～12	—	240	499	261	壤土	1.16
Ap2	12～18	—	250	434	316	黏壤土	1.36
Br1	18～42	5	234	444	322	黏壤土	1.62
Br2	42～67	20	202	469	329	黏壤土	1.72
Br3	67～120	2	201	460	339	黏壤土	1.61

桃岱系代表性单个土体化学性质

深度 /cm	pH （H₂O）	有机质 /（g/kg）	全氮（N）/（g/kg）	全磷（P）/（g/kg）	全钾（K）/（g/kg）	CEC /[cmol(+)/kg]	游离氧化铁 /（g/kg）
0～12	5.2	23.6	1.17	0.96	14.0	14.2	11.2
12～18	5.3	15.0	1.25	1.15	14.4	10.1	19.7
18～42	5.9	3.1	0.46	1.1	14.5	8.1	19.7
42～67	6.5	1.6	0.28	0.99	14.8	6.1	34.9
67～120	6.7	0.1	0.39	0.94	14.3	5.6	57.5

4.6.15　汪南系（Wangnan Series）

土族：黏壤质混合型非酸性热性-普通铁聚水耕人为土

拟定者：李德成，赵玉国

分布与环境条件　分布于皖南山区低丘岗地缓平缓地段，海拔介于 4~15 m，成土母质为下蜀黄土搬运物，水田，麦/油-稻轮作或单季稻。北亚热带湿润季风气候，年均日照时数 2000~2100 h，气温 15.5~16.5 ℃，降水量 1200~1400 mm，无霜期 230~240 d。

汪南系典型景观

土系特征与变幅　诊断层包括水耕表层、水耕氧化还原层；诊断特性包括热性土壤温度状况、人为滞水土壤水分状况。土体厚度多大于 1 m，水耕表层为壤土-黏壤土，氧化还原层为黏壤土，pH 5.2~7.5。氧化还原层有 10%~30% 的铁锰斑纹，2%~5% 的铁锰结核，100 cm 以下土体颜色发灰，为脱潜层。

对比土系　同一土族的土系中，桃岱系 40~70 cm 层次铁锰结核明显，含量为 20% 左右；大谢系土体中铁锰斑纹少，含量为 2% 左右。位于同一乡镇的青草湖系，同一亚纲，不同土类，为简育水耕人为土。

利用性能综述　质地偏黏，板结僵硬，通透性和耕性较差，有机质含量略低，氮、磷、钾含量较高，酸性重。应加强水利建设，保证灌排，深耕松土，增施有机肥和实行秸秆还田，防止进一步酸化。

参比土种　黏磐黄棕壤。

代表性单个土体　位于安徽省宣城市宣州区朱桥乡汪南村西，31°6′23.1″N，118°47′22.0″E，海拔 4 m，低阶地，成土母质为下蜀黄土搬运物，水田，麦/油-稻轮作或单季稻。50 cm 深度土温 18.1 ℃。

汪南系代表性单个土体剖面

Ap1：0～15 cm，灰黄色（2.5Y 7/2，干），黄灰色（2.5Y 5/1，润）；壤土，发育强的直径 2～5mm 块状结构，稍坚实；结构面上有 5%左右铁锰斑纹；向下层平滑清晰过渡。

Ap2：15～26 cm，灰黄色（2.5Y 7/2，干），黄灰色（2.5Y 5/1，润）；黏壤土，发育强的直径 20～50 mm 块状结构，稍坚实；结构面上有 5%左右铁锰斑纹；向下层平滑清晰过渡。

Br1：26～40 cm，亮黄棕色（2.5Y 6/6，干），黄棕色（2.5Y 5/4，润）；黏壤土，发育强的直径 20～50 mm 棱块状结构，稍坚实；结构面上有 30%左右铁锰斑纹，土体中有 2%左右直径≤3 mm 褐色-黄褐色球形软铁锰结核；向下层平滑渐变过渡。

Br2：40～110 cm，亮黄棕色（2.5Y 6/6，干），黄棕色（2.5Y 5/4，润）；黏壤土，发育强的直径 20～50 mm 棱块状结构，稍坚实；结构面上有 40%左右铁锰斑纹，土体中有 5%左右直径≤15 mm 褐色-黄褐色球形软铁锰结核；向下层平滑清晰过渡。

Br3：110～120 cm，暗灰黄色（2.5Y 5/2，干），黑棕色（2.5Y 3/1，润）；黏壤土，发育强的直径 20～50 mm 棱块状结构，稍坚实；结构面上有 10%左右铁锰斑纹，土体中有 2%左右直径≤15 mm 褐色-黄褐色球形软铁锰结核，3 条水生植物腐根。

汪南系代表性单个土体物理性质

土层	深度 /cm	砾石（>2 mm，体积分数）/%	细土颗粒组成（粒径：mm）/（g/kg）			质地	容重 /（g/cm³）
			砂粒 2～0.05	粉粒 0.05～0.002	黏粒 <0.002		
Ap1	0～15	—	356	383	261	壤土	1.26
Ap2	15～26	—	305	358	337	黏壤土	1.42
Br1	26～40	2	260	392	348	黏壤土	1.55
Br2	40～110	5	277	374	349	黏壤土	1.14
Br3	110～120	2	311	339	350	黏壤土	1.42

汪南系代表性单个土体化学性质

深度 /cm	pH（H₂O）	有机质 /（g/kg）	全氮（N）/（g/kg）	全磷（P）/（g/kg）	全钾（K）/（g/kg）	CEC /[cmol（+）/kg]	游离氧化铁 /（g/kg）
0～15	5.2	29.2	2.11	1.10	20.1	22.2	26.6
15～26	6.6	19.0	1.23	1.01	21.1	16.7	42.3
26～40	7.1	5.9	0.82	1.02	20.6	21.4	52.9
40～110	7.5	9.5	0.67	0.97	20.4	31.7	41.2
110～120	5.9	24.9	0.78	1.03	21.4	15.1	30.9

4.7　漂白简育水耕人为土

4.7.1　郭河系（Guohe Series）

土族：黏壤质混合型非酸性热性-漂白简育水耕人为土
拟定者：李德成，魏昌龙

分布与环境条件　分布于江淮丘陵区平缓岗坡的中低冲田，海拔在 4～50 m，成土母质为下蜀黄土搬运物，水田，麦-稻轮作。北亚热带湿润季风气候，年均日照时数 2000～2100 h，气温 15.5～16.5 ℃，降水量 1000～1200 mm，无霜期 230～240 d。

郭河系典型景观

土系特征与变幅　诊断层包括水耕表层、漂白层、水耕氧化还原层；诊断特性包括热性土壤温度状况、人为滞水土壤水分状况。土体深厚，一般大于 1 m，通体壤土，pH 5.3～7.0。水耕表层下的漂白层厚度在 20～40 cm，漂白层和氧化还原层结构面上有 2%～5% 的铁锰斑纹，可见灰色胶膜，土体中有 2%～10% 的铁锰结核。
对比土系　青草湖系，同一土族，成土母质为河湖相沉积物，层次质地复杂，有粉砂质黏壤土、粉砂质黏土、粉砂壤土和黏壤土层次。
利用性能综述　质地适中，通透性和耕性好，有机质、氮、钾含量较高，磷含量略缺，酸性重。应修建灌排渠系，杜绝串流漫灌，秸秆还田，增施磷肥，防止进一步酸化。
参比土种　澄白土田。
代表性单个土体　位于安徽省庐江县郭河镇元井村西南，31°27′33.9″N，117°7′28.9″E，海拔 4 m，低阶地，成土母质为混有粗质冲积物的下蜀黄土搬运物，水田，麦-稻轮作。50 cm 深度土温 17.6 ℃。

Ap1：0～15 cm，浊黄橙色（10YR 7/4，干），浊黄橙色（10YR 6/3，润）；壤土，发育强的直径 2～5 mm 块状结构，稍坚实；结构面上有 10%左右铁锰斑纹；向下层平滑清晰过渡。

Ap2：15～20 cm，浊黄橙色（10YR 7/4，干），浊黄橙色（10YR 6/3，润）；壤土，发育强的直径 20～50 mm 块状结构，稍坚实；结构面上有 15%左右铁锰斑纹；向下层平滑清晰过渡。

E1：20～32 cm，淡灰色（10YR 7/1，干），棕灰色（10YR 6/1，润）；壤土，发育强的直径 20～50 mm 棱块状结构，稍坚实；结构面上有 2%左右铁锰斑纹，可见灰色胶膜，土体中有 10%左右直径≤5 mm 黄褐色球形软铁锰结核；向下层平滑渐变过渡。

E2：32～56 cm，淡灰色（10YR 7/1，干），棕灰色（10YR 6/1，润）；壤土，发育强的直径 20～50 mm 棱块状结构，稍坚实；结构面上有2%左右铁锰斑纹，可见灰色胶膜，土体中有 5%左右直径≤3 mm 黄褐色球形软铁锰结核；向下层平滑渐变过渡。

Br：56～120 cm，灰黄棕色（10YR 5/2，干），黑棕色（2.5Y 3/1，润）；壤土，发育强的直径 20～50 mm 棱块状结构，稍坚实；结构面上有 5%左右铁锰斑纹，可见灰色胶膜，土体中有 2%左右直径≤3 mm 黄褐色球形软铁锰结核。

郭河系代表性单个土体剖面

郭河系代表性单个土体物理性质

土层	深度 /cm	砾石 （>2 mm，体积分数）/%	细土颗粒组成（粒径：mm）/（g/kg）			质地	容重 /（g/cm³）
			砂粒 2～0.05	粉粒 0.05～0.002	黏粒 <0.002		
Ap1	0～15	—	405	423	172	壤土	1.11
Ap2	15～20	—	377	412	211	壤土	1.62
E1	20～32	10	400	378	222	壤土	1.41
E2	32～56	5	392	373	235	壤土	1.46
Br	56～120	2	373	372	255	壤土	1.55

郭河系代表性单个土体化学性质

深度 /cm	pH （H₂O）	有机质 /（g/kg）	全氮（N） /（g/kg）	全磷（P） /（g/kg）	全钾（K） /（g/kg）	CEC /[cmol（+）/kg]	游离氧化铁 /（g/kg）
0～15	5.3	25.8	1.69	0.44	19.6	17.0	24.6
15～20	6.2	4.4	0.6	0.09	16.0	20.6	22.3
20～32	6.6	3.6	0.58	0.06	13.4	20.8	20.0
32～56	6.6	3.6	0.58	0.06	13.4	20.8	20.0
56～120	6.9	5.7	0.62	0.13	11.4	22.4	25.5

4.7.2　青草湖系（Qingcaohu Series）

土族：黏壤质混合型非酸性热性-漂白简育水耕人为土
拟定者：李德成，赵玉国

分布与环境条件　分布于皖南山区沿湖圩区，海拔 10 m 左右，成土母质为河湖相沉积物，水田，麦/油-稻轮作或单季稻。北亚热带湿润季风气候，年均日照时数 2000～2100 h，气温 15.5～16.5 ℃，降水量 1200～1400 mm，无霜期 230～240 d。

青草湖系典型景观

土系特征与变幅　诊断层包括水耕表层、漂白层、水耕氧化还原层；诊断特性包括热性土壤温度状况、人为滞水土壤水分状况。土体深厚，多在 1 m 以上。灌溉导致水耕表层下 20～80 cm 土体黏粒淋失和还原离铁形成漂白层，厚度约 40～60 cm。层次质地类型复杂，粉砂壤土-粉砂质黏土，pH 5.0～6.7。80～90 cm 以下具有潜育特征。漂白层和氧化还原层结构面上有 2%～15% 的铁锰斑纹，可见灰色胶膜，土体中有 2% 左右铁锰结核。

对比土系　郭河系，同一土族，成土母质为下蜀黄土搬运物，分布于平缓岗坡的中低冲田，通体为壤土。位于同一乡镇的汪南系，同一亚纲，不同土类，为普通铁聚水耕人为土。

利用性能综述　雨季易受洪涝危害，质地较黏，通透性和耕性较差，有机质、氮含量较高，但磷、钾含量不足，酸性重。应进一步完善排灌系统，秸秆还田，增施磷肥和钾肥，防止酸化。

参比土种　湖砂泥田。

代表性单个土体　位于安徽省宣城市宣州区朱桥乡青草湖农场四队西南，31°4′38.5″N，118°47′41.7″E，海拔 7 m，圩地，成土母质为河湖相交替沉积物，水田，麦-稻轮作。50 cm 深度土温 18.1 ℃。

Ap1：0～13 cm，淡灰色（2.5Y 7/1，干），黄灰色（2.5Y 6/1，润）；粉砂质黏壤土，发育强的直径 2～5 mm 块状结构，稍坚实；结构面上有 2%左右铁锰斑纹；向下层平滑清晰过渡。

Ap2：13～19 cm，淡灰色（2.5Y 7/1，干），黄灰色（2.5Y 6/1，润）；粉砂质黏土，发育强的直径 20～50 mm 块状结构，坚实；结构面上有 5%左右铁锰斑纹；向下层平滑渐变过渡。

E1：19～36 cm，灰黄色（2.5Y 7/2，干），黄灰色（2.5Y 6/1，润）；粉砂壤土，发育强的直径 20 ～50 mm 棱块状结构，稍坚实；结构面上有 5%左右铁锰斑纹，可见灰色胶膜，土体中有 2%左右直径≤3 mm 球形黄褐色软铁锰结核；向下层平滑渐变过渡。

E2：36～80 cm，灰黄色（2.5Y 7/2，干），黄灰色（2.5Y 6/1，润）；粉砂壤土，发育强的直径 20～50 mm 棱块状结构，稍坚实；结构面上有 15%左右铁锰斑纹，可见灰色胶膜，土体中有 2%左右直径≤3 mm 球形黄褐色软铁锰结核；向下层平滑清晰过渡。

Bg1：80～100 cm，黄灰色（2.5Y 4/1，干），黑棕色（2.5Y 3/1，润）；粉砂壤土，发育中等的直径 10～20 mm 块状结构，稍坚实；5 条直径≤2 mm 水生植物腐根；结构面上有 2%左右铁锰斑纹；向下层清晰平滑过渡。

青草湖代表性单个土体剖面

Bg2：100～120 cm，黄灰色（2.5Y 6/1，干），黄灰色（2.5Y 5/1，润）；壤土，发育较弱的直径 5～10 mm 块状结构，稍坚实。

青草湖系代表性单个土体物理性质

土层	深度/cm	砾石（>2 mm，体积分数）/%	细土颗粒组成（粒径：mm）/（g/kg）			质地	容重/（g/cm³）
			砂粒 2～0.05	粉粒 0.05～0.002	黏粒 <0.002		
Ap1	0～13	—	188	419	393	粉砂质黏壤土	1.13
Ap2	13～19	—	149	424	427	粉砂质黏土	1.44
E1	19～36	2	176	556	268	粉砂壤土	1.39
E2	36～80	2	214	534	252	粉砂壤土	1.54
Bg1	80～100	—	202	475	323	黏壤土	1.38
Bg2	100～120	—	456	328	216	壤土	1.51

青草湖系代表性单个土体化学性质

深度/cm	pH（H₂O）	有机质/（g/kg）	全氮（N）/（g/kg）	全磷（P）/（g/kg）	全钾（K）/（g/kg）	CEC/[cmol(+)/kg]	游离氧化铁/（g/kg）
0～13	5.0	38.2	2.7	0.78	15.2	18.6	29.7
13～19	6.4	21.1	1.38	1.05	22.2	23.5	37.5
19～36	6.7	14.2	0.98	1.07	23.5	23.0	26.0
36～80	6.7	9.8	0.81	0.92	23.3	18.8	26.9
80～100	6.5	33.4	1.28	1.41	24.8	28.3	10.0
100～120	6.6	2.1	0.2	1.17	22.7	2.7	1.4

4.8 底潜简育水耕人为土

4.8.1 白湖系（Baihu Series）

土族：黏壤质混合型非酸性热性-底潜简育水耕人为土

拟定者：李德成，陈吉科

分布与环境条件 分布于滨湖圩区，海拔在 5～10 m，成土母质为河湖相沉积物，水田，麦-稻轮作。北亚热带湿润季风气候，年均日照时数 2000～2100 h，气温 15.5～16.5 ℃，降水量 1000～1200 mm，无霜期 230～240 d。

白湖系典型景观

土系特征与变幅 诊断层包括水耕表层、水耕氧化还原层；诊断特性包括热性土壤温度状况、人为滞水土壤水分状况、潜育特征。土体厚度 1 m 以上，受附近石灰岩山丘泉水洪水浸渍，30～80 cm 土体含碳酸钙而有石灰反应。潜育特征一般出现在 80～85 cm 以下。水耕表层为粉砂壤土，氧化还原层为壤土，pH 6.4～7.7。氧化还原层结构面上有 5%～20% 的铁锰斑纹，可见灰色胶膜，2%～5% 的铁锰结核。

对比土系 青草湖系和嬉子湖系，成土母质和地形部位基本一致，前者为同一土类但不同亚类，为漂白简育水耕人为土；后者未植稻，不同土纲，为潮湿雏形土。同一乡镇的崔家岗系，同一土类，不同亚类，为普通简育水耕人为土。

利用性能综述 质地适中，通透性和耕性较好，供肥保肥性能适中，有机质和氮含量较高，但磷、钾含量缺乏。应维护梯田设施建设，秸秆还田，增施磷肥和钾肥。

参比土种 复石灰湖砂泥田。

代表性单个土体 位于安徽省庐江县白湖镇塘串村东北，31°14′38.5″N，117°28′23.9″E，海拔 5 m，圩地，成土母质为河湖相沉积物，水田，麦-稻轮作。50 cm 深度土温 17.8 ℃。

Ap1：0～13 cm，浊黄橙色（10YR 7/3，干），棕灰色（10YR 6/1，润）；粉砂壤土，发育强的直径 2～5 mm 块状结构，疏松；结构面上有 2%左右铁锰斑纹；向下层平滑渐变过渡。

Ap2：13～22 cm，浊黄橙色（10YR 7/3，干），棕灰色（10YR 6/1，润）；粉砂壤土，发育强的直径 20～50 mm 块状结构，坚实；结构面上有 5%左右铁锰斑纹；向下层平滑渐变过渡。

Br1：22～33 cm，浊黄橙色（10YR 7/2，干），棕灰色（10YR 6/1，润）；壤土，发育强的直径 20～50 mm 棱块状结构，坚实；结构面上有 20%左右铁锰斑纹，可见灰色胶膜，土体中有 5%左右直径≤3 mm 球形黄褐色-褐色软铁锰结核；向下层平滑清晰过渡。

Br2：33～85 cm，浊黄橙色（10YR 7/3，干），棕灰色（10YR 6/1，润）；壤土，发育强的直径 20～50 mm 棱块状结构，稍坚实；结构面上有 5%左右铁锰斑纹，可见灰色胶膜，土体中有 5%左右直径≤3 mm 球形黄褐色-褐色软铁锰结核；向下层平滑渐变过渡。

Bg：85～120 cm，灰黄棕色（10YR 4/2，干），黑棕色（10YR 3/1，润）；壤土，发育较弱的直径 10～20 mm 块状结构，疏松；结构面上有 5%左右铁锰斑纹，土体中有 2%左右直径≤3 mm 球形黄褐色-褐色软铁锰结核。

白湖系代表性单个土体剖面

白湖系代表性单个土体物理性质

| 土层 | 深度/cm | 砾石（>2 mm，体积分数）/% | 细土颗粒组成（粒径：mm）/（g/kg） | | | 质地 | 容重/(g/cm³) |
			砂粒 2～0.05	粉粒 0.05～0.002	黏粒 <0.002		
Ap1	0～13	—	318	563	119	粉砂壤土	1.11
Ap2	13～22	—	281	539	180	粉砂壤土	1.52
Br1	22～33	5	382	454	164	壤土	1.60
Br2	33～85	5	310	460	230	壤土	1.40
Bg	85～120	2	321	433	246	壤土	1.25

白湖系代表性单个土体化学性质

深度/cm	pH（H₂O）	有机质/（g/kg）	全氮（N）/（g/kg）	全磷（P）/（g/kg）	全钾（K）/（g/kg）	CEC/[cmol(+)/kg]	游离氧化铁/（g/kg）
0～13	6.4	32.3	1.4	0.39	14.0	29.2	32.0
13～22	6.9	21.6	1.06	0.32	13.6	14.3	22.6
22～33	7.1	9.8	0.38	0.20	13.6	16.6	9.4
33～85	7.5	18.3	0.68	0.41	17.8	22.5	14.0
85～120	7.5	24.9	0.68	0.44	15.7	12.9	22.0

4.9　变性简育水耕人为土

4.9.1　康西系（Kangxi Series）

土族：黏质蒙脱石混合型非酸性热性-变性简育水耕人为土
拟定者：李德成，魏昌龙

分布与环境条件　分布于江淮丘陵区地势低洼地段，海拔在 30 m 以下，成土母质为古黄土性河湖相沉积物，水田，麦-稻轮作。北亚热带湿润季风气候，年均日照时数 2200～2400 h，气温 14.5～15.5 ℃，降水量 900～1000 mm，无霜期 200～220 d。

康西系典型景观

土系特征与变幅　诊断层包括水耕表层、水耕氧化还原层；诊断特性包括热性土壤温度状况、人为滞水土壤水分状况、变性特性。水耕表层为黏壤土-黏土，氧化还原层为黏土，土体中有 2%～5%的铁锰结核，pH 7.7～8.1。65 cm 以下土体中有 10%左右碳酸钙结核（砂姜）。
对比土系　大苑系和双桥系，不同土纲，成土母质和分布地形部位一致，有变性特征，土体中有砂姜，为砂姜钙积潮湿变性土；李寨系，成土母质和分布地形部位一致，有变性现象，不同土纲，为变性砂姜潮湿雏形土。位于同一乡镇的永康系，同一亚纲但不同土类，为铁聚水耕人为土。
利用性能综述　质地黏重，通透性和耕性差，黏、板、僵、瘠，易旱、涝、渍。应改善排灌条件，增施有机肥和实行秸秆还田，增施磷肥和钾肥。
参比土种　黄姜土。
代表性单个土体　位于安徽省定远县永康镇康西村西南，32°32′13.9″N，117°22′46.9″E，海拔 25 m，平原洼地，成土母质为古黄土性河湖相沉积物。水田，麦-稻轮作。50 cm 深度土温 16.8 ℃。

康西系代表性单个土体剖面

Ap1：0～20 cm，灰黄色（2.5Y 7/2，干），黄灰色（2.5Y 6/1，润）；黏土，发育强的直径 1～3 mm 粒状结构，松散；土体中有2%左右直径≤3 mm 褐色球形软铁锰结核，8 条直径 2～5 mm 裂隙；向下层平滑渐变过渡。

Ap2：20～32 cm，淡黄色（2.5Y 7/3，干），黄灰色（2.5Y 6/1，润）；黏土，发育强的直径 20～50 mm 块状结构，稍坚实；土体中有2%左右直径≤3 mm 褐色球形软铁锰结核，5 条直径 2～4 mm 裂隙；向下层平滑清晰过渡。

Bv：32～65 cm，淡黄色（2.5Y 7/3，干），浊黄色（2.5Y 6/3，润）；黏土，发育强的直径 20～50 mm 棱块状结构，稍坚实；结构面上可见灰色胶膜，土体中 3 条直径 1～3 mm 裂隙；向下层平滑渐变过渡。

Br1：65～105 cm，黄灰色（10Y 5/1，干），黄灰色（10Y 4/1，润）；黏土，发育强的直径 20～50 mm 棱块状结构，稍坚实；土体中有 5%左右直径≤3 mm 褐色球形软铁锰结核，10% 左右直径≤5 mm 碳酸钙结核；向下层平滑模糊过渡。

Br2：105～120 cm，黄灰色（10Y 5/1，干），黄灰色（10Y 4/1，润）黏土，发育强的直径 20～50 mm 棱块状结构，稍坚实；土体中有 5%左右直径≤3 mm 褐色球形软铁锰结核，10% 左右直径≤5 mm 碳酸钙结核。

康西系代表性单个土体物理性质

| 土层 | 深度 /cm | 砾石 (>2 mm，体积分数) /% | 细土颗粒组成（粒径：mm）/（g/kg） | | | 质地 | 容重 /(g/cm³) |
			砂粒 2～0.05	粉粒 0.05～0.002	黏粒 <0.002		
Ap1	0～20	2	334	276	391	黏壤土	1.30
Ap2	20～32	2	279	262	459	黏土	1.48
Bv	32～65	5	211	305	484	黏土	1.39
Br1	65～105	15	266	252	482	黏土	1.44
Br2	105～120	15	337	229	434	黏土	1.49

康西系代表性单个土体化学性质

深度 /cm	pH (H₂O)	有机质 /（g/kg）	全氮（N） /（g/kg）	全磷（P） /（g/kg）	全钾（K） /（g/kg）	CEC /[cmol (+) /kg]	游离氧化铁 /（g/kg）
0～20	7.7	16.7	1.19	0.77	17.4	25.2	20.6
20～32	8.0	6.1	0.5	0.86	13.9	31.4	20.9
32～65	8.0	6.0	0.48	0.86	14.1	30.8	16.6
65～105	8.0	5.1	0.41	0.78	14.1	32.1	18.6
105～120	8.1	3.4	0.28	0.79	14.3	27.7	15.4

4.10　普通简育水耕人为土

4.10.1　七岭系（Qiling Series）

土族：粗骨砂质混合型盖砂质非酸性热性-普通简育水耕人为土
拟定者：李德成，赵玉国

分布与环境条件　分布于皖南山丘陵坡地的中上部，海拔30～100 m，旱改水而成，成土母质为泥质岩类洪积-冲积物，水田，麦/油-稻轮作或单季稻。北亚热带湿润季风气候，年均日照时数 2000～2100 h，气温 15.5～16.5 ℃，降水量 1200～1400 mm，无霜期230～240 d。

七岭系典型景观

土系特征与变幅　诊断层包括水耕表层、水耕氧化还原层；诊断特性包括热性土壤温度状况、人为滞水土壤水分状况。35～50 cm 出现坡积的泥质岩风化残体，厚度一般在 40～80 cm。水耕表层为砂质壤土，氧化还原层为砂质壤土-砂质黏壤土，pH 6.3～8.1。氧化还原层结构面上有 5%～15%的铁锰斑纹。

对比土系　位于同一区境内的同一亚类但不同土族的土系中，蒋山系分布于红土岗丘，成土母质为第四纪红色黏土，颗粒大小级别为黏质；双墩系、咎村系分别分布于岗塝地段、冲畈地段，成土母质均为下蜀黄土搬运物，颗粒大小级别均为黏壤质，质地构型均为壤土-黏壤土；金山系分布于河谷二级阶地，成土母质为洪积-冲积物，层次质地构型为壤土-黏壤土-砂质黏壤土。

利用性能综述　质地粗，通透性和耕性好，保水保肥能力较差，磷含量较高，有机质、氮、钾含量不足。由于质地粗，通透性好，养分含量较低而易于调控，是最能体现皖南"焦甜香"风格烟叶生产的代表性土壤。应改善排灌条件，增施有机肥和实行秸秆还田，继续维护梯田设施建设，增施钾肥。

参比土种　扁石红壤性土。

代表性单个土体　位于安徽省宣城市宣州区水东镇七岭村西北，30°46′48.4″N，118°56′13.8″E，海拔 60 m，缓岗坡地，成土母质为泥质岩风化洪积-冲积物，水田，麦/油-稻轮作或单季稻。50 cm 深度土温 17.8 ℃。

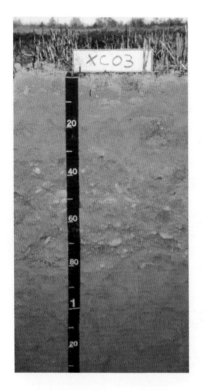

Ap1：0～12 cm，黄棕色（2.5Y 5/3，干），黑棕色（2.5Y 3/2，润）；砂质壤土，发育强的直2～4 mm块状结构，稍坚实；结构面上有5%左右铁锰斑纹；向下层平滑渐变过渡。

Ap2：12～20 cm，黄棕色（2.5Y 5/3，干），黑棕色（2.5Y 3/2，润）；砂质壤土，发育强的直径10～20 mm块状结构，稍坚实；结构面上有15%左右铁锰斑纹；向下层平滑清晰过渡。

Br1：20～35 cm，黄棕色（2.5Y 5/3，干），黑棕色（2.5Y 3/2，润）；砂质壤土，发育强的直径20～50 mm棱块状结构，稍坚实；结构面有10%左右铁锰斑纹；向下层不规则渐变过渡。

Br2：35～80 cm，淡黄色（2.5Y 5/3，干），黑棕色（2.5Y 3/2，润）；砂质壤土，发育中等的直径20～50 mm块状结构，稍坚实；结构面上有5%左右铁锰斑纹，土体中有60%左右直径2～10 cm泥质岩风化残体；向下层平滑清晰过渡。

Br3：80～140 cm，浊黄橙色（2.5Y 6/4，干），灰黄橙色（2.5Y 5/2，润）；砂质黏壤土，发育中等的直径20～50 mm块状结构，稍坚实；结构面上有15%左右铁锰斑纹。

七岭系代表性单个土体剖面

七岭系代表性单个土体物理性质

土层	深度 /cm	砾石（>2 mm，体积分数）/%	细土颗粒组成（粒径：mm）/（g/kg）			质地	容重 /(g/cm³)
			砂粒 2～0.05	粉粒 0.05～0.002	黏粒 <0.002		
Ap1	0～12	—	552	270	178	砂质壤土	1.30
Ap2	12～20	—	598	245	158	砂质壤土	1.45
Br1	20～35	—	533	271	197	砂质壤土	1.54
Br2	35～80	60	586	228	186	砂质壤土	1.64
Br3	80～140	—	510	226	264	砂质黏壤土	1.63

七岭系代表性单个土体化学性质

深度 /cm	pH (H₂O)	有机质 /（g/kg）	全氮（N） /（g/kg）	全磷（P） /（g/kg）	全钾（K） /（g/kg）	CEC /[cmol(+)/kg]	游离氧化铁 /（g/kg）
0～12	7.4	22.4	0.87	0.90	12.0	25.3	18.2
12～20	8.1	18.6	0.8	1.06	13.2	23.3	24.7
20～35	7.7	12.8	0.69	0.83	12.0	16.2	25.7
35～80	6.9	12.0	0.66	0.82	12.9	22.2	18.2
80～140	6.3	7.7	0.48	1.18	13.8	10.1	27.1

4.10.2　陈汉系〔Chenhan Series〕

土族：砂质硅质混合型非酸性热性-普通简育水耕人为土
拟定者：李德成，杨　帆

分布与环境条件　分布于大
别山山坡麓丘陵缓坡及岗地
的中下部，海拔 60～400 m，
成土母质多为花岗片麻岩洪
积-冲积物，水田，油-稻轮作。
北亚热带湿润季风气候，年均
日照时数 2000～2100 h，气温
16.0～17.0 ℃，降水量 1300～
1400 mm，无霜期 240～260 d。

陈汉系典型景观

土系特征与变幅　诊断层包括水耕表层、水耕氧化还原层；诊断特性包括热性土壤温度
状况、人为滞水土壤水分状况。土体深厚，多是 1 m 以上，通体砂质壤土，pH 7.4～7.5，
含 5%左右花岗岩风化碎屑。氧化还原层结构面上有 5%～15%的铁锰斑纹，土体中有
2%～5%的铁锰结核。

对比土系　同一土族的土系中，谢集系成土母质和分布地形部位一致，但通体为砂质黏
壤土；誓节系分布于岗地中上部，成土母质为红砂岩洪积-冲积物，通体为砂质壤土；双
河系分布于河流沿岸冲积平原，成土母质为洪积-冲积物，层次质地构型为砂质壤土-砂
质黏壤土；金山系分布于河谷二级阶地，成土母质为洪积-冲积物，不同层次质地类型多
样；弥陀系分布于沿江紫砂岩低丘区宽谷低洼地段，成土母质为紫砂岩风化洪积-冲积物，
不同层次质地类型多样。

生产性能综述　质地粗，通透性和耕性好，保肥保水性能差，有机质和全氮含量较高，
但磷、钾含量不足。应加强山塘、水库建设和维护，蓄水防旱，实行排灌分渠，秸秆还
田，增施磷肥和钾肥。

参比土种　渗砂泥田。

代表性单个土体　位于安徽省宿松县陈汉乡朱湾村西南，30°22′41.0″N，115°58′31.1″E，
海拔 146 m，岗地下部，成土母质为花岗片麻岩的洪积-冲积物，水田，油-稻轮作。50 cm
深度土温 18.4℃。

陈汉系代表性单个土体剖面

Ap1：0～16 cm，灰黄色（2.5Y 7/3，干），黄灰色（2.5Y 6/1，润）；砂质壤土，发育强的直径 1～2 mm 粒状结构，松散；结构面上有 5%左右铁锰斑纹，土体中有 5%左右直径≤3 mm 片麻岩风化碎屑，向下层平滑清晰过渡。

Ap2：16～25 cm，浅淡黄色（2.5Y 8/3，干），灰黄色（2.5Y 7/2，润）；砂质壤土，发育强的直径 20～50 mm 块状结构，稍硬；结构面上有 10%左右铁锰斑纹，土体中有 5%左右≤3 mm 片麻岩风化碎屑，向下层平滑渐变过渡。

Br1：25～45 cm，浅淡黄色（2.5Y 8/3，干），灰黄色（2.5Y 7/2，润）；砂质壤土，发育强的直径 20～50 mm 棱状结构，稍硬；结构面上有 10%左右铁锰斑纹，可见灰色胶膜，土体中有 2%左右直径≤3 mm 球状褐色软铁锰结核，5%左右直径≤3 mm 片麻岩风化碎屑，向下层平滑渐变过渡。

Br2：45～65 cm，灰黄色（2.5Y 7/3，干），黄灰色（2.5Y 6/1，润）；砂质壤土，发育强的直径 20～50 mm 块状结构，稍硬；结构面上 10%左右铁锰斑纹，可见灰色胶膜，土体中有 2%左右直径≤3 mm 球状褐色软铁锰结核，5%左右直径≤2 mm 片麻岩风化碎屑；向下层平滑清晰过渡。

Br3：65～120 cm，灰黄色（2.5Y 6/2，干），黄灰色（2.5Y 5/1，润）；砂质壤土，发育强的直径 20～50 mm 块状结构，稍硬；结构面上有 15%左右铁锰斑纹，可见灰色胶膜，土体中有 5%左右直径≤3 mm 球状褐色软铁锰结核，5%左右直径≤3 mm 片麻岩风化碎屑。

陈汉系代表性单个土体物理性质

| 土层 | 深度 /cm | 砾石 （>2 mm，体积分数）/% | 细土颗粒组成（粒径：mm）/（g/kg） | | | 质地 | 容重 /（g/cm³） |
			砂粒 2～0.05	粉粒 0.05～0.002	黏粒 <0.002		
Ap1	0～16	5	702	164	134	砂质壤土	1.25
Ap2	16～25	5	709	156	135	砂质壤土	1.43
Br1	25～45	7	700	152	148	砂质壤土	1.43
Br2	45～65	7	695	133	172	砂质壤土	1.43
Br3	65～120	10	732	114	154	砂质壤土	1.58

陈汉系代表性单个土体化学性质

深度 /cm	pH （H₂O）	有机质 /（g/kg）	全氮（N） /（g/kg）	全磷（P） /（g/kg）	全钾（K） /（g/kg）	CEC /[cmol（+）/kg]	游离氧化铁 /（g/kg）
0～16	7.4	16.2	1.16	0.52	16.2	8.2	26.0
16～25	7.5	6.3	0.62	0.41	14.9	6.6	6.9
25～45	7.5	4.6	0.47	0.36	15.3	6.4	18.6
45～65	7.5	8.7	0.65	0.37	16.8	7.0	28.3
65～120	7.4	9.0	0.59	0.43	14.9	6.3	22.3

4.10.3　金山系（Jinshan Series）

土族：砂质硅质混合型非酸性热性-普通简育水耕人为土
拟定者：李德成，赵玉国

分布与环境条件　分布于皖南山区河谷二级阶地，海拔 10～50 m，成土母质为洪积-冲积物，水田，麦-稻轮作。北亚热带湿润季风气候，年均日照时数 2000～2100 h，气温 15.5～16.5 ℃，降水量 1200～1400 mm，无霜期 230～240 d。

金山系典型景观

土系特征与变幅　诊断层包括水耕表层、水耕氧化还原层；诊断特性包括热性土壤温度状况、人为滞水土壤水分状况。土体厚度在 1 m 以上，水耕表层为壤土-黏壤土，氧化还原层为砂质黏壤土，pH 6.6～8.0。氧化还原层结构面上有 15%～20%的铁锰斑纹，土体中有 2%～5%的铁锰结核。

对比土系　同一土族的土系中，陈汉系、谢集系分布于山坡麓丘陵缓坡及岗地的中下部，成土母质多为花岗岩、花岗片麻岩洪积-冲积物，通体分别为砂质壤土和砂质壤土；誓节系，分布于岗地中上部，成土母质为红砂岩洪积-冲积物，通体为砂质壤土；弥陀系分布于沿江紫砂岩低丘区宽谷低洼地段，成土母质为紫砂岩风化洪积-冲积物，土体中有壤质砂土和砂质壤土层次，但无壤土和黏壤土层次；双河系分布于河流沿岸冲积平原，成土母质为洪积-冲积物，层次质地构型为砂质壤土-砂质黏壤土。

利用性能综述　质地砂，通透性和耕性好，供肥快，保水保肥能力略差。有机质、氮、磷含量较高，但钾含量不足。应维护和修缮现有的水利设置，增施有机肥和实行秸秆还田，增施钾肥。

参比土种　砂泥田。

代表性单个土体　位于安徽省宣城市宣州区狸桥镇金山村东南，31°13′9.5″N，118°56′38.4″E，海拔 45 m，阶地，地处河谷二级阶地，成土母质洪积-冲积物，水田，麦-稻轮作。50 cm 深度土温 18.0 ℃。

金山系代表性单个土体剖面

Ap1：0～20 cm，灰黄棕色（10YR 5/2，干），棕灰色（10YR 4/1，润）；壤土，发育强的直径 2～5 mm 块状结构，稍坚实；结构面上有 2%左右铁锰斑纹；向下层平滑渐变过渡。

Ap2：20～25 cm，灰黄棕色（10YR 5/2，干），棕灰色（10YR 4/1，润）；黏壤土，发育强的直径 20～50 mm 块状结构，坚实；结构面上有 2%左右铁锰斑纹；向下层平滑清晰过渡。

Br1：25～55 cm，亮黄棕色（10YR 6/6，干），浊黄棕色（10YR 5/4，润）；砂质黏壤土，发育强的直径 20～50 mm 棱块状结构，坚实；结构面上有 5%左右铁锰斑纹，土体中有 2%左右直径≤3 mm 黄褐色球形软铁锰结核，2 条直径 2～3 mm 裂隙；向下层平滑渐变过渡。

Br2：55～73 cm，亮黄棕色（10YR 6/6，干），浊黄棕色（10YR 5/4，润）；砂质黏壤土，发育强的直径 20～50 mm 棱块状结构，坚实；孔隙度>40%；15%左右铁锰斑纹，2%左右直径≤3 mm 黄褐色球形软铁锰结核，向下层平滑渐变过渡。

Br3：73～120 cm，亮黄棕色（10YR 6/8，干），黄棕色（10YR 5/6，润）；砂质黏壤土，发育中等的直径 20～50 mm 块状结构，坚实；结构面上有 20%左右铁锰斑纹，土体中有 5%左右直径≤3 mm 黄褐色球形软铁锰结核。

金山系代表性单个土体物理性质

土层	深度 /cm	砾石 (>2 mm，体积分数)/%	细土颗粒组成（粒径：mm）/（g/kg）			质地	容重 /（g/cm³）
			砂粒 2～0.05	粉粒 0.05～0.002	黏粒 <0.002		
Ap1	0～20	—	457	296	247	壤土	1.18
Ap2	20～25	—	420	206	374	黏壤土	1.60
Br1	25～55	2	501	181	318	砂质黏壤土	1.61
Br2	55～73	2	522	142	336	砂质黏壤土	1.62
Br3	73～120	5	501	146	353	砂质黏壤土	1.56

金山系代表性单个土体化学性质

深度 /cm	pH (H₂O)	有机质 /（g/kg）	全氮（N） /（g/kg）	全磷（P） /（g/kg）	全钾（K） /（g/kg）	CEC /[cmol(+)/kg]	游离氧化铁 /（g/kg）
0～20	6.6	33.2	1.72	1.14	17.2	21.6	42.0
20～25	7.1	21.1	1.51	1.15	16.6	28.4	34.0
25～55	8.0	17.1	1.09	1.05	16.1	21.0	24.3
55～73	7.9	4.2	0.4	1	19.9	21.4	43.2
73～120	7.8	1.4	0.29	0.93	15.2	18.8	38.3

4.10.4　弥陀系（Mituo Series）

土族：砂质硅质混合型非酸性热性-普通简育水耕人为土

拟定者：李德成，杨　帆

分布与环境条件　分布于沿江紫砂岩低丘区宽谷低洼地段，海拔在 10～30 m，成土母质为紫砂岩风化洪积-冲积物，水田，麦/油-稻轮作或单季稻。北亚热带湿润季风气候，年均日照时数 2000～2100 h，气温 15.0～16.5 ℃，降水量 1300～1400 mm，无霜期 220～250 d。

弥陀系典型景观

土系特征与变幅　诊断层包括水耕表层、水耕氧化还原层；诊断特性包括热性土壤温度状况、人为滞水土壤水分状况。土体深厚，多在 1 m 以上，层次质地类型复杂，砂质壤土-砂质黏壤土，pH 7.5～7.6。氧化还原层结构面上有 5%～10% 的铁锰斑纹，可见灰色胶膜，土体中有 2%～5% 的铁锰结核。

对比土系　同一土族的土系中，陈汉系、谢集系分布于山坡麓丘陵缓坡及岗地上，成土母质多为花岗岩、花岗片麻岩洪积-冲积物，通体分别为砂质壤土和砂质黏壤土；誓节系分布于岗地上，成土母质为红砂岩洪积-冲积物，通体为砂质壤土；金山系分布于河谷二级阶地，成土母质为洪积-冲积物，土族有壤土-黏壤土层次；双河系分布于河流沿岸冲积平原，成土母质为洪积-冲积物，层次质地构型为砂质壤土-砂质黏壤土。

利用性能综述　质地砂，通透性和耕性好，供肥保肥能力弱，有机质、磷、钾含量较低，氮含量较高。应加强排灌渠系建设，水旱轮作，防止表潜，增施有机肥和实行秸秆还田，增施磷肥和钾肥。

参比土种　表潜潮砂泥田。

代表性单个土体　位于安徽省太湖县弥陀镇长林村西南，30°26′25.0″N，116°23′45.7″E，海拔 21 m，低洼地，成土母质为紫砂岩风化洪积-冲积物，水田，麦/油-稻轮作或单季稻。50 cm 深度土温 18.4 ℃。

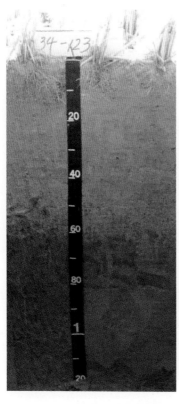

弥陀系代表性单个土体剖面

Ap1：0～18 cm，浊橙色（7.5YR 7/3，干），灰棕色（7.5YR 6/2，润）；砂质壤土，发育强的直径 1～3 mm 粒状结构，松散；结构面上有 15%左右铁锰斑纹；向下层平滑清晰过渡。

Ap2：18～28 cm，浊橙色（7.5YR 7/4，干），浊棕色（7.5YR 6/3，润）；砂质黏壤土，发育强的直径 10～20 mm 块状结构，稍坚实；结构面上有 15%左右铁锰斑纹；向下层平滑渐变过渡。

Br1：28～45 cm，橙色（7.5YR 6/6，干），浊棕色（7.5YR 5/4，润）；砂质壤土，发育强的直径 20～50 mm 棱块状结构，稍坚实；结构面上有 5%左右铁锰斑纹，土体中有 5%左右直径≤3 mm 褐色球形软铁锰结核，1～2 个陶片；向下层平滑渐变过渡。

Br2：45～60 cm，亮棕色（7.5YR 5/8，干），浊棕色（7.5YR 5/4，润）；砂质壤土，发育强的直径 20～50 mm 棱块状结构，稍坚实；结构面上有 10%左右铁锰斑纹，土体中有 5%左右直径≤3 mm 褐色球形软铁锰结核，1～2 个陶片；向下层不规则渐变过渡。

Br3：60～120 cm，浊棕色（7.5YR 5/4，干），棕色（7.5YR 4/3，润）；砂质黏壤土，发育中等的直径 20～50 mm 块状结构，稍坚实；结构面上有 15%左右铁锰斑纹，可见灰色胶膜，土体中有 2%左右直径≤3 mm 褐色球形软铁锰结核。

弥陀系代表性单个土体物理性质

土层	深度 /cm	砾石（>2 mm，体积分数）/%	细土颗粒组成（粒径：mm）/（g/kg）			质地	容重 /(g/cm³)
			砂粒 2～0.05	粉粒 0.05～0.002	黏粒 <0.002		
Ap1	0～18	—	757	114	129	壤质砂土	1.27
Ap2	18～28	—	654	117	229	砂质黏壤土	1.47
Br1	28～45	5	687	114	199	砂质壤土	1.57
Br2	45～60	5	701	113	186	砂质壤土	1.57
Br3	60～120	2	623	113	264	砂质黏壤土	1.60

弥陀系代表性单个土体化学性质

深度 /cm	pH (H₂O)	有机质 /（g/kg）	全氮（N）/（g/kg）	全磷（P）/（g/kg）	全钾（K）/（g/kg）	CEC /[cmol(+)/kg]	游离氧化铁 /（g/kg）
0～18	7.5	13.2	0.85	0.42	16.3	5.2	15.7
18～28	7.5	5.4	0.45	0.29	15.5	8.1	16.9
28～45	7.6	4.4	0.4	0.3	16.5	7.8	10.9
45～60	7.5	2.8	0.31	0.35	17.1	7.5	17.4
60～120	7.6	8.1	0.51	0.62	14.8	12.7	22.9

4.10.5　誓节系（Shijie Series）

土族：砂质硅质混合型非酸性热性-普通简育水耕人为土
拟定者：李德成，杨　帆

分布与环境条件　分布于皖
南地区岗地中上部，海拔 20～
70 m，地下水位多在 1 m 以下，
成土母质为红砂岩洪积-冲积物，
水田，麦/油-稻轮作或单季稻。
北亚热带湿润季风气候，年均
日照时数 2000～2100 h，气温
15.5～16.0 ℃，降水量 1200～
1400 mm，无霜期 230～240 d。

誓节系典型景观

土系特征与变幅　诊断层包括水耕表层、水耕氧化还原层；诊断特性包括热性土壤温度
状况、人为滞水土壤水分状况。土体深厚，多在 1 m 以上，通体砂质壤土，pH 5.0～5.7。
氧化还原层结构面上有 5%～30% 的铁锰斑纹，土体中有 5% 左右铁锰结核。
对比土系　同一土族的土系中，陈汉系、谢集系分布于山坡麓丘陵缓坡及岗地的中下部，
成土母质多为花岗岩、花岗片麻岩洪积-冲积物，通体分别为砂质壤土和砂质黏壤土；金
山系分布于河谷二级阶地，成土母质为洪积-冲积物，不同层次质地类型多样；弥陀系分
布于沿江紫砂岩低丘区宽谷低洼地段，成土母质为紫砂岩风化洪积-冲积物，不同层次质
地类型多样；双河系分布于河流沿岸冲积平原，成土母质为洪积-冲积物，层次质地构型
为砂质壤土-砂质黏壤土。
利用性能综述　质地砂，通透性和耕性好，易淀板，保水保肥能力差，有机质、氮、磷、
钾均缺乏，酸性中。应改善排灌渠系，杜绝出流漫灌，增施有机肥和实行秸秆还田，增
施磷肥和钾肥，防止进一步酸化。
参比土种　淀板田。
代表性单个土体　位于安徽省广德县誓节镇花鼓村西南，30°54′23.6″N，119°17′34.6″E，
海拔 41 m，中塝田，成土母质为红砂岩洪积-冲积物，水田，麦/油-稻轮作或单季稻。
50 cm 深度土温 18.0 ℃。

誓节系代表性单个土体剖面

Ap1：0～15 cm，浊橙色（5YR 6/4，干），灰棕色（5YR 5/2，润）；砂质壤土，发育强的直径 2～5 mm 粒状结构，稍硬；有 30%左右铁锰斑纹，向下层平滑渐变过渡。

Ap2：15～20 cm，浊橙色（5YR 6/4，干），灰棕色（5YR 5/2，润）；砂质壤土，发育强的直径约 20～50 mm 块状结构，稍硬；有 30%左右铁锰斑纹，向下层平滑清晰过渡。

Br1：20～32 cm，棕灰色（5YR 6/1，干），棕灰色（5YR 5/1，润）；砂质壤土，发育中等的直径 20～50 mm 块状结构，稍硬；有 5%左右铁锰斑纹，5%左右直径≤3 mm 球状褐色软铁锰结核；向下层平滑清晰过渡。

Br2：32～60 cm，灰棕色（5YR 6/2，干），棕灰色（5YR 5/1，润）；砂质壤土，发育中等的直径 20～50 mm 块状结构，稍硬；有 5%左右铁锰斑纹，5%左右直径≤3 mm 球状褐色软铁锰结核；向下层平滑清晰过渡。

Br3：60～120 cm，亮红棕色（5YR 5/6，干），浊红棕色（5YR 4/4，润）；砂质壤土，发育中等的直径 20～50mm 块状结构，稍硬；有 30%左右铁锰斑纹。

誓节系代表性单个土体物理性质

土层	深度/cm	砾石（>2 mm，体积分数）/%	细土颗粒组成（粒径：mm）/（g/kg）			质地	容重/（g/cm³）
			砂粒 2～0.05	粉粒 0.05～0.002	黏粒 <0.002		
Ap1	0～15	—	698	120	182	砂质壤土	1.24
Ap2	15～20	—	732	114	154	砂质壤土	1.58
Br1	20～32	5	697	158	145	砂质壤土	1.57
Br2	32～60	5	699	176	125	砂质壤土	1.58
Br3	60～120	—	689	186	125	砂质壤土	1.58

誓节系代表性单个土体化学性质

深度/cm	pH（H₂O）	有机质/（g/kg）	全氮（N）/（g/kg）	全磷（P）/（g/kg）	全钾（K）/（g/kg）	CEC/[cmol（+）/kg]	游离氧化铁/（g/kg）
0～15	5.0	58.0	1.10	0.10	17.4	9.3	23.8
15～20	5.3	27.6	1.54	0.20	11.9	11.9	24.3
20～32	5.3	27.6	1.54	0.20	11.9	11.9	24.3
32～60	5.4	10.4	0.52	0.07	12.1	13.3	11.7
60～120	5.7	5.5	0.34	0.10	10.4	4.7	21.5

4.10.6 双河系（Shuanghe Series）

土族：砂质硅质混合型非酸性热性-普通简育水耕人为土
拟定者：李德成，赵玉国

分布与环境条件 分布于皖
南河流沿岸冲积平原，海拔
10～50 m，成土母质为洪积-
冲积物，水田，麦/油-稻轮作
或单季稻。北亚热带湿润季风
气候，年均日照时数 2000～
2100 h，气温 15.5～16.5 ℃，
降水量 1200～1400 mm，无霜
期 230～240 d。

双河系典型景观

土系特征与变幅 诊断层包括水耕表层、水耕氧化还原层；诊断特性包括热性土壤温度
状况、人为滞水土壤水分状况。土体厚度多在 1 m 以上，水耕表层为砂质壤土，氧化还
原层为砂质黏壤土，pH 5.2～6.2。氧化还原层结构面上有 5%左右铁锰斑纹，土体中有
2%左右铁锰结核。

对比土系 同一土族的土系中，陈汉系、谢集系分布于山坡麓丘陵缓坡及岗地，成土母
质多为花岗岩、花岗片麻岩洪积-冲积物，通体为砂质壤土和砂质黏壤土；誓节系分布于
岗地中上部，成土母质为红砂岩洪积-冲积物，通体为砂质壤土；金山系分布于河谷二级
阶地，成土母质为洪积-冲积物，层次质地构型为壤土-黏壤土-砂质黏壤土；弥陀系，分
布于沿江紫砂岩低丘区宽谷低洼地段，成土母质为紫砂岩风化洪积-冲积物，层次质地构
型为壤质砂土-砂质黏壤土-砂质壤土-砂质黏壤土；位于同一乡镇的桐梓系，同一亚纲，
不同土类，为铁聚水耕人为土。

利用性能综述 质地砂，通透性和耕性好，供肥较快，保水保肥能力较差。有机质、氮、
磷、钾含量较低，酸性重。应维护和修缮现有的水利设置，增施有机肥和实行秸秆还田，
增施磷肥和钾肥。

参比土种 砂泥田。

代表性单个土体 位于安徽省宣城市宣州区向阳镇双河村北，30°55′0.4″N，118°48′23.0″E，
海拔 19 m，地形为河流沿岸冲积平原，成土母质为洪冲积物，水田，麦-稻轮作。50 cm
深度土温 18.1 ℃。

Ap1：0～12 cm，浊橙色（7.5YR7/3，干），棕灰色（7.5YR 6/1，润）；砂质壤土，发育强的直径 2～5 mm 块状结构，稍坚实；结构面上有 5%左右铁锰斑纹；向下层平滑清晰过渡。

Ap2：12～18 cm，浊橙色（7.5YR7/3，干），棕灰色（7.5YR 6/1，润）；砂质壤土，发育强的直径 10～20 mm 块状结构，稍坚实；结构面上有 5%左右铁锰斑纹；向下层平滑渐变过渡。

Br1：18～40 cm，橙色（7.5YR 6/6，干），浊棕色（7.5YR 5/4，润）；砂质黏壤土，发育中等的直径 20～50 mm 棱块状结构，稍坚实；结构面上有 5%左右铁锰斑纹，土体中有 2%左右直径≤3 mm 黄褐色球形软铁锰结核；向下层平滑渐变过渡。

Br2：40～120 cm，橙色（7.5YR 6/6，干），浊棕色（7.5YR 5/4，润）；砂质黏壤土，发育中等的直径 20～50 mm 块状结构，稍坚实；结构面上有 5%左右铁锰斑纹，土体中有 2%左右直径≤3 mm 黄褐色球形软铁锰结核。

双河系代表性单个土体剖面

双河系代表性单个土体物理性质

土层	深度 /cm	砾石 (>2 mm，体积分数) /%	细土颗粒组成（粒径：mm）/（g/kg）			质地	容重 /（g/cm³）
			砂粒 2～0.05	粉粒 0.05～0.002	黏粒 <0.002		
Ap1	0～12	—	649	186	165	砂质壤土	1.32
Ap2	12～18	—	629	176	195	砂质壤土	1.58
Br1	18～40	2	600	178	222	砂质黏壤土	1.55
Br2	40～120	2	554	190	256	砂质黏壤土	1.55

双河系代表性单个土体化学性质

深度 /cm	pH (H₂O)	有机质 /（g/kg）	全氮（N) /（g/kg）	全磷（P) /（g/kg）	全钾（K) /（g/kg）	CEC /[cmol(+)/kg]	游离氧化铁 /（g/kg）
0～12	5.2	20.4	1.24	0.74	15.4	13.6	34.6
12～18	5.3	10.5	0.87	0.96	18.3	10.9	31.7
18～40	6.2	5.1	0.59	1.15	20.3	14.7	24.3
40～120	6.2	5.1	0.59	1.15	20.3	14.7	24.3

4.10.7　谢集系（Xieji Series）

土族：砂质硅质混合型非酸性热性-普通简育水耕人为土
拟定者：李德成，黄来明

分布与环境条件　分布于江淮
丘陵区低丘岗塝地段，海拔在
20～100 m，成土母质为花岗岩、
花岗片麻岩等坡积-洪积物，水
田，麦-稻轮作。北亚热带湿润
季风气候，年均日照时数
2200～2400 h，气温 14.5～
15.5 ℃，降水量 900～1000 mm，
无霜期 200～220 d。

谢集系典型景观

土系特征与变幅　诊断层包括水耕表层、水耕氧化还原层；诊断特性包括热性土壤温度状
况、人为滞水土壤水分状况。土体厚度多在 1 m 以上，通体砂质黏壤土，pH 6.1～7.6。氧
化还原层结构面上有 10%左右铁锰斑纹，可见灰色胶膜，土体中有 2%左右铁锰结核。
对比土系　同一土族的土系中，陈汉系成土母质和分布地形部位一致，通体为砂质壤土；
金山系分布于河谷二级阶地，成土母质为洪积-冲积物，不同层次质地类型多样；弥陀系
分布于沿江紫砂岩低丘区宽谷低洼地段，成土母质为紫砂岩风化洪积-冲积物，不同层次
质地类型多样；誓节系分布于岗地中上部，成土母质为红砂岩洪积-冲积物，通体为砂质
壤土；双河系分布于河流沿岸冲积平原，成土母质为洪积-冲积物，层次质地构型为砂质
壤土-砂质黏壤土；位于同一乡镇的郭家圩系，不同土纲，为湿润雏形土。
利用性能综述　土层厚，质地砂，通透性和耕性好，施肥见效块，易受干旱威胁。有机质、
氮、磷含量较高，钾含量低。改良利用措施：①维护和修缮现有的水利设置，保证灌溉，消
除旱灾威胁；②增施有机肥和实行秸秆还田以培肥土壤，改善土壤结构；③增施钾肥。
参比土种　麻砂泥田。
代表性单个土体　位于安徽省定远县拂晓乡谢集村东南，32°33′32.0″N，118°01′57.0″E，
海拔 55 m，岗塝地，成土母质为花岗岩、花岗片麻岩等坡、洪积物土，水田，麦-稻轮
作。50 cm 深度土温 16.9 ℃。

Ap1：0～15 cm，浊黄橙色（10YR 7/4，干），灰黄棕色（10YR 5/2，润）；砂质黏壤土，发育强的直径 2～5 mm 粒状结构，松散；结构面上有 10%左右铁锰斑纹；向下层平滑渐变过渡。

Ap2：15～20 cm，浊黄橙色（10YR 6/4，干），灰棕色（10YR 5/2，润）；有 2%左右直径 2～5 mm 的砾石；砂质黏壤土，发育强的直径 10～20 mm 块状结构，稍坚实；结构面上有 10%左右的铁锰斑纹；向下层平滑渐变过渡。

Br1：20～55 cm，浊黄橙色（10YR 6/4，干），灰棕色（10YR 5/2，润）；砂质黏壤土，发育强的直径 20～50 mm 块状结构，稍坚实；结构面上有 10%左右铁锰斑纹，可见灰色胶膜；向下层平滑渐变过渡。

Br2：55～100 cm，亮黄棕色（10YR 6/6，干），浊黄棕色（10YR 5/4，润）；砂质黏壤土，发育强的直径 20～50 mm 块状结构，稍坚实；结构面上有 10%左右铁锰斑纹，可见铁锰胶膜，土体中有 2%左右直径≤3 mm 球形黄褐色-褐色软铁锰结核。

谢集系代表性单个土体剖面

谢集系代表性单个土体物理性质

土层	深度/cm	砾石（>2 mm, 体积分数）/%	细土颗粒组成（粒径：mm）/（g/kg）			质地	容重/（g/cm³）
			砂粒 2～0.05	粉粒 0.05～0.002	黏粒 <0.002		
Ap1	0～15	—	587	179	234	砂质黏壤土	1.43
Ap2	15～20	2	582	189	229	砂质黏壤土	1.62
Br1	20～55	—	512	187	301	砂质黏壤土	1.76
Br2	55～100	3.5	553	168	279	砂质黏壤土	1.66

谢集系代表性单个土体化学性质

深度/cm	pH（H₂O）	有机质/（g/kg）	全氮（N）/（g/kg）	全磷（P）/（g/kg）	全钾（K）/（g/kg）	CEC/[cmol(+)/kg]	游离氧化铁/（g/kg）
0～15	6.1	36.6	1.32	0.85	16.3	13.5	20.9
15～20	7	20.1	1.17	0.84	16.3	12.4	20.3
20～55	7.4	12.3	0.52	0.82	17.1	14.7	10.0
55～100	7.6	11.3	0.43	0.76	17.1	12.1	24.3

4.10.8 官桥系（Guanqiao Series）

土族：黏质混合型非酸性热性-普通简育水耕人为土
拟定者：李德成，张　新，黄来明

分布与环境条件　分布于江淮丘陵区漫岗地段，海拔在 20～100 m，成土母质为下蜀黄土搬运物，水田，麦-稻轮作。北亚热带湿润季风气候，年均日照时数 2200～2400 h，气温 14.5～15.5 ℃，降水量 900～1000 mm，无霜期 200～220 d。

官桥系典型景观

土系特征与变幅　诊断层包括水耕表层（Ap1-耕作层和 Ap2-犁底层）、水耕氧化还原层（Br）；诊断特性包括热性土壤温度状况、人为滞水土壤水分状况。土体厚度在 1 m 以上，黏壤土-黏土。70 cm 以上土体由于铁锰漂洗淋失而颜色趋淡，pH 5.8～7.3，氧化还原层结构面上有 5%～15%的铁锰斑纹，可见灰色胶膜，土体中有 5%左右铁锰结核。

对比土系　同一土族的土系中，崔家岗系、拐吴系、桑涧系，成土母质和分布地形部位一致，崔家岗系通体为黏壤土，拐吴系耕作层为砂质黏土，桑涧系耕作层为壤土；炯炀系成土母质一致，但分布于畈地，层次质地构型为壤土-黏壤土-黏土；正东系和蒋山系分布于红土丘岗冲畈地段或山间盆地盆缘阶地，成土母质为第四纪红黏土，层次质地构型为壤土-黏土、通体粉砂质黏土；孔店系分布于沿淮冲积平原低洼地段，成土母质为古黄土性河湖相沉积物上覆近代黄泛物；耕作层为黏壤土，柘皋系分布于沿江圩区，成土母质为冲积物，通体为粉砂质黏壤土。位于同一乡镇兴北系，同一亚纲，不同土类，为铁聚水耕人为土。

利用性能综述　土层厚，质地偏黏，通透性和耕性较差，易旱、涝，有机质、氮、钾含量低，磷含量较高。应维护和修缮现有的水利设施，增施有机肥和实行秸秆还田，增施钾肥。

参比土种　上位黏磐黄白土。

代表性单个土体　位于安徽省定远县严桥乡官桥村东南，32°25′38.3″N，117°40′50.2″E，海拔 41 m，丘岗地下部的上冲田，母质为下蜀黄土搬运物，水田，麦-稻轮作。50 cm 深度土温 16.8 ℃。

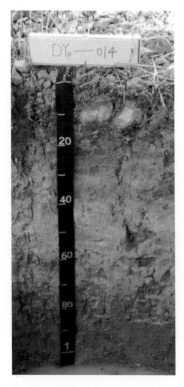

官桥系代表性单个土体剖面

Ap1：0～15 cm，浊黄橙色（10YR 6/4，干），灰棕色（10YR 5/2，润）；黏壤土，发育强的直径 2～5 mm 粒状结构，松散；结构面上有 5%左右铁锰斑纹；向下层平滑清晰过渡。

Ap2：15～25 cm，浊黄橙色（10YR 6/4，干），灰棕色（10YR 5/2，润）；黏土，发育强的直径 10～20 mm 块状结构，稍坚实；结构面上有 5%左右铁锰斑纹；向下层平滑渐变过渡。

Br1：25～65 cm，浊黄橙色（10YR 7/4，干），灰黄棕色（10YR 6/2，润）；黏壤土，发育强的直径 20～50 mm 棱块状结构，稍坚实；结构面上有 5%左右的铁锰斑纹，可见灰色胶膜，土体中有 5%左右直径≤3 mm 球形黄褐色-褐色软铁锰结核；向下层平滑渐变过渡。

Br2：65～90 cm，浊黄橙色（10YR 7/4，干），灰黄棕色（10YR 6/2，润）；黏壤土，发育强的直径 20～50 mm 棱块状结构，稍坚实；结构面上有 10%左右铁锰斑纹，可见灰色胶膜，土体中有 5%左右直径≤3 mm 球形黄褐色-褐色软铁锰结核；向下层平滑渐变过渡。

Br3：90～120 cm，浊黄橙色（10YR 6/4，干），灰黄棕色（10YR 5/2，润）；黏土，发育中等的直径 20～50 mm 块状结构，坚实；结构面上有 15%左右铁锰斑纹，可见灰色胶膜，土体中有 5%左右直径≤3 mm 球形黄褐色-褐色软铁锰结核。

官桥系代表性单个土体物理性质

| 土层 | 深度/cm | 砾石（>2 mm，体积分数）/% | 细土颗粒组成（粒径：mm）/（g/kg） | | | 质地 | 容重/（g/cm³） |
			砂粒 2～0.05	粉粒 0.05～0.002	黏粒 <0.002		
Ap1	0～15	—	371	331	298	黏壤土	1.03
Ap2	15～25	—	298	297	405	黏土	1.60
Br1	25～65	5	265	353	382	黏壤土	1.64
Br2	65～90	5	351	251	351	黏壤土	1.60
Br3	90～120	5	206	235	559	黏土	1.45

官桥系代表性单个土体化学性质

深度/cm	pH（H₂O）	有机质/（g/kg）	全氮（N）/（g/kg）	全磷（P）/（g/kg）	全钾（K）/（g/kg）	CEC/[cmol(+)/kg]	游离氧化铁/（g/kg）
0～15	5.8	15.9	0.92	0.80	12.1	21.9	8.3
15～25	6.6	12.2	0.68	0.63	11.4	17.7	9.9
25～65	7.1	6.6	0.31	0.65	12.4	16.8	7.4
65～90	7.2	2.1	0.11	0.74	12.6	25.4	5.3
90～120	7.3	5.9	0.29	0.72	14.5	25.4	5.8

4.10.9 崔家岗系（Cuijiagang Series）

土族：黏质混合型非酸性热性-普通简育水耕人为土

拟定者：李德成，杨　帆

分布与环境条件　分布于江淮丘陵岗地的冲地地段，海拔 10～50 m，成土母质为下蜀黄土搬运物，水田，麦-稻轮作。北亚热带湿润季风气候，年均日照时数 2000～2100 h，气温 15.5～16.5 ℃，降水量 1000～1200 mm，无霜期 230～240 d。

崔家岗系典型景观

土系特征与变幅　诊断层包括水耕表层、水耕氧化还原层；诊断特性包括热性土壤温度状况、人为滞水土壤水分状况。过去由于附近石灰岩山丘富含碳酸钙的水源长期浸渍或引用灌溉，致使土体含有碳酸钙而有石灰反应，但停引含碳酸钙水灌溉后，已无石灰反应。土体厚度多在 1 m 以上，通体黏壤土，pH 7.0～7.3，氧化还原层结构面上有 5%～15%的铁锰斑纹，可见灰色胶膜，土体中有 2%～5%的铁锰结核。

对比土系　同一土族的土系中，官桥系、拐吴系、桑涧系成土母质和分布地形部位一致，官桥系层次质地构型为黏壤土-黏土交替，拐吴系层次质地构型为粉砂质黏土-黏土，桑涧系层次质地构型为壤土-黏土；炯炀系成土母质一致，但分布于畈地段，层次质地构型为壤土-黏壤土-黏土；正东系和蒋山系分布于红土丘岗冲畈地段或山间盆地盆缘阶地，成土母质为第四纪红黏土，层次质地构型为壤土-黏土、通体粉砂质黏土；孔店系分布于冲积平原低洼地段，成土母质为古黄土性河湖相沉积物上覆近代黄泛物，层次质地构型为黏壤土-黏土；柘皋系分布于沿江圩区，成土母质为冲积物，通体为粉砂质黏壤土。同一乡镇白湖系，同一土类，不同亚类，为漂白简育水耕人为土。

利用性能综述　土层厚，砂性重，耕性好，施肥见效快，有机质、氮含量较高，但磷、钾含量低。应改善排灌条件，深沟排水，水旱轮作，秸秆还田，增施磷肥和钾肥。

参比土种　复石灰马肝田。

代表性单个土体　位于安徽省庐江县白湖镇崔家岗西北，31°13′39.2″N，117°21′16.6″E，海拔 10 m，冲地，成土母质为下蜀黄土搬运物，水田，麦-稻轮作。50 cm 深度土温 17.8 ℃。

崔家岗系代表性单个土体剖面

Ap1：0～20 cm，浊黄橙色（10YR 6/3，干），棕灰色（10YR 5/1，润）；黏壤土，发育强的直径 2～5 mm 块状结构，疏松；结构面上有 5%左右的铁锰斑纹，向下层平滑渐变过渡。

Ap2：20～28 cm，浊黄橙色（10YR 6/3，干），棕灰色（10YR 5/1，润）；黏壤土，发育强的直径 10～20mm 块状结构，稍坚实；结构面上有 10%左右铁锰斑纹，土体中有 5%左右直径≤3 mm 球形黄褐色-褐色软铁锰结核；向下层平滑渐变过渡。

Br1：28～42 cm，灰黄棕色（10YR 6/2，干），棕灰色（10YR 4/1，润）；砂质壤土，发育强的直径 20～50 mm 棱块状结构，稍坚实；结构面上有 5%左右铁锰斑纹，可见灰色胶膜，土体中有 5%左右直径≤3 mm 球形黄褐色-褐色软铁锰结核；向下层平滑渐变过渡。

Br2：42～76 cm，灰黄棕色（10YR 6/2，干），棕灰色（10YR 4/1，润）；黏壤土，发育强的直径 20～50 mm 棱块状结构，稍坚实；结构面上有 15%左右铁锰斑纹，可见灰色胶膜，土体中有 5%左右直径≤3 mm 球形黄褐色-褐色软铁锰结核；向下层平滑渐变过渡。

Br3：76～120 cm，浊黄橙色（10YR 6/3，干），棕灰色（10YR 5/1，润）；黏壤土，发育中等的直径 20～50 mm 块状结构，稍坚实；结构面上有 15%左右铁锰斑纹，土体中有 2%左右直径≤3 mm 球形黄褐色-褐色软铁锰结核。

崔家岗系代表性单个土体物理性质

土层	深度/cm	砾石（>2 mm，体积分数）/%	细土颗粒组成（粒径：mm）/（g/kg）			质地	容重/（g/cm³）
			砂粒 2～0.05	粉粒 0.05～0.002	黏粒 <0.002		
Ap1	0～20	—	205	483	312	黏壤土	1.17
Ap2	20～28	5	205	448	347	黏壤土	1.49
Br1	28～42	5	230	431	339	黏壤土	1.64
Br2	42～76	5	262	379	359	黏壤土	1.55
Br3	76～120	5	262	357	381	黏壤土	1.59

崔家岗系代表性单个土体化学性质

深度/cm	pH（H₂O）	有机质/（g/kg）	全氮（N）/（g/kg）	全磷（P）/（g/kg）	全钾（K）/（g/kg）	CEC/[cmol(+)/kg]	游离氧化铁/（g/kg）
0～20	7.2	38.4	1.83	0.35	12.7	17.1	34.9
20～28	7.2	12.3	0.55	0.13	11.1	15.4	36.3
28～42	7.2	10.0	0.43	0.13	11.2	14.5	12.9
42～76	7.2	8.3	0.36	0.11	11.6	16.5	31.2
76～120	7.3	9.8	0.47	0.09	14.1	19.8	22.3

4.10.10　拐吴系（Guaiwu Series）

土族：黏质混合型非酸性热性-普通简育水耕人为土
拟定者：李德成，黄来明

分布与环境条件　分布于江淮
丘陵岗地的中下部，海拔 20～
60 m，成土母质为下蜀黄土，水
田，麦-稻轮作。北亚热带湿润
季风气候，年均日照时数 2300～
2400 h，气温 14.5～15.5 ℃，降
水量 900～1000 mm，无霜期
200～220 d。

拐吴系典型景观

土系特征与变幅　诊断层包括水耕表层、水耕氧化还原层；诊断特性包括热性土壤温度
状况、人为滞水土壤水分状况。土体厚度在 1 m 以上，水耕表层为粉砂质黏土，氧化还
原层为粉砂质黏土-黏土，pH 7.7～7.9，氧化还原层结构面上有 2%左右铁锰斑纹，可见
灰色胶膜，2%左右铁锰结核。

对比土系　同一土族的土系中，官桥系、崔家岗系、桑涧系，成土母质和分布地形部位
一致，但官桥系耕层为黏壤土，崔家岗系通体为黏壤土，桑涧系耕层为壤土；炯炀系成
土母质一致，但分布于畈地，层次质地构型为壤土-黏壤土-黏土；正东系和蒋山系分布
于红土丘岗冲畈地段或山间盆地盆缘阶地，成土母质为第四纪红黏土，层次质地构型为
壤土-黏土、通体粉砂质黏土；孔店系分布于冲积平原低洼地段，成土母质为古黄土性河
湖相沉积物上覆近代黄泛物，黏壤土-黏土；柘皋系分布于沿江圩区，成土母质为冲积物，
通体为粉砂质黏壤土。

利用性能综述　土层厚，质地黏，通透性和耕性差，整地难，氮含量较高，但有机质、磷、
钾含量低。应维护和修缮现有水利设施，增施有机肥和实行秸秆还田，增施磷肥和钾肥。

参比土种　渗黄白土田。

代表性单个土体　位于安徽省凤阳县小溪河镇拐吴村西北，32°50′58.2″N，117°48′28.7″E，海
拔 37 m，地形为缓岗中下部，成土母质为下蜀黄土，水田，麦-稻轮作。50 cm 深度土温 16.6 ℃。

Ap1：0～20 cm，浊黄橙色（10YR 6/3，干），棕灰色（10YR 4/1，润）；粉砂质黏土，发育强的直径2～10 mm块状结构，松散；结构面上有5%左右铁锰斑纹，土体中有2%左右直径≤3 mm球形黄褐色软铁锰结核，2条蚯蚓通道，内有蚯蚓粒状粪便；向下层平滑清晰过渡。

Ap2：20～28 cm，浊黄橙色（10YR 6/4，干），灰黄棕色（10YR 4/2，润）；粉砂质黏土，发育强的直径10～20 mm块状结构，坚实；结构面上有5%左右铁锰斑纹，土体中有2%左右直径≤3 mm球形黄褐色软铁锰结核，3条蚯蚓通道，内有蚯蚓粒状粪便；向下层平滑渐变过渡。

Br1：28～60 cm，浊黄橙色（10YR 6/4，干），灰黄棕色（10YR 4/2，润）；粉砂质黏土，发育强的直径20～50 mm棱块状结构，坚实；结构面上有2%左右铁锰斑纹，可见灰色胶膜，土体中有2%左右直径≤3 mm球形黄褐色软铁锰结核；向下层平滑渐变过渡。

Br2：80～120 cm，浊黄橙色（10YR 6/4，干），灰黄棕色（10YR 4/2，润）；粉砂质黏壤土，发育强的直径20～50 mm块状结构，坚实；有2%左右铁锰斑纹，2%左右直径≤3 mm球形黄褐色软铁锰结核。

拐吴系代表性单个土体剖面

拐吴系代表性单个土体物理性质

| 土层 | 深度 /cm | 砾石（>2 mm，体积分数）/% | 细土颗粒组成（粒径：mm）/（g/kg） | | | 质地 | 容重 /（g/cm³） |
			砂粒 2～0.05	粉粒 0.05～0.002	黏粒 <0.002		
Ap1	0～20	2	102	425	473	粉砂质黏土	1.06
Ap2	20～28	2	122	430	448	粉砂质黏土	1.23
Br1	28～80	2	107	441	452	粉砂质黏土	1.29
Br2	80～120	2	198	325	477	黏土	1.14

拐吴系代表性单个土体化学性质

深度 /cm	pH （H₂O）	有机质 /（g/kg）	全氮（N）/（g/kg）	全磷（P）/（g/kg）	全钾（K）/（g/kg）	CEC /[cmol（+）/kg]	游离氧化铁 /（g/kg）
0～20	7.8	17.5	0.92	0.2	14.2	8.9	29.2
20～28	7.9	6.7	0.47	0.08	15.6	5.1	18.0
28～80	7.9	5.9	0.26	0.1	14.9	25.4	16.9
80～120	7.8	5.9	0.34	0.14	15.7	26.1	20.0

4.10.11　蒋山系（Jiangshan Series）

土族：黏质混合型非酸性热性-普通简育水耕人为土
拟定者：李德成，赵玉国

分布与环境条件　分布于皖南
红土岗丘缓坡中下部，海拔
30～100 m，成土母质为第四纪
红色黏土，水田，麦/油-稻轮
作或单季稻。北亚热带湿润季
风气候，年均日照时数2000～
2100 h，气温15.5～16.5 ℃，
降水量1200～1400 mm，无霜
期230～240 d。

蒋山系典型景观

土系特征与变幅　诊断层包括水耕表层、水耕氧化还原层；诊断特性包括热性土壤温度
状况、人为滞水土壤水分状况。土体厚度多在1 m以上，通体粉砂质黏壤土，pH 5.8～
6.7，氧化还原层结构面上有10%～15%的铁锰斑纹，可见灰色胶膜，土体中有2%～5%
的铁锰结核。

对比土系　同一土族的土系中，正东系成土母质和地形部位一致，但层次质地构型为壤
土-黏土；官桥系、崔家岗系、拐吴系、桑涧系系，成土母质为下蜀黄土，官桥系层次质
地构型为黏壤土-黏土交替，崔家岗系通体为黏壤土，拐吴系层次质地构型为粉砂质黏
土-黏土，桑涧系层次质地构型为壤土-黏土；炯炀系分布于畈地，层次质地构型为壤土-
黏壤土-黏土；孔店系分布于沿淮冲积平原低洼地段，成土母质为古黄土性河湖相沉积物
上覆近代黄泛物，层次质地构型为黏壤土-黏土；柘皋系分布于沿江圩区，成土母质为冲
积物，通体为粉砂质黏壤土。

利用性能综述　土层厚，质地黏，通透性和耕性差，有机质、氮、磷、钾含量低，供肥
性能差，易旱、洪涝。利用改良措施：①维护和修缮现有的水利设置，保证灌溉水源，
开好拦洪截渗沟，实行排灌分渠，防止水土流失；②增施有机肥和实行秸秆还田以培肥
土壤，改善土壤结构；③增施磷肥和钾肥。

参比土种　（宣城）棕红壤。

代表性单个土体　位于安徽省宣城市宣州区狸桥镇蒋山村南，31°13′42.8″N，118°55′6.7″E，
海拔39 m，岗地中下部缓坡地，成土母质为第四纪红黏土，水田，麦/油-稻轮作或单季
稻。50 cm深度土温18.0℃。

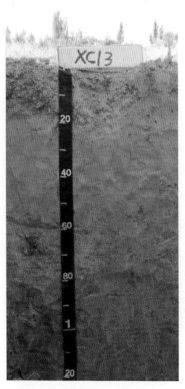

蒋山系代表性单个土体剖面

Ap1：0～18 cm，橙色（7.5YR 6/6，干），浊棕色（7.5YR 5/4，润）；粉砂质黏土，发育强的直径 2～5 mm 块状结构，疏松；结构面上有 10%左右铁锰斑纹；向下层平滑清晰过渡。

Ap2：18～29 cm，橙色（7.5YR 6/6，干），浊棕色（7.5YR 5/4，润）；粉砂质黏土，发育强的直径 20～50 mm 块状结构，稍坚实；结构面上有 5%左右铁锰斑纹，土体中有 2%左右直径≤3 mm 黄褐色球形软铁锰结核；向下层平滑清晰过渡。

Br1：29～60 cm，橙色（7.5YR 6/6，干），棕色（7.5YR 4/4，润）；粉砂质黏土，发育强的直径 20～50 mm 棱块状结构，稍坚实；结构面上有 10%左右铁锰斑纹，可见灰色胶膜，土体中有 2%左右直径≤3 mm 黄褐色球形软铁锰结核；向下层不规则渐变过渡。

Br2：60～120 cm，黄棕色（10YR 5/6，干），棕色（10YR 4/4，润）；粉砂质黏土，发育强的直径 20～50 mm 棱块状结构，稍坚实；结构面上有 15%左右铁锰斑纹，可见灰色胶膜，土体中有 5%左右直径≤3 mm 黄褐色球形软铁锰结核。

蒋山系代表性单个土体物理性质

土层	深度 /cm	砾石（>2 mm,体积分数）/%	细土颗粒组成（粒径：mm）/ (g/kg)			质地	容重 / (g/cm³)
			砂粒 2～0.05	粉粒 0.05～0.002	黏粒 <0.002		
Ap1	0～18	—	125	460	415	粉砂质黏土	1.24
Ap2	18～29	2	146	401	453	粉砂质黏土	1.40
Br1	29～60	2	160	405	435	粉砂质黏土	1.50
Br2	60～120	5	150	412	438	粉砂质黏土	1.50

蒋山系代表性单个土体化学性质

深度 /cm	pH（H₂O）	有机质 / (g/kg)	全氮（N）/ (g/kg)	全磷（P）/ (g/kg)	全钾（K）/ (g/kg)	CEC /[cmol(+)/kg]	游离氧化铁 / (g/kg)
0～18	6.1	11.1	0.8	0.76	14.7	15.7	17.4
18～29	6.3	9.2	0.61	0.71	11.3	11.2	18.0
29～60	5.8	4.9	0.44	1.04	12.4	22.1	16.6
60～120	6.7	4.1	0.37	0.99	16.3	24.9	19.2

4.10.12　炯炀系（Jiongyang Series）

土族：黏质混合型非酸性热性-普通简育水耕人为土
拟定者：李德成，陈吉科

分布与环境条件　分布于江淮
丘陵区畈地，海拔 25～80 m，
成土母质为下蜀黄土搬运物，
水田，麦/油-稻轮作或单季稻。
北亚热带湿润季风气候，年均
日照时数 2100～2200 h，气温
15.5～16.0 ℃，降水量 1000～
1100 mm，无霜期 220～240 d。

炯炀系典型景观

土系特征与变幅　诊断层包括水耕表层、水耕氧化还原层；诊断特性包括热性土壤温度
状况、人为滞水土壤水分状况。土体厚度在 1 m 以上，水耕表层为壤土，氧化还原层为
黏壤土-黏土，pH 6.9～7.3。氧化还原层结构面上有 10%～15%的铁锰斑纹，可见灰色胶
膜，土体中有 2%～5%的铁锰结核。

对比土系　同一土族的土系中，官桥系、崔家岗系、拐吴系、桑涧系，成土母质一致，
但分布于岗地，官桥系层次质地构型为黏壤土-黏土交替，崔家岗系通体为黏壤土，拐吴
系层次质地构型为粉砂质黏土-黏土，桑涧系层次质地构型为壤土-黏土；正东系和蒋山
系分布于红土丘岗冲畈地段或山间盆地盆缘阶地，成土母质为第四纪红黏土，层次质地
构型为壤土-黏土、通体粉砂质黏土；孔店系分布于沿淮冲积平原低洼地段，成土母质为
古黄土性河湖相沉积物上覆近代黄泛物，层次质地构型为黏壤土-黏土；柘皋系分布于沿
江圩区，成土母质为冲积物，通体为粉砂质黏壤土。

利用性能综述　砂粒重，耕性好，发小苗不发老苗，施肥见效快。有机质和氮含量较高，
但磷、钾含量不足。应改善排灌条件，改串流漫灌为沟灌畦灌，水旱轮作，增施磷肥和钾肥。

参比土种　黄白土田。

代表性单个土体　位于安徽省巢湖市炯炀镇中李村东北，31°40′8.9″N，117°37′59.3″E，
海拔 12 m，冲地，成土母质为下蜀黄土搬运物，分布在丘陵区畈地，水田，麦/油-稻轮
作或单季稻。50 cm 深度土温 17.5℃。

炯炀系代表性单个土体剖面

Ap1：0～15 cm，浊黄橙色（10YR 6/4，干），灰黄棕色（10YR 5/2，润）；壤土，发育强的直径 2～5 mm 块状结构，松软；结构面上有 20%左右铁锰斑纹；向下层平滑渐变过渡。

Ap2：15～23 cm，亮黄棕色（10YR 6/6，干），浊黄棕色（10YR 5/4，润）；壤土，发育强的直径 20～50 mm 块状结构，稍坚实；结构面上有 10%左右铁锰斑纹，土体中有 2%左右直径 ≤5 mm 球形黄褐色软铁锰结核；向下层平滑清晰过渡。

Br1：23～35 cm，亮黄棕色（10YR 7/6，干），亮黄橙色（10YR 6/4，润）；黏壤土，发育强的直径 20～50 mm 棱块状结构，稍坚实；结构面上有 15%左右铁锰斑纹，可见灰色胶膜，土体中有 2%左右直径 ≤5 mm 黄褐色球形软铁锰结核；向下层平滑渐变过渡。

Br2：35～77 cm，亮黄棕色（10YR 7/6，干），浊黄棕色（10YR 5/4）；黏壤土，发育强的直径 20～50 mm 棱块状结构，稍坚实；结构面上有 15%左右铁锰斑纹，可见灰色胶膜，土体中有 5%左右直径 ≤10 mm 球形黄褐色软铁锰结核；向下层平滑清晰过渡。

Br3：77～120 cm，灰黄色（2.5Y 6/2，干），棕灰色（2.5Y 4/1，润）；黏土，发育中等的直径 20～50 mm 块状结构，稍坚实；结构面上有 10%左右铁锰斑纹，可见灰色胶膜，土体中有

2%左右直径 ≤5 mm 球形黄褐色软铁锰结核。

炯炀系代表性单个土体物理性质

土层	深度 /cm	砾石 (>2 mm，体积分数) /%	细土颗粒组成（粒径：mm）/ (g/kg)			质地	容重 /(g/cm³)
			砂粒 2～0.05	粉粒 0.05～0.002	黏粒 <0.002		
Ap1	0～15	—	451	417	132	壤土	1.15
Ap2	15～23	2	312	457	231	壤土	1.33
Br1	23～35	2	307	411	282	黏壤土	1.67
Br2	35～77	5	285	317	398	黏壤土	1.57
Br3	77～120	2	267	302	431	黏土	1.59

炯炀系代表性单个土体化学性质

深度 /cm	pH (H₂O)	有机质 / (g/kg)	全氮（N）/ (g/kg)	全磷（P）/ (g/kg)	全钾（K）/ (g/kg)	CEC /[cmol (+) /kg]	游离氧化铁 / (g/kg)
0～15	6.9	41.4	1.92	0.28	13.5	19.6	20.3
15～23	6.9	30.3	1.28	0.20	14.0	18.8	33.2
23～35	7.1	7.5	0.31	0.08	12.5	11.7	18.9
35～77	7.2	8.0	0.20	0.07	13.7	18.2	3.4
77～120	7.3	7.4	0.27	0.17	13.7	28.4	28.9

4.10.13 孔店系（Kongdian Series）

土族：黏质混合型非酸性热性-普通简育水耕人为土

拟定者：李德成，赵明松

分布与环境条件 分布于沿淮冲积平原低洼地段，海拔一般在 30 m 以下，地下水位一般在 80 cm 以下，异源成土母质，上部为近代黄泛物，之下为古黄土性河湖相沉积物，水田，麦-稻轮作。北亚热带湿润季风气候，年均日照时数 2200～2300 h，气温 15.0～15.5 ℃，降水量 900～1000 mm，无霜期 210～220 d。

孔店系典型景观

土系特征与变幅 诊断层包括水耕表层、水耕氧化还原层；诊断特性包括热性土壤温度状况、人为滞水土壤水分状况。土体厚度在 1 m 以上，土表至 40～50 cm 为近代黄泛物，之下为古黄土性河湖相沉积物，水耕表层为黏壤土，氧化还原层为黏土，pH 6.2～7.3。氧化还原层结构面上有 2%～5% 的铁锰斑纹，可见灰色胶膜，土体中有 2%～5% 的铁锰结核。

对比土系 同一土族的土系中，官桥系、崔家岗系、拐吴系、桑涧系、炯炀系，成土母质为下蜀黄土，官桥系层次质地构型为黏壤土-黏土交替，崔家岗系通体为黏壤土，拐吴系层次质地构型为粉砂质黏土-黏土，桑涧系层次质地构型为壤土-黏土，炯炀系层次质地构型为壤土-黏壤土-黏土；正东系和蒋山系分布于红土丘岗冲畈地段或山间盆地盆缘阶地，成土母质为第四纪红黏土，层次质地构型为壤土-黏土、通体粉砂质黏土；柘皋系分布于沿江圩区，成土母质为冲积物，通体为粉砂质黏壤土。

利用性能综述 土层深厚，质地偏黏，通透性和耕性较差，排水不良，易受涝渍危害，有机质和氮含量较高，但磷、钾含量不足。应改善排灌条件，深沟排水，水旱轮作，增施有机肥和实行秸秆还田，增施磷肥和钾肥。

参比土种 黑粒土田。

代表性单个土体 位于安徽省淮南市大通区孔店乡洪圩村北，32°34′59.4″N，117°8′43.5″E，海拔 20 m，低洼地，成土母质上部为近代黄泛物，之下为古黄土性河湖相沉积物。水田，麦-稻轮作。50 cm 深度土温 16.8 ℃。

孔店系代表性单个土体剖面

Ap1：0～15 cm，灰橄榄色（7.5Y 4/2，干），黑棕色（7.5Y 3/1，润）；黏壤土，发育强的直径 5 ～10 mm 块状结构，疏松；结构面上有 2%左右铁锰斑纹；向下层平滑清晰过渡。

Ap2：15～22 cm，暗灰黄色（2.5Y 5/2，干），黑棕色（2.5Y 3/1，润）；黏壤土，发育强的直径 10～50 mm 块状结构，坚实；结构面上有 5%左右铁锰斑纹；向下层平滑渐变过渡。

Br1：22～45 cm，灰棕色（2.5Y 4/2，干），黑棕色（2.5Y 3/1，润）；黏土，发育强的直径 20～50 mm 块状结构，坚实；结构面上有 2%左右铁锰斑纹，可见灰色胶膜，土体中有 2%左右直径≤3 mm 球形褐色软铁锰结核；向下层平滑渐变过渡。

Br2：45～60 cm，灰棕色（2.5Y 4/2，干），黑棕色（2.5Y 3/1，润）；黏土，发育强的直径 20～50 mm 棱块状结构，坚实；结构面上有 2%左右铁锰斑纹，可见灰色胶膜，土体中有 5%左右直径≤3 mm 球形褐色软铁锰结核；向下层平滑渐变过渡。

Br3：60～120 cm，灰棕色（2.5Y 4/2，干），黑棕色（2.5Y 3/1，润）；黏土，发育中等的直径 20～50 mm 块状结构，疏松；结构面上有 5%左右铁锰斑纹，可见灰色胶膜，土体中有 5%左右直径≤3 mm 球形褐色软铁锰结核。

孔店系代表性单个土体物理性质

| 土层 | 深度 /cm | 砾石 （>2 mm，体积分数）/% | 细土颗粒组成（粒径：mm）/（g/kg） | | | 质地 | 容重 /（g/cm³） |
			砂粒 2～0.05	粉粒 0.05～0.002	黏粒 <0.002		
Ap1	0～15	—	211	424	365	黏壤土	1.21
Ap2	15～22	—	201	419	380	黏壤土	1.36
Br1	22～45	2	204	395	401	黏土	1.37
Br2	45～60	5	227	357	416	黏土	1.34
Br3	60～120	5	218	354	428	黏土	1.44

孔店系代表性单个土体化学性质

深度 /cm	pH （H₂O）	有机质 /（g/kg）	全氮（N） /（g/kg）	全磷（P） /（g/kg）	全钾（K） /（g/kg）	CEC /[cmol（+）/kg]	游离氧化铁 /（g/kg）
0～15	6.2	41.1	2.31	0.49	14.2	31.5	23.7
15～22	6.7	30.8	1.86	0.38	15.1	33.7	21.7
22～45	6.9	15.0	1.07	0.2	14.6	33.6	17.7
45～60	7.3	10.0	0.76	0.27	14.8	36.7	21.2
60～120	7.3	8.1	0.77	0.27	14.7	29.9	34.9

4.10.14　桑涧系（Sangjian Series）

土族：黏质混合型非酸性热性-普通简育水耕人为土
拟定者：李德成，黄来明

分布与环境条件　分布于江
淮丘陵低丘缓岗地上冲和塝
地，海拔 9～100 m，成土母
质为下蜀黄土，水田，麦-稻
轮作。北亚热带湿润季风气
候，年均日照时数 2200～
2400 h，气温 14.5～15.5 ℃，
降水量 900～1000 mm，无霜
期 200～220 d。

桑涧系典型景观

土系特征与变幅　诊断层包括水耕表层、水耕氧化还原层；诊断特性包括热性土壤温度
状况、人为滞水土壤水分状况。土体厚度在 1 m 以上，水耕表层为壤土-黏土，氧化还原
层为黏土，pH 6.2～7.8。氧化还原层结构面上有 2%～5%的铁锰斑纹，可见灰色胶膜，
土体中有 2%～5%的铁锰结核。

对比土系　同一土族的土系中，官桥系、崔家岗系、拐吴系，成土母质和地形部位一致，
官桥系层次质地构型为黏壤土-黏土交替，崔家岗系通体为黏壤土，拐吴系层次质地构型
为粉砂质黏土-黏土；炯炀系成土母质一致，但分布于畈地，层次质地构型为壤土-黏壤
土-黏土；正东系和蒋山系分布于红土丘岗冲畈地段或山间盆地盆缘阶地，成土母质为第
四纪红黏土，层次质地构型为壤土-黏土、通体粉砂质黏土；孔店系分布于沿淮冲积平原
低洼地段，成土母质为古黄土性河湖相沉积物上覆近代黄泛物，黏壤土-黏土；柘皋系分
布于沿江圩区，成土母质为冲积物，通体为粉砂质黏壤土。

利用性能综述　土层厚，质地黏，通透性和耕性差，整地难，有机质、氮、钾含量低，
磷含量较高。应维护和修缮现有的水利设施，增施有机肥和实行秸秆还田，增施钾肥。

参比土种　黄马肝田。

代表性单个土体　位于安徽省定远县桑涧镇桑涧村西北，32°31′5.0″N，117°47′28.0″E，海
拔 40 m，缓岗下部的上冲田，母质为下蜀黄土，水田，麦-稻轮作。50 cm 深度土温 16.9 ℃。

桑涧系代表性单个土体剖面

Ap1：0～12 cm，浊黄橙色（10YR 6/4，干），灰黄棕色（10YR 4/2，润）；壤土，发育强的直径 2～5mm 粒状结构，松散；结构面上有 5%左右铁锰斑纹；向下层平滑渐变过渡。

Ap2：12～20 cm，浊黄橙色（10YR 6/4，干），灰黄棕色（10YR 4/2，润）；黏土，发育强的直径 10～20 mm 块状结构，稍坚实；结构面上有 5%左右铁锰斑纹；向下层平滑清晰过渡。

Br1：20～45 cm，浊黄橙色（10YR 6/3，干），棕灰色（10YR 5/1，润）；黏土，发育强的直径 20～50 mm 棱块状结构，稍坚实；结构面上有 5%左右铁锰斑纹，可见灰色胶膜，土体中有 2%左右直径≤3 mm 球形黄褐色-褐色软铁锰结核；向下层平滑渐变过渡。

Br2：45～80 cm，亮黄棕色（10YR 6/8，干），棕色（10YR 4/6，润）；黏土，发育强的直径 20～50 mm 棱块状结构，稍坚实；结构面上有 5%左右铁锰斑纹，可见灰色胶膜，土体中有 2%左右直径≤3 mm 球形黄褐色-褐色软铁锰结核；向下层平滑渐变过渡。

Br3：80～120 cm，亮黄棕色（10YR 6/6，干），棕色（10YR 4/4，润）；黏土，发育强的直径 20～50 mm 块状结构，稍坚实；结构面上有 10%左右铁锰斑纹，土体中有 2%左右直径≤3 mm 球形黄褐色-褐色软铁锰结核。

桑涧系代表性单个土体物理性质

| 土层 | 深度 /cm | 砾石 （>2 mm，体积分数）/% | 细土颗粒组成（粒径：mm）/（g/kg） | | | 质地 | 容重 /（g/cm³） |
			砂粒 2～0.05	粉粒 0.05～0.002	黏粒 <0.002		
Ap1	0～12	—	502	316	182	壤土	1.23
Ap2	12～20	—	305	252	443	黏土	1.42
Br1	20～45	2	242	316	442	黏土	1.55
Br2	45～80	2	230	345	425	黏土	1.58
Br3	80～120	2	272	310	418	黏土	1.57

桑涧系代表性单个土体化学性质

深度 /cm	pH （H₂O）	有机质 /（g/kg）	全氮（N） /（g/kg）	全磷（P） /（g/kg）	全钾（K） /（g/kg）	CEC /[cmol(+)/kg]	游离氧化铁 /（g/kg）
0～12	6.2	27.5	1.07	0.80	14.0	20.5	22.6
12～20	7.3	18.7	0.72	1.00	14.8	20.8	22.3
20～45	7.7	11.2	0.45	0.80	14.2	22.6	29.2
45～80	7.8	9.2	0.29	0.99	14.6	22.3	28.6
80～120	7.8	8.4	0.25	0.92	13.4	21.8	17.0

4.10.15　柘皋系（Zhegao Series）

土族：黏质混合型非酸性热性-普通简育水耕人为土
拟定者：李德成，赵明松，黄来明

分布与环境条件　分布于沿江水网圩区中-低圩地段，海拔10 m，地下水位多为50～80 cm，成土母质为冲积物，水田，麦-稻轮作。北亚热带湿润季风气候，年均日照时数 2100～2300 h，气温 15.5～16.0 ℃，降水量 900～1100 mm，无霜期220～230 d。

柘皋系典型景观

土系特征与变幅　诊断层包括水耕表层、水耕氧化还原层；诊断特性包括热性土壤温度状况、人为滞水土壤水分状况。土体厚度在 1 m 以上，通体粉砂质黏壤土，pH 7.0～7.4，氧化还原层结构面上有 2%～15%的铁锰斑纹，可见灰色胶膜，土体中有 2%左右铁锰结核。

对比土系　同一土族的土系中，官桥系、崔家岗系、拐吴系、桑涧系、炯炀系，成土母质为下蜀黄土，官桥系层次质地构型为黏壤土-黏土交替，崔家岗系层次质地构型为粉砂质黏土-黏土，桑涧系层次质地构型为壤土-黏土；炯炀系层次质地构型为壤土-黏壤土-黏土；蒋山系分布于红土岗丘中下部，成土母质为第四纪红色黏土，通体为粉砂质黏土；正东系分布于红土丘岗冲畈地段或山间盆地盆缘阶地，成土母质为第四纪红黏土，层次质地构型为壤土-黏土；孔店系分布于沿淮冲积平原低洼地段，成土母质为古黄土性河湖相沉积物上覆近代黄泛物，层次质地构型为黏壤土-黏土。

利用性能综述　土层深厚，质地偏黏，通透性和耕性差，早春土温低，施肥见效慢，有机质和氮含量较高，磷、钾含量缺乏。应改善排灌条件，深沟排水，水旱轮作，增施有机肥和实行秸秆还田，增施磷肥和钾肥。

参比土种　青丝泥田。

代表性单个土体　位于安徽省巢湖市柘皋镇锦旗村西北，31°48′48.6″N，117°43′21.1″E，海拔 9 m，中圩地，成土母质为冲积物，水田，麦-稻轮作。50 cm 深度土温 17.2 ℃。

Ap1：0～12 cm，浊黄棕色（10YR 5/4，干），浊黄棕色（10YR 4/3，润）；粉砂质黏壤土，发育强的直径 2～5 mm 块状结构，疏松；结构面上有 5%左右铁锰斑纹；向下层平滑渐变过渡。

Ap2：12～20 cm，浊黄橙色（10YR 6/4，干），浊黄棕色（10YR 5/3，润）；粉砂质黏壤土，发育强的直径 10～20 mm 块状结构，稍坚实；结构面上有 5%左右铁锰斑纹；向下层平滑清晰过渡。

Br1：20～40 cm，浊黄棕色（10YR 5/3，干），灰黄棕色（10YR 4/2，润）；粉砂质黏壤土，发育强的直径 20～50 mm 棱块状结构，稍坚实；结构面上有 2%左右铁锰斑纹，可见灰色胶膜，土体中有 2%左右直径≤5 mm 球状褐色软铁锰结核；向下层平滑渐变过渡。

Br2：40～120 cm，黄棕色（10YR 5/8，干），棕色（7.5YR 4/6，润）；粉砂质黏壤土，发育强的直径 20～50 mm 棱块状结构，稍坚实；结构面上有15%左右铁锰斑纹，可见灰色胶膜，土体中有 2%左右直径≤5 mm 球状褐色软铁锰结核。

柘皋系代表性单个土体剖面

柘皋系代表性单个土体物理性质

| 土层 | 深度 /cm | 砾石（>2 mm，体积分数）/% | 细土颗粒组成（粒径：mm）/（g/kg） | | | 质地 | 容重 /（g/cm³） |
			砂粒 2～0.05	粉粒 0.05～0.002	黏粒 <0.002		
Ap1	0～12	—	145	555	300	粉砂质黏壤土	1.07
Ap2	12～20	—	188	491	321	粉砂质黏壤土	1.33
Br1	20～40	2	134	492	374	粉砂质黏壤土	1.50
Br2	40～120	2	131	480	389	粉砂质黏壤土	1.60

柘皋系代表性单个土体化学性质

深度 /cm	pH （H₂O）	有机质 /（g/kg）	全氮（N） /（g/kg）	全磷（P） /（g/kg）	全钾（K） /（g/kg）	CEC /[cmol（+）/kg]	游离氧化铁 /（g/kg）
0～12	7.0	35.1	1.72	0.38	15.1	16.3	32.0
12～20	7.2	26.6	1.33	0.25	14.0	19.4	32.3
20～40	7.3	19.8	1.05	0.46	14.9	13.1	42.9
40～120	7.4	10.3	0.66	0.35	14.6	11.8	36.0

4.10.16 正东系（Zhengdong Series）

土族：黏质混合型非酸性热性-普通简育水耕人为土
拟定者：李德成，赵玉国

分布与环境条件 分布于皖南地区红土丘岗的冲畈地段或山间盆地的盆缘阶地上，海拔 20～250 m，成土母质为第四纪红黏土，水田，麦/油-稻轮作或单季稻。北亚热带湿润季风气候，年均日照时数 2000～2100 h，气温 15.5～16.5 ℃，降水量 1200～1400 mm，无霜期 230～240 d。

正东系典型景观

土系特征与变幅 诊断层包括水耕表层、水耕氧化还原层；诊断特性包括热性土壤温度状况、人为滞水土壤水分状况。土体厚度在 1 m 以上，通体黏壤土，pH 5.6～6.6，氧化还原层结构面上有 5%～15% 的铁锰斑纹，土体中有 10% 左右铁锰结核。

对比土系 同一土族的土系中，官桥系、崔家岗系、拐吴系、桑涧系、炯炀系，成土母质为下蜀黄土，官桥系层次质地构型为黏壤土-黏土交替，崔家岗系层次质地构型为粉砂质黏土-黏土，桑涧系层次质地构型为壤土-黏土；炯炀系层次质地构型为壤土-黏壤土-黏土；蒋山系分布于红土岗丘中下部，成土母质为第四纪红色黏土，通体为粉砂质黏土；孔店系分布于沿淮冲积平原低洼地段，成土母质为古黄土性河湖相沉积物上覆近代黄泛物，层次质地构型为黏壤土-黏土；柘皋系分布于沿江圩区，成土母质为冲积物，通体为粉砂质黏壤土。位于同一乡镇的金坝系，不同土纲，为淋溶土。

利用性能综述 土层厚，质地黏重，通透性和耕性差，整地困难，有机质、氮、磷、钾含量低，易旱易涝。应维护和修缮现有的水利设置，增施有机肥和实行秸秆还田，增施磷肥和钾肥。

参比土种 黄泥田。

代表性单个土体 位于安徽省宣城市宣州区金坝街道正东村西南，30°51′36.1″N，118°43′22.6″E，海拔 42 m，冲畈地，成土母质为第四纪红黏土，水田，麦/油-稻轮作或单季稻。50 cm 深度土温 18.1 ℃。

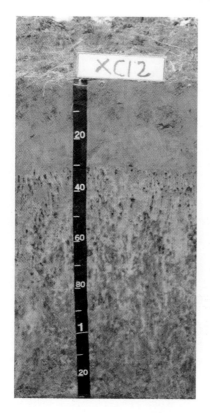

Ap1：0～19 cm，浊黄橙色（10YR 7/3，干），棕灰色（10YR 5/1，润）；黏壤土，发育强的直径 2～5 mm 的块状结构，松散；3 个虫孔；结构面上有 10%左右铁锰斑纹；向下层平滑清晰过渡。

Ap2：19～30 cm，浊黄橙色（10YR 6/4，干），棕灰色（10YR 5/1，润）；黏壤土，发育强的直径 20～50 mm 块状结构，稍坚实；结构面上有 5%左右铁锰斑纹，土体中 3 个虫孔；向下层平滑清晰过渡。

Br1：30～58 cm，浊黄橙色（10YR 7/4，干），灰黄棕色（10YR 5/2，润）；黏壤土，发育强的直径 20～50 mm 棱块状结构，稍坚实；结构面上有 15%左右铁锰斑纹，土体中有 10%左右直径≤5 mm 黄褐色球形软铁锰结核；向下层平滑渐变过渡。

Br2：58～130 cm，浊黄橙色（10YR 7/4，干），灰黄棕色（10YR 5/2，润）；黏壤土，发育强的直径 20～50 mm 棱块状结构，稍坚实；结构面上有 20%左右铁锰斑纹，土体中 10%左右直径≤5 mm 黄褐色球形软铁锰结核。

正东系代表性单个土体剖面

正东系代表性单个土体物理性质

| 土层 | 深度 /cm | 砾石 (>2 mm，体积分数) /% | 细土颗粒组成（粒径：mm）/（g/kg） | | | 质地 | 容重 /（g/cm³） |
			砂粒 2～0.05	粉粒 0.05～0.002	黏粒 <0.002		
Ap1	0～19	—	261	424	315	黏壤土	1.16
Ap2	19～30	—	231	405	364	黏壤土	1.49
Br1	30～58	10	255	357	388	黏壤土	1.56
Br2	58～130	10	209	441	350	黏壤土	1.57

正东系代表性单个土体化学性质

深度 /cm	pH (H₂O)	有机质 /（g/kg）	全氮（N） /（g/kg）	全磷（P） /（g/kg）	全钾（K） /（g/kg）	CEC /[cmol(+)/kg]	游离氧化铁 /（g/kg）
0～19	5.6	13.0	0.49	0.79	18.5	11.1	20.6
19～30	5.9	4.3	0.46	0.93	13.1	20.5	14.3
30～58	6.4	3.6	0.31	0.99	14.0	19.8	28.6
58～130	6.6	0.3	0.22	0.88	14.4	16.4	20.0

4.10.17 庆丰系（Qingfeng Series）

土族：黏壤质硅质混合型石灰性热性-普通简育水耕人为土
拟定者：李德成，杨 帆

分布与环境条件 分布于沿江
水网圩区的中、低圩地段，海拔
6～9 m，成土母质为冲积物，水
田，麦-稻轮作。北亚热带湿润
季风气候，年均日照时数 1900～
2000 h，气温 16.0～16.5 ℃，降
水量 1400～1700 mm，无霜期
230～250 d。

庆丰系典型景观

土系特征与变幅 诊断层包括水耕表层、水耕氧化还原层；诊断特性包括热性土壤温度
状况、人为滞水土壤水分状况、石灰性。土体深厚，一般 1 m 以上，水耕表层为粉砂壤
土-壤土，氧化还原层为壤土-黏壤土。受长江水影响，土体具有石灰反应，碳酸钙含
量<30 g/kg，pH 6.3～7.6，有少量贝壳。氧化还原层结构面上有 5%左右铁锰斑纹，可见
灰色胶膜。

对比土系 章家湾系和大渡口系，位于同一镇境内，成土母质和地形部位一致，但两者
均是旱作，不同土纲，为潮湿雏形土。

利用性能综述 水利条件较好，土层深厚，有机质、氮、钾含量较高，磷含量略低。应
搞好雨季清沟沥水和稻田的水浆管理，秸秆还田，增施磷肥。

参比土种 石灰性泥骨田。

代表性单个土体 位于安徽省东至县大渡口镇庆丰村西南，30°27′38.5″N，117°6′54.3″E，
圩地，海拔 5 m，成土母质为冲积物，水田，麦-稻轮作。50 cm 深度土温 18.4 ℃。

Ap1：0～10 cm，亮黄棕色（10YR 7/6，干），浊黄橙色（10YR 6/4，润）；粉砂壤土，发育强的直径2～4 mm块状结构，疏松；结构面上有2%左右铁锰斑纹，土体中3个贝壳；中度石灰反应；向下层平滑清晰过渡。

Ap2：10～19 cm，亮黄棕色（10YR 7/6，干），浊黄橙色（10YR 6/4，润）；壤土，发育强的直径10～20 mm块状结构，稍坚实；结构面上有2%左右铁锰斑纹，土体中3个贝壳；中度石灰反应；向下层平滑渐变过渡。

Br1：19～40 cm，亮黄棕色（10YR 7/6，干），浊黄橙色（10YR 6/4，润）；壤土，发育强的直径20～50 mm棱块状结构，稍坚实；结构面上有5%左右铁锰斑纹，可见灰色胶膜，土体中有2%左右黑色直径≤3 mm球形软铁锰结核，5个贝壳；轻度石灰反应；向下层平滑渐变过渡。

Br2：40～60 cm，亮黄棕色（10YR 7/6，干），浊黄橙色（10YR 6/4，润）；壤土，发育强的直径20～50 mm棱块状结构，稍坚实；结构面上有5%左右铁锰斑纹，可见灰色胶膜，土体中5个贝壳；轻度石灰反应；向下层平滑渐变过渡。

庆丰系代表性单个土体剖面

Br3：60～100 cm，亮黄棕色（10YR 7/6，干），浊黄橙色（10YR 6/4，润）；黏壤土，发育中等的直径20～50 mm块状结构，稍坚实；结构面上有5%左右铁锰斑纹，土体中5个贝壳；轻度石灰反应。

庆丰系代表性单个土体物理性质

土层	深度 /cm	砾石（>2 mm，体积分数）/%	细土颗粒组成（粒径：mm）/（g/kg）			质地	容重 /（g/cm³）
			砂粒 2～0.05	粉粒 0.05～0.002	黏粒 <0.002		
Ap1	0～10	—	211	553	236	粉砂壤土	1.23
Ap2	10～19	—	311	427	262	壤土	1.42
Br1	19～40	2	339	443	218	壤土	1.46
Br2	40～60	—	312	418	270	壤土	1.46
Br3	60～100	—	307	420	273	黏壤土	1.46

庆丰系代表性单个土体化学性质

深度 /cm	pH（H₂O）	有机质 /（g/kg）	全氮（N）/（g/kg）	全磷（P）/（g/kg）	全钾（K）/（g/kg）	CEC /[cmol(+)/kg]	游离氧化铁 /（g/kg）	CaCO₃相当物 /（g/kg）
0～10	6.3	40.6	2.77	0.62	21.5	22.9	44.9	14.3
10～19	6.7	26.3	1.72	0.48	20.7	21.7	55.2	28.8
19～40	7.0	22.7	1.54	0.46	21.5	21.3	22.6	22.4
40～60	7.3	17.1	1.13	0.46	18.8	20.8	52.1	22.8
60～100	7.6	13.2	1.00	0.56	20.0	20.8	47.2	24.9

4.10.18 洪家坞系（Hongjiawu Series）

土族：黏壤质硅质混合型非酸性热性-普通简育水耕人为土

拟定者：李德成，杨　帆

分布与环境条件　分布于沿江石灰岩低山丘陵区的沿河两岸，呈条带状分布，海拔 75～250 m，成土母质为洪积-冲积物，水田，油-稻轮作。北亚热带湿润季风气候，年均日照时数 2000～2100 h，气温 15.5～16.0 ℃，降水量 1300～1500 mm，无霜期 230～240 d。

洪家坞系典型景观

土系特征与变幅　诊断层包括水耕表层、水耕氧化还原层；诊断特性包括热性土壤温度状况、人为滞水土壤水分状况。土体深厚，一般 1 m 以上，由于长期引用石灰岩山区富钙的水灌溉，导致 70 cm 以下土体仍有石灰反应，水耕表层为粉砂壤土-粉砂质黏壤土，氧化还原层为黏壤土，pH 6.6～8.1，土体中有 2%左右石灰岩风化碎屑。氧化还原层结构面上有 5%左右铁锰斑纹，可见灰色胶膜，土体中有 2%左右铁锰结核。

对比土系　同一土族的土系中，新河系分布于沿江和沿河冲积平原的边缘，成土母质为冲积物，通体粉砂壤土；双墩、皆村系分别分布于岗塝地段、冲畈地段，成土母质均为下蜀黄土，质地构型均为壤土-黏壤土。

利用性能综述　质地适中，耕性尚可，但耐旱不耐涝，易受山区洪涝威胁。土层厚，有机质、氮含量较高，但磷、钾含量不足。应引用非富钙水灌溉，停施石灰，增施有机肥和实行秸秆还田，增施磷肥和钾肥。

参比土种　复石灰潮泥田。

代表性单个土体　位于安徽省宁国市竹峰街道洪家坞村西南，30°31′9.7″N，118°53′3.9″E，海拔 134 m，缓坡阶地，成土母质为石灰岩低山丘陵区洪积-冲积物，水田，油-稻轮作。50 cm 深度土温 18.2 ℃。

洪家坞系代表性单个土体剖面

Ap1：0～20 cm，浊黄色（2.5Y 6/3，干），黄灰色（2.5Y 5/1，润）；粉砂壤土，发育强的直径 2～3 mm 粒状结构，松散；结构面上有 2%左右铁锰斑纹，土体中有 2%左右直径≤3 mm 的石灰岩风化碎屑；向下层平滑渐变过渡。

Ap2：20～30 cm，浊黄色（2.5Y 6/3，干），黄灰色（2.5Y 5/1，润）；粉砂质黏壤土，发育强的直径 10～20 mm 块状结构，稍坚实；结构面上有 2%左右铁锰斑纹，土体中有 2%左右直径≤3 mm 球形褐色软铁锰结核，2%左右直径≤3 mm 石灰岩风化碎屑；向下层平滑清晰过渡。

Br1：30～45 cm，浊黄色（2.5Y 6/3，干），黄灰色（2.5Y 4/1，润）；砂质壤土，发育强的直径 20～50 mm 棱块状结构，稍坚实；结构面上有 5%左右铁锰斑纹，可见灰色胶膜，土体中有 2%左右直径≤3 mm 球形褐色软铁锰结核，5%左右直径≤3 mm 石灰岩风化碎屑；向下层平滑渐变过渡。

Br2：45～70 cm，浊黄色（2.5Y 6/3，干），黄灰色（2.5Y 4/1，润）；黏壤土，发育强的直径 20～50 mm 棱块状结构，稍坚实；结构面上有 5%左右铁锰斑纹，可见灰色胶膜，土体中有 2%左右直径≤3 mm 球形褐色软铁锰结核，2%左右直径≤3 mm 石灰岩风化碎屑；向下层平滑渐变过渡。

Br3：70～110 cm，浊黄色（2.5Y 6/3，干），橄榄棕色（2.5Y 4/4，润）；有 5%直径约 2～3 mm 的石灰岩风化碎屑；黏壤土，发育中等的直径 20～50 mm 块状结构，稍坚实；结构面上有 5%左右铁锰斑纹，可见灰色胶膜，土体中有 2%左右直径≤3 mm 石灰岩风化碎屑，轻度石灰反应。

洪家坞系代表性单个土体物理性质

| 土层 | 深度/cm | 砾石（>2 mm，体积分数）/% | 细土颗粒组成（粒径：mm）/（g/kg） | | | 质地 | 容重/（g/cm³） |
			砂粒 2～0.05	粉粒 0.05～0.002	黏粒 <0.002		
Ap1	0～20	2	222	539	239	粉砂壤土	1.13
Ap2	20～30	4	172	553	275	粉砂质黏壤土	1.57
Br1	30～45	7	375	327	298	黏壤土	1.47
Br2	45～70	4	297	394	309	黏壤土	1.47
Br3	70～110	2	229	425	346	黏壤土	1.47

洪家坞系代表性单个土体化学性质

深度/cm	pH（H₂O）	有机质/（g/kg）	全氮（N）/（g/kg）	全磷（P）/（g/kg）	全钾（K）/（g/kg）	CEC/[cmol（+）/kg]	游离氧化铁/（g/kg）
0～20	6.6	30.5	1.76	0.71	17.4	19.9	29.5
20～30	6.8	24.8	1.64	0.62	18.2	17.6	41.8
30～45	7.3	14.8	0.96	0.67	16.2	16.5	33.5
45～70	7.6	12.1	0.77	0.66	15.4	17.2	26.3
70～110	8.1	9.8	0.81	0.6	15.0	17.0	42.0

4.10.19 双墩系（Shuangdun Series）

土族：黏壤质硅质混合型非酸性热性-普通简育水耕人为土
拟定者：李德成，魏昌龙

分布与环境条件 分布于江淮丘陵区岗塝地段，成土母质为下蜀黄土，海拔 9～100 m，水田，麦-稻轮作。北亚热带湿润季风气候，年均日照时数 2000～2100 h，气温 15.5～16.0 ℃，降水量 1000～1300 mm，无霜期 230～240 d。

双墩系典型景观

土系特征与变幅 诊断层包括水耕表层、水耕氧化还原层；诊断特性包括热性土壤温度状况、人为滞水土壤水分状况。土体厚度在 1 m 以上，水耕表层为壤土-黏壤土，氧化还原层为黏壤土，pH 5.7～6.4。氧化还原层结构面上有 5%～10%的铁锰斑纹，可见灰色胶膜，5%～10%的铁锰结核。

对比土系 同一土族的土系中，皆村系成土母质和层次质地构型一致，但分布于冲畈地段；洪家坞系分布于沿河两岸，成土母质为洪积-冲积物，层次质地构型为粉砂壤土-粉砂质黏壤土-黏壤土；新河系分布于沿江和沿河冲积平原的边缘，成土母质为冲积物，通体粉砂壤土。位于同一乡镇的油坊系，同一亚纲不同土类，为潜育水耕人为土；文家系，不同土纲，为淋溶土。

利用性能综述 土层厚，质地适中，耕性较好，肥劲平缓，易受干旱威胁，有机质、氮、磷、钾含量均低。应维护和改善现有的山塘水库和排灌渠系，增施有机肥和实行秸秆还田，增施磷肥和钾肥。

参比土种 马肝田。

代表性单个土体 位于安徽省舒城县柏林乡双墩村西北，31°29′57.7″N，116°51′0.1″E，缓岗坡地中部，海拔 9 m，成土母质为下蜀黄土，水田，麦-稻轮作。50 cm 深度土温 17.6 ℃。

Ap1：0～18 cm，浊橙色（7.5YR 6/4，干），灰棕色（7.5YR 5/2，润）；壤土，发育强的直径 2～5 mm 块状结构，疏松；结构面上有 5%左右铁锰斑纹；向下层平滑渐变过渡。

Ap2：18～32 cm，浊橙色（7.5YR 6/4，干），灰棕色（7.5YR 5/2，润）；黏壤土，发育强的直径 10～20 mm 块状结构，坚实；结构面上有 5%左右铁锰斑纹，土体中有 5%左右直径≤3 mm 球形黄褐色软铁锰结核；向下层平滑清晰过渡。

Br1：32～42 cm，橙色（7.5YR 6/6，干），棕色（7.5YR 4/4，润）；黏壤土，发育强的直径 20～50 mm 棱块状结构，坚实；结构面上有 5%左右铁锰斑纹，可见灰色胶膜，土体中有 5%左右直径≤3 mm 球形黄褐色-褐色软铁锰结核；向下层平滑渐变过渡。

Br2：42～80 cm，浊橙色（7.5YR 7/3，干），灰棕色（7.5YR 5/2，润）；黏壤土，发育强的直径 20～50 mm 棱块状结构，坚实；结构面上有 10%左右铁锰斑纹，可见灰色胶膜，5%左右直径≤3 mm 球形黄褐色-褐色软铁锰结核；向下层平滑渐变过渡。

Br3：80～120 cm，橙色（7.5YR 6/6，干），棕色（7.5YR 4/4，润）；黏壤土，发育强的直径 20～50 mm 块状结构，坚实；结构面上有 10%左右铁锰斑纹，可见灰色胶膜，土体中有 10%左右直径≤3 mm 球形黄褐色-褐色软铁锰结核。

双墩系代表性单个土体剖面

双墩系代表性单个土体物理性质

| 土层 | 深度 /cm | 砾石（>2 mm，体积分数）/% | 细土颗粒组成（粒径：mm）/（g/kg） | | | 质地 | 容重 /(g/cm³) |
			砂粒 2～0.05	粉粒 0.05～0.002	黏粒 <0.002		
Ap1	0～18	—	391	340	269	壤土	1.33
Ap2	18～32	5	213	494	293	黏壤土	1.49
Br1	32～42	5	286	413	301	黏壤土	1.52
Br2	42～80	5	320	344	336	黏壤土	1.51
Br3	80～120	10	245	406	349	黏壤土	1.62

双墩系代表性单个土体化学性质

深度 /cm	pH (H₂O)	有机质 /（g/kg）	全氮（N） /（g/kg）	全磷（P） /（g/kg）	全钾（K） /（g/kg）	CEC /[cmol（+）/kg]	游离氧化铁 /（g/kg）
0～12	5.7	20.6	1.45	0.42	17.2	19.5	27.5
12～32	5.9	18.3	1.27	0.34	16.5	27.2	9.2
32～42	6.4	9.2	0.75	0.16	13.9	20.1	27.5
42～80	6.2	8.6	0.68	0.15	14.5	21.0	20.6
80～120	6.2	8.6	0.68	0.15	14.5	21.0	20.6

4.10.20 新河系（Xinhe Series）

土族：黏壤质硅质混合型非酸性热性-普通简育水耕人为土
拟定者：李德成，黄来明，韩光宗

分布与环境条件 分布于皖南山区沿江和沿河冲积平原的边缘，成土母质为冲积物，海拔 10～50 m，水田，油-稻轮作或单季棉。北亚热带湿润季风气候，年均日照时数 2200～2100 h，气温 15.5～16.0 ℃，降水量 1300～1500 mm，无霜期 230～240 d。

新河系典型景观

土系特征与变幅 诊断层包括水耕表层、水耕氧化还原层；诊断特性包括热性土壤温度状况、人为滞水土壤水分状况。土体深厚，多在 1 m 以上，通体粉砂壤土，pH 5.2～6.4，氧化还原层结构面上有 15%左右铁锰斑纹，土体中有 5%～10%的铁锰结核。

对比土系 同一土族的土系中，洪家坞系分布于沿河两岸，成土母质为洪积-冲积物，层次质地构型为粉砂壤土-粉砂质黏壤土-黏壤土；双墩系、甘村系分别分布于岗塝地段、冲畈地段，成土母质均为下蜀黄土搬运物，层次质地构型均为壤土-黏壤土。

利用性能综述 土层深厚，砂性重，耕性好，供肥供水性能较弱，有机质、磷、钾含量低，氮含量较高，酸性重。应加强排灌渠系建设，水旱轮作，防止表潜，增施有机肥和实行秸秆还田，增施磷肥和钾肥。

参比土种 泥骨土。

代表性单个土体 位于安徽省青阳县新河镇洪山村东北，30°42′44.0″N，117°51′12.8″E，海拔 22 m，沿河冲积平原低阶地，成土母质为冲积物，水田，麦/油-稻轮作或单季稻。50 cm 深度土温 18.2 ℃。

新河系代表性单个土体剖面

Ap1: 0～20 cm, 亮黄棕色（10YR 7/6, 干）, 浊黄橙色（10YR 6/4, 润）; 粉砂壤土, 发育强的直径 2～5 mm 块状结构, 松散; 结构面上有 5%左右铁锰斑纹, 土体中有 2 条蚯蚓通道, 内有球形蚯蚓粪便; 向下层平滑渐变过渡。

Ap2: 20～30 cm, 亮黄棕色（10YR 6/6, 干）, 浊黄棕色（10YR 5/4, 润）; 粉砂壤土, 发育强的直径 20～50 mm 块状结构, 坚实; 结构面上有 5%左右铁锰斑纹, 土体中有 2 条蚯蚓通道, 内有球形蚯蚓粪便; 向下层平滑清晰过渡。

Br1: 30～40 cm, 亮黄棕色（10YR 6/6, 干）, 浊黄棕色（10YR 5/4, 润）; 粉砂壤土, 发育强的直径 20～50 mm 棱块状结构, 坚实; 结构面上有 15%左右铁锰斑纹, 土体中有 10%左右直径≤3 mm 黄褐色-褐色球形软铁锰结核; 向下层平滑清晰过渡。

Br2: 40～80 cm, 亮黄棕色（10YR 6/8, 干）, 黄棕色（10YR 5/6, 润）; 粉砂壤土, 发育强的直径 20～50 mm 棱块状结构, 坚实; 结构面上有 15%左右铁锰斑纹, 土体中有 10%左右直径≤5 mm 黄褐色-褐色球形软铁锰结核; 向下层平滑渐变过渡。

Br3: 80～110 cm, 亮黄棕色（10YR 6/8, 干）, 黄棕色（10YR 5/6, 润）; 粉砂壤土, 发育中等的直径 20～50 mm 块状结构, 坚实; 结构面上有 15%左右铁锰斑纹, 土体中有 5%左右直径≤5 mm 黄褐色-褐色球形软铁锰结核。

新河系代表性单个土体物理性质

| 土层 | 深度 /cm | 砾石 （>2 mm, 体积分数）/% | 细土颗粒组成（粒径: mm）/（g/kg） | | | 质地 | 容重 /（g/cm³） |
			砂粒 2～0.05	粉粒 0.05～0.002	黏粒 <0.002		
Ap1	0～20	—	270	516	214	粉砂壤土	1.07
Ap2	20～30	—	203	540	257	粉砂壤土	1.33
Br1	30～40	10	207	539	254	粉砂壤土	1.50
Br2	40～80	10	217	559	224	粉砂壤土	1.60
Br3	80～110	5	260	532	208	粉砂壤土	1.60

新河系代表性单个土体化学性质

深度 /cm	pH （H₂O）	有机质 /（g/kg）	全氮（N） /（g/kg）	全磷（P） /（g/kg）	全钾（K） /（g/kg）	CEC /[cmol(+)/kg]	游离氧化铁 /（g/kg）
0～20	5.2	26.1	1.81	0.49	12.0	13.5	23.5
20～30	5.7	5.8	0.66	0.30	12.2	13.3	24.9
30～40	6.0	0.4	0.57	0.26	13.7	15.0	28.0
40～80	6.2	2.4	0.46	0.27	15.1	14.3	34.6
80～110	6.4	1.2	0.52	0.3	14.6	13.7	32.0

4.10.21　昝村系（Zancun Series）

土族：黏壤质混合型非酸性热性-普通简育水耕人为土

拟定者：李德成，赵玉国

分布与环境条件　分布于皖南山区冲畈地段，海拔 9～100 m，成土母质为下蜀黄土搬运物，水田，麦-稻轮作。北亚热带湿润季风气候，年均日照时数 2000～2100 h，气温 15.5～16.5 ℃，降水量 1200～1400 mm，无霜期 230～240 d。

昝村系典型景观

土系特征与变幅　诊断层包括水耕表层、水耕氧化还原层；诊断特性包括热性土壤温度状况、人为滞水土壤水分状况。土体厚度多在 1 m 以上，水耕表层为壤土-黏壤土，氧化还原层为黏壤土，pH 4.9～7.3，氧化还原层结构面上有 10%～20%的铁锰斑纹，可见灰色胶膜，土体中有 2%～10%的铁锰结核。

对比土系　同一土族的土系中，洪家坞系分布于沿河两岸，成土母质为洪积-冲积物，层次质地构型为粉砂壤土-粉砂质黏壤土-黏壤土；双墩系成土母质和层次质地构型一致，但分布于岗塝地段；新河系分布于沿江和沿河冲积平原的边缘，成土母质为冲积物，通体粉砂壤土。西庄系，黏壤质硅质混合型非酸性热性-漂白铁聚水耕人为土，分布于沿江和沿河平原地段，成土母质以冲积物，壤土-黏壤土。位于同一乡镇的金山系和蒋山系，同一亚类，不同土族，颗粒大小级别为砂质和黏质。

利用性能综述　质地偏黏，通透性和耕性较差，有机质、钾含量低，氮、磷含量较高，酸性重。应维护和修缮现有的水利设置，增施有机肥和实行秸秆还田，增施钾肥，防止进一步酸化。

参比土种　马肝田。

代表性单个土体　位于安徽省宣城市宣州区狸桥镇昝村南，31°10′33.0″N，118°59′35.3″E，海拔 14 m，冲地，成土母质为下蜀黄土搬运物，水田，麦-稻轮作。50 cm 深度土温 17.9 ℃。

沓村系代表性单个土体剖面

Ap1：0～11 cm，浊黄橙色（10YR 6/4，干），灰黄棕色（10YR 5/2，润）；壤土，发育强的直径 1～3 mm 块状结构，疏松；结构面上有 5%左右铁锰斑纹，土体中 4～5 条蚯蚓；向下层平滑清晰过渡。

Ap2：11～20 cm，亮黄棕色（10YR 6/6，干），浊黄棕色（10YR 5/4，润）；黏壤土，发育强的直径 20～50 mm 块状结构，稍坚实；结构面上有 5%左右铁锰斑纹；向下层平滑清晰过渡。

Br1：20～40 cm，黄色（10YR 8/6，干），黄棕色（10YR 6/6，润）；黏壤土，发育强的直径 20～50 mm 棱块状结构，稍坚实；结构面上有 10%左右铁锰斑纹，可见灰色胶膜，土体中 10%左右直径≤3 mm 黄褐色-褐色球形软铁锰结核；向下层平滑清晰过渡。

Br2：40～88 cm，亮黄棕色（10YR 6/8，干），棕色（10YR 4/6，润）；黏壤土，发育强的直径 20～50 mm 棱块状结构，稍坚实；结构面上有 15%左右铁锰斑纹，可见灰色胶膜，土体中 5%左右直径≤3 mm 黄褐色-褐色球形软铁锰结核；向下层平滑渐变过渡。

Br3：88～120 cm，浊黄棕色（10YR 5/4，干），灰黄棕色（10YR 4/2，润）；黏壤土，发育强的直径 20～50 mm 块状结构，稍坚实；结构面上有 20%左右铁锰斑纹，可见灰色胶膜，土体中 2%左右直径≤3 mm 黄褐色-褐色球形软铁锰结核。

沓村系代表性单个土体物理性质

| 土层 | 深度/cm | 砾石（>2 mm，体积分数）/% | 细土颗粒组成（粒径：mm）/（g/kg） | | | 质地 | 容重/（g/cm³） |
			砂粒 2～0.05	粉粒 0.05～0.002	黏粒 <0.002		
Ap1	0～11	—	350	396	254	壤土	1.19
Ap2	11～20	—	326	320	354	黏壤土	1.44
Br1	20～40	10	367	318	315	黏壤土	1.58
Br2	40～88	2	273	399	328	黏壤土	1.53
Br3	88～120	2	267	384	349	黏壤土	1.54

沓村系代表性单个土体化学性质

深度/cm	pH（H₂O）	有机质/（g/kg）	全氮（N）/（g/kg）	全磷（P）/（g/kg）	全钾（K）/（g/kg）	CEC/[cmol(+)/kg]	游离氧化铁/（g/kg）
0～11	4.9	25.3	1.27	1.10	16.1	17.7	21.5
11～20	5.8	20.4	0.93	1.00	14.7	16.4	26.0
20～40	6.4	2.6	0.41	0.85	14.6	21.4	10.0
40～88	6.9	4.9	0.29	0.69	13.9	20.9	20.0
88～120	7.3	3.3	0.4	0.73	16.0	27.8	11.7

第5章 变性土纲

5.1 砂姜钙积潮湿变性土

5.1.1 大苑系（Dayuan Series）

土族：黏质蒙脱石混合型热性-砂姜钙积潮湿变性土
拟定者：李德成，李山泉，黄来明

分布与环境条件　分布于淮北平原低洼地区，海拔 20～30 m，成土母质为古黄土性河湖相沉积物，旱地，麦-玉米/豆类轮。暖温带半湿润季风气候区，年均日照时数 2300～2400 h，气温 14.5～15.0 ℃，降水量 800～900 mm，无霜期 210～220 d。

大苑系典型景观

土壤性状与特征变幅　诊断层包括淡薄表层、雏形层、钙积层；诊断特性包括热性土壤温度状况、潮湿土壤水分状况、变性特征、氧化还原特征。土体深厚， pH 5.7～7.4，黏壤土-黏土，耕作层以下土体为棱柱状结构，干时产生多条裂隙，具有变性特征。钙积层出现上界约 60 cm 左右，土体中含量为 10%～15%。

对比土系　双桥系，同一土族，通体为黏土，碳酸钙结核出现上界较浅，在 25 cm 左右。李寨系，成土母质和分布地形部位一致，旱作，不同土纲，有变性现象，为变性砂姜潮湿雏形土；康西系，成土母质和分布地形部位一致，水田，不同土纲，有变性现象，为变性简育水耕人为土。

利用性能综述　质地黏，通透性和耕性差，排水条件差，物理性状不良，耕性差，易涝，有机质、氮、钾含量低，磷含量较高。应改善排灌条件，增施有机肥和实行秸秆还田，增施钾肥。

参比土种　青土。

大苑系代表性单个土体剖面

代表性单个土体　位于安徽省蒙城县板桥集镇大苑村东北，33°20′54.3″N，116°39′41.2″E，海拔 25 m，平原低洼地区，成土母质为古黄土性河湖相沉积物，旱地，麦-玉米/豆类轮作。50 cm 深度土温 16.3 ℃。

Ap1：0～15 cm，淡黄色（5Y 7/4，干），灰橄榄色（5Y 5/2，润）；黏壤土，发育强的直径 1～3 mm 粒状结构，松散；向下层平滑清晰过渡。

Ap2：15～30 cm，淡黄色（5Y 7/3，干），灰橄榄色（5Y 5/2，润）；黏土，发育强的直径 10～20 mm 棱柱状结构，坚硬；向下层平滑清晰过渡。

Bv1：30～60 cm，橄榄黄色（5Y 6/3，干），灰色（5Y 4/1，润）；黏土，发育强的直径 20～50 mm 的棱柱状结构，很坚硬；土体中 10 条直径 5～20 mm 裂隙；向下层平滑渐变过渡。

Bkv1：60～90 cm，灰橄榄色（5Y 5/2，干），灰色（5Y 4/1，润）；黏土，发育强的直径 20～50 mm 的棱柱状结构，很坚硬；土体中有 10%左右不规则形的黄白色稍硬碳酸钙中结核，8 条直径 5～10 mm 裂隙；向下层平滑渐变过渡。

Bkv2：90～120 cm，灰橄榄色（5Y 5/2，干），灰色（5Y 4/1，润）；黏土，发育强的直径约 20～50 mm 的棱柱状结构，很坚硬；土体中有 15%左右不规则形的黄白色稍硬碳酸钙，6 条直径 3～10 mm 裂隙。

大苑系代表性单个土体物理性质

土层	深度/cm	砾石（>2 mm，体积分数）/%	细土颗粒组成（粒径：mm）/（g/kg）			质地	容重/（g/cm³）
			砂粒 2～0.05	粉粒 0.05～0.002	黏粒 <0.002		
Ap1	0～15	—	275	401	324	黏壤土	1.31
Ap2	15～30	—	271	286	443	黏土	1.57
Bv1	30～60	—	238	271	491	黏土	1.46
Bkv1	60～90	10	237	286	477	黏土	1.62
Bkv2	90～120	15	275	301	424	黏土	1.68

大苑系代表性单个土体化学性质

深度/cm	pH（H₂O）	有机质/（g/kg）	全氮（N）/（g/kg）	全磷（P）/（g/kg）	全钾（K）/（g/kg）	CEC/[cmol（+）/kg]
0～15	5.7	17.3	1.24	1.19	13.5	21.9
15～30	7.4	6.0	0.68	0.88	11.9	26.1
30～60	8.3	4.0	0.49	0.99	13.4	28.3
60～90	8.6	0.9	0.31	1.14	14.5	23.0
90～120	8.6	1.9	0.21	0.95	13.1	23.7

5.1.2　双桥系（Shuangqiao Series）

土族：黏质蒙脱石混合型热性-砂姜钙积潮湿变性土

拟定者：李德成，李山泉，黄来明

分布与环境条件　分布于淮北平原地势低洼地段，海拔 20～30 m，成土母质为古黄土性河湖相沉积物，旱地，麦-玉米/豆类轮作。暖温带半湿润季风气候区，年均日照时数 2300～2400 h，气温 14.5～15.0 ℃，降水量 800～900 mm，无霜期 210～220 d。

双桥系典型景观

土壤性状与特征变幅　诊断层包括淡薄表层、钙积层；诊断特性包括热性土壤温度状况、潮湿土壤水分状况、变性特征、氧化还原特征。土体深厚，有石灰反应，pH 8.3～8.7，通体黏土，耕作层之下土体呈棱柱状结构，干时产生多条裂隙。钙积层出现上界约 25 cm，碳酸钙结核含量为 10%～15%。

对比土系　大苑系，同一土族，碳酸钙结核出现部位较深，在 60 cm 左右，淡薄表层（耕层）为黏壤土；李寨系，旱作，不同土纲，成土母质和分布地形部位一致，有变性现象，为变性砂姜潮湿雏形土；康西系，成土母质和分布地形部位一致，水田，不同土纲，有变性现象，为变性简育水耕人为土。位于同一乡镇的陈小系和白庙系，不同土纲，为潮湿雏形土。

利用性能综述　质地黏，通透性和耕性差，排水条件差，物理性状不良，耕性较差，有机质、氮、钾含量低，磷含量较高。应改善排灌条件，增施有机肥和实行秸秆还田，增施钾肥。

参比土种　黑土。

代表性单个土体　位于安徽省蒙城县乐土镇双桥村东北，33°19′55.8″N，116°32′36.5″E，海拔 25 m，低洼地，成土母质为古黄土性河湖相沉积物，旱地，麦-玉米/豆类轮作。50 cm 深度土温 16.3 ℃。

双桥系代表性单个土体剖面

Ap1：0～10 cm，淡黄色（5Y 7/4，干），灰橄榄色（5Y 5/2，润）；黏土，发育强的直径 1～3 mm 粒状结构，松散；向下层平滑清晰过渡。

Ap2：10～25 cm，淡黄色（5Y 7/3，干），灰橄榄色（5Y 5/2，润）；黏土，发育强的直径 10～20 mm 棱柱状结构，坚硬；向下层平滑清晰过渡。

Bkv1：25～45 cm，灰橄榄色（5Y 6/2，干），灰色（5Y 4/1，润）；黏土，发育强的直径 20～50 mm 的棱柱状结构，坚硬；土体中有 10% 左右不规则形的黄白色稍硬碳酸钙结核，8 条直径 5～10 mm 裂隙；向下层平滑渐变过渡。

Bkv2：45～120 cm，灰橄榄色（5Y 6/2，干），灰色（5Y 4/1，润）；黏土，发育强的直径 20～50 mm 的棱柱状结构，坚硬；土体中有 15% 左右不规则形的黄白色稍硬碳酸钙中结核，10 条直径 3～8 mm 裂隙。

双桥系代表性单个土体物理性质

| 土层 | 深度/cm | 砾石（>2 mm，体积分数）/% | 细土颗粒组成（粒径：mm）/（g/kg） | | | 质地 | 容重/（g/cm³） |
			砂粒 2～0.05	粉粒 0.05～0.002	黏粒 <0.002		
Ap1	0～10	—	213	367	420	黏土	1.33
Ap2	10～25	—	243	339	418	黏土	1.60
Bkv1	25～45	5	278	205	517	黏土	1.49
Bkv2	45～120	15	252	324	424	黏土	1.47

双桥系代表性单个土体化学性质

深度/cm	pH（H₂O）	有机质/（g/kg）	全氮（N）/（g/kg）	全磷（P）/（g/kg）	全钾（K）/（g/kg）	CEC/[cmol（+）/kg]
0～10	8.3	15.1	0.92	1.1	13.9	21.5
10～25	8.5	7.0	0.53	0.86	11.4	20.6
25～45	8.6	0.4	0.61	0.55	12.6	26.4
45～120	8.7	0.5	0.38	1.19	14.1	24.0

第6章 潜育土纲

6.1 暗瘠简育正常潜育土

6.1.1 天堂寨系（Tiantangzhai Series）

土族：粗骨砂质硅质型酸性热性-暗瘠简育滞水潜育土

拟定者：李德成，赵明松，黄来明

分布与环境条件 分布于大别山和黄山海拔 1000～1500 m 的中山平台中洼地，成土母质为花岗岩风化沟谷堆积物，喜湿性草甸植物。北亚热带湿润季风气候，年均日照时数 1900～2100 h，气温 14.5～15.0 ℃，降水量 1200～1400 mm，无霜期 210～220 d。

天堂寨系典型景观

土壤性状与特征变幅 诊断层包括暗瘠表层和雏形层；诊断特性包括热性土壤温度状况、滞水土壤水分状况、潜育特征。土体深厚，一般 1 m 以上，受降水和潮湿空气等影响，土体常积水，潜育特征明显，土表之上有 2～3 cm 分解或半分解的枯枝落叶层，暗瘠表层厚度 25～40 cm，砾石含量约 30%，砂粒含量 400～900 g/kg，pH 4.6～4.8。

对比土系 位于同一县境内的铁冲系和斑竹园系，位于坡地上，不同土纲，前者为雏形土，后者为新成土。

利用性能综述 地势较高，零星分布，滞水严重，湿地资源，不宜利用，应封境保护。

参比土种 山地草甸土。

代表性单个土体 位于安徽省金寨县天堂寨镇杨山村龙子口山，31°8′41.5″N，115°47′14.4″E，海拔 1193 m，成土母质为花岗片麻岩风化沟谷堆积物。有杞柳、三桠乌药等植物，植被覆盖度>80%。50 cm 深度土温 17.0 ℃。

+2～0cm，枯枝落叶。

Ahg1：0～10cm，灰色（7.5Y 5/1，干），橄榄黑色（7.5Y 3/1，润）；砂质壤土，发育中等的1～2 mm粒状结构，松散；根系和枯枝落叶体积为70%左右；30%左右直径≤3 mm石英颗粒；向下层平滑渐变过渡。

Ahg2：10～30 cm，灰色（7.5Y 5/1，干），橄榄黑色（7.5Y 3/1，润）；壤土，发育较弱的2～3 mm块状结构，松散；根系和枯枝落叶体积为70%左右；30%左右直径≤3 mm石英颗粒；向下层不规则渐变过渡。

Bg1：30～60 cm，橄榄灰色（7.5Y 4/2，干），橄榄黑色（7.5Y 3/1，润）；砂质壤土，发育较弱的2～3 mm块状结构，松散；根系和枯枝落叶体积为40%左右；30%左右直径 2 mm石英颗粒；30%左右直径≤3 mm石英颗粒；向下层平滑渐变过渡。

Bg2：60～120 cm，橄榄灰色（7.5Y 4/2，干），橄榄黑色（7.5Y 3/1，润）；壤质砂土，单粒，无结构；根系和枯枝落叶体积为40%左右；30%左右直径≤3 mm石英颗粒。

天堂寨系代表性单个土体剖面

天堂寨系代表性单个土体物理性质

土层	深度 /cm	砾石 （>2 mm，体积分数）/%	细土颗粒组成（粒径：mm）/（g/kg）			质地	容重 /（g/cm³）
			砂粒 2～0.05	粉粒 0.05～0.002	黏粒 <0.002		
Ahg1	0～10	30	797	31	172	砂质壤土	
Ahg2	10～30	30	417	418	165	壤土	
Bg1	30～60	30	540	283	177	砂质壤土	
Bg2	60～120	30	873	32	95	壤质砂土	

天堂寨系代表性单个土体化学性质

深度 /cm	pH		有机质 /(g/kg)	全氮(N) /(g/kg)	全磷(P) /(g/kg)	全钾(K) /(g/kg)	CEC /[cmol(+)/kg]
	H₂O	KCl					
0～10	4.6	4	53	7.94	1.27	16.9	34.5
10～30	4.8	4.1	54.9	5.46	0.83	14	30.1
30～60	5	4.3	60.1	5.87	0.79	16.7	24.1
60～120	5.3	4.5	50.9	5.77	0.8	14.9	7.5

第7章 淋溶土纲

7.1 腐殖-棕色钙质湿润淋溶土

7.1.1 三门系（Sanmen Series）

土族： 壤质硅质混合型非酸性热性-腐殖-棕色钙质湿润淋溶土

拟定者：李德成，李山泉

分布与环境条件 分布于淮河以南石灰岩低山丘陵坡中上部，海拔 100～300 m，成土母质为石灰岩风化残积-坡积物，稀疏杂木林地。北亚热带湿润季风气候，年均日照时数 2000～2100 h，气温 15.5～16.0 ℃，降水量 1300～1500 mm，无霜期 230～240 d。

三门系典型景观

土壤性状与特征变幅 诊断层包括暗沃表层、黏化层；诊断特性包括热性土壤温度状况、湿润土壤水分状况、碳酸盐岩性特征、腐殖质特性、石质接触面。土体较厚，厚 60～100 cm，石灰岩风化碎屑含量为 2%左右，轻度石灰反应，pH 5.6～8.1。暗沃表层厚度 20～30 cm，黏粒含量约 120 g/kg；黏化层发育较弱，黏粒含量约 230 g/kg。

对比土系 仁里系，同一土类但不同亚类，分布于石灰岩山丘坡地，成土母质为混有石灰岩风化碎屑的下蜀黄土，为普通钙质湿润淋溶土。

利用性能综述 土层较薄，坡度较陡，有机质、氮含量高，磷、钾含量低，植被长势差。应继续封山育林，种植侧柏、刺槐、麻栎、黄檀、黄连木、枫香、臭椿等，地形较缓的地段可种植板栗、枣树、山核桃、乌桕等干果树。

参比土种 山门薄鸡肝土。

代表性单个土体 位于安徽省宁国市港口镇三门村西，30°40′45.8″N，118°52′38.9″E，海拔 115 m，低丘坡地中部，成土母质为石灰岩风化残积-坡积物。杂木与竹林混交，植被覆盖度>80%。50 cm 深度土温 18.2 ℃。

三门系代表性单个土体剖面

+2～0 cm，枯枝落叶。

Ah：0～30 cm，灰棕色（7.5YR 5/2，干），黑棕色（7.5YR 3/1，润）；粉砂壤土，发育强的直径 1～3 mm 粒状结构，松散；草灌根系，丰度 5～8 条/dm²；土体中有 2%左右直径≤5 mm 角状石灰岩碎屑；轻度石灰反应；向下层平滑清晰过渡。

Bt：30～70 cm，橙色（7.5YR 6/6，干），棕色（7.5YR 4/4，润）；粉砂壤土，发育强的直径 5～10 mm 块状结构，松散；草灌根系，丰度 3～5 条/dm²；结构面和孔壁上可见腐殖质淀积胶膜和少量模糊黏粒胶膜，裂隙壁内填有自 A 层落下的暗色土体。土体中有 2%左右直径≤5 mm 角状石灰岩碎屑；轻度石灰反应；向下层不规则突变过渡。

R：70～80 cm，石灰岩。

三门系代表性单个土体物理性质

土层	深度 /cm	砾石 (>2 mm，体积分数) /%	细土颗粒组成（粒径：mm）/（g/kg）			质地
			砂粒 2～0.05	粉粒 0.05～0.002	黏粒 <0.002	
Ah	0～30	2	306	572	122	粉砂壤土
Bt	30～70	2	97	675	228	粉砂壤土

三门系代表性单个土体化学性质

深度 /cm	pH (H₂O)	有机质 /（g/kg）	全氮（N） /（g/kg）	全磷（P） /（g/kg）	全钾（K） /（g/kg）	CEC /[cmol (+) /kg]
0～30	6.2	57.8	2.43	0.28	13.2	25.5
30～70	5.6	20.2	1.10	0.13	14.8	32.6

7.2　普通钙质湿润淋溶土

7.2.1　仁里系（Renli Series）

土族：黏质伊利石混合型非酸性热性-普通钙质湿润淋溶土

拟定者：李德成，韩光宗，黄来明

分布与环境条件　分布于淮河以
南石灰岩山丘坡地中下部，海拔
50～500 m，成土母质为混有石灰
岩风化碎屑的下蜀黄土，阔叶林
地。北亚热带湿润季风气候，年
均日照时数 1800～1900 h，气温
16.0～16.5 ℃，降水量 1400～
1600 mm，无霜期 230～240 d。

仁里系典型景观

土壤性状与特征变幅　诊断层包括淡薄表层、黏化层；诊断特性包括热性土壤温度状况、
湿润土壤水分状况、碳酸盐岩性特征。土体深厚，多在 1 m 以上，pH 5.3～5.9。上部淡
薄表层厚度 20～40 cm，黏粒含量在 260 g/kg 以下，之下黏化层厚度在 70 cm 以上，黏
粒含量为 310～480 g/kg，结构面上可见黏粒胶膜，土体中有 2%左右铁锰结核，80 cm 以
下土体结构面上有 5%左右铁锰斑纹。

对比土系　三门系，同一土类但不同亚类，分布于石灰岩低山丘陵坡地，成土母质为石
灰岩风化残积-坡积物，为腐殖-棕色钙质湿润淋溶土。

利用性能综述　地势较高，坡度较缓，土层深厚，有机质、氮、磷、钾含量低。应继续
封山育林，严禁乱砍滥伐，可发展枣树、桑树、板栗等经济林地。

参比土种　七里鸡肝土。

代表性单个土体　位于安徽省石台县仁里镇马村东北，30°13′11.1″N，117°29′13.3″E，海
拔 101 m，低丘坡地中下部，成土母质为混有石灰岩风化碎屑的下蜀黄土。杉树、茶园
混交林，植被覆盖度>80%。50 cm 深度土温 18.5 ℃。

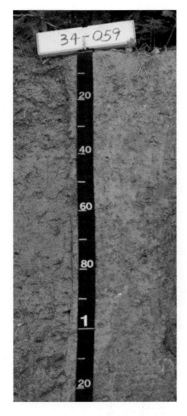

仁里系代表性单个土体剖面

+2～0 cm，枯枝落叶。

Ah1：0～20 cm，浊黄橙色（10YR 7/3，干），棕灰色（10YR 6/1，润）；壤土，发育强的直径 1～3 mm 粒状结构，松散；树草灌根系，5～8 条/dm²；土体中 2 条蚯蚓通道，内有球形蚯蚓粪便；10%左右直径≤3 mm 石灰岩风化碎屑；向下层平滑清晰过渡。

Ah2：20～36 cm，浊黄橙色（10YR 7/3，干），棕灰色（10YR 6/1，润）；粉砂壤土，发育强的直径 3～5 mm 块状结构，稍硬；树草灌根系，3～5 条/dm²；结构面上可见黏粒胶膜，土体中有 2%左右直径≤3 mm 褐色球形软铁锰结核；15%左右直径≤30 mm 石灰岩风化碎屑；向下层平滑清晰过渡。

Btr1：36～64 cm，浊黄橙色（10YR 7/4，干），灰黄棕色（10YR 5/2，润）；粉砂质黏壤土，发育强的直径 10～20 mm 棱块状结构，稍硬；树草灌根系，1～3 条/dm²；结构面上可见黏粒胶膜，土体中有 2%左右直径≤3 mm 褐色球形软铁锰结核；10%左右直径≤20 mm 石灰岩风化碎屑；向下层平滑渐变过渡。

Btr2：64～86 cm，淡黄橙色（10YR 6/4，干），灰黄棕色（10YR 4/2，润）；粉砂质黏土，发育强的直径 10～20 mm 棱块状结构，稍硬，树草灌根系，1～3 条/dm²；结构面上可见黏粒胶膜，土体中有 2%左右直径≤3 mm 褐色球形软铁锰结核；15%左右直径≤20 mm 石灰岩风化碎屑；向下层平滑渐变过渡。

Btr3：86～120 cm，淡黄棕色（10YR 5/4，干），黑棕色（10YR 3/2，润）；黏土，发育强的直径 20～30 mm 棱块状结构，稍硬；结构面上有 5%左右铁锰斑，可见黏粒胶膜；土体中有 2%左右直径≤3 mm 褐色球形软铁锰结核；15%直径≤20 mm 石灰岩风化碎屑。

仁里系代表性单个土体物理性质

土层	深度/cm	砾石（>2 mm，体积分数）/%	细土颗粒组成（粒径：mm）/（g/kg）			质地
			砂粒 2～0.05	粉粒 0.05～0.002	黏粒 <0.002	
Ah1	0～20	10	294	465	241	壤土
Ah2	20～36	17	184	547	269	粉砂壤土
Btr1	36～64	12	189	499	312	粉砂质黏壤土
Btr2	64～86	17	112	458	430	粉砂质黏土
Btr3	86～120	17	127	394	479	黏土

仁里系代表性单个土体化学性质

深度/cm	pH（H₂O）	有机质/（g/kg）	全氮（N）/（g/kg）	全磷（P）/（g/kg）	全钾（K）/（g/kg）	CEC/[cmol（+）/kg]
0～20	5.9	25.6	1.83	0.28	14.0	10.4
20～36	5.9	13.7	1.29	0.22	16.4	9.4
36～64	5.7	8.9	1.15	0.19	17.8	13.3
64～86	5.6	8.8	1.23	0.31	24.1	14.2
86～120	5.5	6.1	1.25	0.34	23.7	16.6

7.3 饱和黏磐湿润淋溶土

7.3.1 前孙系（Qiansun Series）

土族：黏质伊利石混合型非酸性热性-饱和黏磐湿润淋溶土
拟定者：李德成，魏昌龙，李山泉

分布与环境条件 分布于江淮丘陵区缓岗岗顶-岗坡，海拔在 20～100 m，成土母质为下蜀黄土，旱地，麦-玉米轮作。北亚热带湿润季风气候，年均日照时数 2200～2400 h，气温 14.5～15.5 ℃，降水量 900～1000 mm，无霜期200～220 d。

前孙系典型景观

土壤性状与特征变幅 诊断层包括淡薄表层、黏磐层；诊断特性包括热性土壤温度状况、湿润土壤水分状况。土体深厚，一般 1 m 以上，pH 6.4～7.2。耕作层黏粒含量低于200 g/kg，下部 90 cm 以上土体为发育较强的黏化层，黏粒含量为 300～400 g/kg，90 cm 以下为黏磐层，黏粒含量约 500 g/kg，黏化层和黏磐层为棱柱状结构，干时产生少量裂隙，结构面上可见黏粒胶膜，土体中有 2%左右铁锰结核。

对比土系 上派系，同一土族，成土母质和分布地形部位一致，层次质地构型为壤土-粉砂质黏土。

利用性能综述 地势较高，排水条件好，质地偏黏，通透性和耕性较差，有机质、氮、钾含量低，磷含量较高。应改善灌溉条件，等高种植，增施有机肥和实行秸秆还田，增施钾肥。

参比土种 灰白土。

代表性单个土体 位于安徽省定远县张桥镇前孙村东南，32°21′42.7″N，117°34′19.7″E，海拔 63 m，地形为岗坡地，成土母质为下蜀黄土，旱地，麦-玉米轮作。50 cm 深度土温 16.8 ℃。

前孙系代表性单个土体剖面

Ap1：0～17 cm，浅淡橙色（10YR 8/4，干），灰黄棕色（10YR 6/2，润）；砂质壤土，发育强的直径 1～3 mm 粒状结构，松散；向下层平滑清晰过渡。

Ap2：17～35 cm，浊黄橙色（10YR 7/4，干），灰黄棕色（10YR 6/2，润）；砂质壤土，发育强的直径 10～20 mm 棱柱状结构，坚硬；土体中有 2%左右直径≤3 mm 褐色球形软铁锰结核，3 条直径 3～10 mm 裂隙；向下层平滑清晰过渡。

Btmr1：35～60 cm，亮黄棕色（10YR 6/6，干），浊黄棕色（10YR 5/4，润）；黏壤土，发育强的直径 20～50 mm 棱柱状结构，很坚硬；结构面上可见黏粒胶膜；土体中有 2 有%左右直径≤3 mm 的褐色球形软铁锰结核，7 条直径 3～20 mm 裂隙；向下层平滑渐变过渡。

Btmr2：60～90 cm，亮黄棕色（10YR 6/6，干），棕色（10YR 4/4，润）；粉砂质黏壤土，发育强的直径 20～50 mm 棱柱状结构，很坚硬；结构面上可见黏粒胶膜，土体中有 5%左右直径≤3 mm 褐色球形软铁锰结核，6 条直径 3～20 mm 裂隙；向下层平滑渐变过渡。

Btmr3：90～120 cm，亮黄棕色（10YR 6/6，干），棕色（10YR 4/4，润）；黏土，发育强的直径 20～50 mm 棱柱状结构，很坚硬；结构面上可见黏粒胶膜，土体中有 5%左右直径≤3 mm 褐色球形软铁锰结核，4 条直径 3～10 mm 裂隙。

前孙系代表性单个土体物理性质

| 土层 | 深度 /cm | 砾石 （>2 mm，体积分数）/% | 细土颗粒组成（粒径：mm）/（g/kg） | | | 质地 | 容重 /（g/cm⁻³） |
			砂粒 2～0.05	粉粒 0.05～0.002	黏粒 <0.002		
Ap1	0～17	—	220	489	291	黏壤土	1.09
Ap2	17～35	2	251	440	309	黏壤土	1.51
Btmr1	35～60	2	236	454	310	黏壤土	1.42
Btmr2	60～90	5	190	437	373	粉砂质黏壤土	1.52
Btmr3	90～120	5	145	366	489	黏土	1.57

前孙系代表性单个土体化学性质

深度 /cm	pH （H₂O）	有机质 /（g/kg）	全氮（N） /（g/kg）	全磷（P） /（g/kg）	全钾（K） /（g/kg）	CEC /[cmol（+）/kg]
0～17	6.4	18.6	0.77	0.83	10.6	14.5
17～35	6.4	7.5	0.37	0.68	9.7	22.5
35～60	7.0	4.3	0.33	0.84	12.3	24.9
60～90	7.0	8.9	0.42	0.52	12.2	28.3
90～120	7.2	1.5	0.28	0.65	12.8	27.5

7.3.2　上派系（Shangpai Series）

土族：黏质伊利石混合型非酸性热性-饱和黏磐湿润淋溶土
拟定者：李德成，黄来明

分布与环境条件　分布于江淮丘陵低岗脊部，海拔 50～80 m，成土母质为下蜀黄土，多为旱地，少量为杂木林地，旱地，麦-棉/玉米轮作。北亚热带湿润季风气候，年均日照时数 2100～2300 h，气温 15.5～16.0 ℃，降水量 1000～1100 mm，无霜期 220～230 d。

上派系典型景观

土壤性状与特征变幅　诊断层包括淡薄表层、黏磐层、雏形层；诊断特性包括热性土壤温度状况、湿润土壤水分状况。土体深厚，一般 1 m 以上，pH 5.9～7.3。35～40 cm 以上土体黏粒含量<270 g/kg，下部为黏磐层，黏粒含量在 410 g/kg 左右，厚度在 50 cm 以上，棱块状结构，结构面上可见铁锰胶膜和铁锰斑，土体中有 5%左右铁锰结核。

对比土系　前孙系，同一土族，成土母质和地形部位基本一致，土体中有黏壤土-粉砂质黏壤土层次，无壤土和粉砂质黏土层次。

利用性能综述　地势高，排水条件好，易旱，质地偏黏，通透性和耕性较差，有机质、氮、钾含量低，磷含量较高。应改善灌溉条件，等高种植，实行麦-豆轮作，增施有机肥和实行秸秆还田，增施磷肥和钾肥。

参比土种　平桥僵马肝土。

代表性单个土体　位于安徽省肥西县上派镇段冲村东南，31°54.7′45.8″N，117°3.5′90.8″E，海拔 54 m，岗坡地中下部，成土母质为下蜀黄土，旱地，麦-棉/玉米轮作。50 cm 深度土温 17.6 ℃。

Ap：0～11 cm，黄棕色（10YR 5/6，干），棕色（10YR 4/4，润）；壤土，发育强的直径 1～3 mm 粒状结构，松散；土体中 2 条蚯蚓通道，内有球形蚯蚓粪便；向下层平滑清晰过渡。

AB：11～35 cm，黄棕色（10YR 5/6，干），棕色（10YR 4/4，润）；壤土，发育强的直径 10～20 mm 块状结构，坚硬；结构面上有 2%左右铁锰斑纹，可见铁锰胶膜；土体中有 5%左右直径≤3 mm 褐色球形软铁锰结核；向下层平滑渐变过渡。

Btmr1：35～80 cm，浊黄棕色（10YR 5/4，干），黑棕色（10YR 3/2，润）；粉砂质黏土，发育强的直径 20～30 mm 棱块状结构，很坚硬，强胶结；结构面上可见铁锰胶膜和黏粒胶膜，土体中有 5%左右直径≤3 mm 褐色球形软铁锰结核；向下层平滑渐变过渡。

Btmr2：80～120 cm，浊黄橙色（10YR 6/3，干），棕灰色（10YR 4/1，润）；粉砂质黏土，发育强的直径 20～30 mm 棱块状结构，很坚硬，强胶结；结构面上可见黏粒胶膜和铁锰胶膜，土体中有 5%左右直径≤3 mm 褐色球形软铁锰结核。

上派系代表性单个土体剖面

上派系代表性单个土体物理性质

土层	深度 /cm	砾石（>2 mm，体积分数）/%	细土颗粒组成（粒径：mm）/（g/kg）			质地	容重 /（g/cm³）
			砂粒 2～0.05	粉粒 0.05～0.002	黏粒 <0.002		
Ap	0～11	—	238	496	266	壤土	1.21
AB	11～35	5	281	473	246	壤土	1.43
Btmr1	35～80	5	118	465	417	粉砂质黏土	1.38
Btmr2	80～120	5	174	417	409	粉砂质黏土	1.38

上派系代表性单个土体化学性质

深度 /cm	pH（H₂O）	有机质 /（g/kg）	全氮（N）/（g/kg）	全磷（P）/（g/kg）	全钾（K）/（g/kg）	CEC /[cmol（+）/kg]
0～11	5.9	16.5	0.97	0.41	14.3	26.4
11～35	6.7	8.9	0.39	0.12	14.0	26.5
35～80	7.2	6.8	0.32	0.09	13.1	25.6
80～120	7.3	3.5	0.23	0.09	12.9	26.7

7.4　普通铝质湿润淋溶土

7.4.1　张家湾系（Zhangjiawan Series）

土族：粗骨壤质硅质混合型热性-普通铝质湿润淋溶土
拟定者：李德成，黄来明

分布与环境条件　分布于长江以南低山丘陵坡地中下部，海拔50～500 m，成土母质为花岗岩风化残积-坡积物，松、杉、檫、竹等混交林。北亚热带湿润季风气候，年均日照时数 2000～2100 h，气温 15.5～16.0 ℃，降水量 1200～1400 mm，无霜期230～240 d。

张家湾系典型景观

土壤性状与特征变幅　诊断层包括淡薄表层、黏化层；诊断特性包括热性土壤温度状况、湿润土壤水分状况、铝质现象、准石质接触面。土体厚度<1 m，含有 10%～50%的石英颗粒。淡薄表层厚度 15～20 cm，黏粒含量在 110 g/kg 左右；黏化层发育中等，黏粒含量为 190～310 g/kg，厚度 50～70 cm，结构面上可见黏粒胶膜。土体色调 5YR，pH 4.1～5.5。
对比土系　同一亚类不同土族，金坝系、漆铺系成土母质为第四纪红黏土上覆下蜀黄土、第四纪红黏土，颗粒大小级别为黏质；渚口系成土母质为泥质岩的风化残积-坡积物，颗粒大小级别为黏壤质。
利用性能综述　地形较缓，土层较厚，砾石含量高，有机质、氮、磷、钾含量较低。应继续封山育林加强植被保护和恢复，平缓地段可种植湿地松、水杉、杉木、毛竹、橡树。
参比土种　四合红土。
代表性单个土体　位于安徽省广德县四合乡张家湾村北，30°41′59.5″N，119°16′27.9″E，海拔 96 m，低丘坡地中下部，成土母质为花岗岩风化残积-坡积物。马尾松、竹林混交，植被覆盖度>80%。50 cm 深度土温 18.1 ℃。

+2～0 cm，枯枝落叶。

Ah：0～20 cm，橙色（5YR 6/6，干），浊红棕色（5YR 5/4，润）；砂质壤土，发育强的直径1～3 mm粒状结构，松散；松竹根系，丰度3～5 条/dm²；10%左右直径≤3 mm石英颗粒；向下层平滑清晰过渡。

Bt1：20～50 cm，橙色（5YR 6/6，干），浊红棕色（5YR 5/4，润）；砂质壤土，发育强的直径2～5 mm块状结构，稍硬；松竹根系，丰度1～3 条/dm²；结构面上可见黏粒胶膜；土体中有30%左右直径≤3 mm石英颗粒；向下层平滑渐变过渡。

Bt2：50～80 cm，亮红棕色（5YR 5/8，干），红棕色（5YR 4/6，润）；砂质黏壤土，发育中等的直径3～5 mm块状结构，稍硬；结构面上可见黏粒胶膜；土体中有50%左右直径≤3 mm石英颗粒；向下层不规则清晰过渡。

C：80～120cm，花岗岩半风化体。

张家湾系代表性单个土体剖面

张家湾系代表性单个土体物理性质

土层	深度/cm	砾石（>2 mm，体积分数）/%	细土颗粒组成（粒径：mm）/（g/kg）			质地
			砂粒 2～0.05	粉粒 0.05～0.002	黏粒 <0.002	
Ah	0～20	10	593	297	110	砂质壤土
Bt1	20～50	30	686	117	197	砂质壤土
Bt2	50～80	50	547	146	307	砂质黏壤土

张家湾系代表性单个土体化学性质

深度/cm	pH		有机质/（g/kg）	全氮（N）/（g/kg）	全磷（P）/（g/kg）	全钾（K）/（g/kg）	CEC_7/[cmol（+）/kg]（黏粒）	Al_{KCl}/[cmol（+）/kg]（黏粒）
	H_2O	KCl						
0～20	4.9	4.1	14.1	0.52	0.35	15.5	113.6	13.0
20～50	4.8	4.1	9.3	1.23	0.13	5.2	73.9	13.5
50～80	4.8	4.1	7.8	0.46	0.08	23.3	42.0	14.0

7.4.2 金坝系（Jinba Series）

土族：黏质混合型热性-普通铝质湿润淋溶土
拟定者：李德成，魏昌龙

分布与环境条件 分布于皖南山区红土岗丘坡地中下部，海拔10～100 m，成土母质为第四纪红黏土上覆下蜀黄土，稀疏松、杉混交林。北亚热带湿润季风气候，年均日照时数2000～2100 h，气温 15.5～16.5 ℃，降水量1200～1400 mm，无霜期230～240 d。

金坝系典型景观

土壤性状与特征变幅 诊断层包括淡薄表层、黏化层；诊断特性包括热性土壤温度状况、湿润土壤水分状况、聚铁网纹现象、铝质现象。土体厚度一般在80 cm以上，上部下蜀黄土厚度40～50 cm，表层的黏粒含量280 g/kg左右；下部第四纪红黏土黏粒含量为350～430 g/kg，结构面上可见铁锰焦斑和黏粒胶膜，土体中有5%左右铁锰结核。土体色调5YR，pH 4.1～5.5。

对比土系 漆铺系，同一土族，成土母质为第四纪红黏土，层次质地构型为粉砂质黏壤土-黏土，无黏壤土层次；同一亚类不同土族，张家湾系成土母质为花岗岩风化残积-坡积物，土体中有10%～50%的岩石碎屑，颗粒大小级别为粗骨壤质；渚口系成土母质为泥质岩的风化残积-坡积物，颗粒大小级别为黏壤质。位于同一乡镇的正东系，水田，不同土纲，为水耕人为土。

利用性能综述 土层厚，地形缓，宜林，养分含量缺乏，质地黏。应继续封山育林保护和恢复植被，可发展油桐、油茶、茶园，增施有机肥和复合肥。

参比土种 金坝棕红土。

代表性单个土体 位于安徽省宣城市宣州区金坝街道双凤村东，30°52′54.7″N，118°40′50.3″E，海拔16 m，岗坡地中下部，成土母质为第四纪红黏土上覆下蜀黄土。马尾松林地，植被覆盖度>80%。50 cm深度土温18.0 ℃。

金坝系代表性单个土体剖面

Ah：0～10 cm，橙色（7.5YR 7/6，干），浊棕色（7.5YR 5/4，润）；黏壤土，发育强的直径 2～5 mm 块状结构，松散；灌木根系，丰度 5～8 条/dm²；土体中 2 条蚯蚓通道，内有球形蚯蚓粪便；向下层平滑清晰过渡。

Btr1：10～43 cm，橙色（7.5YR 7/6，干），浊棕色（7.5YR 5/4，润）；粉砂质黏壤土，发育强的直径 2～5 mm 块状结构，坚硬；灌木根系，丰度 1～3 条/dm²；结构面上可见铁锰焦斑和黏粒胶膜，土体中有 5%左右直径≤3 mm 球形褐色铁锰结核，2 条蚯蚓通道，内有球形蚯蚓粪便；向下层不规则渐变过渡。

Btr2：43～90 cm，亮红棕色（5YR 5/8，干），暗红棕色（5YR 3/6，润）；黏土，发育强的直径 5～10 mm 棱块状结构，坚硬；灌木根系，丰度 1～3 条/dm²；结构面上可见铁锰焦斑和黏粒胶膜，土体中有 5%左右直径≤3 mm 球形褐色铁锰结核；向下层不规则渐变过渡。

Btlr：90～120 cm，80%橙色（7.5YR 7/6，干），浊棕色（5YR 5/4，润）；20%淡棕灰色（7.5YR 7/2，干），棕灰色（7.5YR 5/1，润）；粉砂质黏壤土，发育强的直径 5～10 mm 棱块状结构，坚硬；结构面上可见铁锰焦斑，土体中有 5%左右直径≤3 mm 球形褐色铁锰结核。

金坝系代表性单个土体物理性质

土层	深度 /cm	砾石（>2 mm，体积分数）/%	细土颗粒组成（粒径：mm）/（g/kg）			质地
			砂粒 2～0.05	粉粒 0.05～0.002	黏粒 <0.002	
Ah	0～10	—	216	505	279	黏壤土
Btr1	10～43	5	192	432	376	粉砂质黏壤土
Btr2	43～90	5	210	360	430	黏土
Btlr	90～120	5	173	482	345	粉砂质黏壤土

金坝系代表性单个土体化学性质

深度 /cm	pH H₂O	pH KCl	有机质 /（g/kg）	全氮（N） /（g/kg）	全磷（P） /（g/kg）	全钾（K） /（g/kg）	CEC₇ /[cmol（+）/kg]（黏粒）	Al_KCl /[cmol（+）/kg]（黏粒）
0～10	5.5	4.3	21.1	0.82	0.25	18.5	26.9	12.7
10～43	5.2	4.1	11.1	1.03	0.22	14.4	47.6	13.6
43～90	5.1	4.1	5.7	0.51	0.12	16.4	46.9	15.3
90～120	5.0	4.2	3.1	0.30	0.11	13.1	41.2	16.2

7.4.3　漆铺系（Qipu Series）

土族：黏质混合型热性-普通铝质湿润淋溶土
拟定者：李德成，韩光宗，黄来明

分布与环境条件　分布于沿
江石灰岩区中红土丘陵坡地
中下部，海拔 50～100 m，成
土母质为第四纪红黏土，马
尾松林。北亚热带湿润季风
气候，年均日照时数 2000～
2100 h，气温 15.0～16.5 ℃，
降水量 1300～1400 mm，无
霜期 220～240 d。

漆铺系典型景观

土壤性状与特征变幅　诊断层包括淡薄表层（Ah）、黏化层（Bt）；诊断特性包括热性
土壤温度状况、湿润土壤水分状况、铝质现象。土体厚度一般在 1 m 以上，5%～20% 的
石灰岩风化碎屑，淡薄表层厚度 12～20 cm，黏粒含量在 380 g/kg 左右；下部黏化层黏
粒含量为 490～500 g/kg，厚度在 80～100 cm，结构面上可见黏粒胶膜。土体色调 2.5YR，
pH 4.8～5.0。

对比土系　金坝系，同一土族，但成土母质为第四纪红黏土上覆下蜀黄土，层次质地构
型为黏壤土-粉砂质黏壤土-黏土-粉砂质黏壤土，土体中有黏壤土层次；同一亚类但不同
土族，张家湾系成土母质为花岗岩风化残积-坡积物，土体中有 10%～50% 的岩石碎屑，
颗粒大小级别为粗骨壤质；渚口系成土母质为泥质岩的风化残积-坡积物，颗粒大小级别
为黏壤质。

利用性能综述　土层较厚，地势平缓，质地黏，酸性强，养分含量低，易旱。应继续封
山育林，加强管理抚育，可种植侧柏、刺槐、栓皮栎、麻栎、黄檀、榆树等乔木或种植
杏、石榴、桃、板栗、枣、柿等喜钙果树。

参比土种　三里山红土。

代表性单个土体　位于安徽省潜山县龙潭乡漆铺村东南，30°44′45.2″N，116°31′12.4″E，
海拔 76 m，低丘坡地中部，成土母质为第四纪红黏土。马尾松林，植被覆盖度>80%。
50 cm 深度土温 17.8 ℃。

Ah：0～12 cm，橙色（2.5YR 6/6，干），浊红棕色（2.5YR 4/4，润）；粉砂质黏壤土，发育强的直径 1～3 mm 粒状结构，松散；草灌根系，丰度 5～8 条/dm²；土体中有 5%左右直径≤10 mm 石灰岩风化碎屑；向下层平滑渐变过渡。

Bt1：12～55 cm，橙色（2.5YR 6/6，干），浊红棕色（2.5YR 4/4，润）；黏土，发育强的直径 5～10 mm 块状结构，坚硬；草灌根系，丰度 1～3 条/dm²；结构面上可见黏粒胶膜，土体中有 20%左右直径≤50 mm 石灰岩风化碎屑；向下层平滑渐变过渡。

Bt2：55～105 cm，橙色（2.5YR 6/6，干），浊红棕色（2.5YR 4/4，润）；黏土，发育强的直径 5～10 mm 块状结构，坚硬；结构面上可见黏粒胶膜，土体中有 20%左右直径≤20 mm 石灰岩风化碎屑；向下层平滑渐变过渡。

Bt3：105～120 cm，橙色（2.5YR 6/6，干），浊红棕色（2.5YR 4/4，润）；黏土，发育强的直径 5～10 mm 块状结构，坚硬；结构面上可见黏粒胶膜，土体中有 5%左右直径≤20 mm 石灰岩风化碎屑。

漆铺系代表性单个土体剖面

漆铺系代表性单个土体物理性质

土层	深度 /cm	砾石（>2 mm，体积分数）/%	细土颗粒组成（粒径：mm）/（g/kg）			质地
			砂粒 2～0.05	粉粒 0.05～0.002	黏粒 <0.002	
Ah	0～12	5	114	512	374	粉砂质黏壤土
Bt1	12～55	20	124	390	486	黏土
Bt2	55～105	20	134	374	492	黏土
Bt3	105～120	5	142	360	498	黏土

漆铺系代表性单个土体化学性质

深度 /cm	pH		有机质 /（g/kg）	全氮（N）/（g/kg）	全磷（P）/（g/kg）	全钾（K）/（g/kg）	CEC₇ /[cmol（+）/kg]（黏粒）	Al_KCl /[cmol（+）/kg]（黏粒）
	H₂O	KCl						
0～12	4.8	4.1	24.7	1.02	0.17	9.2	37.4	14.2
12～55	4.9	4.2	10.4	0.61	0.03	11.9	26.6	15.3
55～105	5.0	4.2	6.5	0.73	0.13	10.5	38.2	15.1
105～120	4.8	4.1	5.8	0.50	0.16	12.7	18.4	15.9

7.4.4　渚口系（Zhukou Series）

土族：黏壤质硅质混合型热性-普通铝质湿润淋溶土
拟定者：李德成，韩光宗，黄来明

分布与环境条件　分布于皖南
低山丘陵坡地中下部，成土母
质为泥质岩风化残积-坡积物，
栎类、枫香、松树混交林地，
少量为茶园。北亚热带湿润季
风气候，年均日照时数 1900～
2000 h，气温 15.5～16.0 ℃，
降水量 1600～1800 mm，无霜
期 230～240 d。

渚口系典型景观

土壤性状与特征变幅　诊断层包括淡薄表层、黏化层；诊断特性包括热性土壤温度状况、
湿润土壤水分状况、铝质特性。土体厚度一般在 38～80 cm，2%～20%的泥质岩风化碎
屑，土体色调 5YR，pH 4.6～4.8，阳离子交换量<16 cmol（＋）/kg，表层黏粒含量在
180 g/kg 左右，下部黏化层黏粒含量为 230～270 g/kg，厚度 40～60 cm，结构面上可见
黏粒胶膜，土体中有 2%左右的铁锰结核。

对比土系　同一亚类不同土族，张家湾系成土母质为花岗岩风化残积-坡积物，土体中有
10%～50%的岩石碎屑，颗粒大小级别为粗骨壤质；金坝系、漆铺系成土母质为第四纪
红黏土上覆下蜀黄土、第四纪红黏土，颗粒大小级均为黏质。

利用性能综述　土层较厚，酸性强，有机质、氮含量较高，磷、钾含量较低。应继续封
山育林，加强管理抚育；开阔向阳的山坡可种植油桐、油茶、山核桃等，地形较缓的地
段可种植松、杉、竹、茶、桑、青梅、桂花、板栗等。

参比土种　祁山红泥土。

代表性单个土体　位于安徽省祁门县渚口乡滩下村东北，29°50′48.7″N，117°30′7.4″E，
海拔 130 m，低丘坡地中部，成土母质为泥质岩风化残积-坡积物，茶园。50 cm 深度土
温 18.8 ℃。

渚口系代表性单个土体剖面

Ap1：0～14 cm，橙色（7.5YR 6/8，干），亮棕色（7.5YR 5/6，润）；粉砂壤土，发育强的直径 1～3 mm 粒状结构，松散；茶树根系，丰度 3～5 条/dm²；2%左右直径≤3 mm 泥质岩风化碎屑；向下层平滑渐变过渡。

Ap2：14～30 cm，橙色（7.5YR 6/8，干），亮棕色（7.5YR 5/6，润）；粉砂壤土，发育强的直径 2～5 mm 块状结构，稍硬；茶树根系，丰度 3～5 条/dm²；2%左右直径≤5 mm 泥质岩风化碎屑；向下层平滑渐变过渡。

Btr1：30～50 cm，亮棕色（7.5YR 5/6，干），暗棕色（7.5YR 3/4，润）；壤土，发育强的直径 5～10 mm 棱块状结构，稍硬；茶树根系，丰度 1～3 条/dm²；结构面上可见黏粒胶膜，土体中有 2%左右直径≤3 mm 球形褐色软铁锰结核，5%左右直径≤5 mm 泥质岩风化碎屑，向下层平滑渐变过渡。

Btr2：50～76 cm，亮棕色（7.5YR 5/6，干），暗棕色（7.5YR 3/4，润）；砂质黏壤土，发育强的直径 10～20 mm 棱块状结构，稍硬；茶树根系，丰度 1～3 条/dm²；结构面上可见黏粒胶膜，土体中有 2%左右直径≤3 mm 球形褐色软铁锰结核，20%左右直径≤5 mm 泥质岩风化碎屑；向下层不规则突变过渡。

R：76 ～110 cm，泥质岩。

渚口系代表性单个土体物理性质

| 土层 | 深度/cm | 砾石（>2 mm，体积分数）/% | 细土颗粒组成（粒径：mm）/（g/kg） | | | 质地 |
			砂粒 2～0.05	粉粒 0.05～0.002	黏粒 <0.002	
Ap1	0～14	2	330	502	168	粉砂壤土
Ap2	14～30	2	138	689	173	粉砂壤土
Btr1	30～50	7	460	310	230	壤土
Btr2	50～76	22	521	211	268	砂质黏壤土

渚口系代表性单个土体化学性质

| 深度/cm | pH | | 有机质/（g/kg） | 全氮（N）/（g/kg） | 全磷（P）/（g/kg） | 全钾（K）/（g/kg） | CEC_7/[cmol（+）/kg]（黏粒） | Al_{KCl}/[cmol（+）/kg]（黏粒） |
	H_2O	KCl						
0～14	4.8	3.9	21.9	1.51	0.13	13.5	63.7	11.9
14～30	4.7	3.8	13.9	1.21	0.15	16.5	76.7	13.9
30～50	4.8	3.7	11.0	1.17	0.29	15.9	67.8	16.6
50～76	4.6	3.7	7.0	1.04	0.22	15.9	58.2	10.5

7.5 红色酸性湿润淋溶土

7.5.1 箬坑系（**Ruokeng Series**）

土族：壤质硅质混合型热性-红色酸性湿润淋溶土
拟定者：李德成，黄来明，韩光宗

分布与环境条件 分布于皖南山区坡地中下部，海拔 200～1000 m，成土母质为凝灰质板岩风化残积-坡积物，林地。北亚热带湿润季风气候，年均日照时数 1900～2000 h，气温 15.5～16.0 ℃，降水量 1600～1800 mm，无霜期 230～240 d。

箬坑系典型景观

土壤性状与特征变幅 诊断层包括淡薄表层、黏化层；诊断特性包括热性土壤温度状况、湿润土壤水分状况、石质接触面。土体较薄，40～60 cm，5%～15%的板岩风化碎屑，通体壤土，pH 4.0～5.5。土体厚度一般 60 cm 左右，淡薄表层厚度在 10～15 cm，黏粒含量在 170 g/kg 左右；黏化层发育较弱，黏粒含量在 200 g/kg 左右，厚度 20～30 cm，可见黏粒胶膜。

对比土系 位于同一县境内的土系中，渚口系成土母质分别为泥质岩风化物，同一土纲但不同亚纲，为铝质湿润淋溶土；大坦系、安岭系，不同土纲，为雏形土。

利用性能综述 地形较陡，土层较薄，砾石较多，有机质、氮含量较高，磷、钾含量较低。应继续封山育林，积极发展水源涵养林，保持生态平衡。

参比土种 仙寓岭暗黄棕土。

代表性单个土体 位于安徽省祁门县箬坑乡红旗村西北，29°59′31.7″N，117°19′49.2″E，海拔 153 m，低山坡地下部，成土母质为凝灰质板岩风化残积-坡积物。以黄山松为主的林地，植被覆盖度>80%。50 cm 深度土温 18.4 ℃。

+2～0 cm，枯枝落叶。

Ah：0～12 cm，浊红棕色（5YR 4/4，干），极暗红棕色（5YR 2/3，润）；壤土，发育强的直径 1～3 mm 粒状结构，松散；草灌根系，丰度 10～15 条/dm²；土体中有 5%左右直径≤3 mm 板岩风化碎屑；向下层平滑渐变过渡。

Bt1：12～35 cm，浊红棕色（5YR 4/4，干），极暗红棕色（5YR 2/3，润）；壤土，发育强的直径 2～5 mm 块状结构，坚硬；草灌根系，丰度 3～5 条/dm²；结构面上可见黏粒胶膜，土体中有 10%左右直径≤5 mm 板岩风化碎屑；向下层平滑渐变过渡。

Bt2：35～60 cm，浊红棕色（5YR 4/4，干），极暗红棕色（5YR 2/3，润）；壤土，发育较弱的直径 2～5 mm 块状结构，坚硬；草灌根系，丰度 3～5 条/dm²；结构面上可见黏粒胶膜，土体中有 15%左右直径≤5 mm 板岩风化碎屑；向下层不规则突变过渡。

R：60～110cm，凝灰质板岩。

箬坑系代表性单个土体剖面

箬坑系代表性单个土体物理性质

土层	深度 /cm	砾石 （>2 mm，体积分数）/%	细土颗粒组成（粒径：mm）/（g/kg）			质地
			砂粒 2～0.05	粉粒 0.05～0.002	黏粒 <0.002	
Ah	0～12	5	412	423	165	壤土
Bt1	12～35	10	345	456	199	壤土
Bt2	35～60	15	322	470	208	壤土

箬坑系代表性单个土体化学性质

深度 /cm	pH		有机质 /（g/kg）	全氮（N） /（g/kg）	全磷（P） /（g/kg）	全钾（K） /（g/kg）	CEC₇ /[cmol（+）/kg]（黏粒）	Al_{KCl} /[cmol（+）/kg]（黏粒）
	H₂O	KCl						
0～12	5.5	4.3	51.1	2.73	0.24	14.9	64.2	9.9
12～35	5.3	4.3	20.4	1.49	0.26	19.4	46.2	7.8
35～60	5.1	4.2	17.6	1.06	0.19	17.9	38.4	8.2

7.6 红色铁质湿润淋溶土

7.6.1 谭家桥系（Tanjiaqiao Series）

土族：粗骨壤质硅质混合型非酸性热性-红色铁质湿润淋溶土
拟定者：李德成，杨　帆

分布与环境条件　分布于皖南山区坡地中下部，海拔 300～500 m，成土母质为凝灰岩风化残积-坡积物，林地。北亚热带湿润季风气候，年均日照时数 1800～2000 h，气温 15.5～16.0 ℃，降水量 1500～1800 mm，无霜期 230～240 d。

谭家桥系典型景观

土壤性状与特征变幅　诊断层包括淡薄表层、黏化层；诊断特性包括热性土壤温度状况、湿润土壤水分状况、铁质特性、石质接触面。土体厚度 30～70 cm，pH 4.4～6.3，30%～50%的板岩风化碎屑。淡薄表层厚度 15～20 cm，黏粒含量在 270 g/kg 左右；下部黏化层黏粒含量在 370 g/kg 左右，结构面上可见黏粒胶膜，游离氧化铁含量为 30 g/kg 左右。
对比土系　罗河系和文家系，同一亚类不同土族，成土母质为第四纪红黏土，颗粒大小级别为黏壤质。
利用性能综述　地形较陡，土层较薄，砾石多，有机质、氮含量较高，磷、钾含量较低。应进一步加强封山育林保护和恢复植被，地形缓土厚的地段可适当植造杉、竹、栎、茶等，旱地应等高种植，防止水土流失。
参比土种　祥云砾质红泥土。
代表性单个土体　位于安徽省黄山市黄山区谭家桥镇新洪村东北，30°11′58.2″N，118°17′41.4″E，海拔 320 m，低山坡地下部，成土母质为凝灰岩风化残积-坡积物。竹林，植被覆盖度>80%。50 cm 深度土温 18.3 ℃。

+2～0 cm，枯枝落叶。

Ah：0～18 cm，红棕色（5YR 4/6，干），极暗红棕色（5YR 2/4，润）；粉砂壤土，发育中等的直径 1～3 mm 粒状结构，松散；树竹草灌根系，丰度 5～8 条/dm²；土体中 3 个虫孔，穴内填有细土；30%左右直径≤3 mm 的凝灰岩风化碎屑；向下层平滑渐变过渡。

Bt：18～70 cm，红棕色（5YR 4/8，干），极暗红棕色（5YR 2/4，润）；粉砂质黏壤土，发育中等的直径 2～5 mm 块状结构，松散；树竹根系，丰度 2～5 条/dm²；结构面上可见黏粒胶膜；土体中有 40%左右直径≤10 mm 凝灰岩风化碎屑；向下层不规则突变过渡。

R：70～90cm，凝灰岩。

谭家桥系代表性单个土体剖面

谭家桥系代表性单个土体物理性质

土层	深度 /cm	砾石 （>2 mm，体积分数）/%	细土颗粒组成（粒径：mm）/（g/kg）			质地
			砂粒 2～0.05	粉粒 0.05～0.002	黏粒 <0.002	
A	0～18	30	183	552	265	粉砂壤土
Bt	18～70	40	101	534	365	粉砂质黏壤土

谭家桥系代表性单个土体化学性质

深度 /cm	pH （H₂O）	有机质 /（g/kg）	全氮（N） /（g/kg）	全磷（P） /（g/kg）	全钾（K） /（g/kg）	CEC /[cmol（+）/kg]	游离氧化铁 /（g/kg）	盐基饱和度 /%
0～18	6.3	37.0	2.56	0.51	6.3	15.0	32.6	33.6
18～70	6.1	23.5	1.24	0.45	17.5	15.7	33.6	27.7

7.6.2 罗河系（Luohe Series）

土族：黏壤质硅质混合型非酸性热性-红色铁质湿润淋溶土
拟定者：李德成，李山泉

分布与环境条件 分布于皖南山区红土岗丘中下部，海拔 10～100m，成土母质为第四纪红黏土，旱地，主要作物为山芋、芝麻、大豆、太子参等。北亚热带湿润季风气候，年均日照时数 2000～2100 h，气温 15.5～16.5 ℃，降水量 1000～1200 mm，无霜期 230～240 d。

罗河系典型景观

土壤性状与特征变幅 诊断层包括淡薄表层、黏化层；诊断特性包括热性土壤温度状况、湿润土壤水分状况、铁质特性。土体厚度 70 cm 以上，壤土-黏壤土，色调 5YR，pH 4.7～6.1。淡薄表层厚度<20 cm，黏粒含量 250 g/kg；黏化层厚度>50 cm，黏粒含量为 350～400 g/kg，游离氧化铁含量为 13～21 g/kg，结构面上可见黏粒胶膜，土体中有 2%左右铁锰结核。

对比土系 谭家桥系、文家系，同一亚类不同土族，前者成土母质为凝灰岩风化残积-坡积物，土体中有 30%～40%的岩石碎屑，颗粒大小级别为粗骨壤质；后者成土母质为下蜀黄土，矿物学类型为混合型，通体为壤土。

利用性能综述 有效土层厚，地形平缓质地偏黏，通透性和耕性较差，有机质、氮、磷、钾含量较低，酸性。应酌情施用石灰或白云粉，茶园可套种苜蓿、紫云英等冬季绿肥，旱地需增施有机肥，合理使用复合肥。

参比土种 敬亭（耕种）棕红土。

代表性单个土体 位于安徽省庐江县罗河镇高桥村西南，31°0′59.6″N，117°20′58.5″E，海拔 50 m，岗坡地下部，第四纪红黏土，旱地，豆类-山芋轮作，50 cm 深度土温 17.9 ℃。

罗河系代表性单个土体剖面

Ap: 0～20 cm，橙色（5YR 6/8，干），红棕色（5YR 4/6，润）；壤土，发育强的直径 1～3 mm 粒状结构，疏松；向下层平滑渐变过渡。

Btr1: 20～80 cm，橙色（5YR 6/6，干），浊红棕色（5YR 4/4，润）；黏壤土，发育强的直径 5～10 mm 块状结构，坚硬；结构面上可见黏粒胶膜，土体中有 2%左右直径≤3 mm 的球形褐色铁锰结核；向下层平滑模糊过渡。

Btr2: 80～130 cm，橙色（5YR 6/6，干），浊红棕色（5YR 4/4，润）；黏壤土，发育强的直径 5～10 mm 块状结构，坚硬；山芋根系，丰度 1～3 条/dm²；结构面上可见黏粒胶膜，土体中有 2%左右直径≤3 mm 球形褐色铁锰结核。

罗河系代表性单个土体物理性质

土层	深度 /cm	砾石 (>2 mm，体积分数) /%	细土颗粒组成（粒径：mm）/（g/kg）			质地	容重 /（g/cm³）
			砂粒 2～0.05	粉粒 0.05～0.002	黏粒 <0.002		
Ap	0～20	—	398	334	268	壤土	1.21
Btr1	20～80	2	412	214	374	黏壤土	1.33
Btr2	80～130	2	408	233	359	黏壤土	1.34

罗河系代表性单个土体化学性质

深度 /cm	pH (H₂O)	有机质 /（g/kg）	全氮（N） /（g/kg）	全磷（P） /（g/kg）	全钾（K） /（g/kg）	CEC /[cmol（+）/kg]	游离氧化铁 /（g/kg）
0～20	5.6	16.7	1.11	0.36	15.8	23.2	27.2
20～80	5.6	3.6	0.54	0.14	13.5	17.7	58.9
80～130	5.7	5.2	0.57	0.17	14.8	16.4	38.6

7.6.3 文家系（Wenjia Series）

土族：黏壤质混合型非酸性热性-红色铁质湿润淋溶土
拟定者：李德成，赵明松

分布与环境条件 分布于江淮丘陵区的缓岗坡地，海拔 10～100 m，成土母质为下蜀黄土，旱地，麦-油/山芋轮作。北亚热带湿润季风气候，年均日照时数 2000～2100 h，气温 15.5～16.0 ℃，降水量 1000～1300 mm，无霜期 230～240 d。

文家系典型景观

土壤性状与特征变幅 诊断层包括淡薄表层、黏化层、雏形层；诊断特性包括热性土壤温度状况、湿润土壤水分状况、铁质特性。土体深厚，多在 1 m 以上，通体壤土，pH 5.0～7.0，游离氧化铁含量>30 g/kg。35 cm 以上黏粒含量在 160 g/kg 左右，之下为黏化层，黏粒含量为 230～270 g/kg，结构面上有 2%～5%的铁锰斑，土体中有 2%～5%的铁锰结核。

对比土系 谭家桥系、罗河系，同一亚类不同土族，前者成土母质为凝灰岩风化残积-坡积物，土体中有 30%～40%的岩石碎屑，颗粒大小级别为粗骨壤质；后者成土母质为第四纪红黏土，层次质地构型为壤土-黏壤土。位于同一乡镇的油坊系和双墩系，水田，不同土纲，为水耕人为土。

利用性能综述 地势较高，土层深厚，水利条件较好，质地适中，通透性和耕性好，有机质、氮、磷、钾含量低。应维护和改善现有的灌溉条件，等高种植，增施有机肥和实行秸秆还田，增施磷肥和钾肥。

参比土种 苏桥黄白土。

代表性单个土体 位于安徽省舒城县柏林乡文家庄东北，31°30′3.0″N，116°50′47.1″E，海拔 10 m，岗坡地地中部，成土母质为下蜀黄土，旱地，麦-油/山芋轮作。50 cm 深度土温 17.6 ℃。

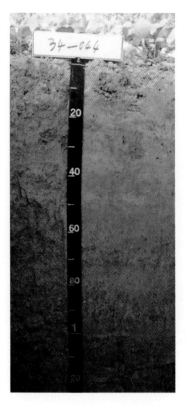

文家系代表性单个土体剖面

Ap1：0～18 cm，浊橙色（5YR 7/3，干），灰棕色（5YR 5/2，润）；壤土，发育强的直径 1～3 mm 粒状结构，松散；土体中 3 条蚯蚓通道，内有球形蚯蚓粪便；向下层平滑渐变过渡。

Ap2：18～35 cm，浊橙色（5YR 6/3，干），灰棕色（5YR 4/2，润）；壤土，发育强的直径 10～20 mm 块状结构，稍硬；土体中 3 条蚯蚓通道，内有球形蚯蚓粪便；结构面上有 2%左右铁锰斑，土体中有 2%左右直径≤3 mm 褐色球形软铁锰结核；向下层平滑渐变过渡。

Btr1：35～50 cm，亮红棕色（5YR 5/6，干），浊红棕色（7.5YR 4/4，润）；壤土，发育强的直径 20～30 mm 棱块状结构，稍坚硬；结构面上有 5%左右铁锰斑，可见黏粒胶膜，土体中有 2%左右直径≤3 mm 褐色球形软铁锰结核；向下层平滑渐变过渡。

Btr2：50～100 cm，亮红棕色（5YR 5/6，干），浊红棕色（7.5YR 4/4，润）；壤土，发育强的直径 10～30 mm 块状结构，坚硬；结构面上有 5%左右铁锰斑，可见黏粒胶膜，土体中有 5%左右直径≤3 mm 黑色球形软铁锰结核；向下层平滑渐变过渡。

Btr3：100～120 cm，亮红棕色（5YR 5/6，干），浊红棕色（7.5YR 4/4，润）；壤土，发育强的直径 10～30 mm 块状结构，稍硬；结构面上有 5%左右铁锰斑，可见黏粒胶膜，土体中有 5%左右直径≤3 mm 褐色球形软铁锰结核。

文家系代表性单个土体物理性质

土层	深度 /cm	砾石（>2 mm，体积分数）/%	细土颗粒组成（粒径：mm）/（g/kg）			质地	容重 /（g/cm³）
			砂粒 2～0.05	粉粒 0.05～0.002	黏粒 <0.002		
Ap1	0～18	—	382	470	148	壤土	1.33
Ap2	18～35	2	338	498	164	壤土	1.49
Btr1	35～50	2	285	477	238	壤土	1.52
Btr2	50～100	5	312	457	231	壤土	1.51
Btr3	100～120	5	314	421	265	壤土	1.62

文家系代表性单个土体化学性质

深度 /cm	pH （H₂O）	有机质 /（g/kg）	全氮（N） /（g/kg）	全磷（P） /（g/kg）	全钾（K） /（g/kg）	CEC /[cmol（+）/kg]	游离氧化铁 /（g/kg）
0～18	5.0	15.8	1.26	0.58	16.8	12.0	30.3
18～35	6.0	9.4	0.88	0.49	12.6	16.1	32.5
35～50	6.1	8.2	0.73	0.65	15.7	16.9	48.9
50～100	6.1	4.8	0.37	0.52	15.7	12.2	50.1
100～120	6.7	6.0	0.37	0.57	10.7	16.3	50.2

7.7 普通铁质湿润淋溶土

7.7.1 桃花潭系（Taohuatan Series）

土族：粗骨壤质硅质混合型非酸性热性-普通铁质湿润淋溶土
拟定者：李德成，赵玉国

分布与环境条件 分布于皖南山区坡地中下部，海拔650～1100 m，成土母质为花岗岩风化坡积物，混交林地。北亚热带湿润季风气候，年均日照时数 2000～2100 h，气温 15.0～16.0 ℃，降水量 1300～1500 mm，无霜期 230～240 d。

桃花潭系典型景观

土壤性状与特征变幅 诊断层包括淡薄表层、黏化层；诊断特性包括热性土壤温度状况、湿润土壤水分状况、铁质特性、石质接触面。土体厚度 45～100 cm，粉砂壤土-黏壤土，色调为 5YR，pH 4.5～5.9，游离氧化铁含量在 20～37 g/kg。土层厚度 1 m 左右，5%～35%的花岗岩风化碎屑，淡薄表层厚度 15～20 cm，30 cm 以上土体黏粒含量为 220～250 g/kg，黏化层发育较弱，黏粒含量为 290～400 g/kg，厚度 30～70 cm，结构面上可见黏粒胶膜。

对比土系 天柱山系，成土母质和地形部位基本一致，但发育弱，没有黏化层，不同土纲，为雏形土。

利用性能综述 土层较厚，坡度较缓，质地适中，有机质、氮含量较高，磷、钾含量较低。湿润度高，适宜多种林木和名茶生长，植被长势良好，覆盖度较高，水土流失较轻。改良利用上应继续封山育林，严禁乱砍滥伐，加强管理抚育，适当间伐，地形缓侵蚀轻的地段可辟为茶园，发展"毛峰"、"云雾茶"等名茶。

参比土种 慈光阁暗黄土。

代表性单个土体 位于安徽省泾县桃花潭镇清溪村西北，30°36′36.7″N，118°6′1.0″E，海拔 750 m，中山坡地下部，成土母质为花岗岩风化坡积物，混交林地，分布杉、松、栎、楮、樟等植物，植被覆盖度>80%，50 cm 深度土温 18.1 ℃。

桃花潭系代表性单个土体剖面

+2～0 cm，枯枝落叶。

Ah1：0～12 cm，灰黄棕色（10YR 6/2，干），棕灰色（10YR 4/1，润）；粉砂壤土，发育强的直径 1～3 mm 粒状结构，松散；树草灌根系，丰度 10～15 条/dm²；土体中有 5%左右直径≤3 mm 角状花岗岩风化碎屑；向下层不规则渐变过渡。

Ah2：12～31 cm，浊黄橙色（10YR 6/3，干），棕灰色（10YR 4/1，润）；砂质黏壤土，发育强的直径 2～5 mm 块状结构，疏松；树草灌根系，丰度 5～8 条/dm²；土体中有 20%左右直径≤50 mm 花岗岩风化碎屑；向下层不规则渐变过渡。

Bt1：31～53 cm，橙色（10YR 6/6，干），棕色（10YR 4/4，润）；黏壤土，发育中等的直径 5～10 mm 块状结构，疏松；树根，丰度 3～5 条/dm²；结构面上可见黏粒胶膜；土体中有 35%左右直径≤70 mm 花岗岩风化碎屑；向下层不规则渐变过渡。

Bt2：53～100 cm，亮黄棕色（10YR 6/6，干），棕色（10YR 4/4，润）；黏壤土，发育中等的直径 5～10 mm 块状结构，稍硬；树根，丰度 1～3 条/dm²；结构面上可见黏粒胶膜，土体中有 35%左右直径≤80 mm 花岗岩风化碎屑；向下层不规则突变过渡。

R：100～120 cm，花岗岩。

桃花潭系代表性单个土体物理性质

土层	深度/cm	砾石（>2 mm，体积分数）/%	细土颗粒组成（粒径：mm）/（g/kg）			质地
			砂粒 2～0.05	粉粒 0.05～0.002	黏粒 <0.002	
Ah1	0～12	5	253	525	222	粉砂壤土
Ah2	12～31	20	588	153	259	砂质黏壤土
Bt1	31～53	35	229	376	395	黏壤土
Bt2	53～100	35	431	285	284	黏壤土

桃花潭系代表性单个土体化学性质

深度/cm	pH（H₂O）	有机质/（g/kg）	全氮（N）/（g/kg）	全磷（P）/（g/kg）	全钾（K）/（g/kg）	CEC/[cmol(+)/kg]	游离氧化铁/（g/kg）
0～12	5.8	52.9	3.19	0.37	11.9	16.7	20.5
12～31	5.9	24.6	1.48	0.27	12.2	18.2	32.9
31～53	5.7	13.9	1.29	0.25	11.2	15.5	36.7
53～100	5.7	6.9	0.53	0.18	10.7	15.0	35.3

7.8　斑纹简育湿润淋溶土

7.8.1　顺河店系（Shunhedian Series）

土族：壤质硅质混合型非酸性热性-斑纹简育湿润淋溶土
拟定者：李德成，刘　峰，赵明松

分布与环境条件　分布于江淮
丘陵区低丘岗地坡地中上部，
海拔 50～500 m，成土母质为石
英砂岩风化坡积物，马尾松为
主的林地。北亚热带湿润季风
气候，年均日照时数 2100～
2300 h，气温 15.0～16.5 ℃，
降水量 1000～1200 mm，无霜
期 220～230 d。

顺河店系典型景观

土壤性状与特征变幅　诊断层包括淡薄表层、黏化层；诊断特性包括热性土壤温度状况、
湿润土壤水分状况、石质接触面。土体厚度 30～85 cm，壤土为主，pH 5.5～5.7，石英
岩风化碎屑含量在 10%左右。淡薄表层厚度 15～20 cm，黏粒含量约 160 g/kg；黏化层
发育中等，黏粒含量约 210 g/kg，厚度在 50～70 cm，结构面上可见黏粒胶膜，土体中有
2%左右铁锰结核。

对比土系　大户吴系，同一亚类不同土族，分布地形部位一致，但成土母质为戚咀组黄
土，矿物学类型为混合型，土体中有砂质黏壤土和黏壤土层次。

利用性能综述　土层较厚，坡度较缓，质地适中，有机质、氮、磷、钾含量较低。应应
继续封山育林，可适宜培肥，发展毛竹、园竹。

参比土种　顺河黄砂土。

代表性单个土体　位于安徽省六安市金安区东河口镇顺河店东北，31°28′25.0″N，
116°37′59.7″E，海拔 50 m，岗坡地中部，成土母质为石英砂岩风化坡积物，马尾松-油茶
林地，植被覆盖度>80%。50 cm 深度土温 17.6 ℃。

顺河店系代表性单个土体剖面

+2～0 cm，枯枝落叶。

Ap1：0～20 cm，浊黄橙色（10YR 7/4，干），灰黄棕色（10YR 5/2，润）；壤土，发育强的直径2～5 mm 块状结构，疏松；草灌根系，丰度5～8 条/dm²；土体中 2 条蚯蚓通道，10%左右直径≤5 mm 石英岩风化碎屑；向下层平滑渐变过渡。

Ap2：20～40 cm，浊黄橙色色（10YR 7/4，干），灰黄棕色（10YR 6/2，润）；壤土，发育强的直径5～10 mm 块状结构，稍硬；草灌根系，丰度3～5 条/dm²；土体中 2 条蚯蚓通道，10%左右直径≤5 mm 石英岩风化碎屑；向下层平滑清晰过渡。

Btr1：40～60 cm，浊黄橙色（10YR 7/4，干），灰黄棕色（10YR 6/2，润）；壤土，发育强的直径5～10 mm 棱块状结构，稍硬；草灌根系，丰度3～5 条/dm²；结构面上可见黏粒胶膜，土体中有 2%左右直径≤3 mm 球形褐色软铁锰结核，5%左右直径≤5 mm 石英岩风化碎屑；向下层平滑模糊过渡。

Btr2：60～85 cm，浊黄橙色（10YR 7/4，干），灰黄棕色（10YR 6/2，润）；粉砂壤土，发育强的直径5～10 mm 棱块状结构，稍硬；草灌根系，丰度3～5 条/dm²；结构面上可见黏粒胶膜，土体中有 2%左右直径≤3 mm 球形褐色软铁锰结核，5%左右直径≤5 mm 石英岩风化碎屑；向下层不规则突变过渡。

R：85～105 cm，石英岩。

顺河店系代表性单个土体物理性质

土层	深度 /cm	砾石 (>2 mm，体积分数) /%	细土颗粒组成（粒径：mm）/（g/kg）			质地
			砂粒 2～0.05	粉粒 0.05～0.002	黏粒 <0.002	
Ap1	0～20	10	476	366	158	壤土
Ap2	20～40	12	394	439	167	壤土
Btr1	40～60	7	307	487	206	壤土
Btr2	60～85	7	286	512	202	粉砂壤土

顺河店系代表性单个土体化学性质

深度 /cm	pH (H₂O)	有机质 /（g/kg）	全氮（N） /（g/kg）	全磷（P） /（g/kg）	全钾（K） /（g/kg）	CEC /[cmol (+) /kg]
0～20	5.6	10.9	0.86	0.21	16.2	19.4
20～40	5.7	6.2	0.74	0.13	18.0	19.3
40～60	5.6	3.6	0.57	0.19	11.9	12.9
60～85	5.6	4.0	0.54	0.25	12.7	19.0

7.8.2　大户吴系（Dahuwu Series）

土族：壤质混合型非酸性热性-斑纹简育湿润淋溶土
拟定者：李德成，魏昌龙，李山泉

分布与环境条件　分布于江淮丘陵岗地坡地地段，海拔20～150 m，成土母质为戚咀组黄土，旱地，麦-玉米/油菜轮作。北亚热带湿润季风气候，年均日照时数 2200～2400 h，气温 14.5～15.5 ℃，降水量 900～1000 mm，无霜期 200～220 d。

大户吴系典型景观

土壤性状与特征变幅　诊断层包括淡薄表层、黏化层；诊断特性包括热性土壤温度状况、湿润土壤水分状况、氧化还原特征。土体厚度 1 cm 以上，有 10%左右石英岩风化碎屑，壤土-黏壤土，土壤色调 10YR，pH 5.2～7.0。20 cm 以上土体黏粒含量<200 g/kg，下部黏化层黏粒含量为 270～350 g/kg，棱块状结构，结构面上可见黏粒胶膜，土体中有 2%左右铁锰结核。

对比土系　顺河店系，同一亚类不同土族，成土母质为石英岩类风化残积-坡积物，矿物学类型为硅质混合型，土体中有粉砂壤土层次，但无砂质黏壤土和黏壤土层次。

利用性能综述　地势较高，排水条件好，质地适中，通透性和耕性好，易板结，有机质、氮、钾含量低，磷含量较高。应改善灌溉条件，防止干旱威胁，平整地面，增施有机肥和实行秸秆还田，增施钾肥。

参比土种　后楼（锈斑）黄白土。

代表性单个土体　位于安徽省定远县定城镇大户吴村东，32°36′31.0″N，117°38′7.0″E，海拔101 m，岗坡地，成土母质为戚咀组黄土。旱地，麦-玉米/油菜轮作。50 cm 深度土温 16.8 ℃。

大户吴系代表性单个土体剖面

Ap1：0～12 cm，淡黄色（2.5Y 7/4，干），暗灰黄色（2.5Y 5/2，润）；壤土，发育强的直径 1～3 mm 粒状结构，松散；向下层平滑渐变过渡。

Ap2：12～25 cm，淡黄色（2.5Y 7/4，干），暗灰黄色（2.5Y 5/2，润）；壤土，发育强的直径 10～20 mm 块状结构，稍硬；向下层平滑渐变过渡。

Btr1：25～50 cm，淡黄色（2.5Y 7/4，干），暗灰黄色（2.5Y 5/2，润）；壤土，发育强的直径 10～20 mm 棱块状结构，坚硬；结构面上可见黏粒胶膜，土体中有 2%左右直径≤3 mm 褐色球形软铁锰结核，2 条直径 2～5 mm 裂隙；向下层平滑渐变过渡。

Btr2：50～80 cm，亮黄棕色（2.5Y 6/6，干），橄榄棕色（2.5Y 4/4，润）；砂质黏壤土，发育强的直径 10～20 mm 棱块状结构，坚硬；结构面上可见黏粒胶膜，土体中有 2%左右直径≤3 mm 褐色球形软铁锰结核，2 条直径 2～5 mm 裂隙；向下层平滑模糊过渡。

Btr3：80～120 cm，亮黄棕色（2.5Y 6/6，干），橄榄棕色（2.5Y 4/4，润）；黏壤土，发育强的直径 10～20 mm 棱块状结构，坚硬；结构面上可见黏粒胶膜，土体中有 2%左右直径≤3 mm 褐色球形软铁锰结核，2 条直径 2～5 mm 裂隙。

大户吴系代表性单个土体物理性质

土层	深度 /cm	砾石 （>2 mm，体积分数）/%	细土颗粒组成（粒径：mm）/（g/kg）			质地	容重 /（g/cm³）
			砂粒 2～0.05	粉粒 0.05～0.002	黏粒 <0.002		
Ap1	0～12	—	442	360	198	壤土	1.1
Ap2	12～25	—	495	318	187	壤土	1.67
Btr1	25～50	2	397	337	266	壤土	1.51
Btr2	50～80	2	464	257	279	砂质黏壤土	1.45
Btr3	80～120	2	245	406	349	黏壤土	1.51

大户吴系代表性单个土体化学性质

深度 /cm	pH （H₂O）	有机质 /（g/kg）	全氮（N） /（g/kg）	全磷（P） /（g/kg）	全钾（K） /（g/kg）	CEC /[cmol（+）/kg]
0～12	5.2	23.2	0.90	1.04	10.7	15.8
12～25	6.4	15.2	0.63	1.01	11.5	16.4
25～50	6.8	11.1	0.48	0.51	10.5	18.4
50～80	6.8	10.9	0.35	0.91	12.3	21.7
80～120	6.7	6.9	0.18	0.66	12.6	29.0

7.9 普通简育湿润淋溶土

7.9.1 童家河系（Tongjiahe Series）

土族：砂质硅质混合型非酸性热性-普通简育湿润淋溶土

拟定者：李德成，黄来明

分布与环境条件 分布于江淮之
间丘陵坡地，海拔 50～400 m，成
土母质为花岗岩风化坡积物，针
阔混交林地，主要有马尾松、枫
树、杉木、竹子、油桐、油茶。
北亚热带湿润季风气候，年均日
照时数 2000～2100 h，气温 14.5～
15.5 ℃，降水量 1200～1400 mm，
无霜期 220～230 d。

童家河系典型景观

土壤性状与特征变幅 诊断层包括淡薄表层、黏化层；诊断特性包括热性土壤温度状
况、湿润土壤水分状况、石质接触面。土体厚度 30～90 cm，游离氧化铁含量<20 g/kg，
pH 4.4～6.3，石英颗粒含量 20%左右。薄表层厚度 15～20 cm，黏粒含量在 130 g/kg 左
右；黏化层发育较弱，黏粒含量为 170～260 g/kg，厚度在 50～80 cm，结构面上可见黏
粒胶膜。

对比土系 姚郭系，同一土族，分布于岗地坡麓地段，成土母质为玄武岩等基性岩风
化坡积物，下部土体为砂质黏壤土，无壤土层次。

利用性能综述 土层较厚，质地粗，有机质、氮、磷含量较低，钾含量较高，植被长势
良好，覆盖度较高，水土流失较轻。改良利用措施：①应继续封山育林，严禁乱砍滥伐；
②由于含钾量较高，宜于种植石榴、茶叶、竹类、杉木、油桐、油茶等，但应做好培肥、
培土工作，促进植物生长。

参比土种 谢家岭黄土。

代表性单个土体 位于安徽省霍山县东西溪乡童家河村东北，31°11.5′69.9″N，
116°26.3′30.1″E，海拔 380 m，丘陵坡地中部，成土母质为花岗岩风化坡积物。针阔混交
林地，植被覆盖度>80%。50 cm 深度土温 17.4 ℃。

童家河系代表性单个土体剖面

+3~0 cm，枯枝落叶。

Ah：0~20 cm，浊黄棕色（10YR 5/4，干），灰黄棕色（10YR 4/2，润）；砂质壤土，发育强的直径1~3 mm粒状结构，松散；草灌根系，丰度15~20 条/dm²；土体中有20%左右直径≤3 mm石英颗粒；向下层平滑渐变过渡。

Bt1：20~40 cm，浊黄棕色（10YR 5/4，干），灰黄棕色色（10YR 4/2，润）；砂质壤土，发育强的直径2~5 mm块状结构，坚硬；草灌根系，丰度3~5 条/dm²；结构面上可见黏粒胶膜；土体中有较多的虫孔，20%左右直径≤3 mm石英颗粒；向下层平滑渐变过渡。

Bt2：40~70 cm，亮黄棕色（10YR 7/6，干），浊黄棕色（10YR 5/4，润）；壤土，发育强的直径2~5 mm块状结构，稍硬；草灌根系，丰度1~3 条/dm²；结构面上可见黏粒胶膜；土体中有较多的虫孔，20%左右直径≤3 mm石英颗粒；向下层平滑渐变过渡。

Bt3：70~90 cm，亮黄棕色（10YR 7/6，干），浊黄棕色（10YR 5/4，润）；壤土，发育中等的直径2~5 mm块状结构，坚硬；草灌根系，丰度1~3 条/dm²；结构面上可见黏粒胶膜，有20%左右直径≤3 mm石英颗粒；向下层不规则清晰过渡。

R：90~120cm，花岗岩。

童家河系代表性单个土体物理性质

| 土层 | 深度/cm | 砾石（>2 mm，体积分数）/% | 细土颗粒组成（粒径：mm）/（g/kg） | | | 质地 |
			砂粒 2~0.05	粉粒 0.05~0.002	黏粒 <0.002	
Ah	0~20	20	653	214	133	砂质壤土
Bt1	20~40	20	580	246	174	砂质壤土
Bt2	40~70	20	480	306	214	壤土
Bt3	70~90	20	375	371	254	壤土

童家河系代表性单个土体化学性质

深度/cm	pH（H₂O）	有机质/（g/kg）	全氮（N）/（g/kg）	全磷（P）/（g/kg）	全钾（K）/（g/kg）	CEC/[cmol（+）/kg]
0~20	5.3	23.4	0.60	0.73	20.1	12.8
20~40	5.7	14.6	0.53	0.52	4.2	11.5
40~70	5.8	13.2	0.4	0.47	4.0	12.3
70~90	5.9	11.9	0.39	0.47	22.4	12.8

7.9.2 姚郭系（Yaoguo Series）

土族：砂质硅质混合型非酸性热性-普通简育湿润淋溶土
拟定者：李德成，李建吾，黄来明

分布与环境条件 分布于江
淮丘陵岗地坡麓地段，海拔
30～100 m，成土母质为玄武
岩等基性岩风化坡积物，旱
地，麦-玉米/山芋轮作。北亚
热带湿润季风气候，年均日
照时数 2300～2400 h，气温
14.5～15.0 ℃，降水量 900～
1000 mm，无霜期 210～220 d。

姚郭系典型景观

土壤性状与特征变幅 诊断层包括淡薄表层、黏化层；诊断特性包括热性土壤温度状况、
湿润土壤水分状况。土体厚度>60 cm，色调 7.5YR，pH 5.5～7.5，砂质壤土-砂质黏土。
淡薄表层厚度 18～20 cm，25 cm 以上土体黏粒含量在 150 g/kg 左右；黏化层发育程度高，
厚度 40 cm 以上，黏粒含量在 230 g/kg 左右，棱块状结构，结构面上可见黏粒胶膜。
对比土系 童家河系，同一土族，分布于丘陵坡地，成土母质为花岗岩风化坡积物，下
部土体为壤土，没有砂质黏壤土层次；同一亚类但不同土族的土系中，干汊河系和中埠
系成土母质分别为次生黄土、第四纪红黏土，颗粒大小级别为黏壤质。位于同一乡镇官
山系，分布在平原缓坡地段，成土母质为古黄土性河湖相沉积物，不同土纲，为潮湿雏
形土。
利用性能综述 地势较高，易旱，质地砂，通透性和耕性好，有机质、氮、磷、钾含量
较低。应改善灌溉条件，等高种植，增施有机肥和实行麦秸秆还田，增施磷肥和钾肥。
参比土种 官山鸡粪土。
代表性单个土体 位于安徽省明光市涧溪镇姚郭村南，32°50′0″N，118°11′50.9″E，海拔
35 m，岗坡地中部，成土母质为玄武岩风化坡积物，旱地，麦-玉米/山芋轮作。50 cm 深
度土温 16.6 ℃。

Ap1：0～18 cm，浊黄橙色（10YR 6/4，干），灰黄棕色（10YR 4/2，润）；砂质壤土，发育强的直径1～3 mm粒状结构，松散；向下层平滑渐变过渡。

Ap2：18～25 cm，浊黄橙色（10YR 6/4，干），灰黄棕色（10YR 4/2，润）；砂质壤土，发育强的直径5～10 mm块状结构，稍硬；向下层平滑渐变过渡。

Bt1：25～60 cm，浊黄橙色（10YR 6/4，干），灰黄棕色（10YR 4/2，润）；砂质黏壤土，发育强的直径5～10 mm棱块状结构，坚硬；结构面上可见黏粒胶膜，土体中有，5%左右直径≤5 cm玄武岩风化碎屑；向下层平滑渐变过渡。

Bt2：60～75 cm，浊黄橙色（10YR 6/4，干），灰黄棕色（10YR 4/2，润）；砂质黏壤土，发育强的直径10～20 mm棱块状结构，很坚硬；结构面上可见黏粒胶膜，土体中有 5%左右直径≤5 mm玄武岩风化碎屑；向下层平滑模糊过渡。

Bt3：75～140 cm，浊黄橙色（10YR 6/4，干），灰黄棕色（10YR 4/2，润）；砂质黏壤土，发育强的直径20～30 mm棱块状结构，很坚硬；结构面上可见黏粒胶膜，土体中有 5%左右直径≤5 mm玄武岩风化碎屑。

姚郭系代表性单个土体剖面

姚郭系代表性单个土体物理性质

土层	深度 /cm	砾石（>2 mm，体积分数）/%	细土颗粒组成（粒径：mm）/（g/kg）			质地
			砂粒 2～0.05	粉粒 0.05～0.002	黏粒 <0.002	
Ap1	0～18	—	598	251	151	砂质壤土
Ap2	18～25	—	662	182	156	砂质壤土
Bt1	25～60	5	575	200	225	砂质黏壤土
Bt2	60～75	5	588	185	227	砂质黏壤土
Bt3	75～140	5	521	251	228	砂质黏壤土

姚郭系代表性单个土体化学性质

深度 /cm	pH （H₂O）	有机质 /（g/kg）	全氮（N） /（g/kg）	全磷（P） /（g/kg）	全钾（K） /（g/kg）	CEC /[cmol（+）/kg]
0～18	6.8	22.0	1.42	0.56	13.4	27.2
18～25	6.8	16.1	1.03	0.56	14.6	30.4
25～60	6.9	12.3	0.72	0.64	13.5	31.1
60～75	7.1	11.0	0.87	0.26	14.2	10.6
75～140	7.3	11.8	0.80	0.33	15.6	35.4

7.9.3 干汊河系（Ganchahe Series）

土族：黏壤质混合型非酸性热性-普通简育湿润淋溶土
拟定者：李德成，赵明松

分布与环境条件 分布于江淮丘陵区岗地中上部，海拔 50～80 m，成土母质为次生黄土，杂木林地。北亚热带湿润季风气候，年均日照时数 2000～2100 h，气温 15.5～16.0 ℃，降水量 1000～1300 mm，无霜期 230～240 d。

干汊河系典型景观

土壤性状与特征变幅 诊断层包括淡薄表层、黏化层；诊断特性包括热性土壤温度状况、湿润土壤水分状况。土体深厚，多在 1 m 以上，无石灰反应，土体色调 10YR，pH 5.3～7.5。淡薄表层厚度一般在 20 cm 左右，45 cm 以上土体黏粒含量在 230 g/kg 左右；之下黏化层黏粒含量为 310～380 g/kg，厚度在 50 cm 以上，棱块状结构，结构面上可见黏粒胶膜。

对比土系 中埠系，同一土族，分布于红土岗地，成土母质为第四纪红黏土；童家河系、姚郭系成土母质为花岗岩、玄武岩风化坡积物，颗粒大小级别为砂质。

利用性能综述 地势较高，表层质地适中，排水条件好，土层深厚，有机质、氮、磷、钾含量低。应封山育林，严禁乱砍滥伐，可发展油茶、山楂、油桐、板栗、乌桕等经济林。

参比土种 龙山马肝土。

代表性单个土体 位于安徽省舒城县干汊河镇龙山村东南，31°24′50.8″N，116°50′47.3″E，海拔 42 m，岗坡地，成土母质为次生黄土。杉树为主的杂木林地，植被覆盖度>80%。50 cm 深度土温 17.6 ℃。

干汉河系代表性单个土体剖面

+2～0 cm，枯枝落叶。

Ah1：0～20 cm，淡黄色（2.5Y 7/4，干），暗灰黄色（2.5Y 5/2，润）；壤土，发育强的直径 5～10 mm 块状结构，稍硬；树根，3～5 条/dm²；土体中较多的蚯蚓孔，内有球形蚯蚓粪便；向下层平滑渐变过渡。

Ah2：20～40 cm，淡黄色（2.5Y 7/4，干），暗灰黄色（2.5Y 5/2，润）；壤土，发育强的直径 10～20 mm 块状结构，稍硬；树根，1～3 条/dm²；土体中有较多的蚯蚓孔，内有球形蚯蚓粪便；向下层平滑模糊过渡。

Bt1：40～80 cm，淡黄色（2.5Y 7/4，干），暗灰黄色（2.5Y 5/2，润）；黏壤土，发育强的直径 10～20 mm 棱块状结构，坚硬；树根，1～3 条/dm²；结构面上可见黏粒胶膜和铁锰胶膜，土体中有较多的蚯蚓孔，内有球形蚯蚓粪便；向下层平滑模糊过渡。

Bt2：80～110 cm，淡黄色（2.5Y 7/4，干），暗灰黄色（2.5Y 5/2，润）；黏壤土，发育中等的直径 10～20 mm 棱块状结构，坚硬；树根，1～3 条/dm²；结构面上可见黏粒胶膜，土体中有较多的蚯蚓孔，内有球形蚯蚓粪便；向下层平滑模糊过渡。

Bt3：110～120 cm，淡黄色（2.5Y 7/4，干），暗灰黄色（2.5Y 5/2，润）；黏壤土，发育强的直径 10～20 mm 棱块状结构，坚硬；树根，1～3 条/dm²；结构面上可见黏粒胶膜，土体中有 5%左右直径≤3 mm 褐色球形软铁锰结核。

干汉河系代表性单个土体物理性质

| 土层 | 深度 /cm | 砾石 (>2 mm，体积分数) /% | 细土颗粒组成（粒径：mm）/（g/kg） | | | 质地 |
			砂粒 2～0.05	粉粒 0.05～0.002	黏粒 <0.002	
Ah1	0～20	—	425	354	221	壤土
Ah2	20～40	—	416	358	226	壤土
Bt1	40～80	—	319	366	315	黏壤土
Bt2	80～110	—	298	367	335	黏壤土
Bt3	110～120	5	302	319	379	黏壤土

干汉河系代表性单个土体化学性质

深度 /cm	pH (H₂O)	有机质 /（g/kg）	全氮（N）/（g/kg）	全磷（P）/（g/kg）	全钾（K）/（g/kg）	CEC /[cmol (+) /kg]
0～20	5.5	20.6	1.05	0.26	14.7	13.5
20～40	5.5	13.8	0.83	0.17	11.3	14.2
40～80	5.3	16.8	0.9	0.19	14.3	15.1
80～110	5.6	9.9	0.75	0.21	15.9	14.6
110～120	6.0	6.4	0.52	0.15	13.0	19.8

7.9.4 中埠系（Zhongbu Series）

土族：黏壤质混合型非酸性热性-普通简育湿润淋溶土

拟定者：李德成，李山泉

分布与环境条件 分布于江淮丘陵区红土岗地，海拔 50～600 m，成土母质为第四纪红黏土，马尾松林地。北亚热带湿润季风气候，年均日照时数 2100～2300 h，气温 15.5～16.0 ℃，降水量 900～1100 mm，无霜期 220～230 d。

中埠系典型景观

土壤性状与特征变幅 诊断层包括淡薄表层、黏化层、聚铁网纹层；诊断特性包括热性土壤温度状况、湿润土壤水分状况。土体厚度一般在 1 m 以上，色调 7.5YR，pH 4.9～6.4，游离氧化铁含量<12 g/kg。淡薄表层厚度<20 cm，黏粒含量<230 g/kg；下部黏化层发育较强，厚度>40 cm，黏粒含量为 290～380 g/kg，结构面上可见黏粒胶膜；聚铁网纹层出现上界在 40 cm 左右。

对比土系 干汊河系，同一土族，分布于江淮丘陵区岗地中上部，成土母质为次生黄土；童家河系、姚郭系成土母质为花岗岩、玄武岩风化坡积物，颗粒大小级别为砂质。

利用性能综述 土层厚，地形平缓，有机质、氮、磷、钾含量较低，适宜种植马尾松、硬杂树等耐瘠树先锋树类。应继续封山育林，严禁乱砍滥伐，加强林木抚育管理，提高植被覆盖度，防止水土流失。

参比土种 牛埠红棕土。

代表性单个土体 位于安徽省巢湖市中埠镇滨湖村东北，31°14′15.9″N，117°25′41.8″E，海拔 55 m，岗坡地下部，成土母质为第四纪红黏土。马尾松林地，植被覆盖度>80%。50 cm 深度土温 17.8 ℃。

+3～0 cm，枯枝落叶。

Ah：0～15 cm，亮黄棕色（10YR 7/6，干），浊黄棕色（10YR 5/4，润）；壤土，发育强的直径 2～5 mm 块状结构，疏松；草灌根系，丰度 10～15 条/dm²；土体中 3 条蚯蚓通道，内有球形蚯蚓粪便；向下层平滑渐变过渡。

Bt：15～40 cm，橙色（7.5YR 6/6，干），棕色（7.5YR 4/4，润）；黏壤土，发育强的直径 5～10 mm 块状结构，坚硬；草灌根系，丰度 1～3 条/dm²；向下层平滑渐变过渡。

Bl1：40～69 cm，20%亮黄棕色（10YR 7/6，干），浊黄棕色（10YR 5/4，润）；80%橙白色（7.5YR 8/2，干），棕灰色（7.5YR 6/1，润）；黏壤土，发育强的直径 5～10 mm 棱块状结构，坚硬；草灌根系，丰度 1～3 条/dm²；向下层不规则渐变过渡。

Bl2：69～120 cm，80%浊橙色（7.5YR 7/4，干），灰棕色（7.5YR 5/2，润）；20%橙白色（7.5YR 8/2，干），棕灰色（7.5YR 6/1，润）；黏壤土，发育强的直径 10～20 mm 块状结构，坚硬。

中埠系代表性单个土体剖面

中埠系代表性单个土体物理性质

土层	深度 /cm	砾石 (>2 mm，体积分数) /%	细土颗粒组成（粒径：mm）/（g/kg）			质地
			砂粒 2～0.05	粉粒 0.05～0.002	黏粒 <0.002	
Ah	0～15	—	332	442	226	壤土
Bt	15～40	3.5	211	412	377	黏壤土
Bl1	40～69	7.5	281	429	290	黏壤土
Bl2	69～120	—	285	424	291	黏壤土

中埠系代表性单个土体化学性质

深度 /cm	pH (H₂O)	有机质 /（g/kg）	全氮（N） /（g/kg）	全磷（P） /（g/kg）	全钾（K） /（g/kg）	CEC /[cmol(+)/kg]	游离氧化铁 /（g/kg）
0～15	5.6	25.5	0.93	0.10	10.9	12.2	9.8
15～40	6.0	10.7	0.69	0.18	13.3	25.1	11.2
40～69	6.0	5.2	0.44	0.09	13.6	18.1	5.6
69～120	6.4	4.7	0.51	0.06	13.7	22.6	8.6

第8章 雏形土纲

8.1 变性砂姜潮湿雏形土

8.1.1 李寨系（Lizhai Series）

土族：黏质蒙脱石混合型热性-变性砂姜潮湿雏形土

拟定者：李德成，李山泉，黄来明

分布与环境条件 分布于淮北平原低洼地区地势略起伏地段，海拔 20～30 m，成土母质为古黄土性河湖相沉积物，旱地，麦-玉米轮作。暖温带半湿润季风气候区，年均日照时数 2300～2400 h，气温 14.5～15.0 ℃，降水量 800～900 mm，无霜期 210～220 d。

李寨系典型景观

土壤性状与特征变幅 诊断层包括淡薄表层、钙积层、雏形层；诊断特性包括热性土壤温度状况、潮湿土壤水分状况、变性现象、氧化还原特征、石灰性。30 cm 以上土体淋溶作用较强，颜色变浅。钙积层出现上界在 80 cm 左右，碳酸钙结核出现在 80 cm 以下，含量 15%左右。土层深厚，黏壤土-黏土，强石灰反应，pH 8.4～8.6。

对比土系 康西系，成土母质和分布地形部位一致，水田，有变性现象，不同土纲，为变性简育水耕人为土。

利用性能综述 排水条件差，物理性状不良，干硬湿黏，质地黏，通透性和耕性差，有机质、氮、钾含量低，磷含量高。应改善排灌条件，增施有机肥和实行秸秆还田，增施钾肥。

参比土种 白淌土。

代表性单个土体 位于安徽省蒙城县小辛集乡李寨南，33°17′24.2″N，116°28′45.2″E，海拔 28 m，低缓坡地，成土母质为古黄土性河湖相沉积物，旱地，麦-玉米轮作。50 cm 深度土温 16.1 ℃。

Ap1：0～15 cm，浊黄色（2.5Y 6/3，干），黄灰色（2.5Y 5/1，润）；黏壤土，发育强的直径 1～3 mm 粒状结构，松散；土体中 2 个砖瓦；轻度石灰反应；向下层平滑清晰过渡。

Ap2：15～30 cm，浊黄色（2.5Y 6/3，干），黄灰色（2.5Y 5/1，润）；黏壤土，发育强的直径 10～20 mm 棱块状，坚硬；土体中有 5 条直径 3～10 mm 的裂隙，1 个砖瓦；轻度石灰反应；向下层平滑渐变过渡。

Br：30～80 cm，黄棕色（2.5Y 5/3，干），暗灰黄色（2.5Y 4/2，润）；黏土，发育强的直径 20～50 mm 棱柱状结构，坚硬；土体中有 2%左右直径≤5 mm 球形褐色软铁锰结核，5 条直径 3～15 mm 的裂隙；轻度石灰反应；向下层平滑渐变过渡。

Bkr：80～120 cm，黄棕色（2.5Y 5/3，干），暗灰黄色（2.5Y 4/2，润）；黏土，发育强的直径 20～50 mm 棱柱状结构，坚硬；土体中有 5%左右直径≤5 mm 球形褐色软铁锰结核，15%左右不规则的黄白色碳酸钙结核，强度石灰反应。

李寨系代表性单个土体剖面

李寨系代表性单个土体物理性质

| 土层 | 深度 /cm | 砾石 (>2 mm，体积分数) /% | 细土颗粒组成（粒径：mm）/（g/kg） | | | 质地 | 容重 /（g/cm³） |
			砂粒 2～0.05	粉粒 0.05～0.002	黏粒 <0.002		
Ap1	0～15	—	323	392	285	黏壤土	1.35
Ap2	15～30	—	356	332	312	黏壤土	1.41
Br	30～80	2	307	266	427	黏土	1.55
Bkr	80～120	20	237	260	503	黏土	1.62

李寨系代表性单个土体化学性质

深度 /cm	pH (H₂O)	有机质 /（g/kg）	全氮（N） /（g/kg）	全磷（P） /（g/kg）	全钾（K） /（g/kg）	CEC /[cmol（+）/kg]
0～15	8.5	20.1	1.10	1.16	14.4	23.1
15～30	8.6	5.1	0.59	0.78	12.9	25.0
30～80	8.5	3.1	0.43	0.91	13.6	25.0
80～120	8.4	0.7	0.18	1.09	14.1	22.0

8.2　普通砂姜潮湿雏形土

8.2.1　刘油系（Liuyou Series）

土族：黏质蒙脱石混合型温性-普通砂姜潮湿雏形土

拟定者：李德成，赵明松，魏昌龙

分布与环境条件　分布于淮北平原地势低洼地段，海拔一般在 10～40 m，成土母质为古黄土性河湖相沉积物，旱地，麦-玉米轮作。暖温带半湿润季风气候，年均日照时数 2300～2500 h，气温14.5～15.0 ℃，降水量 800～900 mm，无霜期 200～220 d。

刘油系典型景观

土壤性状与特征变幅　诊断层包括暗沃表层、钙积层、雏形层；诊断特性包括热性土壤温度状况、潮湿土壤水分状况、氧化还原特征。地处地势低洼地段，土体厚度 1 m 以上，通体黏壤土，有石灰反应，无变性现象。淡薄表层厚度 15～18 cm，钙积层出现在 75 cm以下，　2%左右铁锰结核，10%左右碳酸钙结核。

对比土系　同一亚类不同土族的土系中，曹店系、贾寨系、魏庄系、新城寨系、于庙系，成土母质为古黄土性河湖相沉积物上覆近代黄泛冲积物-沉积物，陈桥系、前胡系、中袁系、邹圩系、官山系，成土母质一致，土壤温度状况为热性，层次质地类型不同。

利用性能综述　地势较低，排水条件较差，质地黏，通透性和耕性差，有机质、氮、磷、钾含量低。应改善排灌条件，增施有机肥和实行秸秆还田，增施磷肥和钾肥。

参比土种　黑姜土。

代表性单个土体　位于安徽省涡阳县丹城镇刘油村北，33°42′48.4″N，116°15′37.7″E，海拔 34 m，地处河间平原地势低洼地段，成土母质为古黄土性河湖相沉积物，旱地，麦-玉米轮作。50 cm 深度土温 15.9 ℃。

刘油系代表性单个土体剖面

Ap1：0～18 cm，黄灰色（2.5Y 6/1，干），黄灰色（2.5Y 4/1，润）；黏壤土，发育强的直径 1～3 mm 粒状结构，松散；土体中 3 条蚯蚓通道，内有球形蚯蚓粪便；向下层平滑渐变过渡。

Ap2：18～32 cm，黄灰色（2.5Y 5/1，干），黄灰色（2.5Y 4/1，润）；黏壤土，发育强的直径 10～20 mm 块状结构，疏松；土体中 3 条蚯蚓通道，内有球形蚯蚓粪便；向下层平滑渐变过渡。

Br：32～78 cm，黄灰色（2.5Y 4/1，干），黑棕色（2.5Y 3/1，润）；黏壤土，发育强的直径 10～20 mm 棱块状结构，稍坚实；土体中有 2 条直径 1～3 mm 裂隙，3 条蚯蚓通道，内有球形蚯蚓粪便；向下层平滑清晰过渡。

Bkr：78～120 cm，淡黄色（2.5Y 7/3，干），黄灰色（2.5Y5/1，润）；黏壤土，发育中等的直径 10～20 mm 棱块状结构，稍坚实；结构面上有 2%左右铁锰斑纹，土体中有 2%左右直径≤3 mm 球形褐色软铁锰结核，10%左右不规则的黄白色稍硬碳酸钙结核，2 条直径 1～3 mm 裂隙；强度石灰反应。

刘油系代表性单个土体物理性质

土层	深度 /cm	砾石 (>2 mm，体积分数) /%	细土颗粒组成（粒径：mm）/（g/kg）			质地	容重 /（g/cm³）
			砂粒 2～0.05	粉粒 0.05～0.002	黏粒 <0.002		
Ap1	0～18	—	335	312	353	黏壤土	1.49
Ap2	18～32	—	276	332	392	黏壤土	1.51
Br	32～78	—	239	375	386	黏壤土	1.46
Bkr	78～120	12	232	414	354	黏壤土	1.62

刘油系代表性单个土体化学性质

深度 /cm	pH (H₂O)	有机质 /（g/kg）	全氮（N）/（g/kg）	全磷（P）/（g/kg）	全钾（K）/（g/kg）	CEC /[cmol(+)/kg]	碳酸钙 /（g/kg）
0～18	8.3	20.5	0.84	0.61	14.9	27.4	23.1
18～32	8.4	10.3	0.73	0.36	15.7	23.3	20.2
32～78	8.5	7.0	0.51	0.25	15.4	27.7	59.2
78～120	8.5	4.55	0.38	0.295	14.25	22.75	79.1

8.2.2　曹店系（Caodian Series）

土族：黏质蒙脱石混合型热性-普通砂姜潮湿雏形土
拟定者：李德成，李山泉，黄来明

分布与环境条件　分布于淮北平原古河床沿岸缓坡地段，海拔 10～20 m，成土母质上为近代黄泛黏质沉积物，下为古黄土性河湖相沉积物，旱地，麦-玉米轮作。暖温带半湿润季风气候区，年均日照时数 2300～2400 h，气温 14.5～15.0 ℃，降水量 800～900 mm，无霜期 210～220 d。

曹店系典型景观

土壤性状与特征变幅　诊断层包括淡薄表层、钙积层、雏形层；诊断特性包括热性土壤温度状况、潮湿土壤水分状况、氧化还原特征。土体深厚，60 cm 以上土体为黏壤土，之下土体为黏土，通体无石灰反应，pH 5.7～7.4，上部近代黄泛冲积物厚度在 30 cm 左右，钙积层出现上界在 60 cm 左右，5%～10%的碳酸钙结核。

对比土系　同一土族的土系中，于庙系成土母质和分布地形部位一致，但仅 20 cm 以上土体为黏壤土；贾寨系成土母质一致，但分布于地势低洼地段，仅 20 cm 以上土体为黏壤土；魏庄系成土母质一致，但分布于地势低洼地段，淡薄表层（耕层）为壤土，钙积层出现上界在 25 cm 左右；新城寨系成土母质一致，但分布于距河道较远的浅平洼地，通体为黏土；陈桥系、前胡系、中袁系、邹圩系，成土母质为古黄土性河湖相沉积物，陈桥系土体中无黏壤土层次，有砂质壤土和壤土层次，前胡系和邹圩系土体中有壤土层次，但无黏壤土层次，中袁系土体中有砂质黏壤土层次，无黏壤土层次，两者钙积层出现上界在 25～30 cm。

利用性能综述　排水条件差，易涝，物理性状不良，质地黏，通透性和耕性差，有机质、氮、钾含量低，磷含量较高。应改善排灌条件，增施有机肥和实行秸秆还田，增施钾肥。

参比土种　淤坡黄土。

代表性单个土体　位于安徽省蒙城县白杨林场曹店村东南，33°9′32.5″N，116°45′57.7″E，海拔 18 m，低缓坡地，成土母质为古黄土性河湖相沉积物上覆盖黏质黄泛冲积物，旱地，麦-玉米轮作。50 cm 深度土温 16.2 ℃。

曹店系代表性单个土体剖面

Ap1: 0～12 cm，橄榄黄色（5Y 6/3，干），灰色（5Y 5/1，润）；黏壤土，发育强直径 1～3 mm 粒状结构，松散；向下层平滑渐变过渡。

Ap2: 12～25 cm，浊黄橙色（10YR 6/3，干），灰黄棕色（10YR 5/2，润）；黏壤土，发育强直径 10～20 mm 棱块状结构，坚硬；土体中有 4 条直径 2～5 mm 裂隙，裂隙壁和结构面上可见暗色腐殖质-黏粒胶膜；向下层平滑渐变过渡。

Br: 25～60 cm，浊黄橙色（10YR 6/4，干），灰黄棕色（10YR 5/2，润）；黏壤土，发育强直径 20～50 mm 棱柱状结构，坚硬；土体中有 2%左右直径≤3 mm 球形褐色软铁锰结核，7 条直径 2～15 mm 裂隙；向下层平滑渐变过渡。

Bkr1: 60～90 cm，浊黄橙色（10YR 6/4，干），灰黄棕色（10YR 4/2，润）；黏土，发育强的直径 20～50 mm 棱柱状结构，坚硬；土体中有 2%左右直径≤3 mm 球形褐色软铁锰结核，5%左右不规则的黄白色稍硬碳酸钙结核，4 条直径 2～10 mm 裂隙；向下层平滑渐变过渡。

Bkr2: 90～110 cm，浊黄棕色（10YR 5/4，干），灰黄棕色（10YR 4/2，润）；黏土，发育强的直径 20～50 mm 棱柱状结构，坚硬；土体中有 2%左右直径≤5 mm 球形褐色软铁锰结核，10%左右不规则的黄白色稍硬碳酸钙结核，4 条直径 2～3 mm 裂隙。

曹店系代表性单个土体物理性质

土层	深度/cm	砾石（>2 mm，体积分数）/%	细土颗粒组成（粒径：mm）/（g/kg）			质地	容重/（g/cm³）
			砂粒 2～0.05	粉粒 0.05～0.002	黏粒 <0.002		
Ap1	0～12	—	351	349	300	黏壤土	1.15
Ap2	12～25	—	311	367	322	黏壤土	1.60
Br	25～60	2	208	402	390	黏壤土	1.50
Bkr1	60～90	7	271	328	401	黏土	1.60
Bkr2	90～110	12	340	248	412	黏土	1.61

曹店系代表性单个土体化学性质

深度/cm	pH（H₂O）	有机质/（g/kg）	全氮（N）/（g/kg）	全磷（P）/（g/kg）	全钾（K）/（g/kg）	CEC/[cmol（+）/kg]
0～12	7.4	14.9	0.97	0.98	11.8	18.7
12～25	7.7	4.2	0.52	1.18	12.8	21.1
25～60	8.2	4.4	0.43	1	10.5	32.0
60～90	8.4	3.5	0.23	1.12	12.4	23.7
90～110	8.6	3.3	0.23	1.19	13.6	23.8

8.2.3　陈桥系（Chenqiao Series）

土族：黏质蒙脱石混合型热性-普通砂姜潮湿雏形土
拟定者：李德成，赵明松，黄来明

分布与环境条件　分布于淮北平原区地势低洼地段，海拔一般在 20 m 以下，成土母质为古黄土性河湖相沉积物，旱地，麦-玉米轮作。暖温带半湿润季风气候区，年均日照时数 2300～2400 h，气温 14.5～15.0 ℃，降水量 800～900 mm，无霜期 210～220 d。

陈桥系典型景观

土壤性状与特征变幅　诊断层包括淡薄表层、耕作淀积层、钙积层、雏形层；诊断特性包括热性土壤温度状况、潮湿土壤水分状况、氧化还原特征。土体厚度 1 m 以上，30 cm 以上土体为砂质壤土和壤土，之下土体为黏土，淡薄表层厚度 12～20 cm，雏形层厚度在 70 cm 左右，钙积层出现上界在 100 cm 左右，碳酸钙结核含量为 10% 左右。

对比土系　同一土族的土系中，前胡系成土母质一致，但分布于河流沿岸，淡薄表层（耕层）为壤土，钙积层出现上界在 30 cm 左右；中袁系成土母质一致，分布于低洼地区缓坡地段，淡薄表层（耕层）为砂质黏壤土，钙积层出现上界在 25 cm 左右；邹圩系成土母质一致，但分布于地势略高的缓坡地段，淡薄表层（耕层）为壤土，钙积层出现上界在 60 cm 左右；曹店系、于庙系、贾寨系、魏庄系、新城寨系，成土母质为古黄土性河湖相沉积物上覆盖近代黄泛冲积物或沉积物，曹店系 60 cm 以上为黏壤土，钙积层出现上限 60 cm；于庙系 20 cm 以上为黏壤土，钙积层出现上界在 25 cm 左右；贾寨系淡薄表层（耕层）为黏壤土，钙积层出现上界在 50 cm 左右；魏庄系淡薄表层（耕层）为壤土，土体中无砂质壤土层次，钙积层出现上界在 25 cm 左右；新城寨系，通体黏土，钙积层出现上界在 45 cm 左右。

利用性能综述　地势略低，排水条件一般，耕作层质地适中，通透性和耕性较好，养分含量低。应进一步改善排灌条件，增施有机肥和实行秸秆还田，增施磷肥和钾肥。

参比土种　黄黑土。

代表性单个土体　位于安徽省蒙城县楚村镇陈桥村北，33°4′58.6″N，116°33′7.4″E，海拔 14 m，河间平原低洼地段，成土母质为古黄土性河湖相沉积物，旱地，麦-玉米轮作。50 cm 深度土温 16.5 ℃。

Ap1：0～15 cm，灰橄榄色（5Y 6/2，干），灰色（5Y 4/1，润）；砂质壤土，发育强的直径 1～3 mm 粒状结构，松散；向下层平滑渐变过渡。

Ap2：15～30 cm，灰橄榄色（5Y 6/2，干），灰色（5Y 4/1，润）；壤土，发育强的直径 10～20 mm 棱块状结构，坚硬；土体中有 3 条直径 3～10 mm 裂隙，裂隙壁和结构面上可见暗色腐殖质-黏粒胶膜；向下层平滑渐变过渡。

Br1：30～60 cm，暗橄榄色（5Y 4/3，干），橄榄黑色（5Y 3/1，润）；黏土，发育强的直径 20～50 mm 棱柱状结构，坚硬；土体中有 7 条直径 3～20 mm 裂隙；向下层平滑渐变过渡。

Br2：60～100 cm，暗橄榄色（5Y 4/3，干），橄榄黑色（5Y 3/1，润）；黏土，发育强的直径 20～50 mm 棱柱状结构，坚硬；土体中有 6 条直径 5～30 mm 裂隙；向下层平滑渐变过渡。

Bkr：100～120 cm，暗橄榄色（5Y 4/3，干），橄榄黑色（5Y 3/1，润）；黏土，发育强的直径 20～50 mm 棱柱状结构，坚硬；土体中有10%左右不规则的黄白色稍硬碳酸钙结核，3 条直径 2～10 mm 裂隙。

陈桥系代表性单个土体剖面

陈桥系代表性单个土体物理性质

土层	深度 /cm	砾石（>2 mm，体积分数）/%	细土颗粒组成（粒径：mm）/（g/kg）			质地	容重 /（g/cm³）
			砂粒 2～0.05	粉粒 0.05～0.002	黏粒 <0.002		
Ap1	0～15	—	608	223	169	砂质壤土	1.27
Ap2	15～30	—	384	346	270	壤土	1.61
Br1	30～60	—	281	271	448	黏土	1.59
Br2	60～100	—	282	257	461	黏土	1.62
Bkr	100～120	10	255	224	521	黏土	1.63

陈桥系代表性单个土体化学性质

深度 /cm	pH（H₂O）	有机质 /（g/kg）	全氮（N）/（g/kg）	全磷（P）/（g/kg）	全钾（K）/（g/kg）	CEC /[cmol（+）/kg]
0～15	5.5	20.1	0.83	0.83	11.7	21.1
15～30	6.7	11.8	0.6	0.96	11.9	36.2
30～60	7.7	6.5	0.48	0.92	12.1	32.8
60～100	8.2	5.8	0.4	1.07	13.0	35.6
100～120	8.5	1.7	0.31	1	13.5	30.6

8.2.4 贾寨系（Jiazhai Series）

土族：黏质蒙脱石混合型热性-普通砂姜潮湿雏形土
拟定者：李德成，李山泉，黄来明

分布与环境条件 分布于淮北平原区地势低洼地段，海拔 15～20 m，成土母质为古黄土性河湖相沉积物上覆近代黄泛黏质沉积物，旱地，麦-玉米/豆类轮作。暖温带半湿润季风气候区，年均日照时数 2300～2400 h，气温 14.5～15.0 ℃，降水量 800～900 mm，无霜期 210～220 d。

贾寨系典型景观

土壤性状与特征变幅 诊断层包括淡薄表层、钙积层、雏形层；诊断特性包括热性土壤温度状况、潮湿土壤水分状况、氧化还原特征。土体深厚，1 m 以上，上覆近代黄泛黏质冲积物厚度<25 cm，黏壤土，之下土体为黏土，钙积层出现上界在 50 cm，碳酸钙结核含量为 10%～15%，耕作层以下土壤 pH 8.2～8.7。

对比土系 同一土族的土系中，曹店系、于庙系、魏庄系、新城寨系，成土母质一致，曹店系 60 cm 以上为黏壤土，于庙系钙积层出现上界在 25 cm 左右，魏庄系淡薄表层（耕层）为壤土，钙积层出现上界在 25 cm 左右，新城寨系通体黏土；陈桥系、前胡系、中袁系、邹圩系，成土母质为古黄土性河湖相沉积物，陈桥系土体中无黏壤土层次，有砂质壤土和壤土层次，前胡系和邹圩系土体中有壤土层次，但无黏壤土层次，中袁系土体中有砂质黏壤土层次，无黏壤土层次，两者钙积层钙积层出现上界在 25～30 cm。位于同一乡镇的马店系和东光系，同一亚纲但不同土类，为淡色潮湿雏形土。

利用性能综述 排水条件差，易涝，物理性状不良，质地黏，通透性和耕性差，有机质、氮、钾含量低，磷含量高。应改善排灌条件，增施有机肥和实行秸秆还田，增施钾肥。

参比土种 挂淤黑土。

代表性单个土体 位于安徽省蒙城县庄周街道贾寨村西北，33°15′7.4″N，116°35′46.7″E，海拔 18 m，低洼地，成土母质为古黄土性河湖相沉积物上覆盖近代黄泛黏质冲积物，旱地，麦-玉米轮作。50 cm 深度土温 16.2 ℃。

贾寨系代表性单个土体剖面

Ap1：0～20 cm，浊黄色（2.5Y 6/3，干），黄灰色（2.5Y 5/1，润）；黏壤土，发育强的直径 1～3 mm 粒状结构，松散；向下层平滑清晰过渡。

Ap2：20～30 cm，灰黄色（2.5Y 6/2，干），黄灰色（2.5Y 5/1，润）；黏土，发育强的直径 10～20mm 棱块状结构，坚硬；土体中有 3 条直径 1～5 mm 裂隙，裂隙壁和结构面上可见暗色腐殖质-黏粒胶膜；向下层平滑渐变过渡。

Br：30～50 cm，浊黄色（2.5Y 6/3，干），黄灰色（2.5Y 5/1，润）；黏土，发育强的直径 20～50 mm 棱柱状结构，坚硬；土体中有 5%左右直径≤3 mm 球形褐色软铁锰结核，5 条直径 3～10 mm 裂隙；向下层平滑渐变过渡。

Bkr1：50～80 cm，黄棕色（2.5Y 5/3，干），黄灰色（2.5Y 4/1，润）；黏土，发育强的直径 20～50 mm 棱柱状结构，坚硬；土体中有 2%左右直径≤3 mm 球形褐色软铁锰结核，10%左右不规则的黄白色稍硬碳酸钙结核，4 条直径 3～10 mm 裂隙；向下层平滑模糊过渡。

Bkr2：80～120 cm，黄棕色（2.5Y 5/3，干），黄灰色（2.5Y 4/1，润）；黏土，发育强的直径 20～50 mm 棱柱状结构，坚硬；土体中有 2%左右直径≤3 mm 球形褐色软铁锰结核，15%左右不规则的黄白色稍硬碳酸钙结核，3 条直径 3～10 mm 裂隙。

贾寨系代表性单个土体物理性质

| 土层 | 深度 /cm | 砾石（>2 mm，体积分数）/% | 细土颗粒组成（粒径：mm）/（g/kg） | | | 质地 | 容重 /（g/cm³） |
			砂粒 2～0.05	粉粒 0.05～0.002	黏粒 <0.002		
Ap1	0～20	—	287	330	383	黏壤土	1.08
Ap2	20～30	—	292	296	412	黏土	1.60
Br	30～50	5	231	286	483	黏土	1.50
Bkr1	50～80	12	205	376	419	黏土	1.60
Bkr2	80～120	17	210	346	444	黏土	1.70

贾寨系代表性单个土体化学性质

深度 /cm	pH （H₂O）	有机质 /（g/kg）	全氮（N）/（g/kg）	全磷（P）/（g/kg）	全钾（K）/（g/kg）	CEC /[cmol（+）/kg]
0～20	7.2	15.9	0.39	0.98	12.9	23.8
20～30	8.2	9.7	0.72	1.13	12.2	22.1
30～50	8.4	5.2	0.45	0.98	11.1	23.3
50～80	8.5	2.2	0.34	1.01	11.1	25.7
80～120	8.7	3.3	0.24	1.08	13.0	25.9

8.2.5 前胡系（Qianhu Series）

土族：黏质蒙脱石混合型热性-普通砂姜潮湿雏形土

拟定者：李德成，魏昌龙，李山泉

分布与环境条件 分布于淮北平原北部河流沿岸，海拔一般在 20 m 以下，成土母质为古黄土性河湖相沉积物，旱地，麦-玉米轮作。暖温带半湿润季风气候区，年均日照时数 2300～2400 h，气温 14.5～15.0 ℃，降水量 800～900 mm，无霜期 210～220 d。

前胡系典型景观

土壤性状与特征变幅 诊断层包括淡薄表层、钙积层；诊断特性包括热性土壤温度状况、潮湿土壤水分状况、氧化还原特征。土体厚度 1 m 以上，通体有石灰反应，30 cm 以上土体为壤土，之下土体为黏土。淡薄表层厚度 15～20 cm，钙积层出现上界约在 50 cm，土体中有 2%～5%的铁锰结核，5%～10%的碳酸钙结核。

对比土系 同一土族的土系中，陈桥系、中袁系、邹圩系，成土母质一致，陈桥系淡薄表层（耕层）为砂质壤土，钙积层出现上界在 100 cm 左右，中袁系淡薄表层（耕层）为砂质黏壤土，土体中无壤土层次，钙积层出现上界在 25 cm 左右，邹圩系钙积层出现上界在 60 cm 左右；曹店系、于庙系、贾寨系、魏庄系、新城寨系，成土母质为古黄土性河湖相沉积物上覆盖近代黄泛冲积物或沉积物，曹店系 60 cm 以上为黏壤土，钙积层出现上限 60 cm 左右，于庙系淡薄表层（耕层）为黏壤土，贾寨系淡薄表层（耕层）为黏壤土，钙积层出现上界在 50 cm 左右，魏庄系土体中有黏壤土层次，但无壤土层次，新城寨系通体黏土，钙积层出现上界在 45 cm 以下。位于同一乡镇老郓系，同一亚纲但不同土类，为淡色潮湿雏形土。

利用性能综述 地势低，排水条件较差，耕作层质地适中，通透性和耕性好，有机质、氮、钾含量低，磷含量较高。应改善排灌条件，增施有机肥和实行秸秆还田，增施钾肥。

参比土种 坡黄土。

代表性单个土体 位于安徽省蒙城县立仓镇前胡村西北，33°9′45.4″N，116°32′57.5″E，海拔 18 m，沿河平原地段，成土母质为古黄土性河湖相沉积物，旱地，麦-玉米轮作。50 cm 深度土温 16.4 ℃。

前胡系代表性单个土体剖面

Ap1：0～18 cm，淡黄色（2.5Y 7/3，干），黄灰色（2.5Y 5/1，润）；壤土，发育强的直径 1～3 mm 粒状结构，松散；向下层平滑渐变过渡。

Ap2：18～30 cm，淡黄色（2.5Y 7/3，干），黄灰色（2.5Y 5/1，润）；壤土，发育强的直径 10～20 mm 棱块状结构，坚硬；土体中有 4 条直径 2～10 mm 裂隙，裂隙壁和结构面上可见暗色腐殖质-黏粒胶膜；向下层平滑渐变过渡。

Br：30～55 cm，黄棕色（2.5Y 5/4，干），暗灰黄色（2.5Y 4/2，润）；黏土，发育强的直径 20～50 mm 棱块状结构，稍坚实；土体中有 2%左右直径≤3 mm 褐色球形软铁锰结核，2 条直径 2～5 mm 裂隙；向下层平滑渐变过渡。

Bkr1：55～80 cm，黄棕色（2.5Y 5/4，干），暗灰黄色（2.5Y 4/2，润）；黏土，发育强的直径 20～50 mm 棱块状结构，坚硬；土体中有 5%左右直径 2～3 mm 褐色球形软铁锰结核，5%左右直径≤5 mm 球形白色稍硬直径碳酸钙结核；向下层平滑渐变过渡。

Bkr2：80～120 cm，黄棕色（2.5Y 5/6，干），暗橄榄棕色（2.5Y 3/3，润）；黏土，发育强的直径 20～50 mm 的棱块状结构，坚硬；土体中有 2%左右直径≤3 mm 褐色球形软铁锰结核，10%左右不规则的白色稍硬碳酸钙结核。

前胡系代表性单个土体物理性质

| 土层 | 深度 /cm | 砾石 （>2 mm，体积分数）/% | 细土颗粒组成（粒径：mm）/（g/kg） | | | 质地 | 容重 /（g/cm³） |
			砂粒 2～0.05	粉粒 0.05～0.002	黏粒 <0.002		
Ap1	0～18	—	343	465	192	壤土	1.43
Ap2	18～30	—	389	421	190	壤土	1.79
Br	30～55	2	216	245	539	黏土	1.56
Bkr1	55～80	10	237	293	470	黏土	1.69
Bkr2	80～120	12	201	300	499	黏土	1.69

前胡系代表性单个土体化学性质

深度 /cm	pH （H₂O）	有机质 /（g/kg）	全氮（N） /（g/kg）	全磷（P） /（g/kg）	全钾（K） /（g/kg）	CEC /[cmol（+）/kg]
0～18	7.8	21.1	0.92	1.08	12.9	25.2
18～30	6.9	13.7	0.80	0.99	12.4	32.1
30～55	8.0	7.7	0.53	0.86	13.2	43.7
55～80	8.4	5.6	0.46	1.24	15.4	31.7
80～120	8.7	2.0	0.4	0.99	13.8	26.1

8.2.6 魏庄系（Weizhuang Series）

土族：黏质蒙脱石混合型热性-普通砂姜潮湿雏形土
拟定者：李德成，黄来明，李建武

分布与环境条件 分布于淮北平原和沿淮地区河间平原地势微倾的低洼地段，海拔 30 m 以下，异源成土母质，古黄土性河湖相沉积物上覆盖近代黄泛冲积物，旱地，麦-玉米轮作。暖温带半湿润季风气候，年均日照时数 2200～2300 h，气温14.5～15.5 ℃，降水量 800～1000 mm，无霜期 210～220 d。

魏庄系典型景观

土壤性状与特征变幅 诊断层包括淡薄表层、钙积层；诊断特性包括热性土壤温度状况、潮湿土壤水分状况、氧化还原特征。土体厚度 1 m 以上，通体无石灰反应，壤土-黏土，上部的近代黄泛冲积物厚度<30 cm，淡薄表层厚度 12～17 cm，钙积层出现在 55 cm 以下，土体中有 2%～5%的铁锰结核，5%左右碳酸钙结核。

对比土系 同一土族中土系，曹店系、于庙系、贾寨系、新城寨系成土母质一致，曹店系 60 cm 以上土体为黏壤土，钙积层出现上限 60 cm；于庙系淡薄表层为黏壤土；贾寨系淡薄表层为黏壤土，钙积层出现上界在 50 cm 左右；新城寨系通体黏土，钙积层出现上界在 45 cm 左右；陈桥系、前胡系、中袁系、邹圩系，成土母质为古黄土性河湖相沉积物，陈桥系土体中有砂质壤土层次，但无黏壤土层次，钙积层出现上界在 100 cm 左右；前胡系土体中没有黏壤土层次；中袁系土体在有砂质黏壤土层次，没有壤土和黏壤土层次；邹圩系土体中没有黏壤土层次，钙积层出现上界在 60 cm 左右。

利用性能综述 地势较为低洼，排水条件略差，质地偏黏，通透性和耕性较差，有机质、氮、磷、钾含量低。应改善排灌条件，增施有机肥和实行秸秆还田，增施磷肥和钾肥。

参比土种 白姜土。

代表性单个土体 位于安徽省怀远县魏庄镇张店村东，33°5′58.5″N，117°17′12.8″E，海拔 16 m，成土母质为古黄土性河湖相沉积物上覆厚度为 20～30 cm 的近代黄泛冲积物，旱地，麦-玉米轮作。50 cm 深度土温 16.4 ℃。

魏庄系代表性单个土体剖面

Ap1：0～15 cm，淡黄色（2.5Y 7/3，干），黄灰色（2.5Y 5/1，润）；壤土，发育强的直径 1～3 mm 粒状结构，松散；土体中 2 条蚯蚓通道，内有球形蚯蚓粪便；向下层平滑渐变过渡。

Ap2：15～24 cm，淡黄色（2.5Y 7/3，干），黄灰色（2.5Y 5/1，润）；黏壤土，发育强的直径 10～20 mm 块状结构，疏松；土体中 2 条蚯蚓通道，内有球形蚯蚓粪便；向下层平滑清晰过渡。

Br：24～58 cm，黄灰色（2.5Y 5/1，干），黑棕色（2.5Y 3/1，润）；黏土，发育强的直径 10～20 mm 棱块状结构，稍硬；土体中有 2%左右直径≤3 mm 球形褐色软铁锰结核，2%不规则白色稍硬碳酸钙结核，2 条蚯蚓通道，内有球形蚯蚓粪便；向下层平滑渐变过渡。

Bkr1：58～90 cm，浊黄色（2.5Y 6/4，干），暗灰黄色（2.5Y 5/2，润）；黏土，发育强的直径 10～20 mm 棱块状结构，稍硬；结构面上有 2%左右铁锰斑纹，土体中有 5%左右直径≤3 mm 球形褐色软铁锰结核，5%左右不规则形的白色稍硬碳酸钙结核，向下层平滑模糊过渡。

Bkr2：90～120 cm，亮黄棕色（2.5Y 6/6，干），黄棕色（2.5Y 5/3，润）；黏壤土，发育中等的直径 10～20 mm 棱块状结构，稍硬；土体中有 5%左右直径≤3 mm 球形褐色软铁锰结核，10%左右不规则的白色稍硬碳酸钙结核。

魏庄系代表性单个土体物理性质

土层	深度 /cm	砾石 （>2 mm，体积分数）/%	细土颗粒组成（粒径：mm）/（g/kg）			质地	容重 /(g/cm³)
			砂粒 2～0.05	粉粒 0.05～0.002	黏粒 <0.002		
Ap1	0～15	—	359	429	212	壤土	1.30
Ap2	15～24	—	315	413	272	黏壤土	1.49
Br	24～58	2	275	324	401	黏土	1.28
Bkr1	58～90	5	260	333	407	黏土	1.49
Bkr2	90～120	10	293	314	393	黏壤土	1.40

魏庄系代表性单个土体化学性质

深度 /cm	pH （H₂O）	有机质 /（g/kg）	全氮（N） /（g/kg）	全磷（P） /（g/kg）	全钾（K） /（g/kg）	CEC /[cmol(+)/kg]	碳酸钙 /（g/kg）
0～15	5.5	14.9	0.85	0.33	12.7	18.7	7.3
15～24	6.9	12.3	0.70	0.29	13.0	17.7	10.5
24～58	8.1	26.4	0.57	0.14	13.7	9.3	12.3
58～90	7.2	7.0	0.49	0.2	14.5	6.2	21.1
90～120	8.2	6.7	0.35	0.23	14.5	26.1	18.6

8.2.7 新城寨系（Xinchengzhai Series）

土族：黏质蒙脱石混合型热性-普通砂姜潮湿雏形土
拟定者：李德成，赵明松，黄来明

分布与环境条件 分布于淮北平原北部距河道较远的浅平洼地，海拔一般在 20～30 m，异源成土母质，上为近代上部黄泛黏质冲积物，下为古黄土性河湖相沉积物，旱地，麦-玉米轮作。暖温带半湿润季风气候，年均日照时数 2400～2500 h，气温 14.5～15.0 ℃，降水量 800～900 mm，无霜期 210～220 d。

新城寨系典型景观

土壤性状与特征变幅 诊断层包括淡薄表层、钙积层、雏形层；诊断特性包括热性土壤温度状况、潮湿土壤水分状况、氧化还原特征、石灰性。土体厚度 1 m 以上，通体黏土，上部黄泛黏质冲积物厚度<50cm，石灰反应强，淡薄表层厚度 12～20 cm，钙积层出现上界在 45 cm 以下，土体中碳酸钙结核含量为 5%～10%，有 2%～5%的铁锰结核。

对比土系 同一土族的土系中，曹店系、于庙系、贾寨系、魏庄系，成土母质一致，曹店系 60 cm 以上为黏壤土，钙积层出现上限 60 cm；于庙系 20 cm 以上为黏壤土，钙积层出现上界在 25 cm 左右；贾寨系淡薄表层（耕层）为黏壤土；魏庄系层次土体构型为壤土-黏壤土交替，钙积层出现上界在 25 cm 左右；陈桥系、前胡系、中袁系、邹圩系成土母质为古黄土性河湖相沉积物，陈桥系上部土体为砂质壤土和壤土，钙积层出现上界在 100 cm 左右；前胡系上部土体为壤土；中袁系上部土体为砂质黏壤土，钙积层出现上界在 25 cm 左右；邹圩系上部土体为壤土，钙积层出现上界在 60 cm 左右。

利用性能综述 地势低洼，排水条件较差，质地黏，通透性和耕性差，有机质、氮、磷、钾含量低。应改善排灌条件，增施有机肥和实行秸秆还田，增施磷肥和钾肥。

参比土种 覆两合黑姜土。

代表性单个土体 位于安徽省太和县城关镇新陈寨村东北，33°17′15.7″N，115°33′1.0″E，海拔 41 m，河间平原间地势低洼地段，异源成土母质，上部为近代上部黄泛黏质冲积物，下部为古黄土性河湖相沉积物，旱地，麦-玉米轮作。50 cm 深度土温 16.3 ℃。

新城寨系代表性单个土体剖面

Ap1：0～16 cm，浊橙色（7.5YR 7/4，干），浊棕色（7.5YR 5/3，润）；黏土，发育强的直径 1～3 mm 粒状结构，松散；土体中 2 条蚯蚓通道，内有球形蚯蚓粪便；强度石灰反应；向下层平滑清晰过渡。

Ap2：16～30 cm，浊橙色（7.5YR 7/4，干），浊棕色（7.5YR 5/3，润）；黏土，发育强的直径 10～20 mm 块状结构，稍硬；土体中 2 条蚯蚓通道，内有球形蚯蚓粪便；强度石灰反应；向下层平滑清晰过渡。

Br：30～45 cm，浊棕色（7.5YR 6/3，干），棕灰色（7.5YR 4/1，润）；黏土，发育强的直径 20～50 mm 棱块状结构，稍硬；轻度石灰反应；向下层平滑清晰过渡。

Bkr1：45～70 cm，暗灰黄色（2.5Y 5/2，干），黑棕色（2.5Y 3/1，润）；黏土，发育强的直径约 20～50 mm 棱块状结构，稍硬；土体中有 2%左右直径≤3 mm 褐色球形软铁锰结核，5%左右不规则的白色稍硬碳酸钙结核；向下层平滑渐变过渡。

Bkr2：70～120 cm，暗灰黄色（2.5Y 5/2，干），黑棕色（2.5Y 3/1，润）；黏土，发育中等的直径 20～50 mm 棱块状结构，稍硬；土体中有 2 条直径 3～5 mm 裂隙；2%左右直径≤3 mm 褐色球形软铁锰结核，10%左右不规则的黄白色稍硬碳酸钙结核。

新城寨系代表性单个土体物理性质

| 土层 | 深度 /cm | 砾石 （>2 mm，体积分数）/% | 细土颗粒组成（粒径：mm）/（g/kg） | | | 质地 | 容重 /（g/cm³） |
			砂粒 2～0.05	粉粒 0.05～0.002	黏粒 <0.002		
Ap1	0～16	—	222	357	421	黏土	1.30
Ap2	16～30	—	218	301	481	黏土	1.43
Br	30～45	—	245	281	474	黏土	1.51
Bkr1	45～70	7	285	297	418	黏土	1.55
Bkr2	70～120	12	258	317	425	黏土	1.43

新城寨系代表性单个土体化学性质

深度 /cm	pH （H₂O）	有机质 /（g/kg）	全氮（N） /（g/kg）	全磷（P） /（g/kg）	全钾（K） /（g/kg）	CEC /[cmol(+)/kg]	碳酸钙 /（g/kg）
0～16	8.4	25.2	1.48	0.67	15.6	28.8	75.6
16～30	8.5	11.2	0.7	0.4	16.5	22.9	79.8
30～45	8.6	10.5	0.64	0.31	15.8	24.3	61.2
45～70	8.6	11.7	0.54	0.17	14.0	23.5	16.0
70～120	8.5	6.8	0.48	0.25	15.5	22.2	14.3

8.2.8 于庙系（Yumiao Series）

土族：黏质蒙脱石混合型热性-普通砂姜潮湿雏形土
拟定者：李德成，李山泉，黄来明

分布与环境条件 分布于淮北平原古河床沿岸缓坡阶地，海拔 10～20 m，成土母质上为近代黄泛黏质沉积物，下为古黄土性河湖相沉积物，旱地，麦-玉米/豆类轮作。暖温带半湿润季风气候区，年均日照时数 2300～2400 h，气温 14.5～15.0 ℃，降水量 800～900 mm，无霜期 210～220 d。

于庙系典型景观

土壤性状与特征变幅 诊断层包括淡薄表层、钙积层；诊断特性包括热性土壤温度状况、潮湿土壤水分状况、氧化还原特征。土体深厚，在 1 m 以上，通体无石灰反应，上部黄泛物覆盖厚度 25～50 cm，黏壤土，之下土体为黏土，钙积层出现上界在 25 cm 左右，碳酸钙结核含量为 5%～10%。耕作层以下土体呈棱柱状结构，干时产生多条裂隙。

对比土系 同一土族的土系中，曹店系、贾寨系、魏庄系、新城寨系，成土母质一致，曹店系和贾寨系钙积层出现上限在 50～60 cm 左右；魏庄系土体中有壤土和黏壤土层次；新城寨系通体黏土，钙积层出现上界在 45 cm 左右；陈桥系、前胡系、中袁系、邹圩系成土母质为古黄土性河湖相沉积物，陈桥系上部土体为砂质壤土和壤土，钙积层出现上界在 100 cm 左右；前胡系上部土体为壤土；中袁系上部土体为砂质黏壤土；邹圩系上部土体为壤土，钙积层出现上界在 60 cm 左右。位于同一乡镇于店系，同一亚纲但不同土类，为淡色潮湿雏形土。

利用性能综述 排水条件差，易涝，物理性状不良，质地黏，通透性和耕性差，有机质、氮、钾含量低，磷含量较高。应改善排灌条件，增施有机肥和实行秸秆还田，增施钾肥。

参比土种 红花淤坡黄土。

代表性单个土体 位于安徽省蒙城县岳坊镇于庙村西南，33°19′26.4″N，116°25′16.7″E，海拔 13 m，缓坡阶地，成土母质为古黄土性河湖相沉积物上覆盖黏质黄泛沉积物，旱地，麦-玉米轮作。50 cm 深度土温 16.2 ℃。

于庙系代表性单个土体剖面

Ap1：0～13 cm，浅淡黄色（10YR 8/3，干），灰黄色（10YR 6/2，润）；黏壤土，发育强的直径 1～3 mm 粒状结构，松散；向下层平滑清晰过渡。

Ap2：13～26 cm，淡黄色（2.5Y 7/3，干），暗灰黄色（2.5Y 4/2，润）；黏土，发育强的直径 10～20 mm 棱柱状结构，坚硬；土体中有 4 条直径 2～10 mm 裂隙，裂隙壁和结构面上可见暗色腐殖质-黏粒胶膜；向下层平滑清晰过渡。

Bkr1：26～50 cm，浊黄色（2.5Y 6/4，干），橄榄棕色（2.5Y 4/3，润）；黏土，发育强的直径 20～50 mm 棱柱状结构，坚硬；土体中有 2%左右直径≤3 mm 球形褐色软铁锰结核，5%左右不规则的黄白色稍硬碳酸钙结核，7 条直径 2～15 mm 裂隙；向下层平滑渐变过渡。

Bkr2：50～90 cm，浊黄色（2.5Y 6/4，干），橄榄棕色（2.5Y 4/3，润）；黏土，发育强的直径 20～50 mm 棱柱状结构，坚硬；土体中有 2%左右直径≤3 mm 球形褐色软铁锰结核，10%左右不规则的黄白色稍硬碳酸钙结核，6 条直径 2～10 mm 裂隙；向下层平滑渐变过渡。

Bkr3：90～140 cm，浊黄色（2.5Y 6/4，干），橄榄棕色（2.5Y 4/3，润）；黏土，发育强的直径 20～50 mm 棱柱状结构，坚硬；土体中有 2%左右直径≤3 mm 球形褐色软铁锰结核，10%左右不规则的黄白色稍硬碳酸钙结核，4 条直径约 2～8 mm 裂隙。

于庙系代表性单个土体物理性质

土层	深度 /cm	砾石 (>2 mm，体积分数) /%	细土颗粒组成（粒径：mm）/（g/kg）			质地	容重 /（g/cm³）
			砂粒 2～0.05	粉粒 0.05～0.002	黏粒 <0.002		
Ap1	0～13	—	422	262	316	黏壤土	1.05
Ap2	13～26	—	347	221	432	黏土	1.48
Bkr1	26～50	7	262	219	519	黏土	1.61
Bkr2	50～90	12	284	294	422	黏土	1.57
Bkr3	90～140	12	234	338	428	黏土	1.69

于庙系代表性单个土体化学性质

深度 /cm	pH （H₂O）	有机质 /（g/kg）	全氮（N） /（g/kg）	全磷（P） /（g/kg）	全钾（K） /（g/kg）	CEC /[cmol（+）/kg]
0～13	6.5	18.6	1.00	1.11	12.8	23.4
13～26	7.2	10.2	0.65	1.23	12.4	26.2
26～50	7.8	7.3	0.23	1.00	11.9	31.5
50～90	8.2	5.3	0.3	0.92	12.2	26.7
90～140	8.5	0.9	0.22	1.06	13.2	22.1

8.2.9 中袁系（Zhongyuan Series）

土族：黏质蒙脱石混合型热性-普通砂姜潮湿雏形土
拟定者：李德成，赵明松，黄来明

分布与环境条件 分布于淮北平原低洼地区缓坡地段，海拔一般在 25～40 m，成土母质为古黄土性河湖相沉积物，旱地，麦-玉米轮作。暖温带半湿润季风气候区，年均日照时数 2300～2400 h，气温 14.5～15.0 ℃，降水量 800～900 mm，无霜期 210～220 d。

中袁系典型景观

土壤性状与特征变幅 诊断层包括淡薄表层、钙积层；诊断特性包括热性土壤温度状况、潮湿土壤水分状况、氧化还原特征。土体厚度 1 m 以上，淡薄表层厚度 15～25 cm，砂质黏壤土，之下土体为黏土，钙积层出现上界在 50 cm 左右，碳酸钙结核含量 10%～15%。

对比土系 同一土族的土系中，陈桥系、前胡系、邹圩系，成土母质一致，陈桥系上部土体为砂质壤土和壤土，钙积层出现上界在 100 cm 左右；前胡系上部土体为壤土，没有砂质黏壤土层次；邹圩系上部土体为壤土，没有砂质黏壤土层次，钙积层出现上界在 60 cm 左右。曹店系、于庙系、贾寨系、魏庄系、新城寨系，成土母质为古黄土性河湖相沉积物上覆盖近代黄泛冲积物或沉积物，曹店系上部土体为黏壤土，没有的发展黏壤土层次，钙积层出现上限 60 cm；于庙系上部土体为黏壤土，无砂质黏壤土层次；贾寨系上部土体为黏壤土，无砂质黏壤土层次，钙积层出现上界在 50 cm 左右；魏庄系土体中有壤土、黏壤土层次，但没有砂质黏壤土层次；新城寨系通体黏土，钙积层出现上界在 45 cm 左右。

利用性能综述 地势略高，排水条件一般，质地偏黏，通透性和耕性较差，有机质、氮、钾含量低，磷含量较高。应进一步改善排灌条件，增施有机肥和实行秸秆还田，增施钾肥。

参比土种 黄土。

代表性单个土体 位于安徽省蒙城县楚村镇中袁村西，32°58′8.1″N，116°36′58.9″E，海拔 25 m，成河间平原缓坡地段，成土母质为古黄土性河湖相沉积物，旱地，麦-玉米轮作。50 cm 深度土温 16.4 ℃。

Ap1：0～10 cm，淡黄色（2.5Y 7/3，干），黄灰色色（2.5Y 5/1，润）；砂质黏壤土，发育强的直径 1～3 mm 粒状结构，松散；向下层平滑清晰过渡。

Ap2：10～25 cm，淡黄色（2.5Y 7/3，干），黄灰色（2.5Y 5/1，润）；砂质黏壤土，发育强的直径 10～20 mm 棱柱状结构，坚硬；土体中 5 条直径 3～10 mm 裂隙，裂隙壁和结构面上可见暗色腐殖质-黏粒胶膜；向下层平滑渐变过渡。

Br：25～50 cm，橄榄棕色（2.5Y 4/4，干），黑棕色（2.5Y 3/2，润）；黏土，发育强的直径 20～50 mm 棱柱状结构，坚硬；土体中有 3 条直径 3～10 mm 裂隙，向下层平滑渐变过渡。

Bkr1：50～85 cm，橄榄棕色（2.5Y 4/4，干），黑棕色（2.5Y 3/2，润）；黏土，发育强的直径 20～50 mm 棱柱状结构，坚硬；土体中有 15%左右不规则的黄白色稍硬碳酸钙大结核，3 条直径 3～10 mm 裂隙；向下层平滑模糊过渡。

Bkr2：85～120 cm，橄榄棕色（2.5Y 4/4，干），黑棕色（2.5Y 3/2，润）；黏土，发育强的直径 20～50 mm 棱柱状结构，坚硬；土体中有 10%左右不规则的黄白色稍硬碳酸钙结核，2 条直径 3～10 mm 裂隙。

中袁系代表性单个土体剖面

中袁系代表性单个土体物理性质

土层	深度 /cm	砾石 （>2 mm，体积分数）/%	细土颗粒组成（粒径：mm）/（g/kg）			质地	容重 /（g/cm³）
			砂粒 2～0.05	粉粒 0.05～0.002	黏粒 <0.002		
Ap1	0～10	—	543	226	231	砂质黏壤土	1.12
Ap2	10～25	—	486	244	270	砂质黏壤土	1.67
Br	25～50	—	242	274	484	黏土	1.60
Bkr1	50～85	15	209	324	467	黏土	1.60
Bkr2	85～120	10	253	328	419	黏土	1.60

中袁系代表性单个土体化学性质

深度 /cm	pH （H₂O）	有机质 /（g/kg）	全氮（N） /（g/kg）	全磷（P） /（g/kg）	全钾（K） /（g/kg）	CEC /[cmol（+）/kg]
0～10	5.9	16.8	1.14	0.97	13.7	20.9
10～25	6.5	14.2	1.39	1.04	12.1	25.4
25～50	8.1	3.4	0.58	0.76	11.3	31.8
50～85	8.4	6.9	0.43	0.97	14.2	29.8
85～120	8.5	4.5	0.32	0.85	13.1	25.8

8.2.10 邹圩系（Zouwei Series）

土族：黏质蒙脱石混合型热性-普通砂姜潮湿雏形土
拟定者：李德成，赵明松，黄来明

分布与环境条件 分布于淮北平原区地势略高的缓坡地段，海拔 50～110 m，成土母质为古黄土性河湖相沉积物，旱地，麦-玉米轮作。暖温带半湿润季风气候区，年均日照时数 2300～2400 h，气温 14.5～15.0 ℃，降水量 800～900 mm，无霜期 210～220 d。

邹圩系典型景观

土壤性状与特征变幅 诊断层包括淡薄表层、钙积层、雏形层；诊断特性包括热性土壤温度状况、潮湿土壤水分状况、氧化还原特征。土体厚度 1 m 以上，30 cm 以上土体为壤土，之下土体为黏土，淡薄表层厚度 12～20 cm，钙积层出现上界约 60 cm 左右，碳酸钙结核含量 10%左右。

对比土系 同一土族的土系中，陈桥系、前胡系、中袁系，成土母质一致，陈桥系淡薄表层为砂质壤土，钙积层出现上界在 100 cm 左右；前胡系钙积层出现上界在 30 cm 左右。中袁系上部土体为砂质黏壤土，无壤土层次，钙积层出现上界在 25 cm 左右；曹店系、于庙系、贾寨系、魏庄系、新城寨系，成土母质为古黄土性河湖相沉积物上覆盖近代黄泛冲积物，曹店系 60 cm 以上为黏壤土；于庙系 20 cm 以上为黏壤土，钙积层出现上界在 25 cm 左右；贾寨系上部土体为黏壤土，无壤土层次；魏庄系土体中有黏壤土层次，钙积层出现上界在 25 cm 左右；新城寨系通体黏土，钙积层出现上界在 45 cm 左右。位于同一乡镇的老郐系，同一亚纲但不同土类，为淡色潮湿雏形土。

利用性能综述 地势略高，排水条件一般，耕作层质地适中，通透性和耕性好，有机质、氮、钾含量低，磷含量较高。应进一步改善排灌条件，增施有机肥和实行秸秆还田，增施钾肥。

参比土系 青白土。

代表性单个土体 位于安徽省蒙城县立仓镇邹圩村西南，32°58′54.8″N，116°44′16.4″E，海拔 101 m，河间平原地势较高的缓坡地段，成土母质为古黄土性河湖相沉积物，旱地，麦-玉米轮作。50 cm 深度土温 16.7 ℃。

Ap1：0~15 cm，淡黄色（2.5Y 7/4，干），黄棕色（2.5Y 5/3，润）；壤土，发育强的直径 1~3 mm 粒状结构，松散；向下层平滑渐变过渡。

Ap2：15~30 cm，淡黄色（2.5Y 7/4，干），黄棕色（2.5Y 5/3，润）；壤土，发育强的直径 10~20 mm 块状结构，坚硬；土体中有 6 条直径 2~10 mm 裂隙，裂隙壁和结构面上可见暗色腐殖质-黏粒胶膜；向下层平滑清晰过渡。

Br：30~60 cm，亮黄棕色（2.5Y 6/6，干），橄榄棕色（2.5Y 4/4，润）；黏土，发育强的直径 20~50 mm 棱柱状结构，坚硬；土体中有 6 条直径 3~10 mm 裂隙；向下层平滑渐变过渡。

Bk：60~120 cm，亮黄棕色（2.5Y 6/6，干），橄榄棕色（2.5Y 4/4，润）；黏土，发育强的直径 20~50 mm 棱柱状结构，坚硬；土体中有 10%左右不规则的黄白色稍硬碳酸钙结核，5 条直径 5~10 mm 裂隙。

邹圩系代表性单个土体剖面

邹圩系代表性单个土体物理性质

| 土层 | 深度 /cm | 砾石 （>2 mm，体积分数）/% | 细土颗粒组成（粒径：mm）/（g/kg） | | | 质地 | 容重 /(g/cm³) |
			砂粒 2~0.05	粉粒 0.05~0.002	黏粒 <0.002		
Ap1	0~15	—	410	420	170	壤土	1.08
Ap2	15~30	—	379	343	278	壤土	1.62
Br	30~60	—	280	257	463	黏土	1.59
Bk	60~120	10	250	231	519	黏土	1.68

邹圩系代表性单个土体化学性质

深度 /cm	pH （H₂O）	有机质 /（g/kg）	全氮（N） /（g/kg）	全磷（P） /（g/kg）	全钾（K） /（g/kg）	CEC /[cmol（+）/kg]
0~15	5.9	19.6	0.99	0.83	13.4	36.2
15~30	6.6	10.8	0.75	0.92	11.7	21.1
30~60	8.3	6.0	0.58	1.09	11.7	20.0
60~120	8.5	2.7	0.39	0.99	13.6	27.4

8.2.11　官山系（Guanshan Series）

土族：黏壤质混合型热性-普通砂姜潮湿雏形土
拟定者：李德成，李建武

分布与环境条件　分布于淮北平原地势略高的缓坡地段，海拔一般在 20～30 m，成土母质为古黄土性河湖相沉积物，旱地，麦-玉米轮作。北亚热带湿润季风气候，年均日照时数 2300～2400 h，气温 14.5～15.0 ℃，降水量 900 ～ 1000 mm，无霜期 210～220 d。

官山系典型景观

土壤性状与特征变幅　诊断层包括淡薄表层、钙积层、雏形层；诊断特性包括热性土壤温度状况、潮湿土壤水分状况、氧化还原特征。土体厚度 1 m 以上，通体无石灰反应，60 cm 以上土体为壤土，之下土体为黏土，无变性现象。淡薄表层厚度 12～20 cm，钙积层出现上界在 60 cm 以下，碳酸钙含量为 5%～10%，铁锰结核含量为 5% 左右。

对比土系　曹店系、于庙系、贾寨系、魏庄系、新城寨、陈桥系、前胡系、中袁系、邹圩系，同一亚类但不同土族，成土母质为古黄土性河湖相沉积物或上覆近代黄泛冲积物-沉积物，颗粒大小级别不同，为黏质。位于同一乡镇姚郭系，不同土纲，为淋溶土。

利用性能综述　地势较高，排水条件一般，耕作层质地适中，通透性和耕性较好，有机质、氮、磷、钾含量低。应进一步改善排灌条件，增施有机肥和实行秸秆还田，增施磷肥和钾肥。

参比土种　黄黑土。

代表性单个土体　位于安徽省明光市涧溪镇官山村东北，32°49′59.6″N，118°11′34.5″E，海拔 21 m，地处河间平原间的缓坡地段，成土母质为古黄土性河湖相沉积物，旱地，麦-玉米轮作。50 cm 深度土温 16.6 ℃。

官山系代表性单个土体剖面

Ap1: 0～15 cm，浊黄色（2.5Y 7/4，干），暗灰黄色（2.5Y 5/2，润）；壤土，发育强的直径 1～3 mm 粒状结构，松散；向下层平滑渐变过渡。

Ap2: 15～25 cm，浊黄色（2.5Y 7/4，干），暗灰黄色（2.5Y 5/2，润）；壤土，发育强的直径 10～20 mm 块状结构，稍硬；向下层平滑渐变过渡。

Br: 25～60 cm，黄灰色（2.5Y 6/1，干），黄灰色（2.5Y 4/1，润）；壤土，发育强的直径 20～50 mm 棱块状结构，稍硬；土体中有 5%左右直径≤3 mm 球形褐色软铁锰结核，向下层平滑清晰过渡。

Bkr1: 60～110 cm，黄灰色（2.5Y 4/1，干），黑棕色（2.5Y 3/1，润）；黏土，发育强的直径 20～50 mm 棱柱状结构，稍硬；土体中有 5%直径≤3 mm 球形褐色软铁锰结核，5%左右不规则白色稍硬碳酸钙结核；向下层平滑渐变过渡。

Bkr2: 110～120 cm，暗灰黄色（2.5Y 5/2，干），黄灰色（2.5Y 4/1，润）；黏土，发育强的直径 20～50 mm 棱柱状结构，稍硬；土体中有 5%直径≤3 mm 球形褐色软铁锰结核，10%左右不规则的白色稍硬碳酸钙结核。

官山系代表性单个土体物理性质

土层	深度/cm	砾石（>2 mm，体积分数）/%	细土颗粒组成（粒径：mm）/（g/kg）			质地	容重/（g/cm³）
			砂粒 2～0.05	粉粒 0.05～0.002	黏粒 <0.002		
Ap1	0～15	—	315	449	236	壤土	1.45
Ap2	15～25	—	292	490	218	壤土	1.47
Br	25～60	5	336	451	213	壤土	1.45
Bkr1	60～110	10	269	323	408	黏土	1.46
Bkr2	110～120	15	255	327	418	黏土	1.46

官山系代表性单个土体化学性质

深度/cm	pH（H₂O）	有机质/（g/kg）	全氮（N）/（g/kg）	全磷（P）/（g/kg）	全钾（K）/（g/kg）	CEC/[cmol(+)/kg]	碳酸钙/（g/kg）
0～15	5.9	29.8	1.52	0.54	13.4	30.0	7.6
15～25	6.6	18.0	0.97	0.35	13.0	36.6	8.6
25～60	6.9	13.5	0.85	0.27	13.9	37.0	17.3
60～110	7.1	14.4	0.57	0.27	14.3	33.9	16.2
110～120	7.6	10.0	0.63	0.21	15.0	30.7	15.0

8.3 水耕淡色潮湿雏形土

8.3.1 太美系（Taimei Series）

土族：砂质硅质混合型非酸性热性-水耕淡色潮湿雏形土
拟定者：李德成，李山泉，黄来明

分布与环境条件 分布于皖南山区河流两岸，海拔一般在 20～100 m，成土母质为冲积物，旱地，麦-稻轮作。北亚热带湿润季风气候，年均日照时数 2000～2100 h，气温 15.0～16.0 ℃，降水量 1300～1500 mm，无霜期 230～240 d。

太美系典型景观

土壤性状与特征变幅 原为旱作的潮湿雏形土，旱改水而成，但未形成犁底层，未发育成水耕人为土。诊断层包括淡薄表层、雏形层；诊断特性包括热性土壤温度状况、潮湿土壤水分状况、氧化还原特征、水耕现象。土体厚度 1 m 以上，通体砂质壤土，pH 5.9～6.7，无石灰反应。水耕淡色表层厚度 18～20 cm，之下为雏形层，结构面是可见 10%左右铁锰斑纹。

对比土系 八房系，位于同一乡镇，成土母质和所处地形部位一致，不同亚类，一直旱作，为普通淡色潮湿雏形土。位于同一乡镇的左家系，不同土纲，为新成土。

利用性能综述 土层深厚，质地砂，通透性和耕性好，疏松多孔，结构良好，有机质、氮、磷、钾含量较低。应改善排灌条件，增施有机肥和实行秸秆还田，增施磷肥和钾肥。

参比土种 砂泥土。

代表性单个土体 位于安徽省泾县泾川镇太美村西南，30°43′05.1″N，118°24′31.6″E，海拔 52 m，青弋江沿河两岸阶地，成土母质为冲积物，旱地，麦-玉米轮作。50 cm 深度土温 18.2 ℃。

太美系代表性单个土体剖面

Ap: 0~20 cm, 灰黄棕色 (10YR 5/2, 干), 棕灰色 (10YR 4/1, 润); 砂质壤土, 发育强的直径 1~3 mm 粒状结构, 松散; 结构面上有 10%的铁锰斑纹; 向下层平滑清晰过渡。

Br1: 20~28 cm, 浊黄橙色 (10YR 6/4, 干), 浊黄棕色 (10YR 5/3, 润); 砂质壤土, 发育强的直径 10~20 mm 块状结构, 稍坚实; 结构面上有 10%左右铁锰斑纹; 向下层平滑渐变过渡。

Br2: 28~55 cm, 浊黄橙色 (10YR 6/4, 干), 浊黄棕色 (10YR 5/3, 润); 砂质壤土, 发育强的直径 10~20 mm 块状结构, 稍坚实; 结构面上有 10%左右铁锰斑纹; 向下层平滑模糊过渡。

Br3: 55~80 cm, 浊黄橙色 (10YR 6/3, 干), 灰黄棕色 (10YR 5/2, 润); 砂质壤土, 发育中等的直径 10~20 mm 块状结构, 稍坚实; 结构面上有 15%左右铁锰斑纹; 向下层平滑模糊过渡。

Br4: 80~120 cm, 浊黄橙色 (10YR 6/3, 干), 棕灰色 (10YR 5/1, 润); 砂质壤土, 发育中等的直径 10~20 mm 块状结构, 稍坚实; 结构面上有 10%左右铁锰斑纹。

太美系代表性单个土体物理性质

土层	深度 /cm	砾石 (>2 mm, 体积分数) /%	细土颗粒组成 (粒径: mm) / (g/kg)			质地	容重 / (g/cm³)
			砂粒 2~0.05	粉粒 0.05~0.002	黏粒 <0.002		
Ap	0~20	—	602	228	170	砂质壤土	1.33
Br1	20~28	—	609	218	173	砂质壤土	1.40
Br2	28~55	—	560	282	158	砂质壤土	1.53
Br3	55~80	—	633	213	154	砂质壤土	1.55
Br4	80~120	—	566	278	156	砂质壤土	1.55

太美系代表性单个土体化学性质

深度 /cm	pH (H₂O)	有机质 / (g/kg)	全氮 (N) / (g/kg)	全磷 (P) / (g/kg)	全钾 (K) / (g/kg)	CEC /[cmol (+) /kg]	盐基饱和度 /%
0~20	5.9	18.5	1.15	0.31	4.4	8.6	87.0
20~28	6.2	7.5	0.53	0.28	4.0	12.7	89.2
28~55	6.4	4.4	0.44	0.33	4.4	9.3	95.9
55~80	6.5	4.9	0.30	0.29	4.3	5.7	94.4
80~120	6.7	4.3	0.46	0.29	4.2	10.0	94.4

8.4 石灰淡色潮湿雏形土

8.4.1 雷池系（Leichi Series）

土族：砂质硅质混合型热性-石灰淡色潮湿雏形土

拟定者：李德成，魏昌龙，黄来明

分布与环境条件 分布于沿长江的冲积洲区，海拔 10～20 m，成土母质为冲积物，旱地，棉-油轮作。北亚热带湿润季风气候，年均日照时数 2000～2100 h，气温 16.5～17.0 ℃，降水量 1300～1400 mm，无霜期 240～250 d。

雷池系典型景观

土壤性状与特征变幅 诊断层包括淡薄表层、雏形层；诊断特性包括热性土壤温度状况、潮湿土壤水分状况、氧化还原特征、石灰性。土体厚度 1 m 以上，通体有石灰反应，碳酸钙含量 40～60 g/kg，pH 6.7～8.0，砂质壤土-壤土，淡薄表层厚度 12～18 cm，之下为雏形层，结构面上有 2%左右铁锰斑纹。

对比土系 同一亚类不同土族的土系中，曹安系、毛集系、马店系、牛集系、王湾系、吴圩系，矿物学类型为混合型；砀山系、马井系、毛雷系、杨堤口系、永堌系，矿物学类型为混合型，土壤温度状况为温性。

利用性能综述 土层厚，质地砂，通透性和耕性好，跑水跑肥，有机质、氮、磷、钾含量较低。应改善排灌条件，做好间沟渠配套，增施有机肥和实行秸秆还田，增施磷肥和钾肥。

参比土种 砂心石灰性砂泥土。

代表性单个土体 位于安徽省望江县雷池乡雷港村东南，30°8′55.1″N，116°48′32.1″E，海拔 14 m，长江冲积洲区，成土母质为冲积物，旱地，棉-油轮作。50 cm 深度土温 18.6 ℃。

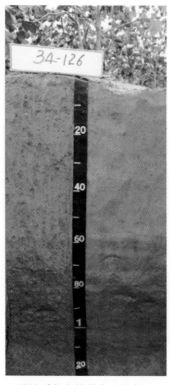

雷池系代表性单个土体剖面

Ap: 0～16 cm，灰黄色（2.5Y 6/2，干），黄灰色（2.5Y 4/1，润）；砂质壤土，发育强的直径 1～3 mm 粒状结构，松散；土体中 3 条蚯蚓通道，内有球形蚯蚓粪便；2～3 个贝壳；轻度石灰反应；向下层平滑渐变过渡。

Br1: 16～29 cm，灰黄色（2.5Y 6/2，干），黄灰色（2.5Y 4/1，润）；壤土，发育强的直径 10～20 mm 块状结构，松散；土体中 3 条蚯蚓通道，内有球形蚯蚓粪便；结构面上有 2%左右铁锰斑纹；中度石灰反应；向下层平滑渐变过渡。

Br2: 29～56 cm，灰黄色（2.5Y 6/2，干），黄灰色（2.5Y 4/1，润）；壤土，发育强的直径 10～20 mm 块状结构，疏松；土体中 3 条蚯蚓通道，内有球形蚯蚓粪便；结构面上有 5%左右铁锰斑纹；中度石灰反应；向下层平滑渐变过渡。

Br3: 56～71 cm，暗灰黄色（2.5Y 5/2，干），黄灰色（2.5Y 4/1，润）；砂质壤土，发育强的直径 10～20 mm 块状结构，稍硬；结构面上有 2%左右铁锰斑纹；中度石灰反应；向下层平滑渐变过渡。

Br4: 71～120 cm，黄灰色（2.5Y 4/1，干），黑棕色（2.5Y 3/1，润）；粉砂壤土，发育质中等的直径 10～20 mm 块状结构，稍硬；结构面上有 2%左右铁锰斑纹；中度石灰反应。

雷池系代表性单个土体物理性质

土层	深度/cm	砾石（>2 mm，体积分数）/%	细土颗粒组成（粒径：mm）/（g/kg）			质地	容重/(g/cm³)
			砂粒 2～0.05	粉粒 0.05～0.002	黏粒 <0.002		
Ap	0～16	—	583	266	151	砂质壤土	1.28
Br1	16～29	—	518	328	154	壤土	1.35
Br2	29～56	—	507	318	175	壤土	1.33
Br3	56～71	—	689	201	110	砂质壤土	1.28
Br4	71～120	—	194	573	233	粉砂壤土	1.28

雷池系代表性单个土体化学性质

深度/cm	pH（H₂O）	有机质/（g/kg）	全氮（N）/（g/kg）	全磷（P）/（g/kg）	全钾（K）/（g/kg）	CEC/[cmol(+)/kg]	碳酸钙/（g/kg）
0～16	6.7	12.9	0.61	0.72	13.3	5.6	37.2
16～29	7.0	10.8	0.38	0.47	16.0	10.3	62.0
29～56	7.4	8.3	0.34	0.42	14.7	5.2	48.9
56～71	7.8	10.5	0.29	0.45	14.5	5.7	51.1
71～120	8.0	10.7	0.50	0.43	16.0	11.7	44.8

8.4.2 砀山系（Dangshan Series）

土族：砂质混合型温性-石灰淡色潮湿雏形土

拟定者：李德成，黄来明，赵明松

分布与环境条件 分布于淮北平原北部河流两侧地势低洼地段，海拔 20～50 m，成土母质为黄泛冲积物，梨园。暖温带半湿润季风气候区，年均日照时数 2400～2600 h，气温 14.0～14.5 ℃，降水量 700～800 mm，无霜期 200～210 d。

砀山系典型景观

土壤性状与特征变幅 诊断层包括淡薄表层、雏形层；诊断特性包括热性土壤温度状况、潮湿土壤水分状况、氧化还原特征、石灰性。土体厚度 1 m 以上，通体有石灰反应，碳酸钙含量为 70～80 g/kg，pH >8.4，砂质壤土-砂质黏壤土，淡薄表层厚度 25～35 cm。雏形层厚度约 1 m，润态彩度≤2，1.1～1.2 m 以下为冲积层理明显的母质层。

对比土系 同一土族的土系中，马井系分布于黄河古道和各大河两侧，通体砂质壤土；毛雷系分布于河流两侧的较低洼地段，土体中有壤土层次；杨堤口系分布于微度倾斜浅平洼地的略高起部位，土体中有壤土和壤质砂土层次；永埚系分布于丘前平原的下部或丘间谷地底部，淡薄表层（耕层）为砂质黏壤土。

利用性能综述 土层深厚，质地砂，通透性和耕性好，结构良好，有机质、氮、磷、钾含量不足。宜发展梨园、苹果园、葡萄园，应开沟排水，增施有机肥和农家肥，套种绿肥，增施磷肥和钾肥。

参比土种 两合土。

代表性单个土体 位于安徽省砀山县良梨镇杨集村东，34°27′26.8″N，116°33′6.6″E，海拔 46 m，河流两侧地势低洼地段，成土母质为黄泛冲积物，梨园。50 cm 深度土温 15.4 ℃。

砀山系代表性单个土体剖面

Ap: 0～20 cm，淡黄色（2.5Y 7/4，干），暗灰黄色（2.5Y 5/2，润）；砂质壤土，发育强的直径 1～3 mm 粒状结构，松散；梨树根系，丰度 5～8 条/dm²；土体中 3 条蚯蚓通道，内有球形蚯蚓粪便；强度石灰反应；向下层平滑渐变过渡。

Br1: 20～30 cm，淡黄色（2.5Y 7/4，干），暗灰黄色（2.5Y 5/2，润）；砂质黏壤土，发育强的直径 10～20 mm 块状结构，稍硬；梨树根系，3～5 条/dm²；强度石灰反应；向下层平滑渐变过渡。

Br2: 30～60 cm，灰黄色（2.5Y 7/2，干），黄灰色（2.5Y 5/1，润）；砂质壤土，发育中等的直径 10～20 mm 块状结构，稍硬；梨树根系，3～5 条/dm²；强度石灰反应；向下层平滑渐变过渡。

Br3: 60～110 cm，黄棕色（2.5Y 5/3，干），黄灰色（2.5Y 4/1，润）；砂质壤土，发育弱的直径 10～20 mm 块状结构，稍硬；梨树根系，1～3 条/dm²；强度石灰反应；向下层平滑渐变过渡。

Cr: 110～130 cm，暗灰黄色（2.5Y 5/2，干），黑棕色（2.5Y 3/1，润）；砂质壤土，冲积层理较为明显，疏松；梨树根系，1～3 条/dm²；强度石灰反应。

砀山系代表性单个土体物理性质

土层	深度 /cm	砾石（>2 mm，体积分数）/%	细土颗粒组成（粒径：cm）/（g/kg）			质地	容重 /(g/cm³)
			砂粒 2～0.05	粉粒 0.05～0.002	黏粒 <0.002		
Ap	0～20	—	649	201	150	砂质壤土	1.27
Br1	20～30	—	505	209	286	砂质黏壤土	1.37
Br2	30～60	—	588	221	191	砂质壤土	1.35
Br3	60～110	—	528	280	192	砂质壤土	1.35
Cr	110～130	—	528	274	198	砂质壤土	1.35

砀山系代表性单个土体化学性质

深度 /cm	pH (H₂O)	有机质 /（g/kg）	全氮（N）/（g/kg）	全磷（P）/（g/kg）	全钾（K）/（g/kg）	CEC /[cmol(+)/kg]	碳酸钙 /（g/kg）
0～20	8.6	12.8	0.83	0.66	14.2	6.8	77.2
20～30	8.6	6.2	0.40	0.43	14.3	4.8	74.8
30～60	8.7	0.6	0.28	0.44	14.9	3.7	67.9
60～110	8.5	1.5	0.33	0.49	17.0	7.8	84.2
110～130	8.4	3.5	0.36	0.50	13.5	8.9	87.0

8.4.3 马井系（Majing Series）

土族：砂质混合型温性-石灰淡色潮湿雏形土

拟定者：李德成，黄来明，赵明松

分布与环境条件 分布于淮北平原北部黄河古道和各大河两侧，呈带状平行分布，海拔 20～50 m，成土母质为黄泛冲积物，旱地，麦-玉米/豆类轮作。暖温带半湿润季风气候区，年均日照时数 2400～2500 h，气温 14.0～14.5 ℃，降水量 700～850 mm，无霜期 200～210 d。

马井系典型景观

土壤性状与特征变幅 诊断层包括淡薄表层、雏形层；诊断特性包括热性土壤温度状况、潮湿土壤水分状况、氧化还原特征、石灰性。土体厚度 1 m 以上，通体有石灰反应，碳酸钙含量为 60～80 g/kg，pH > 8.2，通体砂质壤土。淡薄表层厚度 18～20 cm，雏形层厚度约 70 cm，润态彩度≤2。90～100 cm 以下为冲积层理明显的母质层。

对比土系 同一土族的土系中，永堌系分布于丘前平原的下部或丘间谷地底部，层次质地构型为砂质黏壤土-砂质壤土；砀山系、毛雷系和杨堤口系，分布于淮北平原北部河流两侧地势低洼地段、河流两侧的较低洼地段，微度倾斜浅平洼地的略高起部位，不同层次质地类型多样。

利用性能综述 土层深厚，质地砂，通透性和耕性好，通气爽水，跑水跑肥，有机质、氮、磷、钾含量不足，应开沟排水，增施有机肥和实行秸秆还田，增施磷肥和钾肥。

参比土种 面砂土。

代表性单个土体 位于安徽省萧县马井镇薛庄东南，34°15′56.0″N，116°49′18.0″E，海拔 40 m，黄河古道两侧，成土母质为黄泛冲积物，旱地，麦-玉米/豆类轮作。50 cm 深度土温 15.5 ℃。

马井系代表性单个土体剖面

Ap：0～20 cm，灰黄色（2.5Y 6/2，干），棕灰色（2.5Y 4/1，润）；砂质壤土，发育强的直径 1～3 mm 粒状结构，松散；土体中 3 条蚯蚓通道，内有球形蚯蚓粪便；强度石灰反应；向下层平滑清晰过渡。

Br1：20～34 cm，浊黄橙色（2.5Y 7/2，干），棕灰色（2.5Y 5/1，润）；砂质壤土，发育中等的直径 10～20 mm 块状结构，稍硬；土体中 3 条蚯蚓通道，内有球形蚯蚓粪便；强度石灰反应；向下层平滑渐变过渡。

Br2：34～63 cm，浊黄橙色（2.5Y 7/4，干），灰黄棕色（2.5Y 5/2，润）；砂质壤土，发育中等的直径 10～20 mm 块状结构，稍硬；玉米根系，1～3 条/dm²；土体中 3 条蚯蚓通道，内有球形蚯蚓粪便；强度石灰反应；向下层平滑渐变过渡。

Br3：63～90 cm，浊黄橙色（2.5Y 7/4，干），灰黄棕色（2.5Y 5/2，润）；砂质壤土，发育弱的直径 10～20 mm 块状结构，稍硬；土体中 4 条蚯蚓通道，内有球形蚯蚓粪便；强度石灰反应；向下层平滑渐变过渡。

Cr1：90～102 cm，灰黄棕色（2.5Y 6/2，干），棕灰色（2.5Y 4/1，润）；砂质壤土，冲积层理明显，疏松；土体中 4 条蚯蚓通道，内有球形蚯蚓粪便；强度石灰反应；向下层平滑清晰过渡。

Cr2：102～120 cm，灰黄棕色（2.5Y 6/2，干），棕灰色（2.5Y 4/1，润）；砂质壤土，冲积层理明显，疏松；土体中 4 条蚯蚓通道，内有球形蚯蚓粪便；强度石灰反应。

马井系代表性单个土体物理性质

| 土层 | 深度/cm | 砾石（>2 mm，体积分数）/% | 细土颗粒组成（粒径：mm）/（g/kg） | | | 质地 | 容重/(g/cm³) |
			砂粒 2～0.05	粉粒 0.05～0.002	黏粒 <0.002		
Ap	0～20	—	709	176	115	砂质壤土	1.27
Br1	20～34	—	742	150	108	砂质壤土	1.31
Br2	34～63	—	716	177	107	砂质壤土	1.27
Br3	63～90	—	669	220	111	砂质壤土	1.27
Cr1	90～102	—	691	196	113	砂质壤土	1.27
Cr2	102～120	—	695	184	121	砂质壤土	1.27

马井系代表性单个土体化学性质

深度/cm	pH（H₂O）	有机质/（g/kg）	全氮（N）/（g/kg）	全磷（P）/（g/kg）	全钾（K）/（g/kg）	CEC/[cmol(+)/kg]	碳酸钙/（g/kg）
0～20	8.5	17.2	1.02	0.80	14.8	7.0	65.5
20～34	8.5	5.7	0.46	0.45	14.9	7.0	74.5
34～63	8.2	3.1	0.37	0.44	14.6	7.8	78.4
63～90	8.3	2.9	0.30	0.34	14.4	4.8	74.4
90～102	8.5	1.0	0.25	0.46	15.4	5.1	74.2
102～120	8.6	4.2	0.27	0.45	15.6	6.2	73.9

8.4.4 毛雷系（Maolei Series）

土族：砂质混合型温性-石灰淡色潮湿雏形土
拟定者：李德成，黄来明，赵明松

分布与环境条件 分布于淮
北平原北部河流两侧的较低
洼地段，海拔 20～50 m，成
土母质为黄泛冲积物，梨园。
暖温带半湿润季风气候区，
年均日照时数 2400～2600 h，
气温 14.0～14.5 ℃，降水量
700～800 mm，无霜期 200～
210 d。

毛雷系典型景观

土壤性状与特征变幅 诊断层包括淡薄表层、雏形层；诊断特性包括热性土壤温度状况、
潮湿土壤水分状况、氧化还原特征、石灰性。土体厚度 1 m 以上，通体有石灰反应，碳
酸钙含量约 80 g/kg，pH > 8.4，砂质壤土-砂质黏壤土。淡薄表层厚度 25～35 cm，雏形
层厚度约 1m 左右，润态彩度≤2。1.2 m 左右以下为冲积层理明显的母质层。

对比土系 同一土族的土系中，马井系分布于黄河古道和各大河两侧，通体砂质壤土；
砀山系分布于淮北平原北部河流两侧地势低洼地段，土体中没有壤土层次，淡薄表层为
砂质壤土；杨堤口系分布于微度倾斜浅平洼地的略高起部位，土体中有壤质砂土层次，
无适中黏壤土层次；永堌系分布于丘前平原的下部或丘间谷地底部，土体中无壤土层次，
淡薄表层为砂质黏壤土。

利用性能综述 土层深厚，质地砂，通透性和耕性好，易涝渍，有机质、氮、磷、钾含
量不足。宜发展梨园、苹果园、葡萄园，应开沟排水，增施有机肥和农家肥，套种绿肥，
增施磷肥和钾肥。

参比土种 淤心两合土。

代表性单个土体 位于安徽省砀山县葛集镇毛雷庄东南，34°29′22.1″N，116°32′49.5″E，
海拔 48 m，河流两侧地势低洼地段，成土母质为黄泛冲积物，梨园。50 cm 深度土温
15.4 ℃。

毛雷系代表性单个土体剖面

Ap: 0～35 cm, 浊黄色 (2.5Y 6/4, 干), 暗灰黄色 (2.5Y 4/2, 润); 壤土, 发育强的直径 1～3 mm 粒状结构, 松散; 梨树根系, 丰度 5～8 条/dm², 土体中 4 条蚯蚓通道, 内有球形蚯蚓粪便; 强度石灰反应; 向下层平滑渐变过渡。

Br1: 35～50 cm, 浊黄色 (2.5Y 6/4, 干), 暗灰黄色 (2.5Y 4/2, 润); 砂质壤土, 发育中等的直径 10～20 mm 块状结构, 稍硬; 梨树根系, 3～5 条/dm²; 强度石灰反应; 向下层平滑清晰过渡。

Br2: 50～60 cm, 淡黄色 (2.5Y 7/3, 干), 暗灰黄色 (2.5Y 5/2, 润); 砂质黏壤土, 发育中等的直径 10～20 mm 块状结构, 稍硬; 梨树根系, 丰度 3～5 条/dm²; 强度石灰反应; 向下层平滑渐变过渡。

Br3: 60～90 cm, 淡黄色 (2.5Y 7/3, 干), 暗灰黄色 (2.5Y 5/2, 润); 砂质黏壤土, 发育中等的直径 10～20 mm 块状结构, 稍硬; 梨树根系, 丰度 1～3 条/dm²; 强度石灰反应, 向下层平滑渐变过渡。

Br4: 90～120 cm, 淡黄色 (2.5Y 7/3, 干), 暗灰黄色 (2.5Y 5/2, 润); 砂质黏壤土, 发育弱的直径 10～20 mm 块状结构, 稍硬; 梨树根系, 丰度 1～3 条/dm²; 强度石灰反应; 向下层平滑清晰过渡。

Cr: 120～140 cm, 暗灰黄色 (2.5Y 5/2, 干), 黄灰色 (2.5Y 4/1, 润); 砂质黏壤土, 冲积层理较为明显, 稍硬; 梨树根系, 丰度 1～3 条/dm²; 强度石灰反应。

毛雷系代表性单个土体物理性质

| 土层 | 深度 /cm | 砾石 (>2 mm, 体积分数) /% | 细土颗粒组成 (粒径: mm) / (g/kg) | | | 质地 | 容重 /(g/cm³) |
			砂粒 2～0.05	粉粒 0.05～0.002	黏粒 <0.002		
Ap	0～35	—	495	350	155	壤土	1.27
Br1	35～50	—	525	277	198	砂质壤土	1.38
Br2	50～60	—	575	180	245	砂质黏壤土	1.37
Br3	60～90	—	595	157	248	砂质黏壤土	1.37
Br4	90～120	—	626	162	212	砂质黏壤土	1.35
Cr	120～140	—	724	167	109	砂质壤土	1.30

毛雷系代表性单个土体化学性质

深度 /cm	pH (H₂O)	有机质 / (g/kg)	全氮 (N) / (g/kg)	全磷 (P) / (g/kg)	全钾 (K) / (g/kg)	CEC /[cmol(+)/kg]	碳酸钙 / (g/kg)
0～35	8.6	12.2	0.79	0.55	15.8	13.1	80.5
35～50	8.5	5.9	0.52	0.42	16.1	15.9	82.0
50～60	8.5	5.4	0.49	0.45	17.2	14.7	82.5
60～90	8.5	6.2	0.51	0.47	16.4	13.8	82.4
90～120	8.4	4.7	0.45	0.49	15.3	10.8	82.4
120～140	8.4	2.1	0.32	0.43	15.4	6.1	78.9

8.4.5 杨堤口系（Yangdikou Series）

土族：砂质混合型温性-石灰淡色潮湿雏形土
拟定者：李德成，黄来明，赵明松

分布与环境条件 分布于淮北平原北部微度倾斜浅平洼地的略高起部位，海拔 10～50 m，成土母质为黄泛冲积物，旱地，麦-玉米/豆类轮作。暖温带半湿润季风气候区，年均日照时数 2400～2600 h，气温 14.0～14.5 ℃，降水量 700～800 mm，无霜期 200～210 d。

杨堤口系典型景观

土壤性状与特征变幅 诊断层包括淡薄表层、雏形层；诊断特性包括热性土壤温度状况、潮湿土壤水分状况、氧化还原特征、石灰性。历史上表层形成粉粒和砂粒紧实碱结皮经多年改造已消失。土体厚度 1 m 以上，通体有石灰反应，碳酸钙含量为 70～80 g/kg，pH>8.4，砂质壤土-壤土。淡薄表层厚度 18～25 cm，雏形层厚度约 80～100 cm，润态彩度≤2。1.2 m 左右以下为冲积层理明显的母质层。

对比土系 同一土族的土系中，马井系分布于黄河古道和各大河两侧，通体砂质壤土；砀山系分布于淮北平原北部河流两侧地势低洼地段，土体中无壤土层次，有砂质黏壤土层次；毛雷系分布于河流两侧的较低洼地段，土体中有砂质黏壤土层次，没有壤质砂土层次；永堌系分布于丘前平原的下部或丘间谷地底部，土体中没有壤土层次，淡薄表层（耕层）为砂质黏壤土。

利用性能综述 土层深厚，质地砂，通透性和耕性好，跑肥跑水，有机质、氮、钾不足，磷含量尚可，宜发展梨园、苹果园、葡萄园，应开沟排水，减少表层盐分积累，增施有机肥和实行秸秆还田，增施钾肥。

参比土种 重碱面砂土。

代表性单个土体 位于安徽省砀山县官庄坝镇杨堤口村西南，34°31′4.5″N，116°12′4.9″E，海拔 42 m，为微度倾斜浅平洼地中略高起地段，成土母质为黄泛冲积物，旱地，麦-玉米/豆类轮作。50 cm 深度土温 15.3 ℃。

Ap: 0～25 cm, 浊黄色 (2.5Y 6/3, 干), 暗灰黄色 (2.5Y 4/2, 润); 壤土, 发育强的直径 1～3 mm 粒状结构, 松散; 土体中 4 条蚯蚓通道, 内有球形蚯蚓粪便; 2～3 块小草木炭; 强度石灰反应; 向下层平滑渐变过渡。

Br1: 25～64 cm, 浊黄色 (2.5Y 6/3, 干), 暗灰黄色 (2.5Y 4/2, 润); 砂质壤土, 发育中等的直径 10～20 mm 块状结构, 稍硬; 土体中 4 条蚯蚓通道, 内有球形蚯蚓粪便; 2～3 块草木炭; 强度石灰反应; 向下层平滑渐变过渡。

Br2: 64～100 cm, 浊黄色 (2.5Y 6/3, 干), 暗灰黄色 (2.5Y 4/2, 润); 砂质壤土, 发育中等的直径 10～20 mm 块状结构, 松散; 强度石灰反应; 向下层平滑渐变过渡。

Br3: 100～123 cm, 黄棕色 (2.5Y 5/3, 干), 黄灰色 (2.5Y 4/1, 润); 壤质砂土, 发育中等的直径 10～20 mm 块状结构, 松散; 强度石灰反应; 向下层平滑渐变过渡。

Cr: 123～140 cm, 黄棕色 (2.5Y 5/3, 干), 黄灰色 (2.5Y 4/1, 润); 砂质壤土, 冲积层理明显, 疏松; 强度石灰反应。

杨堤口系代表性单个土体剖面

杨堤口系代表性单个土体物理性质

土层	深度 /cm	砾石 (>2 mm, 体积分数) /%	细土颗粒组成（粒径: mm）/ (g/kg)			质地	容重 /(g/cm³)
			砂粒 2～0.05	粉粒 0.05～0.002	黏粒 <0.002		
Ap	0～25	—	465	404	131	壤土	1.27
Br1	25～64	—	609	278	113	砂质壤土	1.38
Br2	64～100	—	780	122	98	砂质壤土	1.37
Br3	100～123	—	800	107	93	壤质砂土	1.37
Cr	123～140	—	688	220	92	砂质壤土	1.37

杨堤口系代表性单个土体化学性质

深度 /cm	pH (H₂O)	有机质 / (g/kg)	全氮 (N) / (g/kg)	全磷 (P) / (g/kg)	全钾 (K) / (g/kg)	CEC /[cmol(+)/kg]	碳酸钙 / (g/kg)
0～25	8.7	14.2	0.97	0.97	14.9	8.9	76.2
25～64	8.5	3.0	0.44	0.56	13.6	6.8	76.4
64～100	8.4	2.7	0.25	0.39	13.7	3.3	70.7
100～123	8.6	2.6	0.24	0.36	15.0	3.4	72.4
123～140	8.7	2.9	0.29	0.41	14.2	5.0	76.9

8.4.6 永堌系（Yonggu Series）

土族：砂质混合型温性-石灰淡色潮湿雏形土

拟定者：李德成，黄来明，赵明松

分布与环境条件 分布于淮北平原北部丘前平原的下部或丘间谷地底部，海拔 20～50 m，成土母质为黄泛冲积物，旱地，麦-玉米/豆类轮作。暖温带半湿润季风气候区，年均日照时数 2400～2500 h，气温 14.0～14.5 ℃，降水量 700～850 mm，无霜期 200～210 d。

永堌系典型景观

土壤性状与特征变幅 诊断层包括淡薄表层、雏形层；诊断特性包括热性土壤温度状况、潮湿土壤水分状况、氧化还原特征、石灰性。土体厚度 1 m 以上，通体有石灰反应，碳酸钙含量为 65～85 g/kg，pH >8.4，砂质黏壤土-砂质壤土。淡薄表层厚度 18～20 cm，雏形层厚度约 50 cm，润态彩度≤2，土体中有 2%左右铁锰结核，75 cm 左右以下为冲积层理明显的母质层。

对比土系 同一土族的土系中，马井系分布于黄河古道和各大河两侧，通体砂质壤土；砀山系分布于淮北平原北部河流两侧地势低洼地段，淡薄表层（耕层）为砂质壤土；毛雷系分布于河流两侧的较低洼地段，淡薄表层（耕层）为壤土；杨堤口系分布于微度倾斜浅平洼地的略高起部位，淡薄表层（耕层）为壤土，土体中有壤质砂土层次。

利用性能综述 土层深厚，耕层偏黏，通透性和耕性较差，有机质、氮、钾含量不足，磷含量较高。应开沟排水，增施有机肥和实行秸秆还田，增施钾肥。

参比土种 淤潮泥土。

代表性单个土体 位于安徽省萧县永堌镇唐山村西北，34°5′54″N，116°59′14″E，海拔 33 m，丘前平原的下部，成土母质为黄泛冲积物，旱地，麦-玉米/豆类轮作。50 cm 深度土温 15.7 ℃。

Ap1：0～18 cm，浊黄棕色（10YR 6/3，干），棕灰色（10YR 4/1），砂质黏壤土，发育强的直径 1～3 mm 粒状结构，松散；土体中 4 条蚯蚓通道，内有球形蚯蚓粪便；5～8 块草木炭；强度石灰反应；向下层平滑清晰过渡。

Ap2：18～28 cm，浊黄棕色（10YR 6/3，干），棕灰色（10YR 4/1），砂质黏壤土，发育强的直径 10～20 mm 块状结构，稍硬；土体中 4 条蚯蚓通道，内有球形蚯蚓粪便；强度石灰反应；向下层平滑清晰过渡。

Br1：28～45 cm，浊黄橙色（10YR 6/4，干），灰黄棕色（10YR 4/2），砂质黏壤土，发育强的直径 10～20 mm 块状结构，稍硬；土体中 4 条蚯蚓通道，内有球形蚯蚓粪便；强度石灰反应；向下层平滑清晰过渡。

Br2：45～75 cm，暗灰黄色（2.5Y 5/2，干），黄灰色（2.5Y 4/1），砂质黏壤土，发育中等的直径 10～20 mm 块状结构，稍硬；土体中有 2%左右直径≤3 mm 球形褐色软铁锰结核；4 条蚯蚓通道，内有球形蚯蚓粪便；强度石灰反应；向下层平滑清晰过渡。

Cr：75～120 cm，暗灰黄色（2.5Y 5/2，干），黄灰色（2.5Y 4/1），砂质壤土，冲积层理较为明显，疏松；土体中 2 条蚯蚓通道，内有球形蚯蚓粪便；强度石灰反应。

永堌系代表性单个土体剖面

永堌系代表性单个土体物理性质

土层	深度 /cm	砾石 （>2 mm，体积分数）/%	细土颗粒组成（粒径：mm）/（g/kg）			质地	容重 /（g/cm³）
			砂粒 2～0.05	粉粒 0.05～0.002	黏粒 <0.002		
Ap1	0～18	—	541	184	275	砂质黏壤土	1.24
Ap2	18～28	—	518	198	284	砂质黏壤土	1.49
Br1	28～45	—	519	155	326	砂质黏壤土	1.57
Br2	45～75	2	508	146	346	砂质黏壤土	1.57
Cr	75～120	—	790	112	98	砂质壤土	1.50

永堌系代表性单个土体化学性质

深度 /cm	pH （H₂O）	有机质 /（g/kg）	全氮（N） /（g/kg）	全磷（P） /（g/kg）	全钾（K） /（g/kg）	CEC /[cmol(+)/kg]	碳酸钙 /（g/kg）
0～18	8.4	25.2	0.97	0.89	15.9	26.9	78.7
18～28	8.4	12.2	0.69	0.54	18.4	26.6	80.9
28～45	8.5	8.2	0.77	0.38	16.2	19.5	83.8
45～75	8.5	6.9	0.49	0.42	15.2	20.7	82.0
75～120	8.7	4.2	0.37	0.425	13.4	5.5	71.4

8.4.7　曹安系（Caoan Series）

土族：砂质混合型热性-石灰淡色潮湿雏形土
拟定者：李德成，黄来明，赵明松

分布与环境条件　分布于淮北平原北部倾斜平原与背河洼地的交接处，微域地形略有起伏，海拔一般在 20～50 m，成土母质为黄泛冲积物，旱地，麦-玉米/豆类轮作。暖温带半湿润季风气候区，年均日照时数 2200～2400 h，气温 14.0～14.5 ℃，降水量 800～900 mm，无霜期 200～210 d。

曹安系典型景观

土壤性状与特征变幅　诊断层包括淡薄表层、雏形层；诊断特性包括热性土壤温度状况、潮湿土壤水分状况、氧化还原特征、石灰性。旱季地表返盐现象经多年改造已消失。土体深厚，一般 1 m 以上，层次质地构型复杂，壤土-砂质黏壤土，通体有石灰反应，碳酸钙含量在 70～80 g/kg，pH 8.1～8.7。淡薄表层厚度 18～20 cm，之下为雏形层，块状结构，润态彩度≤2，结构面上有 2%左右铁锰斑纹。

对比土系　同一土族的土系中，毛集系分布于的黄河古道、河流的河床两侧，通体为砂质壤土；马店系分布于河床两侧地段，土体中无壤土层次，有黏壤土层次；牛集系分布于河流两侧较远地段，土体中无壤土层次；王湾系分布于河床两侧外缘的缓坡平原地段，土体中有黏壤土层次；吴圩系分布于距河道较远的低洼地带，土体中无壤土层次。

利用性能综述　土层深厚，质地砂，通透性和耕性好，跑水跑肥，有机质、氮、磷、钾含量较低。应开沟排水，减少表层盐分积累，增施有机肥和实行秸秆还田，增施磷肥和钾肥。

参比土种　轻盐面砂。

代表性单个土体　位于安徽省灵璧县大杨乡曹安村北，33°41′27.5″N，117°41′54.9″E，海拔 31 m，倾斜平原与背河洼地的交接处，成土母质为黄泛冲积物，旱地，麦-玉米/豆类轮作。50 cm 深度土温 16.0 ℃。

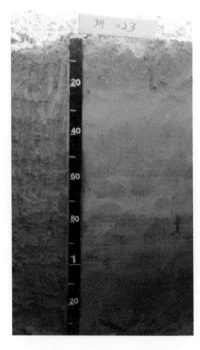

曹安系代表性单个土体剖面

Ap: 0～20 cm, 浊黄橙色（10YR 6/4, 干）, 灰黄棕色（10YR 5/2, 润）; 粉砂壤土, 发育强的直径 1～3 mm 粒状结构, 松散; 土体中 2 条蚯蚓通道, 内有球形蚯蚓粪便; 2～3 块小草木炭; 强度石灰反应; 向下层平滑清晰过渡。

Br1: 20～32 cm, 浊黄橙色（10YR 7/2, 干）, 棕灰色（10YR 5/1, 润）; 砂质黏壤土, 发育强的直径 10～20 mm 块状结构, 稍硬; 土体中 2 条蚯蚓通道, 内有球形蚯蚓粪便; 强度石灰反应; 向下层平滑清晰过渡。

Br2: 32～60 cm, 亮黄棕色（10YR 6/6, 干）, 浊黄棕色（10YR 5/4, 润）; 壤土, 发育强的直径 10～20 mm 块状结构, 稍硬; 结构面上有 2% 左右铁锰斑纹; 土体中 2 条蚯蚓通道, 内有球形蚯蚓粪便; 强度石灰反应; 向下层平滑渐变过渡。

Br3: 60～78 cm, 浊黄橙色（10YR 7/2, 干）, 棕灰色（10YR 5/1, 润）; 砂质壤土, 发育中等的直径 10～20 mm 块状结构, 稍硬; 土体中 2 条蚯蚓通道, 内有球形蚯蚓粪便; 强度石灰反应; 向下层平滑清晰过渡。

Br4: 78～90 cm, 浊黄橙色（10YR 7/2, 干）, 棕灰色（10YR 5/1, 润）; 砂质壤土, 发育中等的直径 10～20 mm 块状结构, 稍硬; 结构面上有 2% 左右铁锰斑纹; 强度石灰反应; 向下层平滑清晰过渡。

Br5: 90～120 cm, 棕灰色（10YR 4/1, 干）, 黑棕色（10YR 3/1, 润）; 壤土, 发育中等的直径 10～20 mm 块状结构, 稍硬; 结构面上有 2% 左右铁锰斑纹; 强度石灰反应。

曹安系代表性单个土体物理性质

土层	深度 /cm	砾石 (>2 mm, 体积分数) /%	细土颗粒组成（粒径: mm）/ (g/kg)			质地	容重 /(g/cm³)
			砂粒 2～0.05	粉粒 0.05～0.002	黏粒 <0.002		
Ap	0～20	—	307	527	166	粉砂壤土	1.16
Br1	20～32	—	476	255	269	砂质黏壤土	1.37
Br2	32～60	—	512	412	76	壤土	1.44
Br3	60～78	—	723	202	75	砂质壤土	1.45
Br4	78～90	—	535	341	124	砂质壤土	1.27
Br5	90～120	—	505	361	134	壤土	1.25

曹安系代表性单个土体化学性质

深度 /cm	pH (H₂O)	有机质 / (g/kg)	全氮（N） / (g/kg)	全磷（P） / (g/kg)	全钾（K） / (g/kg)	CEC /[cmol(+)/kg]	碳酸钙 / (g/kg)
0～20	8.1	16.1	0.82	0.65	15.1	7.9	70.8
20～32	8.5	9.4	0.44	0.54	14.8	6.8	74.4
32～60	8.6	5.8	0.21	0.49	13.4	4.7	71.8
60～78	8.7	3.7	0.18	0.53	12.2	3.4	68.3
78～90	8.5	8.4	0.48	0.44	18.0	11.6	80.7
90～120	8.4	6.3	0.35	0.46	14.0	13.1	82.0

8.4.8 毛集系（Maoji Series）

土族：砂质混合型热性-石灰淡色潮湿雏形土
拟定者：李德成，黄来明，赵明松

分布与环境条件 分布于淮北平原的黄河古道、河流的河床两侧，海拔一般在 10～30 m，成土母质为黄泛冲积物，旱地，麦-玉米/豆类轮作。暖温带半湿润季风气候区，年均日照时数 2250～2300 h，气温 14.5～15.5 ℃，降水量 850～950 mm，无霜期 210～220 d。

毛集系典型景观

土壤性状与特征变幅 诊断层包括淡薄表层、雏形层；诊断特性包括热性土壤温度状况、潮湿土壤水分状况、氧化还原特征、石灰性。土体深厚，一般 1 m 以上，通体砂质壤土。通体有石灰反应，碳酸钙含量在 25～80 g/kg，pH 8.1～8.7。淡薄表层厚度 18～20 cm，之下为雏形层，块状结构，润态彩度≤2，结构面上有 2%左右铁锰斑纹，土体中有 2%左右铁锰结核。

对比土系 同一土族的土系中，曹安系、马店系、牛集系、王湾系、吴圩系，不同层次质地类型多样。

利用性能综述 土层深厚，耕层质地适中，通透性和耕性较好，跑肥跑水，有机质、氮、钾不足，磷含量尚可，宜发展梨园、苹果园、葡萄园，应改善排灌条件，做好间沟渠配套，增施有机肥和实行秸秆还田，增施钾肥。

参比土种 砂土。

代表性单个土体 位于安徽省凤台县毛集镇胡台村西，32°36′57.9″N，116°42′42.9″E，海拔 25 m，河床两侧平地，成土母质为黄泛冲积物，旱地，麦-玉米/豆类轮作。50 cm 深度土温 16.8 ℃。

毛集系代表性单个土体剖面

Ap: 0～20 cm, 浊黄橙色（10YR 6/4, 干）, 灰黄棕色（10YR 4/2, 润）; 砂质壤土, 发育强的直径 1～3 mm 粒状结构, 松散; 土体中 2 条蚯蚓通道, 内有球形蚯蚓粪便; 强度石灰反应; 向下层平滑清晰过渡。

Br1: 20～35 cm, 亮黄橙色（10YR 6/4, 干）, 灰黄棕色（10YR 4/2, 润）; 砂质壤土, 发育中等的直径 10～20 mm 块状结构, 疏松, 结构面上有 2%左右铁锰斑纹; 土体中 2 条蚯蚓通道, 内有球形蚯蚓粪便; 强度石灰反应; 向下层平滑渐变过渡。

Br2: 35～65 cm, 亮黄橙色（10YR 6/4, 干）, 灰黄棕色（10YR 4/2, 润）; 砂质壤土, 发育中等的直径 10～20 mm 块状结构, 疏松, 结构面上有 2%左右铁锰斑纹; 土体中 2 条蚯蚓通道, 内有球形蚯蚓粪便; 强度石灰反应; 向下层平滑清晰过渡。

Br3: 65～105 cm, 浊黄色（2.5Y 6/3, 干）, 暗灰黄色（2.5Y 4/2, 润）; 砂质壤土, 发育弱的直径 10～20 mm 块状结构, 疏松; 土体中有 2%左右直径≤3 mm 球形褐色软铁锰结核; 2 条蚯蚓通道, 内有球形蚯蚓粪便; 强度石灰反应; 向下层平滑渐变过渡。

Cr: 105～120 cm, 暗灰黄色（2.5Y 5/2, 干）, 黑棕色（2.5Y 3/1, 润）; 砂质壤土, 冲积层理较为明显, 疏松; 结构面上 2%左右铁锰斑纹, 土体中有 2%左右直径≤3 mm 球形褐色软铁锰结核; 2 条蚯蚓通道, 内有球形蚯蚓粪便; 强度石灰反应。

毛集系代表性单个土体物理性质

| 土层 | 深度 /cm | 砾石 （>2 mm, 体积分数）/% | 细土颗粒组成（粒径: mm）/（g/kg） | | | 质地 | 容重 /(g/cm³) |
			砂粒 2～0.05	粉粒 0.05～0.002	黏粒 <0.002		
Ap	0～20	—	561	267	172	砂质壤土	1.28
Br1	20～35	—	529	323	148	砂质壤土	1.31
Br2	35～65	—	601	254	145	砂质壤土	1.30
Br3	65～105	2	601	291	108	砂质壤土	1.32
Cr	105～120	2	626	197	177	砂质壤土	1.30

毛集系代表性单个土体化学性质

深度 /cm	pH (H₂O)	有机质 /（g/kg）	全氮（N）/（g/kg）	全磷（P）/（g/kg）	全钾（K）/（g/kg）	CEC /[cmol(+)/kg]	碳酸钙 /（g/kg）
0～20	8.5	15.8	0.45	0.86	14.3	9.5	25.6
20～35	8.5	9.2	0.44	0.45	16.5	8.8	25.8
35～65	8.5	11.9	0.27	0.37	17.4	6.8	31.6
65～105	8.7	10.5	0.36	0.44	14.4	6.3	70.2
105～120	8.7	10.8	0.54	0.43	14.7	10.8	79.5

8.4.9 马店系（Madian Series）

土族：砂质混合型热性-石灰淡色潮湿雏形土
拟定者：李德成，李山泉，黄来明

分布与环境条件 分布于淮北平原河床两侧地段，海拔一般在 25 m 以下，成土母质为黄泛冲积物，旱地，麦-玉米轮作。暖温带半湿润季风气候区，年均日照时数 2300～2400 h，气温 14.5～15.0 ℃，降水量 800～900 mm，无霜期 210～220 d。

马店系典型景观

土壤性状与特征变幅 诊断层包括淡薄表层、雏形层；诊断特性包括热性土壤温度状况、潮湿土壤水分状况、氧化还原特征、石灰性。土体厚度 1 m 以上，通体有石灰反应，pH>8.2，多次冲积而成，层次质地构型复杂，砂质壤土-黏壤土。淡薄表层厚度 12～20 cm，之下为雏形层，润态彩度≤2，土体中有 2%左右铁锰结核。

对比土系 同一土族的土系中，曹安系和吴圩系，分布于倾斜平原与背河洼地的交接处和距河道较远的低洼地带，土体中没有黏壤土层次，有壤土层次；毛集系和牛集系成土母质和分布地形部位一致，毛集系通体为砂质壤土，牛集系土体中没有黏壤土层次；王湾系分布于淮北平原河床两侧外缘的缓坡平原地段，土体中构型为砂质黏壤土-黏壤土-砂质壤土。位于同一乡镇贾寨系，同一亚纲不同土类，为砂姜潮湿雏形土；东光系，同一亚类，不同土族，颗粒大小级别为黏质。

利用性能综述 土层深厚，质地砂，通透性和耕性好，疏松多孔，结构良好，有机质、氮、钾含量较低，磷含量较高。应改善排灌条件，增施有机肥和实行秸秆还田，增施钾肥。

参比土种 间层淤土。

代表性单个土体 位于安徽省蒙城县庄周街道马店南，33°13′8.20″N，116°37′17.4″E，地处涡河河床两侧，海拔 5 m，成土母质为黄泛冲积物，旱地，麦-玉米轮作。50 cm 深度土温 16.2 ℃。

马店系代表性单个土体剖面

Ap：0～20 cm，淡黄色（2.5Y 7/4，干），暗灰黄色（2.5Y 5/2，润）；砂质黏壤土，发育强的直径 1～3 mm 粒状结构，松散；轻度石灰反应；向下层平滑清晰过渡。

Br1：20～40 cm，淡黄色（2.5Y 7/4，干），暗灰黄色（2.5Y 5/2，润）；砂质黏壤土，发育强的直径 10～20 mm 块状结构，稍坚实；轻度石灰反应；向下层平滑渐变过渡。

Br2：40～52 cm，浊黄橙色（10YR 6/4，干），灰黄棕色（10YR 4/2，润）；砂质黏壤土，发育强的直径 10～20 mm 块状结构，稍坚实；土体中 2%左右直径≤3 mm 球形褐色软铁锰结核；强度石灰反应；向下层平滑清晰过渡。

Br3：52～68 cm，浊黄橙色（2.5Y 7/2，干），棕灰色（2.5Y 5/1，润）；砂质壤土，发育中等的直径 10～20 mm 块状结构，稍坚实；强度石灰反应；向下层平滑清晰过渡。

Br4：68～85 cm，浊黄橙色（10YR 6/4，干），灰黄棕色（10YR 4/2，润）；黏壤土，发育中等的直径 10～20 mm 块状结构，稍坚实；土体中有 2%左右直径≤3 mm 球形褐色软铁锰结核；强度石灰反应；向下层平滑清晰过渡。

Br5：85～120 cm，浊黄橙色（2.5Y 7/2，干），棕灰色（2.5Y 5/1，润）；砂质壤土，发育中等的直径 10～20 mm 块状结构，稍坚实；强度石灰反应。

马店系代表性单个土体物理性质

| 土层 | 深度 /cm | 砾石（>2 mm，体积分数）/% | 细土颗粒组成（粒径：mm）/（g/kg） | | | 质地 | 容重 /(g/cm³) |
			砂粒 2～0.05	粉粒 0.05～0.002	黏粒 <0.002		
Ap	0～20	—	544	246	210	砂质黏壤土	1.17
Br1	20～40	—	555	217	228	砂质黏壤土	1.54
Br2	40～52	2	473	224	303	砂质黏壤土	1.41
Br3	52～68	—	612	277	111	砂质壤土	1.41
Br4	68～85	2	439	250	311	黏壤土	1.51
Br5	85～120	—	664	210	126	砂质壤土	1.34

马店系代表性单个土体化学性质

深度 /cm	pH (H₂O)	有机质 /(g/kg)	全氮（N）/(g/kg)	全磷（P）/(g/kg)	全钾（K）/(g/kg)	CEC /[cmol（+）/kg]
0～20	8.2	12.4	0.93	1.19	14.1	14.6
20～40	8.5	4.9	0.96	1.02	13.2	18.8
40～52	8.7	7.2	0.53	0.98	13.5	4.5
52～68	8.8	0.9	0.58	0.99	14.4	9.3
68～85	8.7	4.1	0.37	0.85	12.0	8.5
85～120	8.8	1.8	0.41	0.87	13.2	13.0

8.4.10 牛集系（Niuji Series）

土族：砂质混合型热性-石灰淡色潮湿雏形土

拟定者：李德成，魏昌龙，黄来明

分布与环境条件 分布于淮北平原河流两侧较远地段，海拔 20～50 m，成土母质为黄泛冲积物，旱地，麦-玉米/豆类轮作。暖温带半湿润季风气候区，年均日照时数 2400～2600 h，气温 14.5～15.0 ℃，降水量 700～850 mm，无霜期 200～210 d。

牛集系典型景观

土壤性状与特征变幅 诊断层包括淡薄表层、雏形层；诊断特性包括热性土壤温度状况、潮湿土壤水分状况、氧化还原特征、石灰性。土体厚度 1 m 以上，通体有石灰反应，碳酸钙含量 65～80 g/kg，pH> 8.2；砂质黏壤土-砂质壤土。淡薄表层厚度 18～25 cm，之下为雏形层，结构面上有 2%～5% 的铁锰斑纹。

对比土系 同一土族的土系中，曹安系，分布于倾斜平原与背河洼地的交接处，土体中有粉砂壤土和壤土层次；毛集系分布于黄河古道、河流的河床两侧，土体为砂质壤土；马店系和王湾系，分别分布于河床两侧地段和河床两侧外缘的缓坡平原地段，土体中有黏壤土层次；吴圩系分布于距河道较远的低洼地带，仅淡薄表层（耕层）为砂质黏壤土，之下为砂质壤土。

利用性能综述 土层深厚，耕作层质地偏黏，通透性和耕性一般，有机质、氮、磷、钾含量不足。应开沟排水，增施有机肥和实行秸秆还田，增施磷肥和钾肥。

参比土种 砂身两合土。

代表性单个土体 位于安徽省亳州市谯城区牛集镇赵庄南，33°58′9.8″N，115°35′31.8″E，海拔 34 m，距河道较远的地带，地形为丘前平原的下部，成土母质为黄泛冲积物，旱地，麦-玉米/豆类轮作。50 cm 深度土温 16.2 ℃。

　　Ap1: 0～25 cm，浊黄橙色（10YR 6/4，干），灰黄棕色（10YR 4/2，润）；砂质黏壤土，发育强的直径 1～3 mm 粒状结构，松散；土体中 4 条蚯蚓通道，内有球形蚯蚓粪便；强度石灰反应；向下层波状渐变过渡。

牛集系代表性单个土体剖面

Ap2：25～35 cm，浊黄橙色（10YR 6/4，干），灰黄棕色（10YR 4/2，润）；砂质黏壤土，发育强的直径 10～20 mm 块状结构，稍硬；土体中 4 条蚯蚓通道，内有球形蚯蚓粪便；结构面上有 2%左右铁锰斑纹；强度石灰反应；向下层平滑清晰过渡。

Br1：35～67 cm，亮黄棕色（10YR 7/6，干），黄棕色（10YR 5/4，润）；砂质黏壤土，发育强的直径 10～20 mm 块状结构，稍硬；土体中 4 条蚯蚓通道，内有球形蚯蚓粪便；结构面上有 2%左右铁锰斑纹；强度石灰反应；向下层平滑渐变过渡。

Br2：67～90 cm，亮黄棕色（10YR 7/6，干），浊黄棕色（10YR 5/4，润）；砂质壤土，发育中等的直径 10～20 mm 块状结构，稍硬；土体中 2 条蚯蚓通道，内有球形蚯蚓粪便；结构面上有 5%左右铁锰斑纹；强度石灰反应；向下层波状渐变过渡。

Br3：90～110 cm，浊黄棕色（10YR 5/4，干），灰黄棕色（10YR 4/2，润）；砂质壤土，发育中等的直径 10～20 mm 块状结构，稍硬；土体中 2 条蚯蚓通道，内有球形蚯蚓粪便；结构面上有 2%左右铁锰斑纹；强度石灰反应；向下层平滑清晰过渡。

Br4：110～140 cm，浊黄棕色（10YR 5/4，干），灰黄棕色（10YR 4/2，润）；砂质壤土，发育中等的直径 10～20 mm 块状结构，稍硬；土体中 2 条蚯蚓通道，内有球形蚯蚓粪便；结构面上有 2%左右铁锰斑纹；强度石灰反应。

牛集系代表性单个土体物理性质

土层	深度 /cm	砾石 （>2 mm，体积分数）/%	细土颗粒组成（粒径：mm）/（g/kg）			质地	容重 /（g/cm³）
			砂粒 2～0.05	粉粒 0.05～0.002	黏粒 <0.002		
Ap1	0～25	—	593	110	297	砂质黏壤土	1.18
Ap2	25～35	—	592	153	255	砂质黏壤土	1.35
Br1	35～67	—	626	113	261	砂质黏壤土	1.43
Br2	67～90	—	672	134	194	砂质壤土	1.28
Br3	90～110	—	622	254	124	砂质壤土	1.34
Br4	110～140	—	767	123	110	砂质壤土	1.43

牛集系代表性单个土体化学性质

深度 /cm	pH （H₂O）	有机质 /（g/kg）	全氮（N） /（g/kg）	全磷（P） /（g/kg）	全钾（K） /（g/kg）	CEC /[cmol(+)/kg]	碳酸钙 /（g/kg）
0～25	8.6	12.7	1.00	0.64	17.0	21.9	78.9
25～35	8.7	10.1	0.67	0.53	16.4	20.0	81.1
35～67	8.7	6.2	0.51	0.53	14.5	14.5	76.0
67～90	8.8	5.5	0.31	0.49	14.1	11.3	76.7
90～110	8.9	3.1	0.33	0.42	14.5	8.0	71.3
110～140	8.2	2.6	0.32	0.38	14.5	4.7	66.8

8.4.11　王湾系（Wangwan Series）

土族：砂质混合型热性-石灰淡色潮湿雏形土
拟定者：李德成，李山泉，黄来明

分布与环境条件　分布于淮
北平原河床两侧外缘的缓坡
平原地段，海拔 10～25 m，
成土母质为黄泛冲积物，旱
地，麦-玉米轮作。暖温带半
湿润季风气候区，年均日照
时数 2300～2400 h，气温
14.5～15.0 ℃，降水量 800～
900 mm，无霜期 210～220 d。

王湾系典型景观

土壤性状与特征变幅　诊断层包括淡薄表层、雏形层；诊断特性包括热性土壤温度状况、
潮湿土壤水分状况、氧化还原特征、石灰性。土体厚度 1 m 以上，通体有石灰反应，pH >
8.3，层次质地构型复杂，砂质壤土-黏壤土。淡薄表层厚度 12～18 cm，之下过渡层厚度
约 10 cm，20 cm 以上土体略现"白土化"现象。下部为雏形层，结构面上有 2%～10%
的铁锰斑纹，土体中有 2%左右铁锰结核。

对比土系　同一土族的土系中，曹安系，分布于倾斜平原与背河洼地的交接处，土体中
有粉砂壤土和壤土层次；毛集系、马店系、牛集系分布于黄河古道或河流两侧，毛集系
通体为砂质壤土，马店系层次质地构型为砂质黏壤土-砂质壤土-黏壤土-砂质壤土；吴圩
系分布于距河道较远的低洼地带，土体中没有黏壤土层次，仅淡薄表层（耕层）为砂质
黏壤土。

利用性能综述　土层深厚，质地砂，通透性和耕性好，疏松多孔，结构良好，有机质、
氮、钾含量较低，磷含量较高，应改善排灌条件，增施有机肥和实行秸秆还田，增施钾肥。

参比土种　下位夹砂两合土。

代表性单个土体　位于安徽省蒙城县双涧镇王湾村东北，33°11′53.4″N，116°41′33.5″E，
海拔 24 m，涡河河床两侧外缘的缓坡平原地段，成土母质为黄泛冲积物，旱地，麦-玉
米/豆类轮作。50 cm 深度土温 16.2 ℃。

王湾系代表性单个土体剖面

Ap1：0～15 cm，浊黄橙色（10YR 7/4，干），浊黄棕色（10YR 5/3，润）；砂质黏壤土，发育强的直径 1～3 mm 粒状结构，松散；强度石灰反应；向下层波状清晰过渡。

Ap2：15～25 cm，浊黄橙色（10YR 7/4，干），浊黄棕色（10YR 5/3，润）；砂质黏壤土，发育强的直径 10～20 mm 块状结构，稍坚实；强度石灰反应；向下层平滑清晰过渡。

Br1：25～42 cm，浊黄橙色（10YR 6/4，干），灰黄棕色（10YR 5/2，润）；砂质黏壤土，发育强的直径 10～20 mm 块状结构，稍坚实；结构面上有 5%左右铁锰斑纹，强度石灰反应；向下层平滑清晰过渡。

Br2：42～62 cm，黄棕色（10YR 5/6，干），棕色（10YR 4/4，润）；黏壤土，发育强的直径 10～20 mm 块状结构，稍坚实；结构面上 10%左右铁锰斑纹，土体中有 2%左右直径≤3 mm 球形褐色软铁锰结核；强度石灰反应；向下层平滑清晰过渡。

Br3：62～90 cm，亮黄棕色（10YR 7/6，干），灰黄棕色（10YR 5/2，润）；砂质壤土，发育中等的直径 10～20 mm 块状结构，松散；结构面上 2%左右铁锰斑纹，土体中有 2%左右直径≤3 mm 球形褐色软铁锰结核；强度石灰反应；向下层平滑渐变过渡。

Br4：90～120 cm，亮黄棕色（10YR 7/6，干），灰黄棕色（10YR 5/2，润）；砂质壤土，发育中等的直径 10～20 mm 块状结构，松散；结构面上有 2%左右铁锰斑纹；强度石灰反应。

王湾系代表性单个土体物理性质

土层	深度 /cm	砾石（>2 mm，体积分数）/%	细土颗粒组成（粒径：mm）/（g/kg）			质地	容重 /(g/cm³)
			砂粒 2～0.05	粉粒 0.05～0.002	黏粒 <0.002		
Ap1	0～15	—	550	217	233	砂质黏壤土	1.18
Ap2	15～25	—	517	253	230	砂质黏壤土	1.40
Br1	25～42	—	513	223	264	砂质黏壤土	1.45
Br2	42～62	2	359	325	316	黏壤土	1.54
Br3	62～90	2	652	177	171	砂质壤土	1.39
Br4	90～120	—	681	206	113	砂质壤土	1.43

王湾系代表性单个土体化学性质

深度 /cm	pH (H₂O)	有机质 /(g/kg)	全氮（N） /(g/kg)	全磷（P） /(g/kg)	全钾（K） /(g/kg)	CEC /[cmol (+) /kg]
0～15	8.3	16.0	0.99	1.31	13.6	16.7
15～25	8.5	8.5	0.74	1.01	13.8	20.1
25～42	8.6	3.1	0.48	1.08	14.3	16.6
42～62	8.5	2.8	0.33	1.04	13.9	20.1
62～90	8.8	2.1	0.16	0.99	13.8	4.7
90～120	8.9	0.8	0.08	0.94	12.5	4.1

8.4.12 吴圩系（Wuwei Series）

土族：砂质混合型热性-石灰淡色潮湿雏形土
拟定者：李德成，魏昌龙，黄来明

分布与环境条件 分布于淮北平原距河道较远的低洼地带，海拔 20～30 m，成土母质为黄泛冲积物，旱地，麦-玉米/豆类轮作。暖温带半湿润季风气候区，年均日照时数 2300～2400 h，气温 14.5～15.0 ℃，降水量 800～900 mm，无霜期 210～220 d。

吴圩系典型景观

土壤性状与特征变幅 诊断层包括淡薄表层、雏形层；诊断特性包括热性土壤温度状况、潮湿土壤水分状况、氧化还原特征、石灰性。土体厚度 1 m 以上，通体有石灰反应，碳酸钙含量为 24～75 g/kg，pH > 8.4，砂质黏壤土-砂质壤土。淡薄表层厚度 15～22 cm，之下为雏形层，结构面上有 2%～5%的铁锰斑纹，下部土体中有 2%～5%的铁锰结核。

对比土系 同一土族的土系中，曹安系，分布于倾斜平原与背河洼地的交接处，土体中有壤土层次；毛集系、马店系和牛集系分布于黄河古道、河流的河床两侧，毛集系通体为砂质壤土，马店系土体中有黏壤土层次，牛集系 60 cm 以上土体均为砂质黏壤土；王湾系分布于河床两侧外缘的缓坡平原地段，土体中有黏壤土层次。位于同一乡镇的赵圩系，同一亚类但不同土族，颗粒大小级别为黏质。

利用性能综述 土层深厚，耕作层质地偏黏，通透性和耕性较差，有机质、氮、磷、钾含量不足。应开沟排水，增施有机肥和实行秸秆还田，增施磷肥和钾肥。

参比土种 砂身两合土。

代表性单个土体 位于安徽省蒙城县小涧镇吴圩村西南，33°22′57.6″N，116°24′42.8″E，海拔 27 m，距河道较远的低洼地带，地形为丘前平原的下部，成土母质为黄泛冲积物，旱地，麦-玉米/豆类轮作。50 cm 深度土温 16.2 ℃。

吴圩系代表性单个土体剖面

Ap：0~22 cm，橄榄棕色（2.5Y 4/6，干），橄榄棕色（2.5Y 3/4，润）；砂质黏壤土，发育强的直径1~3 mm粒状结构，松散；土体中4条蚯蚓通道，内有球形蚯蚓粪便；强度石灰反应；向下层平滑清晰过渡。

Br1：22~33 cm，亮黄棕色（10YR 7/6，干），浊黄棕色（10YR 5/4，润）；砂质壤土，发育中等的直径10~20 mm块状结构，稍硬；结构面上有2%左右铁锰斑纹；土体中4条蚯蚓通道，内有球形蚯蚓粪便；强度石灰反应；向下层平滑渐变过渡。

Br2：33~75 cm，淡黄色（2.5Y 7/4，干），暗灰黄色（2.5Y 5/2，润）；砂质壤土，发育中等的直径10~20 mm块状结构，稍硬；结构面上有2%左右铁锰斑纹；土体中4条蚯蚓通道，内有球形蚯蚓粪便；强度石灰反应；向下层波状渐变过渡。

Br3：75~103 cm，浊黄色（2.5Y 6/4，干），黄棕色（2.5Y 5/3，润）；砂质壤土，发育中等的直径10~20 mm块状结构，疏松；结构面上有5%左右铁锰斑纹；土体中4条蚯蚓通道，内有球形蚯蚓粪便；强度石灰反应；向下层平滑渐变过渡。

Br4：103~120 cm，灰黄色（2.5Y 6/2，干），黄灰色（2.5Y 4/1，润）；砂质壤土，发育中等的直径10~20 mm块状结构，稍硬；结构面上5%左右铁锰斑纹，土体中2%左右直径≤3 mm球形褐色软铁锰结核；4条蚯蚓通道，内有球形蚯蚓粪便；中度石灰反应。

吴圩系代表性单个土体物理性质

| 土层 | 深度 /cm | 砾石 （>2 mm，体积分数）/% | 细土颗粒组成（粒径：mm）/（g/kg） | | | 质地 | 容重 /（g/cm³） |
			砂粒 2~0.05	粉粒 0.05~0.002	黏粒 <0.002		
Ap	0~22	—	586	114	300	砂质黏壤土	1.41
Br1	22~33	—	599	205	196	砂质壤土	1.43
Br2	33~75	—	565	263	172	砂质壤土	1.28
Br3	75~103	2	558	299	143	砂质壤土	1.34
Br4	103~120	—	617	189	194	砂质壤土	1.45

吴圩系代表性单个土体化学性质

深度 /cm	pH （H₂O）	有机质 /（g/kg）	全氮（N） /（g/kg）	全磷（P） /（g/kg）	全钾（K） /（g/kg）	CEC /[cmol(+)/kg]	碳酸钙 /（g/kg）
0~22	8.5	16.3	1.19	0.77	13.5	18.5	63.1
22~33	8.5	12.8	0.74	0.54	15.6	9.3	75.9
33~75	8.5	5.0	0.73	0.42	13.6	7.1	71.8
75~103	8.5	10.5	0.77	0.45	14.8	4.6	71.0
103~120	8.4	9.5	0.7	0.14	14.9	20.1	24.2

8.4.13 百善系（Baishan Series）

土族：黏质伊利石混合型温性-石灰淡色潮湿雏形土
拟定者：李德成，李建武，黄来明

分布与环境条件 分布于淮
北平原北部地势较低地段，
海拔一般在 20～30 m，成土
母质为黄泛沉积物，旱地，
麦-玉米/豆类轮作。暖温带半
湿润季风气候区，年均日照
时数 2300～2400 h，气温
14.0～15.0 ℃，降水量 800～
900 mm，无霜期 200～210 d。

百善系典型景观

土壤性状与特征变幅 诊断层包括淡薄表层、雏形层；诊断特性包括热性土壤温度状况、
潮湿土壤水分状况、氧化还原特征、石灰性。土体厚度 1 m 以上，通体有石灰反应，碳
酸钙含量 81～84 g/kg，pH 约 8.5；砂粒含量 220～600 g/kg，黏粒含量为 380～780 g/kg，
层次质地构型复杂，黏壤土-黏土。淡薄表层厚度 12～18 cm，之下为雏形层，多呈块状
结构，下部土体结构面上有 2%左右铁锰斑纹，2%左右铁锰结核。

对比土系 古饶系，同一土族，层次质地构型为黏壤土-粉砂质黏壤土-黏土。

利用性能综述 土层深厚，耕层质地较黏，通透性和耕性较差，有机质、钾含量较低，
氮、磷含量较高。应改善排灌条件，增施有机肥和实行秸秆还田，增施钾肥。

参比土种 砂心淤土。

代表性单个土体 位于安徽省濉溪县百善镇龙桥村东南，33°48′59.3″N，116°46′29.2″E，
海拔 25 m，黄泛冲积平原地势较低地段，成土母质为黄泛沉积物，旱地，麦-玉米/豆类
轮作。50 cm 深度土温 15.9 ℃。

百善系代表性单个土体剖面

Ap1：0～15 cm，浊橙色（7.5YR 7/4，干），灰棕色（7.5YR 5/2，润）；粉砂质黏土，发育强的直径 1～3 mm 粒状结构，松散；土体中 2 条蚯蚓通道，内有球形蚯蚓粪便；2～3 块草木炭；强度石灰反应；向下层平滑清晰过渡。

Ap2：15～28 cm，浊橙色（7.5YR 6/4，干），灰棕色（7.5YR 5/2，润）；黏土，发育强的直径 10～20 mm 块状结构，稍硬；土体中 2 条蚯蚓通道，内有球形蚯蚓粪便；强度石灰反应；向下层波状渐变过渡。

Br1：28～45 cm，浊橙色（7.5YR 6/4，干），灰棕色（7.5YR 5/2，润）；黏土，发育强的直径 10～20 mm 块状结构，稍硬；土体中 2 条蚯蚓通道，内有球形蚯蚓粪便；强度石灰反应；向下层波状渐变过渡。

Br2：45～60 cm，浊橙色（7.5YR 7/4，干），灰棕色（7.5YR 5/2，润）；黏土，发育强的直径 10～20 mm 块状结构，稍硬；强度石灰反应；向下层波状渐变过渡。

Br3：60～100 cm，浊橙色（7.5YR 7/3，干），灰棕色（7.5YR 5/2），润，黏土，发育强的直径 10～20 mm 块状结构，稍硬；强度石灰反应，向下层平滑清晰过渡。

Br4：100～120 cm，暗灰黄色（2.5Y 5/2，干），黑棕色（2.5Y 3/1，润）；黏壤土，发育中等的直径 10～20 mm 块状结构，稍硬；结构面上有 2%左右铁锰斑纹，土体中有 2%左右直径≤2 mm 球形褐色软铁锰结核；轻度石灰反应。

百善系代表性单个土体物理性质

| 土层 | 深度 /cm | 砾石 （>2 mm，体积分数）/% | 细土颗粒组成（粒径：mm）/（g/kg） | | | 质地 | 容重 /（g/cm³） |
			砂粒 2～0.05	粉粒 0.05～0.002	黏粒 <0.002		
Ap1	0～15	—	180	410	410	粉砂质黏土	1.28
Ap2	15～28	—	204	285	511	黏土	1.41
Br1	28～45	—	229	305	466	黏土	1.40
Br2	45～60	—	317	213	470	黏土	1.28
Br3	60～100	—	287	212	501	黏土	1.35
Br4	100～120	2	401	216	383	黏壤土	1.50

百善系代表性单个土体化学性质

深度 /cm	pH （H₂O）	有机质 /（g/kg）	全氮（N） /（g/kg）	全磷（P） /（g/kg）	全钾（K） /（g/kg）	CEC /[cmol(+)/kg]	碳酸钙 /（g/kg）
0～15	8.5	24.4	1.52	0.90	18.0	28.4	84.6
15～28	8.6	12.0	0.94	0.47	17.8	27.7	81.1
28～45	8.6	10.4	0.82	0.42	16.9	26.2	83.2
45～60	8.5	9.9	0.71	0.39	16.9	26.4	82.9
60～100	8.6	9.7	0.72	0.40	19.2	28.3	81.3
100～120	8.6	7.4	0.64	0.19	13.3	29.3	20.5

8.4.14　古饶系（Gurao Series）

土族：黏质伊利石混合型温性-石灰淡色潮湿雏形土
拟定者：李德成，李建武，黄来明

分布与环境条件　分布于淮
北平原北部地势较低地段，
海拔一般在 20～30 m，成土
母质为黄泛沉积物，旱地，
麦-玉米/豆类轮作。暖温带半
湿润季风气候区，年均日照
时数 2300～2400 h，气温
14.0～14.5 ℃，降水量 800～
850 mm，无霜期 200～210 d。

古饶系典型景观

土壤性状与特征变幅　诊断层包括淡薄表层、雏形层；诊断特性包括热性土壤温度状况、
潮湿土壤水分状况、氧化还原特征、石灰性。土体厚度 1 m 以上，通体有石灰反应，碳
酸钙含量约 80 g/kg，pH>8.4，层次质地构型复杂，粉砂质黏壤土-黏土。淡薄表层厚度
15～23 cm，之下为雏形层，多呈块状结构，结构面上有 2%～5%的铁锰斑纹。
对比土系　百善系，同一土族，层次质地构型为粉砂质黏壤土-黏土-黏壤土。
利用性能综述　土层深厚，质地较黏，通透性和耕性较差，有机质、氮、钾含量较低，
磷含量较高。应改善排灌条件，增施有机肥和实行秸秆还田，增施钾肥。
参比土种　砂心淤土。
代表性单个土体　位于安徽省淮北市烈山区古饶镇小李庄南，33°45′30.3″N，
116°51′39.7″E，海拔 22 m，黄泛冲积平原地势较低地段，成土母质为黄泛沉积物，旱地，
麦-玉米/豆类轮作。50 cm 深度土温 15.9 ℃。

古饶系代表性单个土体剖面

Ap：0～20 cm，浊黄橙色（10YR 6/3，干），灰黄棕色（10YR 5/2，润）；黏壤土，发育强的直径 1～3 mm 粒状结构，松散；土体中 2 条蚯蚓通道，内有球形蚯蚓粪便；2～3 块草木炭；强度石灰反应；向下层平滑清晰过渡。

Br1：20～38 cm，浊黄橙色（10YR 6/3，干），灰黄棕色（10YR 5/2，润）；粉砂质黏壤土，发育强的直径 10～20 mm 块状结构，稍硬，土体中 2 条蚯蚓通道，内有粒蚓粪便；强度石灰反应；向下层平滑清晰过渡。

Br2：38～65 cm，浊黄橙色（10YR 6/4，干），灰黄棕色（10YR 5/2，润）；黏土，发育强的直径 10～20 mm 块状结构，稍硬；土体中 2 条蚯蚓通道，内有球形蚯蚓粪便；强度石灰反应；向下层波状渐变过渡。

Br3：65～80 cm，黄棕色（10YR 5/6，干），棕色（10YR 4/4，润）；黏土，发育强的直径 10～20 mm 块状结构，稍硬；土体中 2 条蚯蚓通道，内有球形蚯蚓粪便；结构面上 2%左右铁锰斑纹；强度石灰反应；向下层波状渐变过渡。

Br4：80～130 cm，浊黄橙色（10YR 6/4，干），灰黄棕色（10YR 4/2，润）；黏土，发育强的直径 10～20 mm 块状结构，稍硬；土体中 2 条蚯蚓通道，内有球形蚯蚓粪便；结构面上有 5%左右铁锰斑纹，强度石灰反应。

古饶系代表性单个土体物理性质

土层	深度 /cm	砾石 (>2 mm，体积分数) /%	细土颗粒组成（粒径：mm）/（g/kg）			质地	容重 /(g/cm³)
			砂粒 2～0.05	粉粒 0.05～0.002	黏粒 <0.002		
Ap	0～20	—	234	433	333	黏壤土	1.13
Br1	20～38	—	146	544	310	粉砂质黏壤土	1.46
Br2	38～65	—	354	207	439	黏土	1.36
Br3	65～80	—	322	197	481	黏土	1.32
Br4	80～130	—	238	282	480	黏土	1.46

古饶系代表性单个土体化学性质

深度 /cm	pH (H₂O)	有机质 /（g/kg）	全氮（N） /（g/kg）	全磷（P） /（g/kg）	全钾（K） /（g/kg）	CEC /[cmol(+)/kg]	碳酸钙 /（g/kg）
0～20	8.1	22.8	1.37	1.01	16.8	22.6	81.0
20～38	8.5	13.8	0.92	0.56	16.4	20.9	81.7
38～65	8.7	10.2	0.73	0.45	18.2	21.7	81.9
65～80	8.6	10.3	0.71	0.46	18.4	27.6	83.3
80～130	8.7	9.1	0.27	0.42	18.1	25.6	81.2

8.4.15 白庙系（Baimiao Series）

土族：黏质伊利石混合型热性-石灰淡色潮湿雏形土
拟定者：李德成，李山泉，黄来明

分布与环境条件 分布于淮北平原距河床较远的平坦洼地地段，海拔 20 m 左右，成土母质为近代黄泛沉积物，旱地，麦-玉米轮作。暖温带半湿润季风气候区，年均日照时数 2300～2400 h，气温 14.5～15.0 ℃，降水量 800～900 mm，无霜期 210～220 d。

白庙系典型景观

土壤性状与特征变幅 诊断层包括淡薄表层、雏形层；诊断特性包括热性土壤温度状况、潮湿土壤水分状况、氧化还原特征、石灰性。土体厚度 1 m 以上，通体黏壤土，有石灰反应，pH>8.4。淡薄表层厚度 12～18 cm，之下为雏形层，块状结构，润态彩度≤2。

对比土系 同一土族的土系中，质地层次构型为陈小系为粉砂质黏土-黏土，大新系为粉砂质黏壤土-粉砂壤土-粉砂质黏壤土-黏壤土-黏土，袁寨系为粉砂壤土-粉砂黏壤土-黏土-粉砂壤土，于店系黏为土-砂质黏土。位于同一乡镇的双桥系，不同土纲，为潮湿变性土；前邓系，同一亚类不同土族，颗粒大小级别为黏壤质。

利用性能综述 地形平坦，排水条件较好，质地较黏，通透性和耕性较差，有机质、氮、钾含量低，磷含量较高。应继续改善排灌条件，增施有机肥和实行秸秆还田，增施钾肥。

参比土种 夹砂淤土。

代表性单个土体 位于安徽省蒙城县乐土镇白庙村东南，33°16′15.5″N，116°36′56.2″E，海拔 23 m，平坦洼地，成土母质为近代黄泛沉积物，旱地，麦-玉米轮作。50 cm 深度土温 16.2 ℃。

Ap1：0～15 cm，浊橙色（7.5YR 7/4，干），灰棕色（7.5YR 5/2，润）；黏壤土，发育强的直径 1～3 mm 粒状结构，松散；强度石灰反应；向下层平滑清晰过渡。

Ap2：15～35 cm，浊橙色（7.5YR 7/4，干），灰棕色（7.5YR 5/2，润）；黏壤土，发育强的直径 10～20 mm 块状结构，稍硬；强度石灰反应；向下层平滑清晰过渡。

Br1：35～70 cm，浊橙色（7.5YR 7/4，干），灰棕色（7.5YR 5/2，润）；黏壤土，发育强的直径 10～20 mm 棱块状结构，稍硬；土体中有 3 条直径 1～3 mm 的裂隙；可见灰色胶膜；强度石灰反应；向下层波状渐变过渡。

Br2：70～90 cm，灰棕色（7.5YR 5/2，干），黑棕色（7.5YR 3/1，润）；黏壤土，发育强的直径 10～20 mm 块状结构，稍硬；强度石灰反应；向下层平滑清晰过渡。

Br3：90～120 cm，暗灰黄色（2.5Y 5/2，干），黑棕色（2.5Y 3/1，润）；黏壤土，发育强的直径 10～20 mm 块状结构，稍硬；强度石灰反应。

白庙系代表性单个土体剖面

白庙系代表性单个土体物理性质

土层	深度 /cm	砾石 （>2 mm，体积分数）/%	细土颗粒组成（粒径：mm）/（g/kg）			质地	容重 /（g/cm³）
			砂粒 2～0.05	粉粒 0.05～0.002	黏粒 <0.002		
Ap1	0～15	—	273	356	371	黏壤土	1.19
Ap2	15～35	—	233	382	385	黏壤土	1.51
Br1	35～70	—	242	390	368	黏壤土	1.36
Br2	70～90	—	430	176	394	黏壤土	1.40
Br3	90～120	—	436	167	397	黏壤土	1.40

白庙系代表性单个土体化学性质

深度 /cm	pH （H₂O）	有机质 /（g/kg）	全氮（N） /（g/kg）	全磷（P） /（g/kg）	全钾（K） /（g/kg）	CEC /[cmol（+）/kg]
0～15	8.4	25.0	1.34	0.96	15.2	25.9
15～35	8.5	14.7	1.22	1.2	16.1	30.4
35～70	8.7	7.5	0.57	1.06	15.6	29.8
70～90	8.7	7.1	0.33	1.03	14.1	31.9
90～120	8.7	8.6	0.36	0.83	12.8	25.8

8.4.16　陈小系〔Chenxiao Series〕

土族：黏质蒙脱石混合型热性-石灰淡色潮湿雏形土
拟定者：李德成，李山泉，黄来明

分布与环境条件　分布于淮
北平原地势略高的缓坡地段，
海拔 20～50 m，成土母质为
近代黄泛黏质沉积物，旱地，
麦-玉米/豆类轮作。暖温带半
湿润季风气候区，年均日照
时数 2300～2400 h，气温
14.5～15.0 ℃，降水量 800～
900 mm，无霜期 210～220 d。

土壤性状与特征变幅　诊断层包括淡薄表层、雏形层；诊断特性包括热性土壤温度状况、
潮湿土壤水分状况、氧化还原特征、石灰性。土体深厚，粉砂质黏土-黏土，强度石灰反
应，pH 8.4～8.7。

对比土系　同一土族的土系中，质地层次构型为白庙系通体为黏壤土，大新系为粉砂质
黏壤土-粉砂壤土-粉砂质黏壤土-黏壤土-黏土，袁寨系为粉砂壤土-粉砂黏壤土-黏土-粉砂
壤土，于店系黏为土-砂质黏土。位于同一乡镇的双桥系，不同土纲，为潮湿变性土；前
邓系，同一亚类不同土族，颗粒大小级别为黏壤质。

利用性能综述　排水条件差，质地黏重，通透性和耕性差，物理性状不良，有机质、氮、
钾含量低，磷含量高。应该改善排灌条件，增施有机肥和实行秸秆还田，增施钾肥。

参比土种　青白土。

代表性单个土体　位于安徽省蒙城县乐土镇陈小庄西南，33°19′2.4″N，116°30′48.1″E，
海拔 30 m，缓坡地，成土母质为古黄土性河湖相沉积物，旱地，麦-玉米/豆类轮作。50 cm
深度土温 16.4 ℃。

陈小系代表性单个土体剖面

Ap1: 0～15 cm，浊黄橙色（10YR 7/3，干），棕灰色（10YR 6/1，润）；粉砂质黏土，发育强的直径 1～3 mm 粒状结构，松散；中度石灰反应；向下层平滑清晰过渡。

Ap2: 15～30 cm，浊黄橙色（10YR 7/4，干），灰黄棕色（10YR 5/2，润）；黏土，发育强的直径 10～20 mm 棱柱状结构，硬；土体中有 5 条直径 3～15 mm 的裂隙，强度石灰反应，向下层平波状渐变过渡。

Br1: 30～60 cm，浊黄橙色（10YR 7/4，干），灰黄棕色（10YR 6/2，润）；黏土，发育强的直径 20～50 mm 棱柱状结构，坚硬；向下层波状渐变过渡。

Br2: 60～90 cm，浊黄橙色（10YR 7/4，干），灰黄棕色（10YR 6/2，润）；黏土，发育强的直径 20～50 mm 棱柱状结构，坚硬；土体中有 4 条直径 3～10mm 裂隙；强度石灰反应；向下层平滑模糊过渡。

Bkr: 90～120 cm，浊黄橙色（10YR 7/4，干），浊黄橙色（10YR 6/3，润）；黏土，发育强的直径 20～50 mm 棱柱状结构，坚硬；结构面上有 2%左右铁锰斑纹，土体中有 2%左右直径≤5 mm 球形褐色软铁锰结核，3 条直径 3～10 mm 裂隙；强度石灰反应。

陈小系代表性单个土体物理性质

| 土层 | 深度 /cm | 砾石 （>2 mm，体积分数）/% | 细土颗粒组成（粒径：mm）/（g/kg） | | | 质地 | 容重 /（g/cm³） |
			砂粒 2～0.05	粉粒 0.05～0.002	黏粒 <0.002		
Ap1	0～15	—	130	416	454	粉砂质黏土	1.24
Ap2	15～30	—	399	141	460	黏土	1.62
Br1	30～60	—	322	240	438	黏土	1.53
Br2	60～90	—	316	240	444	黏土	1.61
Bkr	90～120	2	285	270	445	黏土	1.24

陈小系代表性单个土体化学性质

深度 /cm	pH （H₂O）	有机质 /（g/kg）	全氮（N） /（g/kg）	全磷（P） /（g/kg）	全钾（K） /（g/kg）	CEC /[cmol（+）/kg]
0～15	8.4	26.8	1.34	1.23	17.1	25.0
15～30	8.7	10.5	0.77	1.04	16.7	30.0
30～60	8.6	8.0	0.55	1.05	16.0	30.0
60～90	8.7	4.7	0.38	0.91	12.9	25.2
90～120	8.5	3.8	0.41	1.06	14.0	35.7

8.4.17 大新系（Daxin Series）

土族：黏质伊利石混合型热性-石灰淡色潮湿雏形土

拟定者：李德成，李建武，黄来明

分布与环境条件 分布于淮北平原地势较高的地段，海拔介于 30~50 m，成土母质为黄泛沉积物，旱地，麦-玉米/豆类轮作。暖温带半湿润季风气候，年均日照时数 2400~2500 h，气温 14.5~15.0 ℃，降水量 800~900 mm，无霜期 210~220 d。

大新系典型景观

土壤性状与特征变幅 诊断层包括淡薄表层、雏形层；诊断特性包括热性土壤温度状况、潮湿土壤水分状况、氧化还原特征、石灰性。土体厚度 1 m 以上，通体有石灰反应，pH 7.5~8.7，黏壤土-粉砂壤土。淡薄表层厚度 12~18 cm，之下为雏形层，块状结构，下部土体结构面上有 2% 左右铁锰斑纹，土体中有 2% 左右铁锰结核。

对比土系 同一土族的土系中，质地层次构型为白庙系通体为黏壤土，陈小系为粉砂质黏土-黏土，袁寨系为粉砂壤土-粉砂黏壤土-黏土-粉砂壤土，于店系黏为土-砂质黏土。

利用性能综述 土层深厚，质地偏黏，通透性和耕性较差，砂土层会导致后期易脱肥早衰，有机质、钾含量较低，氮、磷含量较高。应改善排灌条件，增施有机肥和实行秸秆还田，增施钾肥。

参比土种 砂心两合土。

代表性单个土体 位于安徽省太和县大新镇董庙村南，33°10′18.9″N，115°33′41.1″E，海拔 42 m，地势较高地段，成土母质为黄泛沉积物，旱地，麦-玉米/豆类轮作。50 cm 深度土温 16.3 ℃。

大新系代表性单个土体剖面

Ap1：0～16 cm，浊黄橙色（10YR 6/3，干），棕灰色（10YR 4/1，润）；粉砂质黏壤土，发育强的直径 1～3 mm 粒状结构，松散；土体中 4 条蚯蚓通道，内有球形蚯蚓粪便；强度石灰反应；向下层平滑渐变过渡。

Ap2：16～25 cm，浊黄橙色（10YR 7/4，干），灰黄棕色（10YR 5/2，润）；粉砂壤土，发育阿的直径 10～20 mm 块状结构，稍硬；土体中 4 条蚯蚓通道，内有球形蚯蚓粪便；强度石灰反应；向下层平滑渐变过渡。

Br1：25～40 cm，浊黄橙色（10YR 7/4，干），灰黄棕色（10YR 5/2，润）；粉砂质黏壤土，发育强的直径 10～20 mm 块状结构，稍硬；土体中 2 条蚯蚓通道，内有球形蚯蚓粪便；强度石灰反应；向下层平滑渐变过渡。

Br2：40～70 cm，浊黄橙色（10YR 6/4，干），灰黄棕色（10YR 4/2，润）；黏壤土，发育强的直径 10～20 mm 块状结构，稍硬；土体中 2 条蚯蚓通道，内有球形蚯蚓粪便；2%左右铁锰斑纹；强度石灰反应；向下层平滑渐变过渡。

Br3：70～120 cm，灰黄棕色（10YR 5/2，干），棕灰色（10YR 4/1，润）；黏土，发育强的直径 10～20 mm 块状结构，稍硬；土体中 2 条蚯蚓通道，内有球形蚯蚓粪便；2%左右铁锰斑纹，2%左右直径≤3 mm 球形褐色软铁锰结核；强度石灰反应。

大新系代表性单个土体物理性质

土层	深度 /cm	砾石 （>2 mm，体积分数）/%	细土颗粒组成（粒径：mm）/（g/kg）			质地	容重 /(g/cm³)
			砂粒 2～0.05	粉粒 0.05～0.002	黏粒 <0.002		
Ap1	0～16	—	168	550	282	粉砂质黏壤土	1.22
Ap2	16～25	—	142	677	181	粉砂壤土	1.33
Br1	25～40	—	141	465	394	粉砂质黏壤土	1.32
Br2	40～70	—	284	318	398	黏壤土	1.40
Br3	70～120	2	155	388	457	黏土	1.41

大新系代表性单个土体化学性质

深度 /cm	pH （H₂O）	有机质 /（g/kg）	全氮（N） /（g/kg）	全磷（P） /（g/kg）	全钾（K） /（g/kg）	CEC /[cmol(+)/kg]	碳酸钙 /（g/kg）
0～16	7.5	24.4	1.53	0.88	15.7	20.3	68.5
16～25	8.4	11.1	0.65	0.51	17.0	18.3	80.1
25～40	8.5	8.4	0.55	0.45	16.7	19.6	65.3
40～70	8.5	9.2	0.61	0.39	15.9	18.2	80.9
70～120	8.7	8.2	0.69	0.4	16.6	17.7	80.4

8.4.18 袁寨系（Yuanzhai Series）

土族：黏质伊利石混合型热性-石灰淡色潮湿雏形土
拟定者：李德成，赵明松，黄来明

分布与环境条件 分布于淮北平原地势较高地段，海拔介于 30～50 m，成土母质为黄泛冲积物，旱地，麦-玉米/豆类轮作。年均气温 13.5～14.5 ℃，年均降水量 750～850 mm。

袁寨系典型景观

土壤性状与特征变幅 诊断层包括淡薄表层、雏形层；诊断特性包括热性土壤温度状况、潮湿土壤水分状况、氧化还原特征、石灰性。土体厚度 1 m 以上，通体有石灰反应，碳酸钙含量为 65～85 g/kg，pH>8.4，层次质地构型复杂，粉砂壤土-黏土。淡薄表层厚度 15～23 cm，之下为雏形层，多呈块状结构，润态彩度≤2，结构面上有 2%左右铁锰斑纹。

对比土系 同一土族的土系中，质地层次构型为白庙系通体为黏壤土，陈小系为粉砂质黏土-黏土，大新系为粉砂质黏壤土-粉砂壤土-粉砂质黏壤土-黏壤土-黏土，于店系黏为土-砂质黏土。

利用性能综述 土层深厚，耕层质地适中，通透性和耕性较好，有机质、氮、磷、钾含量较低。应改善排灌条件，增施有机肥和实行秸秆还田，增施磷肥和钾肥。

参比土种 淤心面砂土。

代表性单个土体 位于安徽省阜阳市颍东区袁寨镇临颍村东，32°52′58.9″N，115°53′53.8″E，海拔 36 m，地势较低地段，成土母质为黄泛冲积物，旱地，麦-玉米/豆类轮作。50 cm 深度土温 16.3 ℃。

Ap1：0～23 cm，浊橙色（7.5YR 7/4，干），灰棕色（7.5YR 5/2，润）；粉砂壤土，发育强的直径 1～3 mm 粒状结构，松散；土体中 2 条蚯蚓通道，内有球形蚯蚓粪便；强度石灰反应；向下层平滑清晰过渡。

Ap2：23～32 cm，浊橙色（7.5YR7/4，干），灰棕色（7.5YR5/2，润）；粉砂壤土，发育强的直径 10～20 mm 块状结构，稍硬；土体中 2 条蚯蚓通道，内有球形蚯蚓粪便；强度石灰反应；向下层平滑清晰过渡。

Br1：32～58 cm，浊橙色（7.5YR 6/4，干），灰棕色（7.5YR 5/2，润）；粉砂质黏壤土，发育强的直径 10～20 mm 块状结构，稍硬；土体中 2 条蚯蚓通道，内有球形蚯蚓粪便；结构面可见 2% 左右铁锰斑纹；强度石灰反应；向下层平滑渐变过渡。

Br2：58～85 cm，浊棕色（7.5YR 5/4，干），黑棕色（7.5YR 3/2，润）；黏土，发育强的直径 10～20 mm 块状结构，坚硬；土体中 2 条蚯蚓通道，内有球形蚯蚓粪便；结构面可见 2%左右铁锰斑纹；强度石灰反应；向下层平滑清晰过渡。

Br3：85～120 cm，暗灰黄色（2.5Y 4/2，干），黑棕色（2.5Y 3/1，润）；粉砂壤土，发育中等的直径 10～20 mm 块状结构，坚硬；结构面可见 2%左右铁锰斑纹，可见灰色胶膜，强度石灰反应。

袁寨系代表性单个土体剖面

袁寨系代表性单个土体物理性质

土层	深度 /cm	砾石 （>2 mm，体积分数）/%	细土颗粒组成（粒径：mm）/（g/kg）			质地	容重 /（g/cm³）
			砂粒 2～0.05	粉粒 0.05～0.002	黏粒 <0.002		
Ap1	0～23	—	309	506	185	粉砂壤土	1.22
Ap2	23～32	—	365	504	131	粉砂壤土	1.33
Br1	32～58	—	146	544	310	粉砂黏壤土	1.30
Br2	58～85	—	111	341	548	黏土	1.40
Br3	85～120	—	257	513	230	粉砂壤土	1.41

袁寨系代表性单个土体化学性质

深度 /cm	pH （H₂O）	有机质 /（g/kg）	全氮（N） /（g/kg）	全磷（P） /（g/kg）	全钾（K） /（g/kg）	CEC /[cmol(+)/kg]	碳酸钙 /（g/kg）
0～23	8.4	22.2	0.91	0.54	17.3	16.7	73.9
23～32	8.5	9.4	0.44	0.39	16.3	17.3	68.0
32～58	8.6	12.3	1.74	0.4	17.4	22.2	80.8
58～85	8.5	14.4	0.79	0.38	17.8	25.4	81.7
85～120	8.6	13.5	0.63	0.39	17.3	20.6	78.4

8.4.19　于店系（Yudian Series）

土族：黏质伊利石混合型热性-石灰淡色潮湿雏形土
拟定者：李德成，李山泉，黄来明

分布与环境条件　分布于淮北平原距河床较远的平坦洼地地段，海拔 20 m 左右，成土母质为近代黄泛沉积物，旱地，麦-玉米轮作。暖温带半湿润季风气候区，年均日照时数 2300~2400 h，气温 14.5~15.0 ℃，降水量 800~900 mm，无霜期 210~220 d。

于店系典型景观

土壤性状与特征变幅　诊断层包括淡薄表层、雏形层；诊断特性包括热性土壤温度状况、潮湿土壤水分状况、氧化还原特征、石灰性。土体厚度 1 m 以上，通体有石灰反应，pH>8.3，砂质黏土-黏土。淡薄表层厚度 12~15 cm，之下为雏形层，块状结构，润态彩度≤2。

对比土系　同同一土族的土系中，质地层次构型为白庙系通体为黏壤土，陈小系为粉砂质黏土-黏土，大新系为粉砂质黏壤土-粉砂壤土-粉砂质黏壤土-黏壤土-黏土，袁寨系为粉砂壤土-粉砂黏壤土-黏土-粉砂壤土。位于同一乡镇的于庙系，同一亚纲，不同土类，为砂姜潮湿雏形土。

利用性能综述　土层深厚，质地黏，通透性和耕性差，有机质、氮、钾含量较低，磷含量较高，应继续改善排灌条件，增施有机肥和实行秸秆还田，增施钾肥。

参比土种　红花淤土。

代表性单个土体　位于安徽省蒙城县岳坊镇于店庄西南，33°21′52.0″N，116°26′28.9″E，海拔 17 m，平坦洼地，成土母质为近代黄泛沉积物，旱地，麦-玉米轮作。50 cm 深度土温 16.2 ℃。

Ap1：0～13 cm，浊黄橙色（10YR 7/4，干），灰黄棕色（10YR 5/2，润）；黏土，发育强的直径 1～3 mm 粒状结构，松散；土体中 3 条蚯蚓通道，内有球形蚯蚓粪便；强度石灰反应，向下层平滑清晰过渡。

Ap2：13～26 cm，浊黄橙色（10YR 7/4，干），灰黄棕色（10YR 5/2，润）；黏土，发育强的直径 10～20 mm 块状结构，坚硬；土体中 3 条蚯蚓通道，内有球形蚯蚓粪便；强度石灰反应；向下层平滑清晰过渡。

Br1：26～50 cm，浊黄橙色（10YR 7/4，干），灰黄棕色（10YR 5/2，润）；黏土，发育强的直径 10～20 mm 块状结构，坚硬；土体中 3 条蚯蚓通道，内有球形蚯蚓粪便；强度石灰反应；向下层平滑清晰过渡。

Br2：50～80 cm，浊黄棕色（10YR 5/4，干），暗棕色（10YR 3/3，润）；黏土，发育强的直径 10～20 mm 块状结构，坚硬；强度石灰反应；向下层平滑清晰过渡。

Br3：80～120 cm，浊黄橙色（10YR 7/4，干），灰黄棕色（10YR 5/2，润）；砂质黏土，发育中等的直径 10～20 mm 块状结构，坚硬；强度石灰反应。

于店系代表性单个土体剖面

于店系代表性单个土体物理性质

土层	深度 /cm	砾石（>2 mm，体积分数）/%	细土颗粒组成（粒径：mm）/（g/kg）			质地	容重 /（g/cm³）
			砂粒 2～0.05	粉粒 0.05～0.002	黏粒 <0.002		
Ap1	0～13	—	302	186	512	黏土	1.12
Ap2	13～26	—	281	305	414	黏土	1.56
Br1	26～50	—	207	362	431	黏土	1.36
Br2	50～80	—	218	347	435	黏土	1.45
Br3	80～120	—	471	123	406	砂质黏土	1.48

于店系代表性单个土体化学性质

深度 /cm	pH (H₂O)	有机质 /（g/kg）	全氮（N） /（g/kg）	全磷（P） /（g/kg）	全钾（K） /（g/kg）	CEC /[cmol（+）/kg]
0～13	8.3	18.0	1.23	1.13	13.7	22.4
13～26	8.5	13.5	0.79	0.95	13.6	26.2
26～50	8.6	8.3	0.64	1.16	15.3	29.9
50～80	8.7	8.9	0.46	1.04	14.9	26.1
80～120	8.6	5.2	0.53	1.01	14.8	19.9

8.4.20 东光系（Dongguang Series）

土族：黏质蒙脱石混合型热性-石灰淡色潮湿雏形土
拟定者：李德成，李山泉，黄来明

分布与环境条件 分布于淮北平原地势低洼地段，海拔 15～20 m，成土母质为古黄土性河湖相沉积物上覆近代黄泛黏质沉积物，旱地，麦-玉米/豆类轮作。暖温带半湿润季风气候区，年均日照时数 2300～2400 h，气温 14.5～15.0 ℃，降水量 800～900 mm，无霜期 210～220 d。

东光系典型景观

土壤性状与特征变幅 诊断层包括淡薄表层、雏形层；诊断特性包括热性土壤温度状况、潮湿土壤水分状况、氧化还原特征、石灰性。上覆盖近代黄泛黏质冲积物厚度<50 cm，土层深厚，黏壤土-黏土，强度石灰反应，pH 8.3～8.5。钙积层出现上界约 90 cm，2%左右碳酸钙结核，黏粒含量在 360～500 g/kg。

对比土系 同一土族的土系中，质地层次构型老郢系为壤土-黏壤土-黏壤土-黏土，赵圩系通体为黏土。位于同一乡镇的贾寨系，同一亚纲不同土类，为砂姜潮湿雏形土。

利用性能综述 排水条件差，质地黏重，通透性和耕性差，物理性状不良，有机质、氮、钾含量低，磷含量高。应改善排灌条件，增施有机肥和实行秸秆还田，增施钾肥。

参比土种 厚淤黑土。

代表性单个土体 位于安徽省蒙城县庄周街道东光村东南，33°15′27.3″N，116°35′40.2″E，海拔 17 m，低洼地，成土母质为古黄土性河湖相沉积物覆盖 40 cm 左右近代黄泛黏质沉积物，旱地，麦-玉米轮作。50 cm 深度土温 16.2 ℃。

东光系代表性单个土体剖面

Ap1：0~20 cm，浊黄橙色（10YR 7/4，干），灰黄棕色（10YR 5/2，润）；黏壤土，发育强的直径 1~3 mm 粒状结构，松散；强度石灰反应；向下层平滑清晰过渡。

Ap2：20~42 cm，浊黄橙色（10YR 7/4，干），灰黄棕色（10YR 5/2，润）；黏壤土，发育强的直径 10~20 mm 棱柱状结构，坚硬；土体中有 2 条直径约 3~5 mm 裂隙；强度石灰反应；向下层平滑清晰过渡。

Br1：42~62 cm，浊黄橙色（10YR 7/4，干），灰黄棕色（10YR 6/2，润）；黏壤土，发育强的直径 20~50 mm 棱柱状结构，坚硬；土体中有 2%左右直径≤3 mm 球形褐色软铁锰结核，4 条直径 3~10 mm 裂隙；强度石灰反应；向下层平滑渐变过渡。

Br2：62~90 cm，浊黄棕色（10YR 5/4，干），暗棕色（10YR 3/3，润）；黏土，发育强的直径 20~50 mm 棱柱状结构，坚硬；土体中有 2%左右直径≤3 mm 球形褐色软铁锰结核，7 条直径 3~10 mm 裂隙；向下层平滑渐变过渡。

Br3：90~130 cm，浊黄棕色（10YR 5/4，干），暗棕色（10Y 3/3，润）；黏土，发育强的直径 20~50 mm 棱柱状结构，坚硬；土体中有 2%左右直径≤3 mm 球形褐色软铁锰结核，5%左右不规则的黄白色稍硬碳酸钙结核，2 条直径 1~5 mm 裂隙。

东光系代表性单个土体物理性质

| 土层 | 深度 /cm | 砾石 （>2 mm，体积分数）/% | 细土颗粒组成（粒径：mm）/（g/kg） | | | 质地 | 容重 /（g/cm³） |
			砂粒 2~0.05	粉粒 0.05~0.002	黏粒 <0.002		
Ap1	0~20	—	402	237	361	黏壤土	1.23
Ap2	20~42	—	351	267	382	黏壤土	1.59
Br1	42~62	2	346	275	379	黏壤土	1.44
Br2	62~90	2	298	190	512	黏土	1.52
Br3	90~130	7	389	169	442	黏土	1.63

东光系代表性单个土体化学性质

深度 /cm	pH （H₂O）	有机质 /（g/kg）	全氮（N） /（g/kg）	全磷（P） /（g/kg）	全钾（K） /（g/kg）	CEC /[cmol（+）/kg]
0~20	8.5	15.5	1.30	1.13	14.3	20.0
20~42	8.6	4.7	1.02	1.03	13.1	19.7
42~62	8.5	1.7	0.66	0.97	13.0	20.7
62~90	8.5	2.9	0.25	0.84	11.5	26.7
90~130	8.3	4.9	0.36	0.94	9.0	26.1

8.4.21 老郢系（Laoying Series）

土族：黏质蒙脱石混合型热性-石灰淡色潮湿雏形土
拟定者：李德成，赵明松，黄来明

分布与环境条件 分布于淮北平原地势略高的缓坡地段，海拔 20～40 m，成土母质上为近代黄泛冲积物，下为古黄土性河湖相沉积物，上覆黄泛冲积物，旱地，麦-玉米轮作。暖温带半湿润季风气候区，年均日照时数 2300～2400 h，气温 14.5～15.0 ℃，降水量 800～900 mm，无霜期 210～220 d。

老郢系典型景观

土壤性状与特征变幅 诊断层包括淡薄表层、雏形层；诊断特性包括热性土壤温度状况、潮湿土壤水分状况、氧化还原特征、石灰性。土体厚度 1 m 以上，通体有石灰反应，pH 5.7～9.0，砂质黏壤土-黏土。淡薄表层厚度 12～15 cm，之下为雏形层，多呈棱柱状结构，可见灰色胶膜，干时可见裂隙。

对比土系 同一土族的土系中，质地层次构型东光系为黏壤土-黏土，赵圩系通体为黏土。位于同一乡镇的前胡系、邹圩系，同一亚纲不同土类，为砂姜潮湿雏形土。

利用性能综述 地势较高，排水条件好，耕层质地适中，通透性和耕性较好，有机质、氮、钾含量低，磷含量较高。应改善排灌条件，增施有机肥和实行秸秆还田，增施钾肥。

参比土种 黄白土。

代表性单个土体 位于安徽省蒙城县立仓镇老郢村东南，33°0′21.1″N，116°39′10.6″E，海拔 24 m，河间平原缓坡地段，成土母质为古黄土性河湖相沉积物，上覆黄泛冲积物，旱地，麦-玉米轮作。50 cm 深度土温 16.5 ℃。

Ap1：0～10 cm，浅淡黄色（2.5Y 8/4，干），灰黄色（2.5Y 6/2，润）；壤土，发育强的直径 1～3 mm 粒状结构，松散；土体中 2～3 块砖瓦；轻度石灰反应；向下层平滑清晰过渡。

Ap2：10～25 cm，浅淡黄色（2.5Y 8/4，干），灰黄色（2.5Y 6/2，润）；黏壤土，发育强的直径 10～20 mm 块状结构，坚硬；土体中 2～3 块砖瓦；轻度石灰反应；向下层平滑清晰过渡。

Br1：25～40 cm，灰黄色（2.5Y 6/2，干），黄灰色（2.5Y 4/1，润）；黏壤土，发育强直径 20～50 mm 棱柱状结构，坚硬；结构面上可见灰色胶膜，土体中有 7 条直径 3～10 mm 裂隙，3 块砖瓦；轻度石灰反应，向下层平滑渐变过渡。

Br2：40～80 cm，灰黄色（2.5Y 6/2，干），黄灰色（2.5Y 4/1，润）；黏土，发育强的直径 20～50 mm 棱柱状结构，坚硬；结构面上可见灰色胶膜，土体中有 7 条直径 3～10 mm 裂隙；轻度石灰反应；向下层平滑清晰过渡。

Br3：80～120 cm，黑棕色（2.5Y 3/1，干），黑色（10YR 2/1，润）；黏土，发育强的直径 20～50 mm 棱柱状结构，坚硬；结构面上可见灰色胶膜，土体中有 3～5 条直径 3～8 mm 裂隙；中度石灰反应。

老郢系代表性单个土体剖面

老郢系代表性单个土体物理性质

土层	深度 /cm	砾石 （>2 mm，体积分数）/%	细土颗粒组成（粒径：mm）/（g/kg）			质地	容重 /(g/cm³)
			砂粒 2～0.05	粉粒 0.05～0.002	黏粒 <0.002		
Ap1	0～10	—	457	327	216	壤土	1.29
Ap2	10～25	—	394	314	292	黏壤土	1.54
Br1	25～40	—	306	327	367	黏壤土	1.63
Br2	40～80	—	183	320	497	黏土	1.63
Br3	80～120	—	209	336	455	黏土	1.63

老郢系代表性单个土体化学性质

深度 /cm	pH （H₂O）	有机质 /（g/kg）	全氮（N） /（g/kg）	全磷（P） /（g/kg）	全钾（K） /（g/kg）	CEC /[cmol（+）/kg]
0～10	5.7	15.8	0.86	1.08	14.9	16.6
10～25	7.4	11.2	0.67	0.97	11.6	19.1
25～40	8.4	9.8	0.54	1.16	12.3	24.6
40～80	8.9	5.1	0.53	0.88	12.8	25.6
80～120	9.0	6.0	0.59	1.19	15.1	25.2

8.4.22 赵圩系（Zhaowei Series）

土族：黏质蒙脱石混合型热性-石灰淡色潮湿雏形土
拟定者：李德成，李山泉，黄来明

分布与环境条件 分布于淮
北平原地势略高的缓坡地段，
海拔 20～30 m，成土母质上
为近代黏质黄泛沉积物，下
为古黄土性河湖相沉积物，
旱地，麦-玉米/豆类轮作。暖
温带半湿润季风气候区，年
均日照时数 2300～2400 h，
气温 14.5～15.0℃，降水量
800～900 mm，无霜期 210～
220 d。

赵圩系典型景观

土壤性状与特征变幅 诊断层包括淡薄表层、雏形层；诊断特性包括热性土壤温度状况、
潮湿土壤水分状况、氧化还原特征、石灰性。土体深厚，一般在 1 m 以上，pH 8.3～8.7，
上覆近代黄泛黏质冲积物厚度 20～30 cm，有石灰反应。钙积层出现上界约 25 cm 左右，
2%～5%的碳酸钙结核，2%左右铁锰结核。
对比土系 同一土族的土系中，质地层次构型东光系为黏壤土-黏土，老郢系为壤土-黏
壤土-黏壤土-黏土。位于同一乡镇的吴圩系，同一亚类但不同土族，颗粒大小级别为砂
质。
利用性能综述 排水条件差，质地黏，通透性和耕性差，物理性状不良，有机质、钾含
量低，氮、磷含量高。应改善排灌条件，增施有机肥和实行秸秆还田，增施钾肥。
参比土种 青黄土。
代表性单个土体 位于安徽省蒙城县小涧镇赵圩西南，33°26′50.5″N，116°26′18.1″E，海
拔 21 m，低缓坡地。成土母质为古黄土性河湖相沉积物上覆黏质的黄泛沉积物，旱地，
麦-玉米/豆类轮作。50 cm 深度土温 16.1℃。

Ap1：0～15 cm，浊黄橙棕（10YR 6/3，干），棕灰色（10YR 5/1，润）；黏土，发育强的直径 1～3 mm 粒状结构，松散；轻度石灰反应，向下层平滑清晰过渡。

Ap2：15～24 cm，浊黄橙（10YR 6/3，干），棕灰色（10YR 5/1，润）；黏土，发育强的直径 10～20 mm 棱块状结构，坚硬；土体中有 4 条直径 2～5 mm 裂隙；轻度石灰反应；向下层平滑清晰过渡。

Br1：24～50 cm，灰黄色（2.5Y 6/2，干），棕灰色（2.5Y 5/1，润）；黏土，发育强的直径 20～50 mm 棱柱状结构，坚硬；土体中有 2%左右直径≤3 mm 球形褐色软铁锰结核，2%左右不规则的黄白色稍硬碳酸钙结核，9 条直径 5～10 mm 裂隙；向下层平滑渐变过渡。

Br2：50～120 cm，浊黄色（2.5Y 6/4，干），橄榄棕色（2.5Y 4/3，润）；黏土，发育强的直径 20～50 mm 棱柱状结构，坚硬；4 条直径 2～3 mm 裂隙，结构面上有 2%左右铁锰斑纹，土体中有 2%左右直径≤5 mm 球形褐色软铁锰结核，5%左右不规则的黄白色稍硬碳酸钙结核。

赵圩系代表性单个土体剖面

赵圩系代表性单个土体物理性质

| 土层 | 深度 /cm | 砾石 （>2 mm，体积分数）/% | 细土颗粒组成（粒径：mm）/（g/kg） | | | 质地 | 容重 /（g/cm³） |
			砂粒 2～0.05	粉粒 0.05～0.002	黏粒 <0.002		
Ap1	0～15	—	176	348	476	黏土	1.03
Ap2	15～24	—	244	344	412	黏土	1.47
Br1	24～50	4	336	237	427	黏土	1.57
Br2	50～120	7	304	291	405	黏土	1.55

赵圩系代表性单个土体化学性质

深度 /cm	pH （H₂O）	有机质 /（g/kg）	全氮（N） /（g/kg）	全磷（P） /（g/kg）	全钾（K） /（g/kg）	CEC /[cmol（+）/kg]
0～15	8.6	19.7	1.23	1.12	13.2	26.5
15～24	8.5	4.6	0.48	0.95	12.7	25.2
24～50	8.5	7.9	0.87	1.02	13.4	25.9
50～120	8.5	8.0	0.53	1.12	13.4	23.5

8.4.23　大渡口系（Dadukou Series）

土族：黏壤质硅质混合型热性-石灰淡色潮湿雏形土

拟定者：李德成，黄来明，韩光宗

分布与环境条件　分布于沿长江平原距长江水面较远地段，海拔一般在 10～20 m，成土母质为冲积物，旱地，棉-油菜轮作。北亚热带湿润季风气候，年均日照时数 1900～2000 h，气温 16.0～16.5 ℃，降水量 1400～1700 mm，无霜期 230～250 d。

大渡口系典型景观

土壤性状与特征变幅　诊断层包括淡薄表层、雏形层；诊断特性包括热性土壤温度状况、潮湿土壤水分状况、氧化还原特征、石灰性。土体厚度 1 m 以上，通体有石灰反应，来自上游石灰性的成土母质，碳酸钙含量为 24～45 g/kg，pH 5.9～7.9，层次质地构型复杂，粉砂壤土-黏壤土。淡薄表层厚度 15～20 cm，之下为雏形层，多呈块状结构，结构面上有 2%～5% 的铁锰斑纹，土体中有 2%～5% 的铁锰结核。

对比土系　欧盘系，同一亚类，不同土族，分布于淮北平原北部缓岗坡地中下部，成土母质为黄泛冲积物，温性土壤温度状况，层次质地中无砂质黏壤土和黏土层次；前邓系，同一亚类，不同土族，分布于淮北平原河流两侧地段，成土母质为不同时期的黄泛黏质沉积物，层次质地中有砂质黏壤土和黏土层次。位于同一乡镇章家湾系，同一亚类但不同土族，颗粒大小级别为壤质，土体中无黏壤土层次；庆丰系，植稻多年，不同土纲，为水耕人为土。

利用性能综述　土层深厚，耕层质地适中，通透性结核耕性好，有机质、钾含量较低，氮、磷含量较高。应改善排灌条件，增施有机肥和实行秸秆还田，增施钾肥。

参比土种　石灰性泥土。

代表性单个土体　位于安徽省东至县大渡口镇安全村东南，30°26′20.1″N，117°0′45.2″E，海拔 15 m，长江沿岸冲积平原地势较低地段，成土母质为冲积物，旱地，棉-油菜轮作。50 cm 深度土温 18.4 ℃。

大渡口系代表性单个土体剖面

Ap：0～20 cm，浊棕色色（7.5YR 6/3，干），棕灰色（7.5YR 4/1，润）；壤土，发育强的直径 1～3 mm 粒状结构，松散；土体中 2 条蚯蚓通道，内有球形蚯蚓粪便；中度石灰反应，向下层平滑清晰过渡。

Br1：20～48 cm，浊棕色（7.5YR 6/3，干），棕灰色（7.5YR 4/1，润）；粉砂壤土，发育强的直径 10～20 mm 块状结构，稍坚实，土体中 2 条蚯蚓通道，内有球形蚯蚓粪便；结构面上有 2% 左右铁锰斑纹，土体中有 2% 左右直径≤3 mm 球形褐色软铁锰结核；强度石灰反应；向下层平滑清晰过渡。

Br2：48～58 cm，浊棕色（7.5YR 5/4，干），灰棕色（7.5YR 4/2，润）；壤土，发育强的直径 10～20 mm 块状结构，稍坚实；结构面上有 10% 左右铁锰斑纹，土体中有 5% 左右直径≤3 mm 球形褐色软铁锰结核，2 条蚯蚓通道，内有球形蚯蚓粪便；强度石灰反应；向下层平滑清晰过渡。

Br3：58～92 cm，浊棕色（7.5YR 5/4，干），灰棕色（7.5YR 4/2，润）；粉砂壤土，发育强的直径 10～20 mm 块状结构，稍坚实；结构面上有 5% 左右铁锰斑纹，土体中有 5% 左右直径≤3 mm 球形褐色软铁锰结核，2 条蚯蚓通道，内有球形蚯蚓粪便；强度石灰反应；向下层平滑清晰过渡。

Br4：92～120 cm，棕灰色（7.5YR 4/1，干），黑棕色（7.5YR 3/1，润）；黏壤土，发育中等的直径 10～20 mm 块状结构，稍坚实；结构面上有 5% 左右的铁锰斑纹，土体中 2 条蚯蚓通道，内有球形蚯蚓粪便；强度石灰反应。

大渡口系代表性单个土体物理性质

| 土层 | 深度/cm | 砾石（>2 mm，体积分数）/% | 细土颗粒组成（粒径：mm）/（g/kg） | | | 质地 | 容重/（g/cm³） |
			砂粒 2～0.05	粉粒 0.05～0.002	黏粒 <0.002		
Ap	0～20	—	260	480	260	壤土	1.30
Br1	20～48	2	204	532	264	粉砂壤土	1.33
Br2	48～58	5	267	466	267	壤土	1.33
Br3	58～92	5	208	544	248	粉砂壤土	1.33
Br4	92～120	—	270	405	325	黏壤土	1.38

大渡口系代表性单个土体化学性质

深度/cm	pH（H₂O）	有机质/（g/kg）	全氮（N）/（g/kg）	全磷（P）/（g/kg）	全钾（K）/（g/kg）	CEC/[cmol(+)/kg]	碳酸钙/（g/kg）
0～20	5.9	15.7	1.53	1.15	17.6	26.4	24.9
20～48	6.7	10.6	1.18	0.60	20.1	21.9	38.6
48～58	7.0	6.9	0.88	0.47	18.7	20.9	42.0
58～92	7.5	5.4	0.67	0.48	16.8	18.4	45.2
92～120	7.9	8.1	0.93	0.38	14.9	19.1	29.9

8.4.24 欧盘系（Oupan Series）

土族：黏壤质混合型温性-石灰淡色潮湿雏形土
拟定者：李德成，赵明松，黄来明

分布与环境条件 分布于淮北平原北部缓岗坡地中下部，海拔 20～40 m，成土母质为黄泛冲积物，旱地，麦-玉米/豆类轮作。暖温带半湿润季风气候区，年均日照时数 2400～2500 h，气温 14.0～14.5 ℃，降水量 700～850 mm，无霜期 200～210 d。

欧盘系典型景观

土壤性状与特征变幅 诊断层包括淡薄表层（Ap）、雏形层（Br）；诊断特性包括热性土壤温度状况、潮湿土壤水分状况、氧化还原特征、石灰性。土体厚度 1 m 以上，通体无石灰性，pH 8.0～8.2，壤土-黏壤土。淡薄表层厚度 18～22 cm，之下为雏形层，多呈块状结构，2%左右铁锰斑纹，2%左右铁锰结核。

对比土系 大渡口系，同一亚类，不同土族，分布于沿长江平原距长江水面较远地段，成土母质为长江冲积物，热性土壤温度状况，层次质地中无黏土层次，有粉砂壤土层次，土体中有铁锰结核；前邓系，分布于淮北平原河流两侧地段，成土母质为不同时期的黄泛黏质沉积物，热性土壤温度状况，层次质地中有砂质黏壤土和黏土层次，土体中无铁锰结核。

利用性能综述 土层深厚，耕层质地适中，通透性和耕性较好，有机质、氮、磷、钾含量低。应改善排灌条件，增施有机肥和实行秸秆还田，增施磷肥和钾肥。

参比土种 潮泥土。

代表性单个土体 位于安徽省萧县白土镇欧盘村东南，34°8′24.0″N，117°3′5.0″E，海拔 40 m，缓岗坡地下部，成土母质为黄泛冲积物，旱地，麦-玉米/豆类轮作。50 cm 深度土温 15.6 ℃。

Ap1：0～22 cm，浊黄橙色（10YR 6/4，干），灰黄棕色（10YR 4/2，润）；壤土，发育强的直径 1～3 mm 粒状结构，松散；土体中 5 条蚯蚓通道，内含球形蚯蚓粪便；轻度石灰反应；向下层平滑清晰过渡。

Ap2：22～36 cm，亮黄棕色（10YR 7/6，干），浊黄棕色（10YR 5/4，润）；黏壤土，发育强的直径 10～20 mm 块状结构，稍坚实；土体中 3 条蚯蚓通道，内含球形蚯蚓粪便；结构面上有 2% 左右铁锰斑纹；轻度石灰反应；向下层平滑清晰过渡。

Br1：36～52 cm，橙色（7.5YR 6/6，干），浊棕色（7.5YR 5/4，润）；黏壤土，发育强的直径 10～20 mm 块状结构，稍坚实；土体中 2 条蚯蚓通道，内含球形蚯蚓粪便；结构面上有 2% 左右铁锰斑纹；轻度石灰反应；向下层平滑模糊过渡。

Br2：52～80 cm，橙色（7.5YR 6/6，干），浊棕色（7.5YR 5/4，润）；黏壤土，发育强的直径 10～20 mm 块状结构，稍坚实；结构面上有 2% 左右铁锰斑纹，土体中有 2% 左右直径≤3 mm 球形褐色软铁锰结核，2 条蚯蚓通道，内含球形蚯蚓粪便；轻度石灰反应；向下层平滑模糊过渡。

欧盘系代表性单个土体剖面

Br3：80～120 cm，橙色（7.5YR 6/6，干），浊棕色（7.5YR 5/4，润）；黏壤土，发育中等的直径 10～20 mm 块状结构，稍坚实；结构面上有 2% 左右铁锰斑纹，土体中有 2% 左右直径≤3 mm 球形褐色软铁锰结核，2 条蚯蚓通道，内含球形蚯蚓粪便；轻度石灰反应。

欧盘系代表性单个土体物理性质

| 土层 | 深度 /cm | 砾石（>2 mm，体积分数）/% | 细土颗粒组成（粒径：mm）/（g/kg） | | | 质地 | 容重 /（g/cm³） |
			砂粒 2～0.05	粉粒 0.05～0.002	黏粒 <0.002		
Ap1	0～22	—	286	489	225	壤土	1.30
Ap2	22～36	—	216	473	311	黏壤土	1.36
Br1	36～52	—	257	404	339	黏壤土	1.34
Br2	52～80	2	259	420	321	黏壤土	1.34
Br3	80～120	2	277	414	309	黏壤土	1.32

欧盘系代表性单个土体化学性质

深度 /cm	pH （H₂O）	有机质 /（g/kg）	全氮（N） /（g/kg）	全磷（P） /（g/kg）	全钾（K） /（g/kg）	CEC /[cmol（+）/kg]
0～22	8.0	20.7	1.33	0.41	19.7	20.5
22～36	8.2	12.5	0.83	0.39	11.3	20.8
36～52	8.2	5.8	0.5	0.2	14.2	20.5
52～80	8.2	4.9	0.46	0.12	15.1	21.9
80～120	8.2	4.6	0.34	0.11	13.9	17.2

8.4.25　前邓系（Qiandeng Series）

土族：黏壤质混合型热性-石灰淡色潮湿雏形土
拟定者：李德成，李山泉，黄来明

分布与环境条件　分布于淮
北平原河流两侧地段，海拔
一般在 25 m 以下，成土母质
为不同时期的黄泛黏质沉积
物，旱地，麦-玉米轮作。暖
温带半湿润季风气候区，年
均日照时数 2300～2400 h，
气温 14.5～15.0 ℃，降水量
800～900 mm，无霜期 210～
220 d。

前邓系典型景观

土壤性状与特征变幅　诊断层包括淡薄表层（Ap）、雏形层（Br）、钙积现象层（Bk）；
诊断特性包括热性土壤温度状况、潮湿土壤水分状况、氧化还原特征、石灰性。土体厚
度 1 m 以上，通体有石灰反应，pH 5.9～7.9，层次质地构型复杂，壤土-黏土。淡薄表层
厚度 12～18 cm，之下为雏形层，多呈棱块状结构，润态彩度≤2。

对比土系　大渡口系，同一亚类，不同土族，分布于沿长江平原距长江水面较远地段，
成土母质为长江冲积物，层次质地中无黏土层次，有粉砂壤土层次；欧盘系，同一亚类，
不同土族，分布于淮北平原北部缓岗坡地中下部，温性土壤温度状况，层次质地中无砂
质黏壤土和黏土层次。位于同一乡镇白庙系和陈小系，同一亚类但不同土族，颗粒大小
级别为黏质；双桥系，不同土纲，为潮湿变性土。

利用性能综述　土层深厚，质地偏黏，通透性和耕性较差，有机质、氮、钾含量低，磷
含量较高。应改善排灌条件，增施有机肥和实行秸秆还田，增施钾肥。

参比土种　上位夹砂两合土。

代表性单个土体　位于安徽省蒙城县乐土镇前邓庄东南，33°19′55.8″N，116°32′36.5″E，
海拔 25 m，涡河河床两侧，成土母质为黄泛沉积物，旱地，麦-玉米轮作。50 cm 深度土
温 16.3 ℃。

前邓系代表性单个土体剖面

Ap1：0～15 cm，浊黄橙色（10YR 7/4，干），灰黄棕色（10YR 5/2，润）；砂质黏壤土，发育强的直径 1～3 mm 粒状结构，松散；中度石灰反应；向下层平滑清晰过渡。

Ap2：15～28 cm，浊黄橙色（10YR 7/4，干），灰黄棕色（10YR 5/2，润）；砂质黏壤土，发育强的直径 10～20 mm 块状结构，坚硬；土体中有 8 条直径 1～3 mm 裂隙；轻度石灰反应；向下层平滑清晰过渡。

Br1：28～55 cm，亮黄棕色（10YR 6/6，干），浊黄棕色（10YR 5/4，润）；壤土，发育强的直径 10～20 mm 棱块状结构，坚硬；土体中有 8 条直径 1～3 mm 裂隙；轻度石灰反应；向下层平滑清晰过渡。

Br2：55～75 cm，浊黄棕色（10YR 5/4，干），黑棕色（10YR 3/2，润）；黏土，发育强的直径 10～20 mm 棱柱状结构，坚硬；土体中有 8 条直径 1～3 mm 裂隙；轻度石灰反应；向下层平滑渐变过渡。

Br3：75～120 cm，浊黄棕色（10YR 5/4，干），黑棕色（10YR 3/2，润）；黏壤土，发育强的直径 10～20 mm 棱块状结构，坚硬；土体中有 5 条直径 1～3 mm 的裂隙；强度石灰反应。

前邓系代表性单个土体物理性质

土层	深度 /cm	砾石 （>2 mm，体积分数）/%	细土颗粒组成（粒径：mm）/（g/kg）			质地	容重 /(g/cm³)
			砂粒 2～0.05	粉粒 0.05～0.002	黏粒 <0.002		
Ap1	0～15	—	515	171	314	砂质黏壤土	1.12
Ap2	15～28	—	494	188	318	砂质黏壤土	1.53
Br1	28～55	—	453	282	265	壤土	1.64
Br2	55～75	—	362	193	445	黏土	1.49
Br3	75～120	—	446	185	369	黏壤土	1.64

前邓系代表性单个土体化学性质

深度 /cm	pH (H₂O)	有机质 /（g/kg）	全氮（N） /（g/kg）	全磷（P） /（g/kg）	全钾（K） /（g/kg）	CEC /[cmol（+）/kg]
0～15	8.3	12.7	0.97	1.03	13.7	19.8
15～28	8.5	8.9	0.71	0.78	18.0	21.1
28～55	8.5	1.5	0.36	0.89	11.3	27.2
55～75	8.4	0.9	0.41	1.17	13.4	28.0
75～120	8.4	0.9	0.35	1.16	14.4	18.1

8.4.26 章家湾系（Zhangjiawan Series）

土族：壤质硅质混合型热性-石灰淡色潮湿雏形土
拟定者：李德成，黄来明，李建武

分布与环境条件 分布于沿
长江平原距长江水面较近地
段，海拔一般在 5～20 m，成
土母质为冲积物，旱地，棉-
油轮作。北亚热带湿润季风
气候，年均日照时数 1900～
2000 h，气温 16.0～16.5℃，
降水量 1400～1700 mm，无
霜期 230～250 d。

章家湾系典型景观

土壤性状与特征变幅 诊断层包括淡薄表层（Ap）、雏形层（Br）；诊断特性包括热性
土壤温度状况、潮湿土壤水分状况、氧化还原特征、石灰性。土体深厚，一般 1 m 以上，
粉砂壤土-壤土。通体有石灰反应，碳酸钙含量在 35～50 g/kg，pH 7.9～8.4。淡薄表层
厚度 12～18 cm，之下为雏形层，多呈块状结构，2%～10%的铁锰斑纹，可见灰色胶膜，
2%～5%的铁锰结核。

对比土系 找郢系，同一土族，分布于沿淮丘陵缓岗中下部，成土母质为黄泛冲积物，
土体中无铁锰结核，层次质地构型为砂质黏壤土-壤土。位于同一乡镇的大渡口系，同一
亚类但不同土族，颗粒大小级别为黏壤质，土体中有黏壤土层次；庆丰系，不同土纲，
为水耕人为土。

利用性能综述 土层深厚，耕层质地适中，通透性和耕性较好，有机质、氮、磷、钾含
量较低。应改善排灌条件，做好间沟渠配套，增施有机肥和实行秸秆还田，增施钾肥。

参比土种 石灰性泥土。

代表性单个土体 位于安徽省东至县大渡口镇章家湾村东南，30°28′56.8″N，117°1′26.4″E，
海拔 9 m，沿江冲积平原，成土母质为冲积物，旱地，棉-油轮作。50 cm 深度土温 18.4 ℃。

章家湾系代表性单个土体剖面

Ap1：0～20 cm，淡黄色（2.5Y 7/3，干），黄灰色（2.5Y 6/1，润）；壤土，发育强的直径 1～3 mm 粒状结构，松散；土体中 2 条蚯蚓通道，内有球形蚯蚓粪便；2～3 个贝壳；强度石灰反应；向下层平滑清晰过渡。

Ap2：20～38 cm，浅淡灰色（2.5Y 8/3，干），灰黄色（2.5Y 6/2，润）；壤土，发育强的直径 10～20 mm 块状结构，坚实；土体中 2 条蚯蚓通道，内有球形蚯蚓粪便；2～3 个贝壳；强度石灰反应；向下层平滑渐变过渡。

Br1：38～60 cm，淡黄色（2.5Y 7/3，干），黄灰色（2.5Y 6/1，润）；壤土，发育强的直径 10～20 mm 块状结构，稍坚实；结构面上有 2%左右铁锰斑纹，土体中 2 条蚯蚓通道，内有球形蚯蚓粪便；2%左右直径≤3 mm 球形褐色软铁锰结核，2～3 个贝壳；强度石灰反应；向下层平滑清晰过渡。

Br2：60～95 cm，淡黄色（2.5Y 7/3，干），黄灰色（2.5Y 6/1，润）；壤土，发育强的直径 10～20 mm 块状结构，稍坚实；结构面上有 2%左右铁锰斑纹，土体中 2 条蚯蚓通道，内有球形蚯蚓粪便；2%左右直径≤3 mm 球形褐色软铁锰结核，2～3 个贝壳，强度石灰反应，向下层平滑清晰过渡。

Br3：95～120 cm，灰黄色（2.5Y 6/2，干），黄灰色（2.5Y 5/1，润）；粉砂壤土，发育中等的直径 10～20 mm 块状结构，疏松；5%左右直径≤3 mm 球形褐色软铁锰结核，2～3 个贝壳，强度石灰反应。

章家湾系代表性单个土体物理性质

土层	深度 /cm	砾石 （>2 mm，体积分数）/%	细土颗粒组成（粒径：mm）/（g/kg）			质地	容重 /（g/cm³）
			砂粒 2～0.05	粉粒 0.05～0.002	黏粒 <0.002		
Ap1	0～20	—	471	335	194	壤土	1.28
Ap2	20～38	—	364	426	210	壤土	1.30
Br1	38～60	2	377	415	208	壤土	1.30
Br2	60～95	2	269	467	264	壤土	1.30
Br3	95～120	5	431	310	259	粉砂壤土	1.28

章家湾系代表性单个土体化学性质

深度 /cm	pH （H₂O）	有机质 /（g/kg）	全氮（N） /（g/kg）	全磷（P） /（g/kg）	全钾（K） /（g/kg）	CEC /[cmol(+)/kg]	碳酸钙 /（g/kg）
0～20	7.9	12.6	0.82	0.91	12.8	9.2	37.4
20～38	8.1	11.0	0.72	0.52	17.6	12.5	43.7
38～60	8.2	5.4	0.35	0.49	17.7	15.8	47.0
60～95	8.4	5.2	0.34	0.48	17.7	5.1	45.8
95～120	8.4	3.7	0.24	0.45	15.0	13.2	48.6

8.4.27 找郢系（Zhaoying Series）

土族：壤质混合型热性-石灰淡色潮湿雏形土
拟定者：李德成，黄来明，李建武

分布与环境条件 分布于沿
淮丘陵缓岗中下部，海拔一般
在 10～30 m，成土母质为黄泛
冲积物，旱地，麦-玉米/豆类
轮作。暖温带半湿润季风气候，
年均日照时数 2200～2300 h，
气温 14.5～15.5 ℃，降水量
800～1000 mm，无霜期 210～
220 d。

找郢系典型景观

土壤性状与特征变幅 诊断层包括淡薄表层（Ap）、雏形层（Br）；诊断特性包括热性
土壤温度状况、潮湿土壤水分状况、氧化还原特征、石灰性。土体深厚，一般 1 m 以上，
粉砂黏壤土-壤土，通体有石灰反应，碳酸钙含量在 70～80 g/kg，pH 8.1～9.0。淡薄表
层厚度 12～18 cm，之下为雏形层，多呈块状结构，润态彩度≤2，部分层次中有 2%左
右铁锰结核。

对比土系 章家湾系，同一土族，分布于沿长江平原距长江水面较近地段，成土母质为
长江冲积物，层次质地构型为壤土-砂质壤土。

利用性能综述 土层深厚，耕层质地偏黏，通透性和耕性较差，有机质、氮、磷、钾钾
含量较低。应改善排灌条件，增施有机肥和实行秸秆还田，增施磷肥和钾肥。

参比土种 后楼（锈斑）黄白土。

代表性单个土体 位于安徽省怀远县现白莲坡镇找郢村姚山组东南，32°54′9.5″N，
117°8′16.3″E，海拔 14 m，缓岗下部，成土母质为黄泛冲积物，旱地，麦-玉米/豆类轮作。
50 cm 深度土温 18.4 ℃。

找郢系代表性单个土体剖面

Ap1: 0～15 cm, 灰棕色（10YR 6/2, 干）, 棕灰色（10YR 4/1, 润）; 砂质黏壤土, 发育强的直径 1～3 mm 粒状结构, 松散; 土体中 2 条蚯蚓通道, 内有球形蚯蚓粪便; 强度石灰反应; 向下层平滑清晰过渡。

Ap2: 15～30 cm, 浊黄橙色（10YR 6/3, 干）, 灰黄棕色（10YR 4/2, 润）; 砂质黏壤土, 发育强的直径 10～20 mm 块状结构, 坚实; 土体中 2 条蚯蚓通道, 内有球形蚯蚓粪便; 强度石灰反应; 向下层平滑清晰过渡。

Br1: 30～46 cm, 浊黄橙色（10YR 6/4, 干）, 灰黄棕色（10YR 4/2, 润）; 粉砂黏壤土, 发育强的直径 10～20 mm 块状结构, 坚实; 土体中 2 条蚯蚓通道, 内有球形蚯蚓粪便; 强度石灰反应; 向下层平滑清晰过渡。

Br2: 46～87 cm, 灰黄棕色（10YR 6/2, 干）, 棕灰色（10YR 4/1, 润）; 壤土, 发育强的直径 10～20 mm 块状结构, 坚实; 土体中 2 条蚯蚓通道, 内有球形蚯蚓粪便; 强度石灰反应; 向下层平滑清晰过渡。

Br3: 87～120 cm, 灰黄棕色（10YR 5/2, 干）, 棕灰色（10YR 4/1, 润）; 壤土, 发育中等直径 10～20 mm 块状结构, 坚实; 土体中有 2%左右直径≤3 mm 球形黄褐色软铁锰结核, 强度石灰反应。

找郢系代表性单个土体物理性质

土层	深度 /cm	砾石 (>2 mm, 体积分数) /%	细土颗粒组成（粒径: mm）/（g/kg）			质地	容重 /（g/cm³）
			砂粒 2～0.05	粉粒 0.05～0.002	黏粒 <0.002		
Ap1	0～15	—	562	203	235	砂质黏壤土	1.30
Ap2	15～30	—	475	237	288	砂质黏壤土	1.33
Br1	30～46	—	369	372	259	砂质黏壤土	1.33
Br2	46～87	—	471	351	178	壤土	1.33
Br3	87～120	2	498	326	176	壤土	1.35

找郢系代表性单个土体化学性质

深度 /cm	pH (H₂O)	有机质 /（g/kg）	全氮（N） /（g/kg）	全磷（P） /（g/kg）	全钾（K） /（g/kg）	CEC /[cmol（+）/kg]	碳酸钙 /（g/kg）
0～15	8.1	21.0	1.22	0.66	17.6	24.7	75.5
15～30	8.5	8.2	0.46	0.43	15.9	17.7	79.7
30～46	8.7	8.1	0.50	0.42	17.0	14.0	80.5
46～87	9.0	5.2	0.26	0.39	14.3	5.0	69.7
87～120	8.6	7.3	0.34	0.39	16.2	15.9	81.5

8.5 酸性淡色潮湿雏形土

8.5.1 双港系（Shuanggang Series）

土族：砂质硅质混合型热性-酸性淡色潮湿雏形土

拟定者：李德成，赵明松，刘 峰

分布与环境条件 分布于长江北部沿江支流上游的河漫滩、近河决口处及易泛滥稍高地段，海拔 20~70 m，成土母质为冲积物，旱地，棉-油轮作。北亚热带湿润季风气候，年均日照时数 2000~2100 h，气温 15.5~16.5 ℃，降水量 1200~1400 mm，无霜期 230~240 d。

双港系典型景观

土壤性状与特征变幅 诊断层包括淡薄表层、雏形层；诊断特性包括热性土壤温度状况、潮湿土壤水分状况、氧化还原特征。土体厚度 1 m 以上，通体无石灰性，pH 4.9~5.9，通体壤质砂土。淡薄表层厚度 18~20 cm，之下为雏形层，块状结构，结构面上有 52%~10%的铁锰斑纹。

对比土系 位于同一县境内的嬉子湖系，同一土类但不同亚类，为普通淡色潮湿雏形土的土系中；范岗系，水田，不同土纲，为水耕人为土。

利用性能综述 土层深厚，质地砂，通透性和耕性好，漏水漏肥，有机质、氮含量低，钾含量严重不足，磷含量较高。应考虑种植瓜果，改善排灌条件，增施有机肥和实行秸秆还田，种植绿肥，增施钾肥。

参比土种 麻砂土。

代表性单个土体 位于安徽省桐城市双港镇天城村北，30°50′2.3″N，116°56′18.7″E，近河决口处，海拔 59 m，成土母质为冲积物，旱地，棉-油轮作。50 cm 深度土温 18.1 ℃，热性。土壤水分状况：潮湿。

双港系代表性单个土体剖面

Ap1：0～20 cm，亮黄棕色（10YR 6/6，干），棕色（10YR 4/4，润）；壤质砂土，发育强的直径 1～3 mm 粒状结构，松散；土体中 2 条蚯蚓通道，内含球形蚯蚓粪便；向下层平滑清晰过渡。

Ap2：20～38 cm，亮黄棕色（10YR 6/6，干），棕色（10YR 4/4，润）；壤质砂土，发育中等的直径 10～20 mm 块状结构，疏松；棉花根系，丰度 5～8 条/dm²；结构面上有 2%左右铁锰斑纹；向下层平滑清晰过渡。

Br1：38～58 cm，亮黄棕色（10YR 6/6，干），棕色（10YR 4/4，润）；壤质砂土，发育中等的直径 10～20 mm 块状结构，疏松；结构面上有 5%左右铁锰斑纹；向下层平滑渐变过渡。

Br2：58～80 cm，亮黄棕色（10YR 7/6，干），浊黄棕色（10YR 5/4，润）；壤质砂土，发育中等的直径 10～20 mm 块状结构，疏松；结构面上有 10%左右铁锰斑纹；向下层平滑模糊过渡。

Br3：80～120 cm，亮黄棕色（10YR 6/6，干），棕色（10YR 4/4，润）；壤质砂土，发育较弱的直径 10～20 mm 块状结构，疏松；结构面上有 10%左右铁锰斑纹。

双港系代表性单个土体物理性质

土层	深度 /cm	砾石 （>2 mm，体积分数）/%	细土颗粒组成（粒径：mm）/（g/kg）			质地	容重 /（g/cm³）
			砂粒 2～0.05	粉粒 0.05～0.002	黏粒 <0.002		
Ap1	0～20	—	693	162	145	壤质砂土	1.28
Ap2	20～38	—	675	176	149	壤质砂土	1.38
Br1	38～58	—	678	181	141	壤质砂土	1.32
Br2	58～80	—	701	179	120	壤质砂土	1.32
Br3	80～120	—	735	144	121	壤质砂土	1.32

双港系代表性单个土体化学性质

深度 /cm	pH （H₂O）	有机质 /（g/kg）	全氮（N） /（g/kg）	全磷（P） /（g/kg）	全钾（K） /（g/kg）	CEC /[cmol（+）/kg]
0～20	4.9	12.1	0.90	1.24	4.3	6.3
20～38	4.9	5.8	0.51	0.79	4.3	2.4
38～58	5.4	5.3	0.39	0.63	4.4	2.6
58～80	5.7	4.2	0.44	0.66	4.0	3.1
80～120	5.9	2.3	0.31	0.26	4.3	1.3

8.6　普通淡色潮湿雏形土

8.6.1　八房系（Bafang Series）

土族：砂质硅质混合型非酸性热性-普通淡色潮湿雏形土

拟定者：李德成，杨　帆

分布与环境条件　分布于皖
南山区河流沿岸地势较高地
段，海拔 30～60 m，成土母
质为冲积物，旱地，麦-棉/
山芋轮作。年均气温 15.5～
16.0 ℃，年均降水量 1300～
1400 mm。

八房系典型景观

土壤性状与特征变幅　诊断层包括淡薄表层、雏形层；诊断特性包括热性土壤温度状况、
潮湿土壤水分状况、氧化还原特征。土体厚度 1 m 以上，通体无石灰性，pH 6.6～6.8，
通体砂质壤土。淡薄表层厚度 15～20 cm，之下为雏形层，多呈块状结构，结构面上有
2%～5%的铁锰斑纹。

对比土系　同一土族的土系中，塔畈系分布于沿江沿河两岸带状稍高地段，土体中有壤
质砂土层次；新洲系分布于沿长江冲积畈地势稍高地段，土体中有铁锰结核；漳湖系分
布于沿长江的冲积畈地段，层次质地为壤土-砂质壤土交替，土体中有铁锰结核。位于同
一乡镇的太美系，同一土类不同亚类，为水耕淡色潮湿雏形土；桃花潭系和左家系，不
同土纲，分别为淋溶土和新成土。

利用性能综述　土层深厚，质地砂，通透性和耕性好，易漏水漏肥，有机质、氮、磷含
量低，钾含量严重不足。应改善排灌条件，增施有机肥和实行秸秆还田，种植绿肥，增
施磷肥，尤其是钾肥。

参比土种　渗潮砂泥田。

代表性单个土体　位于安徽省泾县泾川镇八房村西南，30°43′01.7″N，118°24′30.7″E，海
拔 52 m，青弋江沿岸地势较高地段，成土母质为冲积物，旱地，麦-棉轮作。50 cm 深度
土温 18.2 ℃。

Ap：0～18 cm，淡黄橙色（10YR 8/4，干），灰黄棕色（10YR 6/2，润）；砂质壤土，发育强的直径 1～3 mm 粒状结构，松散；土体中 2 条蚯蚓通道，内含球形蚯蚓粪便；向下层平滑清晰过渡。

Br1：18～42 cm，淡黄橙色（10YR 8/4，干），灰黄棕色（10YR 6/2，润）；砂质壤土，发育中等的直径 10～20 mm 块状结构，松散；结构面上有 2%左右铁锰斑纹；土体中 2 条蚯蚓通道，内含球形蚯蚓粪便；向下层平滑渐变过渡。

Br2：42～72 cm，亮黄棕色（10YR 6/6，干），浊黄棕色（10YR 5/4，润）；砂质壤土，发育中等的直径 10～20 mm 块状结构，松散；结构面上有 5%左右铁锰斑纹；土体中 2 条蚯蚓通道，内含球形蚯蚓粪便；向下层平滑渐变过渡。

Br3：72～120 cm，浊黄棕色（10YR 5/4，干），灰黄棕色（10YR 4/2 润）；砂质壤土，发育中等的直径 10～20 mm 块状结构，松散；结构面上有 2%左右铁锰斑纹。

八房系代表性单个土体剖面

八房系代表性单个土体物理性质

| 土层 | 深度 /cm | 砾石（>2 mm，体积分数）/% | 细土颗粒组成（粒径：mm）/（g/kg） | | | 质地 | 容重 /（g/cm³） |
			砂粒 2～0.05	粉粒 0.05～0.002	黏粒 <0.002		
Ap	0～18	—	599	202	199	砂质壤土	1.47
Br1	18～42	—	700	124	176	砂质壤土	1.53
Br2	42～72	—	637	181	182	砂质壤土	1.53
Br3	72～120	—	569	246	185	砂质壤土	1.69

八房系代表性单个土体化学性质

深度 /cm	pH （H₂O）	有机质 /（g/kg）	全氮（N） /（g/kg）	全磷（P） /（g/kg）	全钾（K） /（g/kg）	CEC /[cmol（+）/kg]
0～18	6.6	12.7	0.89	0.28	4.6	4.6
18～42	6.7	5.0	0.45	0.17	4.1	3.9
42～72	6.8	5.0	0.44	0.31	4.0	4.7
72～120	6.7	6.0	0.42	0.31	4.3	5.8

8.6.2 塔畈系（Tafan Series）

土族：砂质硅质混合型非酸性热性-普通淡色潮湿雏形土
拟定者：李德成，李山泉，杨　帆

分布与环境条件　分布于沿江沿河两岸带状稍高地段，海拔一般在 10～30 m，成土母质为冲积物，旱地，棉-油轮作。北亚热带湿润季风气候，年均日照时数 2000～2100 h，气温 15.0～16.5 ℃，降水量 1300～1400 mm，无霜期 220～240 d。

塔畈系典型景观

土壤性状与特征变幅　诊断层包括淡薄表层、雏形层；诊断特性包括热性土壤温度状况、潮湿土壤水分状况、氧化还原特征。土体厚度 1 m 左右，下部为河砂，通体无石灰反应，pH 5.1～5.9，壤土-砂土，淡薄表层厚度 12～17 cm，之下为雏形层，块状结构，结构面上有 5%～30%左右铁锰斑纹。

对比土系　同一土族的土系中，八房系分别分布于皖南山区河流沿岸地势较高地段，通体砂质壤土；新洲系分布于沿长江冲积畈地势稍高地段，通体砂质壤土，土体中有铁锰结核；漳湖系分布于沿长江的冲积畈地段，层次质地壤土-砂质壤土交替，土体中有铁锰结核。

利用性能综述　土层较厚，土酥绵软，耕层质地适中，通透性和耕性好，有机质、氮、磷、钾含量较低。应改善排灌条件，增施有机肥和实行秸秆还田，种植绿肥，增施磷肥和钾肥。

参比土种　砂泥土。

代表性单个土体　位于安徽省潜山县塔畈乡板仓村南，30°58′48.0″N，116°32′30.5″E，海拔 13 m，沿河两岸地势稍高地段，成土母质为冲积物，旱地，棉-油轮作。50 cm 深度土温 17.4 ℃。

Ap：0～14 cm，橙色（7.5YR 6/6，干），浊棕色（7.5YR 5/4，润）；壤土，发育强的直径 1～3 mm 粒状结构，疏松；结构面上有 2%左右铁锰斑纹；向下层平滑清晰过渡。

Br1：14～54 cm，橙色（7.5YR 6/6，干），浊棕色（7.5YR 5/4，润）；砂质壤土，发育中等的直径 1～3 mm 粒状结构，疏松；结构面上有 10%左右铁锰斑纹；向下层平滑清晰过渡。

Br2：54～98 cm，灰棕色（7.5YR 6/2，干），棕灰色（7.5YR 5/1，润）；壤土，发育中等的直径 10～20 mm 块状结构，疏松；结构面上有 20%左右铁锰斑纹；向下层平滑突变过渡。

C：98～120 cm，砂粒，无结构。

塔畈系代表性单个土体剖面

塔畈系代表性单个土体物理性质

| 土层 | 深度 /cm | 砾石 （>2 mm，体积分数）/% | 细土颗粒组成（粒径：mm）/（g/kg） | | | 质地 | 容重 /（g/cm³） |
			砂粒 2～0.05	粉粒 0.05～0.002	黏粒 <0.002		
Ap	0～14	—	465	288	247	壤土	1.28
Br1	14～54	—	597	208	195	砂质壤土	1.38
Br2	54～98	—	465	296	239	壤土	1.32
C	98～120	—	802	100	98	壤质砂土	1.30

塔畈系代表性单个土体化学性质

深度 /cm	pH （H₂O）	有机质 /（g/kg）	全氮（N） /（g/kg）	全磷（P） /（g/kg）	全钾（K） /（g/kg）	CEC /[cmol（+）/kg]
0～14	5.1	17.0	1.08	0.45	16.7	23.6
14～54	5.7	7.7	0.6	0.51	16.5	15.3
54～98	5.8	12.8	0.78	0.71	19.0	29.7
98～120	5.9	4.4	0.32	0.13	13.2	5.0

8.6.3　新洲系（Xinzhou Series）

土族：砂质硅质混合型非酸性热性-普通淡色潮湿雏形土
拟定者：李德成，李山泉

分布与环境条件　分布于沿长江冲积畈地势稍高地段，海拔 10～30 m，成土母质为冲积物，旱地，棉-豆类轮作。年均气温 15.0～16.0 ℃，年均降水量 1300～1400 mm。

新洲系典型景观

土壤性状与特征变幅　诊断层包括淡薄表层、雏形层；诊断特性包括热性土壤温度状况、潮湿土壤水分状况、氧化还原特征。土体厚度 1 m 以上，通体无石灰性，pH 5.3～6.7，通体砂质壤土。淡薄表层厚度 15～20 cm，之下为雏形层，块状结构，结构面上有 2%左右铁锰斑纹，土体中有 5%左右铁锰结核。

对比土系　同一土族中，八房系，分别分布于皖南山区河流沿岸地势较高地段，通体砂质壤土，土体中无锰结核；塔畈系，土体中有壤质砂土层次，无铁锰结核；漳湖系，层次质地为壤土-砂质壤土交替。

利用性能综述　土层深厚，质地砂，通透性和耕性好，易漏水漏肥，有机质、氮、磷含量低，钾含量严重缺乏。应改善排灌条件，增施有机肥和实行秸秆还田，种植绿肥，增施磷肥，尤其是钾肥。

参比土种　砂心砂泥土。

代表性单个土体　位于安徽省安庆市迎江区新洲乡中洲村南，30°31′34.9″N，117°11′37.2″E，海拔 16 m，冲积畈地势稍高地段，成土母质为冲积物，旱地，棉-豆类轮作，抛荒一年。50 cm 深度土温 18.3 ℃。

新洲系代表性单个土体剖面

Ap：0～19 cm，浊橙色（7.5YR 6/4，干），棕色（7.5YR 4/3，润）；2%直径 2～4 mm 角状石英颗粒；砂质壤土，发育强的直径 1～3 mm 粒状结构，疏松；杂草根系，丰度 10～15 条/dm²；土体中 2 条蚯蚓通道，内含球形蚯蚓粪便；向下层平滑渐变过渡。

Br1：19～37 cm，浊橙色（7.5YR 6/4，干），棕色（7.5YR 4/3，润）；2%直径 2～4 mm 的角状石英颗粒；砂质壤土，发育强的直径 10～20 mm 块状结构，稍坚实；杂草根系，丰度 5～8 条/dm²；结构面上有 2%左右铁锰斑纹，土体中有 2%直径≤3 mm 球形褐色软铁锰结核；2 条蚯蚓通道，内含球形蚯蚓粪便；向下层平滑模糊过渡。

Br2：37～73 cm，浊棕色（5YR 6/4，干），棕色（5YR 4/3，润）；2%直径 2～4 mm 的角状石英颗粒；砂质壤土，发育强的直径 10～20 mm 块状结构，坚实；杂草根系，丰度 1～3 条/dm²；结构面上有 2%左右铁锰斑纹，土体中有 5%左右直径≤3 mm 球形褐色软铁锰结核；向下层平滑模糊过渡。

Br3：73～120 cm，浊棕色（7.5YR 6/4，干），棕色（5YR 4/3，润）；2%直径 2～4 mm 角状石英颗粒；砂质壤土，发育中等的直径 10～20 mm 块状结构，坚实，结构面上有 2%左右铁锰斑纹，土体中有 5%左右直径≤3 mm 球形褐色软铁锰结核。

新洲系代表性单个土体物理性质

| 土层 | 深度/cm | 砾石（>2 mm，体积分数）/% | 细土颗粒组成（粒径：mm）/（g/kg） | | | 质地 | 容重/（g/cm³） |
			砂粒 2～0.05	粉粒 0.05～0.002	黏粒 <0.002		
Ap1	0～19	2	547	275	178	砂质壤土	1.35
Br1	19～37	5.5	694	117	189	砂质壤土	1.40
Br2	37～73	5.5	709	156	135	砂质壤土	1.38
Br3	73～120	2	716	116	168	砂质壤土	1.38

新洲系代表性单个土体化学性质

深度/cm	pH（H₂O）	有机质/（g/kg）	全氮（N）/（g/kg）	全磷（P）/（g/kg）	全钾（K）/（g/kg）	CEC/[cmol（+）/kg]
0～19	5.3	17.5	1.19	0.67	4.4	21.8
19～37	5.9	6.2	0.58	0.51	4.5	22.4
37～73	6.1	6.9	0.45	0.66	4.8	19.3
73～120	6.2	6.7	0.61	0.53	4.4	18.1

8.6.4　漳湖系〔Zhanghu Series〕

土族：砂质硅质混合型非酸性热性-普通淡色潮湿雏形土
拟定者：李德成，杨　帆

分布与环境条件　分布于沿长江的冲积畈地段，海拔一般在 10～30 m，成土母质为冲积物，旱地，棉-油轮作。北亚热带湿润季风气候，年均日照时数 2000～2100 h，气温 16.5～17.0 ℃，降水量 1300～1400 mm，无霜期 240～250 d。

漳湖系典型景观

土壤性状与特征变幅　诊断层包括淡薄表层、雏形层；诊断特性包括热性土壤温度状况、潮湿土壤水分状况、氧化还原特征。土体深厚，一般在 1 m 以上，壤土-砂质壤土，通体无石灰反应，pH 7.2～7.6。淡薄表层厚度 15～20 cm，之下雏形层呈块状结构，15%～20% 左右铁锰斑纹，90～100 cm 以下土体中有 2% 左右管状铁锰结核。

对比土系　同一土族中，八房系，分别分布于皖南山区河流沿岸地势较高地段，通体砂质壤土，土体中无铁锰结核；塔畈系，土体中有壤质砂土层次，无铁锰结核；新洲系，通体砂质壤土。

利用性能综述　土层较厚，土酥绵软，质地砂，通透性和耕性好，有机质、氮、钾含量较低，磷含量较高。应改善排灌条件，增施有机肥和实行秸秆还田，种植绿肥，增施和钾肥。

参比土种　黏身砂泥土。

代表性单个土体　位于安徽省望江县漳湖镇上闸村东北，30°22′51.4″N，116°49′59.0″E，海拔 11 m，沿江冲积畈，成土母质为冲积物，旱地，棉-油轮作。50 cm 深度土温 18.4 ℃。

Ap：0～20 cm，浊黄橙色（10YR 7/3，干），灰黄棕色（10YR 5/2，润）；壤土，发育强的直径 1～3 mm 粒状结构，疏松；向下层平滑清晰过渡。

Br1：20～50 cm，淡黄橙色（10YR 6/4，干），浊黄棕色（10YR 5/3，润）；壤土，发育强的直径 10～20 mm 块状结构，稍坚实；1～3 条蚯蚓孔道，内填球形蚯蚓粪便；结构面上有 10%左右铁锰斑纹；向下层平滑渐变过渡。

Br2：50～70 cm，浊黄橙色（10YR 6/4，干），浊黄棕色（10YR 5/3，润）；壤土，发育强的直径 10～20 mm 块状结构，稍坚实；结构面上有 15%左右铁锰斑纹；向下层平滑渐变过渡。

Br3：70～110 cm，浊黄橙色（10YR 6/4，干），浊黄棕色（10YR 5/3，润）；砂质壤土，发育强的直径 10～20 mm 块状结构，稍坚实；结构面上有15%左右铁锰斑纹；向下层平滑清晰过渡。

Br4：110～130 cm，棕灰色（10YR 5/1，干），黑棕色（10YR 5/1，润）；壤土，发育中等的直径 10～20 mm 块状结构，稍坚实；结构面上有 20%左右铁锰斑纹，土体中有 2%左右直径 ≤5 mm 管状黄褐色稍硬铁锰结核。

漳湖系代表性单个土体剖面

漳湖系代表性单个土体物理性质

土层	深度 /cm	砾石 （>2 mm，体积分数）/%	细土颗粒组成（粒径：mm）/（g/kg）			质地	容重 /（g/cm³）
			砂粒 2～0.05	粉粒 0.05～0.002	黏粒 <0.002		
Ap	0～20	—	385	428	187	壤土	1.20
Br1	20～50	—	655	237	108	砂质壤土	1.32
Br2	50～70	—	400	406	194	壤土	1.32
Br3	70～110	—	642	195	163	砂质壤土	1.32
Br4	110～130	2	383	394	223	壤土	1.30

漳湖系代表性单个土体化学性质

深度 /cm	pH （H₂O）	有机质 /（g/kg）	全氮（N） /（g/kg）	全磷（P） /（g/kg）	全钾（K） /（g/kg）	CEC /[cmol (+) /kg]
0～20	7.2	24.6	1.26	0.92	16.8	13.6
20～50	7.3	9.3	0.37	0.45	16.1	14.9
50～70	7.5	10.1	0.32	0.50	16.5	24.2
70～110	7.6	9.2	0.13	0.47	17.0	8.1
110～130	7.6	12.2	0.40	0.54	18.3	16.8

8.6.5 黑塔系（Heita Series）

土族：黏质蒙脱石混合型温性-普通淡色潮湿雏形土
拟定者：李德成，黄来明，李建武

分布与环境条件 分布于淮北平原北部残丘缓坡地段，海拔一般在 10～30 m，成土母质下为古黄土性河湖相沉积物，上为黄泛冲积物，旱地，麦-玉米轮作。北亚热带湿润季风气候，年均日照时数 2300～2400 h，气温 14.0～14.5 ℃，降水量 800～1000 mm，无霜期 200～210 d。

黑塔系典型景观

土壤性状与特征变幅 诊断层包括淡薄表层、雏形层；诊断特性包括热性土壤温度状况、潮湿土壤水分状况、氧化还原特征。土体深厚，一般在 1 m 以上，层次质地构型复杂，粉砂壤土-黏壤土；通体无石灰反应，pH>8.3。上部近代黄泛冲积物厚约 40 cm，下部黑土层为棱块状结构，土体中有 2%左右铁锰结核。

对比土系 同一亚类不同土族中，荆芡系，成土母质下为戚咀组黄土，上覆黄泛黏质冲积物，矿物学类型为伊利石混合型；唐集系，上覆黄泛冲积物厚约 1 m 以上，矿物学类型为伊利石混合型，土体中有黏土层次。

利用性能综述 地下水位高，易渍涝，耕作层质地适中，通透性和耕性较好，有机质、氮、磷、钾含量较低。应改善排灌条件，增施有机肥和实行秸秆还田，增施磷肥和钾肥。

参比土种 覆泥黑姜土。

代表性单个土体 位于安徽省泗县黑塔镇大程村西北，33°35′32.3″N，117°58′35″E，海拔 27 m，残丘缓坡下部，异源成土母质，下部为古黄土性河湖相沉积物，上覆黄泛冲积物，旱地，麦-玉米轮作。50 cm 深度土温 16.0 ℃。

黑塔系代表性单个土体剖面

Ap：0～20 cm，浅淡黄色（2.5Y 8/4，干），灰黄色（2.5Y 6/2，润）；粉砂壤土，发育强的直径 1～3 mm 粒状结构，松散；土体中 2 条蚯蚓通道，内有球形蚯蚓粪便；2～3 块草木炭；向下层平滑渐变过渡。

Br1：20～40 cm，浅淡黄色（2.5Y 8/4，干），灰黄色（2.5Y 6/2，润）；壤土，发育强的直径 10～20 mm 块状结构，稍坚实；土体中 2 条蚯蚓通道，内有球形蚯蚓粪便，向下层平滑清晰过渡。

Br2：40～70 cm，灰色（5Y 4/1，干），黑色（5Y 2/1，润）；粉砂质黏壤土，发育强直径 20～50 mm 的棱块状结构，疏松；向下层平滑模糊过渡。

Br3：70～100 cm，灰色（5Y 4/1，干），黑色（5Y 2/1，润）；粉砂质黏壤土，发育中等直径 20～50 mm 的棱块状结构，疏松；土体中有 2%左右直径≤3 mm 球形褐色软铁锰结核；向下层平滑渐变过渡。

Br4：100～120 cm，灰色（5Y 4/1，干），黑色（5Y 2/1，润）；黏壤土，发育中等直径 20～50 mm 的棱块状结构，疏松；土体中有 2%左右直径≤3 mm 球形褐色软铁锰结核。

黑塔系代表性单个土体物理性质

| 土层 | 深度/cm | 砾石（>2 mm，体积分数）/% | 细土颗粒组成（粒径：mm）/（g/kg） | | | 质地 | 容重/（g/cm³） |
			砂粒 2～0.05	粉粒 0.05～0.002	黏粒 <0.002		
Ap	0～20	—	146	596	258	粉砂壤土	1.21
Br1	20～40	—	269	491	240	壤土	1.53
Br2	40～70	—	135	512	353	粉砂质黏壤土	1.41
Br3	70～100	2	150	491	359	粉砂质黏壤土	1.32
Br4	100～120	2	267	412	321	黏壤土	1.06

黑塔系代表性单个土体化学性质

深度/cm	pH（H_2O）	有机质/（g/kg）	全氮（N）/（g/kg）	全磷（P）/（g/kg）	全钾（K）/（g/kg）	CEC/[cmol（+）/kg]
0～20	8.3	22.5	1.29	0.73	11.9	24.5
20～40	8.5	12.0	0.66	0.47	12.2	16.5
40～70	8.4	13.4	0.53	0.53	12.7	23.0
70～100	8.5	14.1	0.59	1.70	12.8	26.9
100～120	8.4	19.3	0.65	2.99	15.0	24.8

8.6.6 荆芡系（Jingqian Series）

土族：黏质伊利石混合型非酸性热性-普通淡色潮湿雏形土
拟定者：李德成，黄来明，李建武

分布与环境条件 分布于淮河及沿淮支流两岸的缓坡中下部，海拔一般在 10～30 m，异源成土母质，下为戚咀组黄土，上覆黄泛沉积物，旱地，麦-玉米/豆类轮作。暖温带半湿润季风气候，年均日照时数 2200～2300 h，气温 14.5～15.5 ℃，降水量 800～1000 mm，无霜期 210～220 d。

荆芡系典型景观

土壤性状与特征变幅 诊断层包括淡薄表层、雏形层；诊断特性包括热性土壤温度状况、潮湿土壤水分状况、氧化还原特征。土体深厚，一般在 1 m 以上，砂质黏壤土-黏壤土，通体无石灰反应，pH 7.1～7.9；上部近代黄泛黏质冲积物厚度约 25 cm 左右，砂质黏壤土，下部为雏形层，块状结构，结构面上有 2%～10%的铁锰斑纹，土体中有 2%～5%的铁锰结核。

对比土系 唐集系，成土母质下为古黄土性河湖相沉积物，上覆黄泛冲积物，土体中有黏土层次。

利用性能综述 土层深厚，质地偏黏，通透性和耕性较差，有机质、氮、磷、钾含量较低。应改善排灌条件，增施有机肥和实行秸秆还田，种植绿肥，增施磷肥和钾肥。

参比土种 支湖（锈斑）淤马肝土。

代表性单个土体 位于安徽省怀远县荆芡镇猴洞村西南，32°57′56.7″N，117°6′39.2″E，缓坡中下部，海拔 13 m，异源成土母质，下为戚咀组黄土，上为近代黄泛沉积物，旱地，麦-玉米/豆类轮作。50 cm 深度土温 16.5 ℃。

荆芡系代表性单个土体剖面

Ap1：0～18 cm，浊橙色（7.5YR 6/4，干），灰棕色（7.5YR 4/2，润）；砂质黏壤土，发育强的直径 1～3 mm 粒状结构，松散；1～3 条蚯蚓孔道，内填球形蚯蚓粪便；向下层平滑渐变过渡。

Ap2：18～23 cm，浊橙色（7.5YR 6/4，干），灰棕色（7.5YR 4/2，润）；黏壤土，发育强的直径 10～20 mm 块状结构，疏松；1～3 条蚯蚓孔道，内填球形蚯蚓粪便；结构面上有 2%左右铁锰斑纹，土体中有 2%左右直径≤3 mm 球形褐色软铁锰结核；向下层平滑渐变过渡。

Br1：23～60 cm，橙色（7.5YR 6/6，干），棕色（7.5YR 4/4，润）；黏壤土，发育强的直径 10～20 mm 块状结构，疏松；结构面上有 2%左右铁锰斑纹，土体中有 2%左右直径≤3 mm 球形褐色软铁锰结核；向下层平滑模糊过渡。

Br2：60～100 cm，橙色（7.5YR 6/6，干），棕色（7.5YR 4/4，润）；黏壤土，发育强的直径 10～20 mm 块状结构，疏松；结构面上有 5%左右铁锰斑纹，土体中有 5%左右直径≤3 mm 球形褐色软铁锰结核；向下层平滑模糊过渡。

Br3：100～120 cm，浊棕色（7.5YR 5/4，干），灰棕色（7.5YR 4/2，润）；黏壤土，发育强的直径 10～20 mm 块状结构，稍坚实；结构面上有 5%左右铁锰斑纹，土体中有 5%左右直径≤3 mm 球形褐色软铁锰结核。

荆芡系代表性单个土体物理性质

土层	深度 /cm	砾石 （>2 mm，体积分 数）/%	细土颗粒组成（粒径：mm）/（g/kg）			质地	容重 /(g/cm³)
			砂粒 2～0.05	粉粒 0.05～0.002	黏粒 <0.002		
Ap1	0～18	—	495	177	328	砂质黏壤土	1.44
Ap2	18～23	2	447	200	353	黏壤土	1.48
Br1	23～60	2	426	219	355	黏壤土	1.30
Br2	60～100	5	449	210	341	黏壤土	1.77
Br3	100～120	5	417	262	321	黏壤土	1.63

荆芡系代表性单个土体化学性质

深度 /cm	pH (H₂O)	有机质 /（g/kg）	全氮（N） /（g/kg）	全磷（P） /（g/kg）	全钾（K） /（g/kg）	CEC /[cmol（+）/kg]
0～18	7.1	14.2	0.19	0.51	13.5	22.7
18～23	7.5	7.3	0.42	0.10	12.9	30.8
23～60	7.6	5.1	0.42	0.08	14.8	24.1
60～100	7.8	6.5	0.32	0.06	14.1	24.7
100～120	7.9	6.0	0.34	0.10	14.7	22.3

8.6.7　唐集系（Tangji Series）

土族：黏质伊利石混合型非酸性热性-普通淡色潮湿雏形土
拟定者：李德成，李山泉

分布与环境条件　分布于淮
北平原地势较高的缓坡地段，
海拔 20～50 m，异源成土母
质，下为古黄土性河湖相沉
积物，上为黄泛冲积物，旱
地，麦-玉米轮作。暖温带半
湿润季风气候区，年均日照
时数 2300～2400 h，气温
14.5～15.0 ℃，降水量 800～
900 mm，无霜期 210～220 d。

唐集系典型景观

土壤性状与特征变幅　诊断层包括淡薄表层、雏形层；诊断特性包括热性土壤温度状况、
潮湿土壤水分状况、氧化还原特征。土体深厚，一般在 1 m 以上，层次质地构型复杂，
砂质壤土-黏土，通体无石灰反应。上部近代黄泛冲积物厚 1 m 以上，pH 6.0～8.4，结构
面上有 2%左右铁锰斑纹，土体中有 2%左右铁锰结核。

对比土系　荆芡系，同一土族，成土母质下为戚咀组黄土，上覆黄泛黏质冲积物，土体
中无黏土层次。

利用性能综述　土层深厚，耕作层质地适中，通透性和耕性较好，有机质、氮、钾含量
低，磷含量不足，应改善排灌条件，增施有机肥和实行秸秆还田，增施钾肥。

参比土种　青白土。

代表性单个土体　位于安徽省蒙城县漆园镇唐集村东北，33°22′40.3″N，116°35′51.0″E，
海拔 22 m，缓坡地，异源成土母质，下为古黄土性河湖相沉积物，上为黄泛冲积物，旱
地，麦-玉米轮作。50 cm 深度土温 16.3 ℃。

Ap1：0～10 cm，浊黄色（2.5Y 6/4，干），暗灰黄色（2.5Y 5/2，润）；砂质壤土，发育强的直径 1～3 mm 粒状结构，松散；向下层平滑清晰过渡。

Ap2：10～20 cm，浊黄色（2.5Y 6/4，干），暗灰黄色（2.5Y 5/2，润）；砂质黏壤土，发育强的直径 10～20 mm 块状结构，坚实；向下层平滑清晰过渡。

Br1：20～40 cm，黄棕色（2.5Y 5/4，干），暗灰黄色（2.5Y 4/2，润）；黏壤土，发育强的直径 10～20 mm 块状结构，稍坚实；结构面上有 2%左右铁锰斑纹，土体中 1～2 块砖瓦；向下层平滑清晰过渡。

Br2：40～70 cm，黄棕色（2.5Y 5/6，干），橄榄棕色（2.5Y 4/4，润）；黏土，发育强的直径 10～20 mm 块状结构，稍坚实；结构面上有 2%左右铁锰斑纹，土体中有 2%左右直径 ≤3 mm 球形褐色软铁锰结核；向下层平滑渐变过渡。

Br3：70～120 cm，黄棕色（2.5Y 5/4，干），暗灰黄色（2.5Y 4/2，润）；砂质黏土，发育强的直径 10～20 mm 块状结构，稍坚实；结构面上有 2%左右铁锰斑纹，土体中有 2%左右直径 ≤3 mm 球形褐色软铁锰结核。

唐集系代表性单个土体剖面

唐集系代表性单个土体物理性质

| 土层 | 深度 /cm | 砾石 （>2 mm，体积分数）/% | 细土颗粒组成（粒径：mm）/（g/kg） | | | 质地 | 容重 /（g/cm³） |
			砂粒 2～0.05	粉粒 0.05～0.002	黏粒 <0.002		
Ap1	0～10	—	613	227	160	砂质壤土	1.15
Ap2	10～20	—	565	225	210	砂质黏壤土	1.59
Br1	20～40	—	434	172	394	黏壤土	1.45
Br2	40～70	2	443	107	450	黏土	1.63
Br3	70～120	2	453	109	438	砂质黏土	1.69

唐集系代表性单个土体化学性质

深度 /cm	pH （H₂O）	有机质 /（g/kg）	全氮（N） /（g/kg）	全磷（P） /（g/kg）	全钾（K） /（g/kg）	CEC /[cmol（+）/kg]
0～10	6.0	24.2	0.98	0.86	12.1	24.7
10～20	6.8	14.3	0.83	0.84	12.1	30.5
20～40	7.8	3.9	0.48	0.90	13.2	24.6
40～70	8.2	4.1	0.38	1.18	15.4	23.9
70～120	8.4	7.6	0.26	0.94	13.7	23.5

8.6.8　嬉子湖系（Xizihu Series）

土族：黏壤质硅质混合型非酸性热性-普通淡色潮湿雏形土

拟定者：李德成，赵明松，刘　峰

分布与环境条件　分布于江淮丘陵湖泊四周，海拔 10～40 m，成土母质为河湖相沉积物，水生植被（芦苇、蒲草、莲藕、茭白等），北亚热带湿润季风气候，年均日照时数 2000～2100 h，气温 15.5～16.5 ℃，降水量 1200～1400 mm，无霜期 230～240 d。

嬉子湖系典型景观

土壤性状与特征变幅　诊断层包括淡薄表层、雏形层；诊断特性包括热性土壤温度状况、潮湿土壤水分状况、氧化还原特征。地势低洼，地下水位在 0.6～1.0 m，土体深厚，一般在 1 m 以上，壤土-黏壤土，通体无石灰反应，pH 5.0～7.3。淡薄表层厚度 15～20 cm，之下雏形层，块状结构，结构面上有 15%～20%左右铁锰斑纹，土体中有 2%～5%直径≤5 mm 的铁锰结核。

对比土系　本亚类中其他土系，为不同土族，颗粒大小级别分别为砂质和黏质；成土母质和地形部位一致的草湖系和白湖系，植稻多年，不同土纲，为水耕人为土。

利用性能综述　地处低洼湖滩和圩区，季节性积水，湿地生态系统，不宜垦殖，宜种植莲藕、茭白。

参比土种　湿泥骨土。

代表性单个土体　位于安徽省桐城市嬉子湖镇陈庄西，30°52′11.0″N，117°3′1.9″E，海拔 35 m，湖泊边缘，成土母质为河湖相沉积物，生长芦苇等水生植物，50 cm 深度土温 18.1 ℃。

Ah：0～20 cm，淡黄色（2.5Y 7/3，干），灰黄色（2.5Y 6/2，润）；壤土，发育强的直径 5～10 mm 块状结构，疏松；水草，丰度 20～30 条/dm²；结构面上有 15%左右铁锰斑纹；向下层平滑清晰过渡。

Br1：20～32 cm，淡黄色（2.5Y 7/4，干），灰黄色（2.5Y 6/2，润）；壤土，发育中等的直径 10～20 mm 块状结构，稍坚实；结构面上有 15%左右铁锰斑纹，土体中有 5%左右直径 ≤5 mm 球形褐色软铁锰结核；向下层平滑渐变过渡。

Br2：32～50 cm，淡黄色（2.5Y 7/3，干），灰黄色（2.5Y 6/2，润）；黏壤土，发育中等的直径 10～20 mm 块状结构，坚实；结构面上有 20%左右铁锰斑纹，土体中有 5%左右直径 ≤5 mm 球形褐色软铁锰结核；向下层平滑渐变过渡。

Br3：50～120 cm，亮黄棕色（2.5Y 7/6，干），浊黄色（2.5Y 6/4，润）；黏壤土，发育较弱的直径 10～20 mm 块状结构，坚实；结构面上有 20%左右铁锰斑纹，土体中有 2%左右直径 ≤2 mm 球形褐色软铁锰结核。

嬉子湖系代表性单个土体剖面

嬉子湖系代表性单个土体物理性质

| 土层 | 深度 /cm | 砾石 （>2 mm，体积分数）/% | 细土颗粒组成（粒径：mm）/（g/kg） | | | 质地 | 容重 /（g/cm³） |
			砂粒 2～0.05	粉粒 0.05～0.002	黏粒 <0.002		
Ah	0～20	—	291	490	219	壤土	1.30
Br1	20～32	5	276	466	258	壤土	1.34
Br2	32～50	5	244	474	282	黏壤土	1.32
Br3	50～120	2	245	445	310	黏壤土	1.32

嬉子湖系代表性单个土体化学性质

深度 /cm	pH （H₂O）	有机质 /（g/kg）	全氮（N） /（g/kg）	全磷（P） /（g/kg）	全钾（K） /（g/kg）	CEC /[cmol（+）/kg]
0～20	5.5	21.0	1.18	0.29	12.9	17.9
20～32	6.1	4.1	0.44	0.18	13.3	15.8
32～50	6.3	5.6	0.37	0.12	14.1	11.4
50～120	6.6	3.9	0.38	0.10	12.4	12.9

8.7 石质铝质湿润雏形土

8.7.1 渭桥系（Weiqiao Series）

土族：粗骨壤质硅质混合型热性-石质铝质湿润雏形土
拟定者：李德成，赵玉国

分布与环境条件 分布于皖南山区坡地中下部，海拔 100～300 m，成土母质为紫砂岩风化残积-坡积物，杂木林地。北亚热带湿润季风气候，年均日照时数 1900～2000 h，气温 16.0～16.5 ℃，降水量 1600～1700 mm，无霜期 230～240 d。

渭桥系典型景观

土壤性状与特征变幅 诊断层包括淡薄表层、雏形层；诊断特性包括热性土壤 温度状况、湿润土壤水分状况、铝质特性、准石质接触面。土体较薄，厚 40 m 左右，通体壤土，pH 4.1～6.5，紫砂岩风化碎屑含量为 30%～70%。淡薄表层厚度 10～15 cm。

对比土系 同一亚类不同土族中，柯坦系分布于江淮丘陵区丘陵坡地，成土母质为石英砂岩风化残积-坡积物，通体为砂质壤土；前坦系，成土母质和地形部位基本一致，颗粒大小级别为砂质。

利用性能综述 地形较陡，质地轻，土层薄，砾石多，酸性重，有机质、氮、磷、钾含量低，应继续封山育林以保护和恢复植被。

参比土种 渭桥酸性猪血砂。

代表性单个土体 位于安徽省休宁县渭桥乡资村西北，29°46′55.6″N，118°3′54.4″E，海拔 190 m，坡地下部，成土母质为紫砂岩风化残积-坡积物，杂木林地，植被覆盖度>80%。50 cm 深度土温 18.8 ℃。

+2～0 cm，枯枝落叶。

Ah：0～18 cm，浊橙色（5YR 6/4，干），浊红棕色（5YR 5/3，润）；壤土，发育强的直径 1～3 mm 粒状结构，松散；草灌根系，丰度 10～15 条/dm²；土体中有 30%左右直径≤5 mm 紫砂岩风化碎屑；向下层平滑渐变过渡。

Bw：18～35 cm，浊橙色（5YR 6/4，干），浊红棕色（5YR 5/3，润）；壤土，发育中等的直径 2～5 mm 块状结构，稍硬；茶树根系，丰度 10～15 条/dm²；土体中有 40%左右直径≤5 mm 紫砂岩风化碎屑；向下层不规则渐变过渡。

C：35～75 cm，浊橙色（5YR6/4，干），浊红棕色（5YR 5/4，润）；壤土，发育较弱的直径 2～5 mm 块状结构，稍硬；土体中有 85%左右直径≤5 mm 紫砂岩风化碎屑；向下层不规则突变过渡。

R：75～140 cm，紫砂岩。

渭桥系代表性单个土体剖面

渭桥系代表性单个土体物理性质

土层	深度 /cm	砾石 （>2 mm，体积分数）/%	细土颗粒组成（粒径：mm）/（g/kg）			质地
			砂粒 2～0.05	粉粒 0.05～0.002	黏粒 <0.002	
Ah	0～18	30	498	332	170	壤土
Bw1	18～35	40	506	313	181	壤土
C	35～75	85	490	322	188	壤土

渭桥系代表性单个土体化学性质

深度 /cm	pH H₂O	pH KCl	有机质 /（g/kg）	全氮（N） /（g/kg）	全磷（P） /（g/kg）	全钾（K） /（g/kg）	CEC₇ /[cmol（+）/kg]（黏粒）	Al_KCl /[cmol（+）/kg]（黏粒）
0～18	4.9	3.2	25.2	1.37	0.12	15.0	88.2	21.2
18～35	4.8	3.2	12.9	0.93	0.09	14.4	87.1	22.9
35～75	5.1	3.3	10.5	0.78	0.10	16.6	112.1	22.4

8.7.2 柯坦系（Ketan Series）

土族：砂质硅质混合型热性-石质铝质湿润雏形土
拟定者：李德成，黄来明

分布与环境条件 分布于江淮丘陵区丘陵坡地中上部，海拔 200～500 m，成土母质为石英砂岩风化残积-坡积物，马尾松为主的杂木林地，部分为茶园。北亚热带湿润季风气候，年均日照时数 2000～2100 h，气温 15.5～16.5 ℃，降水量 1000～1200 mm，无霜期 230～240 d。

柯坦系典型景观

土壤性状与特征变幅 诊断层包括淡薄表层、雏形层；诊断特性包括热性土壤温度状况、湿润土壤水分状况、铝质现象、石质接触面。土体较薄，厚 30～50 cm，砂质壤土，pH 4.5～6.7，石英砂岩风化碎屑含量为 10%～20%。淡薄表层厚度 10～20 cm。

对比土系 渭桥系和前坦系，同一亚类但不同土族，地形部位基本一致，但成土母质为紫砂岩风化残积-坡积物，前者颗粒大小级别为粗骨壤质，后者颗粒大小级别为壤质。

利用性能综述 土层薄，发育差，质地粗，有机质、氮含量较高，磷、钾含量较低，植被覆盖度较高，水土流失较轻。改良利用上应选种耐旱耐瘠树种，营造薪炭林，加强封山育林，严禁乱砍滥伐，防止水土流失。老茶园要加强管理、更新，不断增肥培土，适当使用碱性物质改良酸性。

参比土种 冶山砾质黄砂土。

代表性单个土体 位于安徽省庐江县柯坦镇柿树村西，31°10′44.5″N，117°12′11.0″E，海拔 306 m，丘陵缓坡中上部，成土母质为石英砂岩风化残积-坡积物，马尾松和杉树混交林，覆盖度>80%，50 cm 深度土温 17.8 ℃。

+2～0 cm，枯枝落叶。

Ah：0～15 cm，浊黄橙色（10YR 6/4，干），灰黄棕色（10YR 5/2，润）；砂质壤土，发育强的直径 1～3 mm 粒状结构，松散；松树和草灌根系，丰度 10～15 条/dm²；10%左右直径≤3 mm 石英砂岩风化碎屑；向下层波状渐变过渡。

Bw：15～45 cm，亮黄棕色（10YR 6/6，干），浊黄棕色（10YR 5/4，润）；砂质壤土，发育中等的直径 2～5 mm 块状结构，松散；松树和草灌根系，丰度 5～8 条/dm²；20%左右直径≤5 mm 石英砂岩风化碎屑；向下层不规则突变过渡。

R：45～100 cm，石英砂岩。

柯坦系代表性单个土体剖面

柯坦系代表性单个土体物理性质

土层	深度 /cm	砾石 (>2 mm，体积分数) /%	细土颗粒组成（粒径：mm）/（g/kg）			质地
			砂粒 2～0.05	粉粒 0.05～0.002	黏粒 <0.002	
Ah	0～15	10	629	205	166	砂质壤土
Bw	15～45	20	608	235	157	砂质壤土

柯坦系代表性单个土体化学性质

深度 /cm	pH		有机质 /（g/kg）	全氮（N） /（g/kg）	全磷（P） /（g/kg）	全钾（K） /（g/kg）	CEC₇ /[cmol（+）/kg]（黏粒）	Al_KCl /[cmol（+）/kg]（黏粒）
	H₂O	KCl						
0～15	5.7	4.4	30.9	1.47	0.10	4.2	52.4	15.9
15～45	5.3	4.2	15.9	0.84	0.13	21.1	40.3	16.1

8.7.3 前坦系（Qiantan Series）

土族：壤质硅质混合型热性-石质铝质湿润雏形土

拟定者：李德成，赵玉国

分布与环境条件 分布于皖南山区低丘中坡地中下部，海拔 100～300 m，成土母质为紫砂岩风化残积-坡积物，茶园。北亚热带湿润季风气候，年均日照时数 1900～2000 h，气温 16.0～16.5 ℃，降水量 1600～1700 mm，无霜期 230～240 d。

前坦系典型景观

土壤性状与特征变幅 诊断层包括淡薄表层、雏形层；诊断特性包括热性土壤温度状况、湿润土壤水分状况、铝质特性、准石质接触面。土体厚度 35～50 m，砂质黏壤土-壤土，pH 4.5～6.5，紫砂岩风化碎屑含量 5%～10%。淡薄表层厚度 10～25 cm。

对比土系 同一亚类不同土族中，渭桥系，成土母质和地形部位基本一致，颗粒大小级别为粗骨壤质；柯坦系，地形部位类似，但成土母质为石英砂岩风化残积-坡积物，颗粒大小级别为砂质。

利用性能综述 土层较薄，酸性重，有机质、氮、磷、钾含量低，应加强植被保护，非茶园的林下种植牧草，旱地应实行等高种植，秸秆还田，冬季种植绿肥，使用碱性物质改良酸性。

参比土种 隆阜酸性猪血泥。

代表性单个土体 位于安徽省休宁县岭南乡前坦村东北，29°25′35.4″N，118°9′23.1″E，低丘坡地下部，海拔 170 m，成土母质为紫砂岩风化残积-坡积物，茶园，植被覆盖度>80%。50 cm 深度土温 18.8 ℃。

Ap：0～10 cm，浊橙色（2.5YR 6/4，干），灰红色（2.5YR 5/2，润）；砂质黏壤土，发育强的直径 1～3 mm 粒状结构，松散；茶树根系，丰度 5～8 条/dm²；5%左右直径 2～5 mm 紫页岩风化残体；向下层波状渐变过渡。

Bw1：10～20 cm，浊橙色（2.5YR 6/4，干），灰红色（2.5YR 5/2，润）；壤土，发育强的直径 2～5 mm 块状结构，稍硬；茶树根系，丰度 3～5 条/dm²；10%左右直径 2～5 mm 紫页岩风化残体；向下层波状渐变过渡。

Bw2：20～38 cm，浊橙色（2.5YR 6/4，干），灰红色（2.5YR 5/2，润）；砂质黏壤土，发育强的直径 2～5 mm 块状结构，稍硬；5%左右直径 2～5 mm 扁平状紫页岩风化残体；向下层不规则突变过渡。

R：38～75 cm，紫砂岩。

前坦系代表性单个土体剖面

前坦系代表性单个土体物理性质

| 土层 | 深度/cm | 砾石（>2 mm，体积分数）/% | 细土颗粒组成（粒径：mm）/（g/kg） | | | 质地 |
			砂粒 2～0.05	粉粒 0.05～0.002	黏粒 <0.002	
Ap	0～10	5	507	262	231	砂质黏壤土
Bw1	10～20	10	491	287	222	壤土
Bw2	20～38	10	477	272	251	砂质黏壤土

前坦系代表性单个土体化学性质

| 深度/cm | pH | | 有机质/（g/kg） | 全氮（N）/（g/kg） | 全磷（P）/（g/kg） | 全钾（K）/（g/kg） | CEC_7/[cmol（+）/kg]（黏粒） | Al_{KCl}/[cmol（+）/kg]（黏粒） |
	H_2O	KCl						
0～10	5.1	3.3	20.5	1.42	0.37	14.1	89.2	36.7
10～20	5.0	3.3	4.7	0.90	0.23	16.3	123.0	50.2
20～38	5.0	3.3	2.8	0.63	0.11	14.8	117.4	38.0

8.8　腐殖铝质湿润雏形土

8.8.1　方塘系（Fangtang Series）

土族：壤质硅质混合型热性-腐殖铝质湿润雏形土
拟定者：李德成，黄来明

分布与环境条件　分布于皖南山区坡地中上部，海拔 500 m 以上，坡度较陡，成土母质为石英砂岩风化残积-坡积物，林地。北亚热带湿润季风气候，年均日照时数 2000～2100 h，气温 15.5～16.0 ℃，降水量 1300～1500 mm，无霜期 230～240 d。

方塘系典型景观

土壤性状与特征变幅　诊断层包括暗瘠表层、雏形层；诊断特性包括热性土壤温度状况、湿润土壤水分状况、腐殖质特性、铝质现象、准石质接触面。土体较厚，75 cm 左右，通体壤土，pH 4.5～5.5，石英砂岩风化碎屑含量为 5%～20%。淡薄表层厚度 19～30 cm。

对比土系　前坦系和铁冲系，同一土类但不同亚类，分别为石质铝质湿润雏形土和普通铝质湿润雏形土。

利用性能综述　土层薄，砾石含量低，酸性重，有机质、氮、磷、钾含量低。应加强封山育林保护和恢复植被，适当使用碱性物质改良酸性。

参比土种　板桥暗黄砂泥土。

代表性单个土体　位于安徽省宁国市方塘乡板桥村东北，30°32′39.6″N，118°39′57.5″E，海拔 583 m，坡地中下部，成土母质为石英砂岩风化残积-坡积物，楮树林，植被覆盖度>80%。50 cm 深度土温 17.9 ℃。

+3～0 cm，枯枝落叶。

Ah1：0～27 cm，浊橙色（7.5YR 6/4，干），灰棕色（7.5YR5/2，润）；壤土，发育强的直径 1～3 mm 粒状结构，松散；楮树根系，丰度 3～5 条/dm²；土体中有 5%左右直径≤10 mm 石英砂岩风化碎屑；向下层波状渐变过渡。

Ah2：27～46 cm，橙色（10YR 7/6，干），浊橙色（7.5YR 6/4，润）；壤土，发育强的直径 2～5 mm 块状结构，稍硬；楮树根系，丰度 1～3 条/dm²；根孔壁上可见腐殖质淀积胶膜，土体中有 15%左右直径≤10 mm 石英砂岩风化碎屑；向下层不规则渐变过渡。

Bw：46～68 cm，淡黄橙色（7.5YR 8/6，干），浊橙色（7.5YR 7/4，润）；壤土，发育中等的直径 2～5 mm 块状结构，稍硬；楮树根系，丰度 1～3 条/dm²；土体中有 20%左右直径≤20 mm 石英砂岩风化残体；向下层不规则突变过渡。

R：68～120 cm，板岩。

方塘系代表性单个土体剖面

方塘系代表性单个土体物理性质

土层	深度 /cm	砾石 （>2 mm，体积分数）/%	细土颗粒组成（粒径：mm）/（g/kg）			质地
			砂粒 2～0.05	粉粒 0.05～0.002	黏粒 <0.002	
Ah1	0～27	5	303	474	223	壤土
Ah2	27～46	15	368	402	230	壤土
Bw	46～68	20	390	426	184	壤土

方塘系代表性单个土体化学性质

深度 /cm	pH		有机质 /（g/kg）	全氮（N） /（g/kg）	全磷（P） /（g/kg）	全钾（K） /（g/kg）	CEC₇ /[cmol（+）/kg]（黏粒）	Al_KCl /[cmol（+）/kg]（黏粒）
	H₂O	KCl						
0～27	4.7	4.1	21.8	0.30	0.03	4.1	49.3	16.6
27～46	4.8	4.2	20.2	0.90	0.07	13.1	42.6	13.5
46～68	5.5	4.2	8.9	0.49	0.11	13.3	48.9	13.2

8.9　普通铝质湿润雏形土

8.9.1　铁冲系（Tiechong Series）

土族：砂质硅质混合型热性-普通铝质湿润雏形土

拟定者：李德成，黄来明，赵明松

分布与环境条件　分布于大别山区中山坡地上部，海拔 400～1000 m，成土母质为泥质岩风化残积-坡积物，林地。北亚热带湿润季风气候，年均日照时数 1900～2100 h，气温 14.5～15.0 ℃，降水量 1200～1400 mm，无霜期 210～220 d。

铁冲系典型景观

土壤性状与特征变幅　诊断层包括淡薄表层、雏形层；诊断特性包括热性土壤温度状况、湿润土壤水分状况、铝质现象、准石质接触面。土体厚度 60～80 cm，砂质壤土-壤质砂土，pH 4.9～5.7，泥质岩风化碎屑含量为 20%～30%。淡薄表层厚度 15～26 cm。

对比土系　齐云山系和大坦系，同一亚纲但不同土类，地形部位和成土母质一致，有铁质特性但无铝质现象，为铁质湿润雏形土。

利用性能综述　土层较厚，砾石含量高，有机质、氮含量较高，磷和钾含量较低，坡度较高，但植被覆盖度较高，水土流失较轻。应加强封山育林，严禁乱砍滥伐，防止水土流失。

参比土种　铁冲暗棕土。

代表性单个土体　位于安徽省金寨县铁冲乡上棚村西南，31°42′45.4″N，115°36′29.2″E，海拔 418 m，坡下部，成土母质为泥质岩风化残积-坡积物。天然杂木林地，覆盖度>80%。50 cm 深度土温 16.9 ℃。

+3～0 cm，枯枝落叶。

Ah：0～15 cm，暗灰黄色（2.5Y 5/2，干），黄灰色（2.5Y 4/1，润）；砂质壤土，发育强的直径1～3 mm粒状结构，松散；草灌根系，丰度5～10 条/dm²；土体中有15%左右直径≤5 mm泥页岩风化碎屑；向下层平滑渐变过渡。

Bw1：15～46 cm，浊黄色（2.5Y 6/4，干），暗灰黄色（2.5Y 4/2，润）；砂质壤土，发育中等的直径5～10 mm块状结构，稍硬；草灌根系，丰度5～8 条/dm²；土体中有15%左右直径≤5 mm泥页岩风化碎屑；向下层不规则清晰过渡。

Bw2：46～65 cm，亮黄棕色（10YR 7/6，干），黄棕色（10YR 5/4，润）；砂质壤土，发育中等的直径5～10 mm块状结构，稍硬；草灌根系，丰度1～3 条/dm²；土体中有20%左右直径≤5 mm泥页岩风化碎屑；向下层不规则突变过渡。

R：65～85 cm，泥质岩。

铁冲系代表性单个土体剖面

铁冲系代表性单个土体物理性质

土层	深度 /cm	砾石 （>2 mm，体积分数）/%	细土颗粒组成（粒径：mm）/（g/kg）			质地
			砂粒 2～0.05	粉粒 0.05～0.002	黏粒 <0.002	
Ah	0～15	15	667	137	196	砂质壤土
Bw1	15～46	15	701	113	186	砂质壤土
Bw2	46～65	20	701	113	186	砂质壤土

铁冲系代表性单个土体化学性质

深度 /cm	pH H₂O	pH KCl	有机质 /（g/kg）	全氮（N） /（g/kg）	全磷（P） /（g/kg）	全钾（K） /（g/kg）	CEC₇ /[cmol（+）/kg]（黏粒）	Al_KCl /[cmol（+）/kg]（黏粒）
0～15	5.7	4.6	31.6	1.57	0.20	5.2	65.8	15.7
15～46	5.1	4.1	10.6	0.60	0.10	12.1	66.1	13.6
46～65	5.0	4.0	8.2	0.58	0.09	12.1	66.1	14.2

8.10 红色铁质湿润雏形土

8.10.1 五城系（Wucheng Series）

土族：粗骨砂质硅质混合型石灰性热性-红色铁质湿润雏形土

拟定者：李德成，赵玉国

分布与环境条件 分布于皖南山区低丘坡地中上部，海拔 100～300 m，成土母质为钙质紫砂岩风化残积-坡积物，竹林地。北亚热带湿润季风气候，年均日照时数 1900～2000 h，气温 16.0～16.5 ℃，降水量 1600～1700 mm，无霜期 230～240 d。

五城系典型景观

土壤性状与特征变幅 诊断层包括淡薄表层、雏形层；诊断特性包括热性土壤温度状况、湿润土壤水分状况、红砂岩岩性特征、石灰性、准石质接触面。土体较薄，厚 30～50 cm，砂质壤土，中度石灰反应，pH 5.6～6.2，紫砂岩风化碎屑含量约 30%。淡薄表层厚度 10～15 cm。

对比土系 同一亚类不同土族的土系中，璜源系成土母质为紫砂岩风化残积-坡积物，土体呈酸性；齐云山系成土母质为泥质岩风化坡积物，土体呈酸性，层次质地构型为壤土-砂质黏壤土。

利用性能综述 土层薄，砾石多，有机质、氮、磷、钾含量低。应加强植被保护，严禁樵伐，林下种植牧草，旱地的应实行等高种植，实行秸秆还田，冬季种植绿肥，施用有机肥和复合肥。

参比土种 槐园石灰性猪血砂。

代表性单个土体 位于安徽省休宁县五城镇古积田村西南，29°31′59.7″N，118°13′1.2″E，海拔 150 m，低丘坡地中部，成土母质为钙质紫砂岩风化残积-坡积物。竹林，植被覆盖度>80%。50 cm 深度土温 18.7 ℃。

+2～0 cm，枯枝落叶。

Ah：0～10 cm，浊橙色（5YR 6/4，干），灰棕色（5YR 4/2，润）；砂质壤土，发育强的直径 2～5 mm 块状结构，松散；杂草根系，丰度 5～8 条/dm²；土体中有 30%左右直径 5～10 mm 的紫砂岩风化残体；中度石灰反应；向下层平滑渐变过渡。

Bw：10～48 cm，浊橙色（5YR 6/4，干），灰棕色（5YR 4/2，润）；砂质壤土，发育中等的直径 2～5 mm 块状结构，稍硬；杂草根系，丰度 3～5 条/dm²；土体中有 30%左右直径 5～10 mm 的紫砂岩风化残体；中度石灰反应；向下层不规则清晰过渡。

R：48～60 cm，紫砂岩，强石灰性。

五城系代表性单个土体剖面

五城系代表性单个土体物理性质

| 土层 | 深度 /cm | 砾石 （>2 mm，体积分数）/% | 细土颗粒组成（粒径：mm）/（g/kg） | | | 质地 |
			砂粒 2～0.05	粉粒 0.05～0.002	黏粒 <0.002	
Ah	0～10	30	709	187	104	砂质壤土
Bw	10～48	30	694	206	100	砂质壤土

五城系代表性单个土体化学性质

深度 /cm	pH （H₂O）	有机质 /（g/kg）	全氮（N） /（g/kg）	全磷（P） /（g/kg）	全钾（K） /（g/kg）	CEC /[cmol(+)/kg]	碳酸钙 /（g/kg）	游离氧化铁 /（g/kg）
0～10	5.6	13.8	1.17	0.53	15.9	23.1	59.5	24.3
10～48	6.2	7.4	0.72	0.40	15.0	20.1	51.7	24.5

8.10.2 齐云山系(Qiyunshan Series)

土族:粗骨砂质硅质混合型酸性热性-红色铁质湿润雏形土
拟定者:李德成,赵玉国

分布与环境条件 分布于皖
南山区坡地中下部,坡度较陡,
海拔 200~500 m,成土母质为
泥质岩风化坡积物,林地或茶
园。北亚热带湿润季风气候,
年均日照时数 1800~2000 h,
气温 15.5~16.0 ℃,降水量
1500 ~ 1800 mm, 无霜期
230~240 d。

齐云山系典型景观

土壤性状与特征变幅 诊断层包括淡薄表层、雏形层;诊断特性包括热性土壤温度状况、
湿润土壤水分状况、铁质特性、准石质接触面。土体厚度 1 m 左右,壤土-砂质黏壤土,
色调 5YR,pH 4.0~5.6,游离氧化铁含量为 22~66 g/kg,泥质岩风化碎屑含量为 30%~
40%。淡薄表层厚 10~15 cm。

对比土系 同一亚类但不同土族的土系中,璜源系成土母质为紫砂岩风化残积-坡积物,
土体呈酸性,通体为砂质壤土;五城系,成土母质为钙质紫砂岩风化物,土体有石灰性,
通体为砂质壤土。

利用性能综述 土层较厚,砾石含量高,有机质、磷、钾含量低,氮含量较高,植被覆
盖度较高,水土流失较轻。改良利用措施:应加强封山育林,严禁乱砍滥伐,防止水土
流失。茶园应实行等高种植,秸秆还田,冬季种植绿肥,以培肥土壤,改善土壤结构,
适当使用碱性物质改良酸性。

参比土种 富里砾质暗黄泥土。

代表性单个土体 位于安徽省休宁县齐云山镇小源村西北,29°48′31.3″N,118°0′56.6″E,
海拔 350 m,坡地中下部,成土母质为泥质岩风化坡积物。茶园植被,植被覆盖度>80%。
50 cm 深度土温 18.6 ℃。

+2～0 cm，枯枝落叶。

Ah：0～10 cm，橙色（5YR 7/6，干），浊红棕色（5YR 5/4，润）；壤土，发育强的直径 1～3 mm 粒状结构，松散；茶树根系，丰度 5～10 条/dm²；土体中有 10%左右直径≤30 mm 泥质岩风化碎屑；向下层平滑清晰过渡。

Bw1：10～24 cm，橙色（5YR 6/6，干），浊红棕色（5YR 5/4，润）；砂质黏壤土，发育中等的直径 2～5 mm 块状结构，稍硬；茶树根系，丰度 1～3 条/dm³；土体中有 30%左右直径≤30 mm 泥质岩风化碎屑；向下层平滑渐变过渡。

Bw2：24～65 cm，橙色（5YR 6/6，干），浊红棕色（5YR 5/4，润）；砂质黏壤土，发育中等的直径 2～5 mm 块状结构，稍硬；茶树根系，丰度 1～3 条/dm²；土体中有 30%左右直径≤30 mm 泥质岩风化碎屑；向下层平滑渐变过渡。

Bw3：65～110 cm，橙色（5YR 6/6，干），浊红棕色（5YR 5/4，润）；砂质黏壤土，发育较弱的直径 3～10 mm 块状结构，松散；茶树根系，丰度 1～3 条/dm²；土体中有 40%左右直径≤30 mm 泥质岩风化碎屑；向下层不规则清晰过渡。

R：110～120 cm，泥质岩。

齐云山系代表性单个土体剖面

齐云山系代表性单个土体物理性质

| 土层 | 深度/cm | 砾石（>2 mm，体积分数）/% | 细土颗粒组成（粒径：mm）/（g/kg） | | | 质地 |
			砂粒 2～0.05	粉粒 0.05～0.002	黏粒 <0.002	
Ah	0～10	10	449	352	199	壤土
Bw1	10～24	30	467	229	304	砂质黏壤土
Bw2	24～65	30	527	160	313	砂质黏壤土
Bw3	65～110	40	602	118	280	砂质黏壤土

齐云山系代表性单个土体化学性质

| 深度/cm | pH | | 有机质/（g/kg） | 全氮（N）/（g/kg） | 全磷（P）/（g/kg） | 全钾（K）/（g/kg） | Al_{KCl}/[cmol（+）/kg]（黏粒） | CEC_7/[cmol（+）/kg]（黏粒） | 游离氧化铁/（g/kg） |
	H_2O	KCl							
0～10	4.6	3.6	12.3	2.32	0.21	11.0	11.1	89.9	56.0
10～24	4.6	3.9	10.8	1.42	0.16	11.3	9.5	52.0	66.5
24～65	4.6	3.9	8.7	1.32	0.12	11.3	9.0	56.8	22.9
65～110	4.7	3.8	3.3	1.30	0.10	12.2	9.6	37.1	49.2

8.10.3 璜源系（Huangyuan Series）

土族：粗骨砂质硅质混合型非酸性热性-红色铁质湿润雏形土
拟定者：李德成，赵玉国

分布与环境条件 分布于皖南山区低丘坡地中下部，海拔100～300 m，成土母质为紫砂岩风化残积-坡积物，稀疏乔木和草灌，部分为旱地。北亚热带湿润季风气候，年均日照时数1900～2000 h，气温 16.0～16.5 ℃，降水量1600～1700 mm，无霜期230～240 d。

璜源系典型景观

土壤性状与特征变幅 诊断层包括淡薄表层、雏形层；诊断特性包括热性土壤温度状况、湿润土壤水分状况、红色砂岩岩性特征、准石质接触面。土体厚度35～90 cm，通体砂质壤土，色调7.5R，pH 6.5～7.0，游离氧化铁含量为19～23 g/kg，紫砂岩风化碎屑含量为20%～30%。淡薄表层厚度10～20 cm。

对比土系 同一亚类但不同土族的土系中，五城系成土母质和地形部位一致，土体有石灰性。齐云山系成土母质为泥质岩风化物，土体呈酸性。

利用性能综述 土层薄，砾石多，砂性重，通透性和耕性好，有机质、氮、磷、钾含量低。应加强植被保护，旱地应实行等高种植，秸秆还田，冬季种植绿肥。

参比土种 西山中性猪血砂。

代表性单个土体 位于安徽省休宁县东临溪镇璜源村北，29°33′6.1″N，118°14′59.5″E，海拔116 m，低丘坡地下部，成土母质为紫砂岩风化残积-坡积物，旱地，种植芝麻、玉米等。50 cm深度土温18.7 ℃。

Ap：0~15 cm，红色（10R 4/8，干），极暗红色（10R 2/3，润）；砂质壤土，发育强的直径1~3 mm粒状结构，松散，土体中有20%左右直径5~10 mm的紫砂岩风化残体；向下层平滑渐变过渡。

Bw1：15~56 cm，红色（10R 4/8，干），极暗红色（10R 2/3，润）；砂质壤土，发育中等的直径2~5 mm块状结构，稍硬；土体中有30%左右直径5~10 mm的紫砂岩风化残体；向下层平滑渐变过渡。

Bw2：56~90 cm，红色（10R 4/8，干），极暗红色（10R 2/3，润）；砂质壤土，发育中等的直径2~5 mm块状结构，稍硬；土体中有30%左右直径5~10 mm的紫砂岩风化残体；向下层不规则清晰过渡。

R：90~95 cm，紫砂岩，无石灰反应。

璜源系代表性单个土体剖面

璜源系代表性单个土体物理性质

土层	深度 /cm	砾石（>2 mm，体积分数）/%	细土颗粒组成（粒径：mm）/（g/kg）			质地
			砂粒 2~0.05	粉粒 0.05~0.002	黏粒 <0.002	
Ap	0~15	20	657	249	94	砂质壤土
Bw1	15~56	30	628	252	120	砂质壤土
Bw2	56~90	30	684	164	152	砂质壤土

璜源系代表性单个土体化学性质

深度 /cm	pH (H₂O)	有机质 /（g/kg）	全氮（N）/（g/kg）	全磷（P）/（g/kg）	全钾（K）/（g/kg）	CEC /[cmol(+)/kg]	游离氧化铁 /（g/kg）
0~15	6.5	14.4	1.09	0.49	13.5	12.8	35.2
15~56	6.7	12.7	1.15	0.52	16.8	17.2	43.8
56~90	6.8	4.1	0.73	0.57	18.1	12.8	44.4

8.11　普通铁质湿润雏形土

8.11.1　大坦系（Datan Series）

土族：粗骨壤质硅质混合型酸性热性-普通铁质湿润雏形土
拟定者：李德成，黄来明，韩光宗

分布与环境条件　分布于皖南
低山丘陵的中上部，坡度较陡，
海拔 100～300 m，成土母质为
泥质岩等风化坡积物，林地（松、
杉、栎、竹等）。北亚热带湿润
季风气候，年均日照时数 1900～
2000 h，气温 15.5～16.0 ℃，降
水量 1600～1800 mm，无霜期
230～240 d。

大坦系典型景观

土壤性状与特征变幅　诊断层包括淡薄表层、雏形层；诊断特性包括热性土壤温度状况、
湿润土壤水分状况、准石质接触面。表层流失殆尽，雏形层直接出露，土体厚度 30～
55 cm，通体壤土，pH 4.1～5.7，泥质岩风化碎屑含量 30%～90%。
对比土系　齐云山系，成土母质和地形部位基本一致，同一土类但不同亚类，土体色调
为 5YR，为红色铁质湿润雏形土；铁冲系，地形部位和成土母质一致，同一亚纲不同土
类，为铝质湿润雏形土。
利用性能综述　土层较薄，砾石含量高，酸性中，有机质、氮含量高，磷、钾含量低。
应加强封山育林，旱地应实行等高种植，秸秆还田，冬季种植绿肥，防止进一步酸化。
参比土种　大洪岭夹砾红泥土。
代表性单个土体　位于安徽省祁门县大坦乡枫林村东南，29°56′33.8″N，117°44′38.6″E，
海拔 202 m，低丘坡地中下部，成土母质为泥质岩风化坡积物。马尾松林地，夹杂竹林，
植被覆盖度>80%。50 cm 深度土温 18.6 ℃。

+2～0 cm，枯枝落叶。

Ah：0～15 cm，浊黄橙色（10YR 6/4，干），灰黄棕色（10YR 5/2，润）；壤土，发育中等的直径 1～3 mm 粒状结构，松散；马尾松和草灌根系，丰度 15 条/dm²；土体中有 30%左右直径 ≤30 mm 泥质岩风化碎屑；向下层平滑渐变过渡。

Bw：15～35 cm，浊黄橙色（10YR 7/4，干）；灰黄棕色（10YR 6/2，润）；壤土，发育中等的直径 2～5 mm 块状结构，稍硬；马尾松和草灌根系，丰度 5 条/dm²；土体中有 40%左右直径≤30 mm 泥质岩风化碎屑，向下层平滑渐变过渡。

C：35～80 cm，淡黄橙色（10YR 8/4，干），灰黄棕色（10YR 6/2，润）；壤土，发育较弱的直径 2～5 mm 块状结构，稍硬；马尾松和草灌根系，丰度 3～5 条/dm²；土体中有 85%左右直径 ≤30 mm 泥质岩风化碎屑；向下层不规则清晰过渡。

R：80～90 cm，泥质岩。

大坦系代表性单个土体剖面

大坦系代表性单个土体物理性质

土层	深度 /cm	砾石 (>2 mm，体积分数) /%	细土颗粒组成（粒径：mm）/（g/kg）			质地
			砂粒 2～0.05	粉粒 0.05～0.002	黏粒 <0.002	
Ah	0～15	30	376	402	222	壤土
Bw	15～35	40	403	352	245	壤土
C	35～80	85	420	347	233	壤土

大坦系代表性单个土体化学性质

深度 /cm	pH		有机质 /（g/kg）	全氮（N） /（g/kg）	全磷（P） /（g/kg）	全钾（K） /（g/kg）	Al$_{KCl}$ /[cmol（+）/kg]（黏粒）	CEC$_7$ /[cmol（+）/kg]（黏粒）	游离氧化铁 /（g/kg）
	H₂O	KCl							
0～15	4.9	4.2	32.2	1.93	0.30	17.4	10.5	51.3	20.4
15～35	5.0	4.2	16.2	1.42	0.26	14.1	7.3	47.3	20.8
35～80	5.1	4.1	6.4	1.13	0.26	15.0	8.4	54.5	25.9

8.12 普通酸性湿润雏形土

8.12.1 天柱山系（Tianzhushan Series）

土族：粗骨砂质长石型热性-普通酸性湿润雏形土
拟定者：李德成，黄来明

分布与环境条件 分布于大别山区海拔 500 m 以上坡地中下部，成土母质为花岗岩风化残积物，黄山松、黄山栎等针阔混交林。北亚热带湿润季风气候，年均日照时数 2000～2100 h，气温 15.0～16.5 ℃，降水量 1300～1400 mm，无霜期 220～240 d。

天柱山系典型景观

土壤性状与特征变幅 诊断层包括淡薄表层、雏形层；诊断特性包括热性土壤温度状况、湿润土壤水分状况、准石质接触面。土体较薄，厚 30～50 cm，通体砂质壤土，pH 5.0～5.5，30%～60%花岗岩风化碎屑。淡薄表层厚度 10～25 cm。
对比土系 桃花潭系、斑竹园系、西阳系和左家系，成土母质和地形部位基本一致，但桃花潭系发育强，不同土纲，有黏化层，为淋溶土；后三者发育弱，不同土纲，无雏形层，为新成土。
利用性能综述 土层较厚，砾石含量高，有机质、氮含量较高，磷和钾含量较低，植被覆盖度较高，水土流失较轻。改良利用上应加强封山育林，严禁乱砍滥伐，防止水土流失。
参比土种 驼岭砾质暗棕土。
代表性单个土体 位于安徽省潜山县天柱山景区佛光禅寺东南，30°43′20.4″N，116°27′20.2″E，海拔 660 m，坡地中下部，成土母质为花岗岩风化残积物。松、杉、毛竹混合林地，植被覆盖度>80%。50 cm 深度土温 17.7 ℃。

+3～0 cm：枯枝落叶。

Ah1：0～20 cm，浊黄橙色（10YR 6/3，干），棕灰色（10YR 5/1，润）；砂质壤土，发育中等的直径 2～3 mm 粒状结构，松散；黄山松和草灌根系，丰度 7 条/dm²；土体中有 30%左右直径≤5 mm 花岗岩风化碎屑；向下层波状渐变过渡。

Ah2：20～35 cm，浊黄橙色（10YR 6/3，干），棕灰色（10YR 5/1，润）；砂质壤土，发育较弱的直径 2～5 mm 块状结构，松散；黄山松和草灌根系，丰度 5 条/dm²；孔隙内填有细土，土体中有 40%左右直径≤5 mm 花岗岩风化碎屑；向下层平滑渐变过渡。

Bc：35～55 cm，亮黄棕色（10YR 6/6，干），棕色（10YR 4/4，润）；砂质壤土，发育弱的直径 2～5 mm 块状结构，松散；黄山松和草灌根系，丰度 3 条/dm²；土体中有 70%左右直径≤5 mm 花岗岩风化碎屑；向下层不规则清晰过渡。

R：55～100 cm，花岗岩。

天柱山系代表性单个土体剖面

天柱山系代表性单个土体物理性质

土层	深度 /cm	砾石 (>2 mm，体积分数) /%	细土颗粒组成（粒径：mm）/（g/kg）			质地
			砂粒 2～0.05	粉粒 0.05～0.002	黏粒 <0.002	
Ah1	0～20	30	733	120	147	砂质壤土
Ah2	20～35	40	703	148	149	砂质壤土
Bc	35～55	60	654	198	148	砂质壤土

天柱山系代表性单个土体化学性质

深度 /cm	pH		有机质 /（g/kg）	全氮(N) /（g/kg）	全磷(P) /（g/kg）	全钾(K) /（g/kg）	CEC /[cmol（+）/kg]	Al_{KCl} /[cmol（+）/kg]（黏粒）	游离氧化铁 /（g/kg）
	H₂O	KCl							
0～20	5.1	4.1	32.3	1.34	0.10	5.2	5.5	11.5	17.2
20～35	5.1	4.1	19.0	1.03	0.10	4.9	7.7	10.7	11.7
35～55	5.0	4.0	16.6	0.98	0.08	4.9	8.0	11.3	11.4

8.13　普通简育湿润雏形土

8.13.1　郭家圩系（Guojiawei Series）

土族：砂质硅质混合型非酸性热性-普通简育湿润雏形土
拟定者：李德成，李山泉

分布与环境条件　分布于江淮丘陵缓岗地坡地中下部，海拔 25～100 m，成土母质为花岗片麻岩风化坡积物，旱地，麦-玉米轮作。北亚热带湿润季风气候，年均日照时数 2200～2400 h，气温14.5～15.5 ℃，降水量 900～1000 mm，无霜期 200～220 d。

郭家圩系典型景观

土壤性状与特征变幅　诊断层包括淡薄表层、雏形层；诊断特性包括热性土壤温度状况、湿润土壤水分状况。土体厚度 1 cm 以上，通体砂质壤土，pH 5.2～7.0，游离氧化铁含量2.7～12.7 g/kg，剖面分异弱，岩石风化碎屑含量 2%～5%。淡薄表层厚度 12～18 cm。
对比土系　同一土族中，徽城系、查湾系、张山系成土母质分别为板岩、花岗岩、玄武岩的风化残积-坡积物，分布在海拔 100 m 以上。位于同一乡镇的谢集系，水田，不同土纲，为水耕人为土。
利用性能综述　土层较厚，质地砂，通透性和耕性好，漏水漏肥，酸性重，有机质、氮、磷、钾含量低。应维护和修缮现有的水利设置，等高种植，增施有机肥和实行秸秆还田，种植绿肥，防止进一步酸化。
参比土种　砂黄土。
代表性单个土体　位于安徽省定远县拂晓乡郭家圩东北，32°35′56.6″N，118°2′12.4″E，海拔 57 m，缓岗坡地中部，成土母质为花岗片麻岩风化坡积物，旱地，麦-玉米轮作。50 cm 深度土温 16.9 ℃。

Ap1：0～15 cm，浊黄橙色（10YR 7/4，干），灰黄棕色（10YR 6/2，润）；砂质壤土，发育强的直径 1～3 mm 粒状结构，松散；土体中有 2%左右直径≤3 mm 花岗片麻岩风化碎屑；向下层波状渐变过渡。

Ap2：15～30 cm，浊黄橙色（10YR 7/4，干），灰黄棕色（10YR 6/2，润）；砂质壤土，发育强的直径 2～5 mm 块状结构，稍硬；土体中有 2%左右直径≤3 mm 花岗片麻岩风化碎屑；向下层平滑清晰过渡。

Br1：30～70 cm，黄棕色（10YR 5/6，干），暗棕色（10YR 3/4，润）；砂质壤土，发育强的直径 20～50 mm 块状结构，稍硬；土体中有 2%左右直径≤3 mm 的球形褐色硬铁锰结核，2%左右直径≤3 mm 花岗片麻岩风化碎屑；向下层平滑渐变过渡。

Br2：70～100 cm，橙色（10YR 7/6，干），浊橙色（10YR 6/4，润）；砂质壤土，发育强的直径 20～50 mm 块状结构，稍硬；土体中有 2%左右直径≤3 mm 的球形褐色硬铁锰结核，2%左右直径≤3 mm 的花岗片麻岩风化碎屑；向下层平滑清晰过渡。

Br3：100～120 cm，黄棕色（10YR 5/6，干），暗棕色（10YR 3/4，润）；砂质壤土，发育中等的直径 20～50 mm 块状结构，稍硬；土体中有 2%左右直径≤3 mm 球形褐色硬铁锰结核，2%

郭家圩系代表性单个土体剖面

左右直径≤3 mm 的花岗片麻岩风化碎屑。

郭家圩系代表性单个土体物理性质

土层	深度 /cm	砾石 （>2 mm，体积分数）/%	细土颗粒组成（粒径：mm）/（g/kg）			质地	容重 /（g/cm³）
			砂粒 2～0.05	粉粒 0.05～0.002	黏粒 <0.002		
Ap1	0～15	2	712	173	115	砂质壤土	1.43
Ap2	15～30	2	724	169	107	砂质壤土	1.50
Br1	30～70	4	753	120	127	砂质壤土	1.64
Br2	70～100	4	661	220	119	砂质壤土	1.62
Br3	100～120	4	653	185	162	砂质壤土	1.77

郭家圩系代表性单个土体化学性质

深度 /cm	pH （H₂O）	有机质 /（g/kg）	全氮（N） /（g/kg）	全磷（P） /（g/kg）	全钾（K） /（g/kg）	CEC /[cmol（+）/kg]	游离氧化铁 /（g/kg）
0～15	5.2	13.8	1.11	0.66	11.9	10.1	11.5
15～30	6.0	8.0	0.62	0.83	17.8	7.4	2.7
30～70	6.5	0.2	0.50	0.80	20.1	15.2	3.5
70～100	7.0	4.7	0.47	0.80	20.4	9.8	12.7
100～120	6.8	8.8	0.19	0.64	17.2	9.3	6.9

8.13.2　徽城系〔Huicheng Series〕

土族：砂质硅质混合型非酸性热性-普通简育湿润雏形土
拟定者：李德成，赵玉国

分布与环境条件　分布皖南山
区坡地中上部或溶沟石芽中，
海拔 100～800 m，成土母质为
板岩风化残积-坡积物，杂木林
和竹林地。北亚热带湿润季风
气候，年均日照时数 1900～
2000 h，气温 15.5～16.5 ℃，
降水量 1500～1700 mm，无霜
期 230～240 d。

徽城系典型景观

土壤性状与特征变幅　诊断层包括暗瘠表层、雏形层；诊断特性包括热性土壤温度状况、
湿润土壤水分状况、盐基饱和度。土体较厚，厚 50～100 cm，砂质壤土-壤土，pH 5.7～7.0，
盐基饱和度介于 50%～60%，板岩风化碎屑含量 10%～15%。淡薄表层厚度 15～20 cm。
对比土系　同一土族中，郭家圩系、查湾系、张山系成土母质分别为花岗片麻岩、花岗
岩、玄武岩的风化残积-坡积物。
利用性能综述　土层较薄，坡度较陡，有机质、氮、钾含量较高，磷含量低。应继续封
山育林以保护和恢复植被，可栽植侧柏、刺槐、栓皮栎、麻栎、泡桐、榉树等树种，地
形较缓地段可适当发展杏、石榴、柿、板栗、山核桃、乌桕等干果林。
参比土种　金川黑碎石土。
代表性单个土体　位于安徽省歙县徽城镇长塬村西南，29°50′52.0″N，118°27′27.5″E，海
拔 630 m，坡地中部，成土母质为板岩风化残积-坡积物，竹林地，植被覆盖度>80%。
50 cm 深度土温 18.3 ℃。

+2～0 cm，枯枝落叶。

Ah：0～20 cm，暗灰黄色（2.5Y 4/2，干），黑棕色（2.5Y 3/1，润）；壤土，发育强的直径 1～3 mm 粒状结构，松散；竹和草灌根系，丰度 15 条/dm²；土体中有 10%左右直径≤3 mm 板岩风化碎屑；向下层不规则渐变过渡。

Bw1：20～35 cm，暗灰黄色（2.5Y 5/2，干），黑棕色（2.5Y 3/1，润）；砂质壤土，发育弱的直径 3～5 mm 块状结构，疏松；竹和草灌根系，丰度 8 条/dm²；土体中有 10%左右直径≤5 mm 板岩风化碎屑，向下层不规则渐变过渡。

Bw2：35～45 cm，灰黄色（2.5Y 7/2，干），黄灰色（2.5Y 5/1，润）；砂质壤土，发育弱的直径 3～5 mm 块状结构，松散；竹和草灌根系，丰度 5 条/dm²；土体中 1～3 条蚯蚓，20%左右直径≤10 mm 板岩风化碎屑；向下层不规则突变过渡。

R：45～60 cm，板岩。

徽城系代表性单个土体剖面

徽城系代表性单个土体物理性质

土层	深度 /cm	砾石 (>2 mm，体积分数)/%	细土颗粒组成（粒径：mm）/（g/kg）			质地
			砂粒 2～0.05	粉粒 0.05～0.002	黏粒 <0.002	
Ah	0～20	10	448	411	141	壤土
Bw1	20～35	10	539	277	184	砂质壤土
Bw2	35～45	20	647	198	155	砂质壤土

徽城系代表性单个土体化学性质

深度 /cm	pH (H₂O)	有机质 /（g/kg）	全氮（N） /（g/kg）	全磷（P） /（g/kg）	全钾（K） /（g/kg）	CEC /[cmol (+) /kg]	盐基饱和度 /%
0～20	6.3	33.3	1.20	0.36	21.7	18.5	45.2
20～35	6.6	24.6	1.28	0.25	19.9	17.7	49.5
35～45	6.6	13.8	1.17	0.17	17.5	19.2	52.9

8.13.3　查湾系（Zhawan Series）

土族：砂质硅质混合型非酸性热性-普通简育湿润雏形土

拟定者：李德成，赵明松

分布与环境条件　分布于江淮丘陵低丘坡地中下部，海拔 100～600 m，成土母质为花岗岩风化残积物，马尾松等和杂木林地，部分为茶园。北亚热带湿润季风气候，年均日照时数 2000～2100 h，气温 15.5～16.0 ℃，降水量 1000～1300 mm，无霜期 230～240 d。

查湾系典型景观

土壤性状与特征变幅　诊断层包括淡薄表层、雏形层；诊断特性包括热性土壤温度状况、湿润土壤水分状况、准石质接触面。土体较薄，厚 30～50 cm，壤质砂土，pH 4.9～6.6，花岗岩风化碎屑含量 10%～20%。淡薄表层厚度 15～30 cm。

对比土系　同一土族，郭家圩系、徽城系、张山系成土母质分别为花岗片麻岩、板岩、玄武岩的风化残积-坡积物。

利用性能综述　土层薄，发育差，质地粗，磷含量较高，有机质、氮、钾含量较低。应加强封山育林以保护和恢复植被，老茶园和板栗园要加强管理和增肥培土。

参比土种　查湾砾质黄土。

代表性单个土体　位于安徽省舒城县晓天镇查湾卫生院东南，31°11′17.6″N，116°31′24.0″E，海拔 208 m，坡地中下部，成土母质为花岗岩风化残积物。茶园和板栗林地，植被覆盖度>80%。50 cm 深度土温 17.7 ℃。

查湾系代表性单个土体剖面

+2～0 cm，枯枝落叶。

Ah：0～22 cm，灰黄棕色（10YR 5/2，干），黑棕色（10YR 3/1，润）；砂质壤土，发育强的直径 1～3 mm 粒状结构，松散；茶树和草灌根系，丰度 8 条/dm²；15%左右直径≤3 mm 花岗片麻岩风化碎屑；向下层平滑渐变过渡。

Bw：22～45 cm，浊黄橙色（10YR 6/3，干），灰黄棕色（10YR 4/2，润）；砂质壤土，发育中等的直径 2～5 mm 块状结构，稍硬；茶树和草灌根系，丰度 5 条/dm²；20%左右直径≤3 mm 花岗岩风化碎屑；向下层平滑清晰过渡。

C：45～80 cm，花岗岩风化碎屑。

R：80～100 cm，花岗岩。

查湾系代表性单个土体物理性质

土层	深度 /cm	砾石（>2 mm，体积分数）/%	细土颗粒组成（粒径：mm）/（g/kg）			质地
			砂粒 2～0.05	粉粒 0.05～0.002	黏粒 <0.002	
Ah	0～22	15	629	228	143	砂质壤土
Bw	22～45	20	628	227	145	砂质壤土

查湾系代表性单个土体化学性质

深度 /cm	pH（H₂O）	有机质 /（g/kg）	全氮（N）/（g/kg）	全磷（P）/（g/kg）	全钾（K）/（g/kg）	CEC /[cmol（+）/kg]
0～22	6.0	20.0	0.98	2.02	4.4	18.9
22～45	6.0	8.2	0.35	0.99	5.5	10.3

8.13.4 张山系（Zhangshan Series）

土族：砂质硅质混合型非酸性热性-普通简育湿润雏形土
拟定者：李德成，李建吾

分布与环境条件 分布于滁江淮丘陵平顶方山、山麓或山凹地段，海拔 100～400 m，成土母质为玄武岩风化残积-坡积物，稀疏马尾松和榆树林地。北亚热带湿润季风气候，年均日照时数 2100～2300 h，气温 14.5～15.5 ℃，降水量 900～1100 mm，无霜期 210～230 d。

张山系典型景观

土壤性状与特征变幅 诊断层包括淡薄表层、雏形层；诊断特性包括热性土壤温度状况、湿润土壤水分状况。土体较薄，厚 30～60 cm，砂质壤土，pH 5.6～7.4，玄武岩风化碎屑含量 10%～20%。淡薄表层厚度 15～20 cm。

对比土系 同一土族，郭家圩系、徽城系、查湾系，成土母质分别为花岗片麻岩、板岩、花岗岩的风化残积-坡积物。

利用性能综述 土层薄，发育差，质地粗，有机质、氮、磷、钾含量较低。应加强封山育林以保护和恢复植被，林下种草，适当发展畜牧业。

参比土种 长山砾质鸡粪土。

代表性单个土体 位于安徽省来安县张山乡长山林场西北，32°34′12.8″N，118°30′38.6″E，海拔 110 m，山麓中下部，成土母质为玄武岩风化残积-坡积物。稀疏马尾松和栎树林地，植被覆盖度>80%。50 cm 深度土温 16.7 ℃。

+3～0 cm，枯枝落叶。

Ah：0～20 cm，浊黄橙色（10YR 6/3，干），棕灰色（10YR 4/1，润）；砂质壤土，发育强的直径 2～5 mm 块状结构，松散；草灌根系，丰度 10 条/dm²；土体中有 10%左右直径≤30 mm 玄武岩风化碎屑；向下层平滑渐变过渡。

Bw：20～40 cm，浊黄橙色（10YR 6/3，干），棕灰色（10YR 4/1，润）；砂质壤土，发育强的直径 2～5 mm 块状结构，稍硬；草灌根系，丰度 5 条/dm²；土体中有 15%左右直径≤30 mm 玄武岩风化碎屑；向下层不规则渐变过渡。

R：40～80 cm，玄武岩。

张山系代表性单个土体剖面

张山系代表性单个土体物理性质

土层	深度 /cm	砾石 (>2 mm，体积分数) /%	细土颗粒组成（粒径：mm）/（g/kg）			质地
			砂粒 2～0.05	粉粒 0.05～0.002	黏粒 <0.002	
Ah	0～20	10	696	137	167	砂质壤土
Bw	20～40	15	702	135	163	砂质壤土

张山系代表性单个土体化学性质

深度 /cm	pH (H₂O)	有机质 /（g/kg）	全氮（N） /（g/kg）	全磷（P） /（g/kg）	全钾（K） /（g/kg）	CEC /[cmol（+）/kg]
0～20	7.4	24.4	0.86	0.43	11.6	15.6
20～40	7.2	23.0	0.96	0.55	11.2	17.1

8.13.5 安岭系 (Anling Series)

土族：壤质硅质混合型非酸性热性-普通简育湿润雏形土

拟定者：李德成，赵明松

分布与环境条件 分布于皖南山区的坡地中上部，海拔 100～500 m，成土母质为花岗片麻岩风化坡积物，杂木林地。北亚热带湿润季风气候，年均日照时数 1900～2000 h，气温 15.5～16.0 ℃，降水量 1600～1800 mm，无霜期 230～240 d。

安岭系典型景观

土壤性状与特征变幅 诊断层包括淡薄表层、雏形层；诊断特性包括热性土壤温度状况、湿润土壤水分状况。土体较薄，厚约 35～40 cm，砂质壤土-壤土，pH 6.3～7.2，花岗片麻岩风化碎屑含量 10%～20%。淡薄表层厚度 15～20 cm。

对比土系 郭家圩系，成土母质和地形部位一致，同一亚类但不同土族，颗粒大小级别为砂质。

利用性能综述 土层薄，发育差，有机质、氮含量较高，磷、钾含量较低。应加强封山育林以保护和恢复植被。

参比土种 赤岭砾质红土。

代表性单个土体 位于安徽省祁门县安岭乡赤岭村，30°3′9.5″N，117°34′25.5″E，海拔 101 m，坡地中部，成土母质为花岗片麻岩风化坡积物。杂木林地，植被覆盖度>80%。50 cm 深度土温 17.2 ℃。

安岭系代表性单个土体剖面

+2～0 cm，枯枝落叶。

Ah：0～12 cm，浊黄橙色（7.5YR 6/3，干），棕灰色（7.5YR 4/1，润）；砂质壤土，发育强的直径 1～3 mm 粒状结构，松散；草灌根系，丰度 10 条/dm²；土体中 10%左右直径≤3 mm 花岗片麻岩风化碎屑；向下层波状清晰过渡。

Bw：12～40 cm，淡黄橙色（7.5YR 6/4，干），灰棕色（7.5YR 5/2，润）；壤土，发育中等的直径 2～5 mm 块状结构，稍硬；草灌根系，丰度 5 条/dm²；土体中有 20%左右直径≤5 mm 花岗片麻岩风化碎屑；向下层不规则清晰过渡。

R：40～70 cm，花岗片麻岩。

安岭系代表性单个土体物理性质

| 土层 | 深度 /cm | 砾石 （>2 mm，体积分数）/% | 细土颗粒组成（粒径：mm）/（g/kg） | | | 质地 |
			砂粒 2～0.05	粉粒 0.05～0.002	黏粒 <0.002	
Ah	0～12	10	632	213	155	砂质壤土
Bw	12～40	20	501	320	179	壤土

安岭系代表性单个土体化学性质

深度 /cm	pH （H₂O）	有机质 /（g/kg）	全氮（N） /（g/kg）	全磷（P） /（g/kg）	全钾（K） /（g/kg）	CEC /[cmol（+）/kg]
0～12	7.2	51.8	2.27	0.39	5.1	9.1
12～40	6.3	14.9	0.82	0.30	5.3	11.1

第9章 新成土纲

9.1 石灰紫色正常新成土

9.1.1 华阳系（Huayang Series）

土族：粗骨壤质硅质混合型热性-石灰紫色正常新成土
拟定者：李德成，王华良

分布与环境条件 分布于皖南山区钙质紫色岩残丘坡地中上部，海拔 100～300 m，成土母质为紫砂岩风化残积物，稀疏马尾松灌草地。北亚热带湿润季风气候，年均日照时数 1900～2000 h，气温 15.5～16.0 ℃，降水量 1500～1600 mm，无霜期230～240 d。

华阳系典型景观

土壤性状与特征变幅 诊断层包括淡薄表层；诊断特性包括热性土壤温度状况、湿润土壤水分状况、紫色砂岩岩性特征、石灰性、准石质接触面。土体浅薄，厚 40 cm 左右，轻度石灰反应，pH 6.1～8.3，紫砂岩风化碎屑含量 40%～60%。
对比土系 五城系和璜源系，成土母质和地形部位基本一致，不同土纲，雏形层发育，为雏形土。
利用性能综述 土层薄，砾石多，有机质、氮、磷、钾含量低，植被长势差，覆盖度较低，水土易流失。林地应加强植被保护和恢复，旱地应实行等高种植，秸秆还田，冬季种植绿肥。
参比土种 缺树坞石灰性猪血泥。

华阳系代表性单个土体剖面

代表性单个土体　位于安徽省绩溪县华阳镇溪马村东北，30°4′19.4″N，118°32′36.5″E，海拔 189 m，残丘坡地中部，成土母质为紫砂岩风化残积物，马尾松稀疏林地，植被覆盖度30%左右。50 cm 深度土温 18.2 ℃。

Ah：0～15 cm，灰紫红色（10RP 6/4，干），灰紫色（10RP 4/2，润）；砂质黏壤土，发育中等的直径 2～5mm 块状结构，松散，杂草根系，丰度 3 条/dm²；土体中有40%左右直径≤20 mm 紫砂岩风化碎屑；轻度石灰反应；向下层波状渐变过渡。

AC：15～40 cm，灰紫红色（10RP 6/4，干），灰紫色（10RP 4/2 润）；壤土，发育弱的直径 2～5 mm 块状结构，稍硬；杂草根系，丰度 2 条/dm²；土体中有 60%左右直径≤30 mm 紫砂岩风化碎屑；轻度石灰反应；向下层波状向下层不规则突变过渡。

R：40～80 cm，紫砂岩，强石灰性。

华阳系代表性单个土体物理性质

土层	深度 /cm	砾石 （>2 mm，体积分数）/%	细土颗粒组成（粒径：mm）/（g/kg）			质地
			砂粒 2～0.05	粉粒 0.05～0.002	黏粒 <0.002	
Ah	0～15	40	558	232	210	砂质黏壤土
AC	15～40	60	382	419	199	壤土

华阳系代表性单个土体化学性质

深度 /cm	pH （H₂O）	有机质 /（g/kg）	全氮（N） /（g/kg）	全磷（P） /（g/kg）	全钾（K） /（g/kg）	CEC /[cmol(+)/kg]	碳酸钙 /（g/kg）
0～15	6.1	10.9	0.71	0.07	18.5	16.2	10.2
15～40	6.5	5.8	0.38	0.05	17.4	17.3	10.5

9.2　石质湿润正常新成土

9.2.1　单龙寺系（**Danlongsi Series**）

土族：粗骨砂质硅质混合型酸性热性-石质湿润正常新成土
拟定者：李德成，黄来明

分布与环境条件　分布于江淮丘陵低丘坡地上部，海拔150～400 m，成土母质为凝灰岩风化残积物，稀疏马尾松和杂木林地。北亚热带湿润季风气候，年均日照时数 2000～2100 h，气温 14.5～15.5 ℃，降水量 1200～1400 mm，无霜期 220～230 d。

单龙寺系典型景观

土壤性状与特征变幅　诊断层包括淡薄表层；诊断特性包括热性土壤温度状况、湿润土壤水分状况、准石质接触面。土体浅薄，厚 30～60 cm，砂质黏壤土，pH 4.5～6.5，凝灰岩风化碎屑含量 20%～60%。

对比土系　西阳系，同一土族，但成土母质为花岗岩风化残积-坡积物，质地为砂质壤土-壤质砂土。

利用性能综述　土层薄，发育差，砾石含量高，有机质、氮、磷、钾含量较低，植被覆盖度较高，水土流失较轻。改良利用措施：应选种耐旱耐瘠树种，营造薪炭林，加强封山育林，严禁乱砍滥伐，防止水土流失。旱地应实行等高种植，秸秆还田，冬季种植绿肥，以培肥土壤，改善土壤结构。适当使用碱性物质改良酸性。

参比土种　单龙寺砾质黄泥土。

代表性单个土体　位于安徽省霍山县单龙寺乡窑宝冲村东南，31°16′50.6″N，116°23′58.8″E，海拔 186 m，坡地中部，成土母质为凝灰岩风化残积物。杉树、栎树和竹林等杂木林地，植被覆盖度>80%。50 cm 深度土温 17.3 ℃。

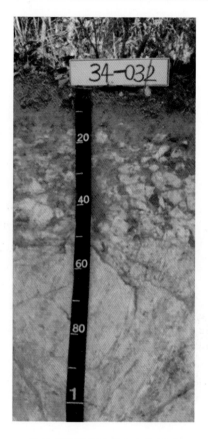

单龙寺系代表性单个土体剖面

+3～0 cm，枯枝落叶。

Ah：0～15 cm，浊黄橙色（10YR 7/6，干），浊黄棕色（10YR 5/4，润）；砂质黏壤土，发育强的直径 1～3 mm 粒状结构，松散；草灌根系，丰度 5 条/dm²；土体中有 20%左右直径≤5 mm 凝灰岩风化碎屑；向下层波状渐变过渡。

AC：15～40 cm，浊黄橙色（10YR 6/8，干），黄棕色（10YR 5/6，润）；砂质黏壤土，发育较弱的直径 5～10 mm 块状结构，稍硬；草灌根系，丰度 3 条/dm²；土体中有 60%左右直径≤70 mm 凝灰岩风化碎屑；向下层不规则清晰过渡。

R：40～105 cm，凝灰岩。

单龙寺系代表性单个土体物理性质

| 土层 | 深度 /cm | 砾石 （>2 mm，体积分数）/% | 细土颗粒组成（粒径：mm）/（g/kg） | | | 质地 |
			砂粒 2～0.05	粉粒 0.05～0.002	黏粒 <0.002	
Ah	0～15	20	737	52	211	砂质黏壤土
AC	15～40	60	760	38	202	砂质黏壤土

单龙寺系代表性单个土体化学性质

| 深度 /cm | pH | | 有机质 /（g/kg） | 全氮（N） /（g/kg） | 全磷（P） /（g/kg） | 全钾（K） /（g/kg） | CEC /[cmol（+）/kg] |
	H₂O	KCl					
0～15	5.1	4.1	21.7	0.74	0.10	20.9	5.9
15～40	4.8	3.8	15.3	0.65	0.08	20.0	7.8

9.2.2 西阳系（Xiyang Series）

土族：粗骨砂质硅质混合型酸性热性-石质湿润正常新成土
拟定者：李德成，黄来明

分布与环境条件 分布在皖南山区低丘坡地中下部，海拔 100 m～1000 m，成土母质为花岗岩风化残积物，林地。北亚热带湿润季风气候，年均日照时数 2000～2100 h，气温 15.0～16.0 ℃，降水量 1300～1500 mm，无霜期 230～240 d。

西阳系典型景观

土壤性状与特征变幅 诊断层包括淡薄表层；诊断特性包括热性土壤温度状况、湿润土壤水分状况、准石质接触面。土体浅薄，厚 20 cm 左右，岩石风化碎屑含量 30%左右，pH4.7～6.2，花岗岩风化碎屑含量 30%～50%。

对比土系 单龙寺系，同一土族，但成土母质为凝灰岩风化残积-坡积物，通体质地为粉砂质黏壤土。

利用性能综述 土层薄，发育差，砾石含量高，有机质、氮含量较高，磷和钾含量较低，植被覆盖度较高，水土流失较轻。应加强封山育林，严禁乱砍滥伐。

参比土种 西阳砂砾土。

代表性单个土体 位于安徽省泾县榔桥镇西阳村杨树岭南，30°33′5.9″N，118°28′52.1″E，海拔 191 m，坡地中部，成土母质为花岗岩风化残积物。马尾松和毛竹混交，植被覆盖度>80%。50 cm 深度土温 18.2 ℃。

+4～0cm，枯枝落叶。

Ah1：0～10cm，浊橙色（7.5YR 7/4，干），灰棕色（7.5YR 5/2，润）；砂质壤土，发育中等的直径 1～2 mm 粒状结构，松散；马尾松和草灌根系，丰度 10 条/dm³；土体中 3 个蚯蚓孔穴，穴内有球形蚯蚓粪便；30%左右直径≤5mm 花岗岩风化碎屑；向下层波状渐变过渡。

Ah2：10～20cm，浊橙色（7.5YR 7/4，干），灰棕色（7.5YR 5/2，润）；壤质砂土，发育较弱的直径 2～3 mm 块状结构，松散；马尾松和草灌根系，丰度 5 条/dm³；土体中 3 个蚯蚓孔穴，穴内有球形蚯蚓粪便；40%左右直径≤5mm 花岗岩风化碎屑；向下层不规则清晰过渡。

R：20～70cm，花岗岩风化碎屑。

西阳系代表性单个土体剖面

西阳系代表性单个土体物理性质

土层	深度 /cm	砾石 （>2 mm，体积分数）/%	细土颗粒组成（粒径：mm）/（g/kg）			质地
			砂粒 2～0.05	粉粒 0.05～0.002	黏粒 <0.002	
Ah1	0～10	30	838	11	151	砂质壤土
Ah2	10～20	40	850	42	108	壤质砂土

西阳系代表性单个土体化学性质

深度 /cm	pH （H₂O）	有机质 /（g/kg）	全氮（N） /（g/kg）	全磷（P） /（g/kg）	全钾（K） /（g/kg）	CEC /[cmol（+）/kg]
0～10	4.7	33.7	1.38	0.11	14.9	13.8
10～20	5.2	41.3	1.89	0.56	20.5	14.7

9.2.3 斑竹园系（Banzhuyuan Series）

土族：粗骨砂质硅质混合型非酸性热性-石质湿润正常新成土
拟定者：李德成，赵明松，黄来明

分布与环境条件 分布在大别山区海拔 150～600 m 坡地中上部，成土母质为花岗岩风化的残积物，杂木林地。北亚热带湿润季风气候，年均日照时数 1900～2100 h，气温 14.5～15.0 ℃，降水量 1200 ～ 1400 mm，无霜期 210～220 d。

斑竹园系景观照

土壤性状与特征变幅 诊断层包括淡薄表层；诊断特性包括热性土壤温度状况、湿润土壤水分状况、准石质接触面。土体浅薄，厚 20～30 cm，壤质砂土，砾石含量 30%～40%，pH 6.0～7.2，石英颗粒含量 30%～50%。

对比土系 独山系，同一土族，但成土母质为玄武岩风化的残积-坡积物，色调暗，为 5Y。

利用性能综述 土层瘠薄，砾石多，杂木灌草地。应加强封山育林，保护和恢复植被。

参比土种 斑竹园砂砾土。

代表性单个土体 位于安徽省金寨县斑竹园镇金家畈村北，32°39′31.3″N，115°36′6.2″E，海拔 425 m，坡地中部，母质为花岗岩风化的残积物。杂木林地，植被覆盖度>80%。50 cm 深度土温 17.2 ℃。

+3～0 cm，枯枝落叶。

Ah：0～20 cm，亮红棕色（5YR 5/6，干），暗红棕色（5YR 3/2，润）；壤质砂土，发育中等的直径 1～2mm 粒状结构，松散；杂木和草灌根系，丰度 20 条/dm²；土体中有 30%左右直径 20～50 mm 石英颗粒；向下层波状清晰过渡。

AC：20～30 cm，橙色（5YR 7/8，干），亮红棕色（5YR 5/6，润）；壤质砂土，发育较弱的直径 2～3mm 块状结构，松散；杂木和草灌根系，丰度 15 条/dm²；土体中有 40%左右直径 20～50 mm 石英颗粒；向下层不规则清晰过渡。

R：20～105cm，花岗岩。

斑竹园系代表性单个土体剖面照

斑竹园系代表性单个土体物理性质

土层	深度 /cm	砾石 (>2 mm，体积分数）/%	细土颗粒组成（粒径：mm）/（g/kg)			质地
			砂粒 2～0.05	粉粒 0.05～0.002	黏粒 <0.002	
Ah	0～20	30	836	64	100	壤质砂土
AC	20～30	40	836	66	98	壤质砂土

斑竹园系代表性单个土体化学性质

深度 /cm	pH (H₂O)	有机质 /（g/kg)	全氮（N) /（g/kg)	全磷（P) /（g/kg)	全钾（K) /（g/kg)	CEC /[cmol (+) /kg]
0～20	7.2	12.9	0.73	0.59	4.2	5.5
20～30	7.2	7.2	0.28	0.64	4.1	5.0

9.2.4 独山系（Dushan Series）

土族：粗骨砂质硅质混合型非酸性热性-石质湿润正常新成土
拟定者：李德成，赵明松，黄来明

分布与环境条件　分在江淮丘
陵 100～400 m 的低山丘陵中上
坡，坡度一般大于 20°，成土母
质为玄武岩风化的残积物，灌
草地。北亚热带湿润季风气候，
年均日照时数 2100～2300 h，
气温 15.0～16.5 ℃，降水量
1000～1200 mm，无霜期 220～
230 d。

独山系典型景观

土壤性状与特征变幅　诊断层包括淡薄表层；诊断特性包括热性土壤温度状况、湿润土
壤水分状况、石质接触面。土体浅薄，厚 10 cm 左右，壤质砂土，pH 5.8～6.0，表层厚
度 5～20 cm，pH 4.7～6.1，玄武岩风化碎屑含量 30%～40%。
对比土系　斑竹园系，同一土族，但成土母质为花岗岩风化的残积物，色调发红，为 5YR。
利用性能综述　土层浅，砂性重，树稀。应封山育林，保护和恢复植被。
参比土种　岗集砂砾土。
代表性单个土体　位于安徽省六安市裕安区独山镇双庙冲村西南，31°35′51.2″N，
116°15′52.1″E，海拔 73 m，低山丘陵 10°～20°坡地，成土母质为石英砂砾岩风化的残积
物，灌草地，植被覆盖度>80%。50 cm 深度土温 17.5℃。

独山系代表性单个土体剖面

+3～0 cm，枯枝落叶。

Ah：0～8 cm，灰橄榄色（5Y 5/2，干），灰色（5Y 4/1，润）；壤质砂土，发育中等的直径 1～2mm 粒状结构，松散；草灌根系，丰度 20 条/dm²；土体中有 30%左右直径≤50 mm 的玄武岩风化碎屑；向下层波状渐变过渡。

AC：8～15 cm，灰橄榄色（5Y 5/2，干），灰色（5Y 4/1，润）；壤质砂土，发育较弱的直径 2～3 mm 块状结构，松散；草灌根系，丰度 15 条/dm²；土体中有 50%左右直径≤50 mm 玄武岩风化碎屑；向下层不规则突变过渡。

R：15～60 cm，玄武岩。

独山系代表性单个土体物理性质

| 土层 | 深度 /cm | 砾石 (>2 mm，体积分数) /% | 细土颗粒组成（粒径：mm）/（g/kg） | | | 质地 |
			砂粒 2～0.05	粉粒 0.05～0.002	黏粒 <0.002	
Ah	0～8	30	793	140	67	壤质砂土
AC	8～15	50	793	142	65	壤质砂土

独山系代表性单个土体化学性质

深度 /cm	pH (H₂O)	有机质 /（g/kg）	全氮（N） /（g/kg）	全磷（P） /（g/kg）	全钾（K） /（g/kg）	CEC /[cmol（+）/kg]	盐基饱和度 /%
0～8	5.8	47.6	2.56	0.66	17.1	9.7	52.0
8～15	5.8	45.6	2.46	0.60	17.0	9.5	52.5

9.2.5 盛桥系（Shengqiao Series）

土族：粗骨壤质硅质混合型非酸性热性-石质湿润正常新成土
拟定者：李德成，赵明松，黄来明

分布与环境条件 分布在江淮丘陵坡地中上部，海拔100～600 m，成土母质为石英砂砾岩风化坡积物，林灌草地。北亚热带湿润季风气候，年均日照时数2100～2300 h，气温15.5～16.0 ℃，降水量1000～1100 mm，无霜期210～230 d。

盛桥系典型景观

土壤性状与特征变幅 诊断层包括淡薄表层；诊断特性包括热性土壤温度状况、湿润土壤水分状况、石质接触面。土体浅薄，厚20 cm左右，砂质黏壤土，pH 5.0～6.0，岩石风化碎屑含量40%～50%。

对比土系 左家系，同一土族，但成土母质为花岗岩风化残积物，质地为壤土。

利用性能综述 土层薄，质地偏黏，养分含量较高。应禁垦，加强植被保护，适当植树。

参比土种 姚庙砾质土。

代表性单个土体 位于安徽省含山县盛桥镇上陈村东北，31°26′55.0″N，117°33′48.0″E，海拔73 m，坡地中部，母质为石英砂砾岩风化的坡积物。荒草灌丛，植被覆盖度>80%。50 cm深度土温17.6 ℃。

盛桥系代表性单个土体剖面

+2～0 cm，枯枝落叶。

Ah：0～10 cm，浊橙色（7.5YR 7/3，干），棕灰色（7.5YR 5/1，润）；砂质黏壤土，发育中等的直径 1～2 mm 粒状结构，松散；草灌根系，丰度 15 条/dm²；土体中 1～2 条蚯蚓，40% 左右直径≤50 mm 石英岩风化碎屑；向下层波状渐变过渡。

AC：10～20 cm，浊橙色（7.5YR 7/3，干），灰棕色（7.5YR 5/2，润）；砂质黏壤土，发育较弱的直径 2～3 mm 块状结构，松散；草灌根系，丰度 10 条/dm²；土体中 1～2 条蚯蚓，50% 直径≤50 mm 石英岩风化碎屑；向下层不规则清晰过渡。

R：20～25 cm，石英岩。

盛桥系代表性单个土体物理性质

土层	深度 /cm	砾石（>2 mm，体积分数）/%	细土颗粒组成（粒径：mm）/（g/kg）			质地
			砂粒 2～0.05	粉粒 0.05～0.002	黏粒 <0.002	
Ah	0～10	40	540	173	287	砂质黏壤土
AC	10～20	50	530	175	295	砂质黏壤土

盛桥系代表性单个土体化学性质

深度 /cm	pH （H₂O）	有机质 /（g/kg）	全氮（N） /（g/kg）	全磷（P） /（g/kg）	全钾（K） /（g/kg）	CEC /[cmol（+）/kg]
0～10	6.0	47.9	2.26	0.16	12.9	12.8
10～20	6.0	26.9	1.50	0.17	14.5	15.8

9.2.6 左家系（Zuojia Series）

土族：粗骨壤质硅质混合型非酸性热性-石质湿润正常新成土
拟定者：李德成，赵明松，黄来明

分布与环境条件 分布在皖南山区坡地中上部，海拔 150～400 m，母质为花岗岩风化残积物，杂木灌丛草地。北亚热带湿润季风气候，年均日照时数 2000～2100 h，气温 15.0～16.0 ℃，降水量 1300～1500 mm，无霜期 230～240 d。

左家系典型景观

土壤性状与特征变幅 诊断层包括淡薄表层；诊断特性包括热性土壤温度状况、湿润土壤水分状况、石质接触面。土体浅薄，厚 20 cm 左右，壤土，pH 5.8～6.6，岩石风化碎屑含量 40%～60%。

对比土系 盛桥系，同一土族，但成土母质为石英砂砾岩风化残积-坡积物，质地为砂质黏壤土。位于同一乡镇的太美系和八房系，不同土纲，为潮湿雏形土。

利用性能综述 土层瘠薄，坡度较陡，植被长势弱。应加强封山育林保护和恢复植被。

参比土种 下湖莲砾质土。

代表性单个土体 位于安徽省泾县泾川镇左家村西南，30°40′07.3″N，118°26′29.0″E，海拔 48 m，坡地中部，坡度>20°，母质为花岗岩风化残积物。马尾松与毛竹混交，植被覆盖度>80%。50 cm 深度土温 18.2 ℃。

+2~0 cm, 枯枝落叶。

Ah1: 0~10 cm, 浊橙色 (5YR 6/4, 干), 灰棕色 (5YR 4/2, 润); 壤土, 发育中等的直径 1~2 mm 粒状结构, 松散; 草灌、马尾松、毛竹根系, 丰度 20 条/dm²; 土体中有 40%左右直径≤50 mm 板岩风化碎屑; 向下层波状渐变过渡。

Ah2: 10~20 cm, 浊橙色 (5YR 6/4, 干), 灰棕色 (5YR 4/2, 润); 壤土, 发育较弱的直径 2~3 mm 块状结构, 松散; 草灌、马尾松、毛竹根系, 丰度 15 条/dm²; 土体中有 60%左右直径≤50 mm 板岩风化碎屑; 向下层不规则突变过渡。

R: 20~100 cm, 花岗岩。

左家系代表性单个土体剖面

左家系代表性单个土体物理性质

| 土层 | 深度 /cm | 砾石 (>2 mm, 体积分数) /% | 细土颗粒组成 (粒径: mm) / (g/kg) | | | 质地 |
			砂粒 2~0.05	粉粒 0.05~0.002	黏粒 <0.002	
Ah1	0~10	40	385	355	260	壤土
Ah2	10~20	60	385	357	258	壤土

左家系代表性单个土体化学性质

深度 /cm	pH (H₂O)	有机质 / (g/kg)	全氮 (N) / (g/kg)	全磷 (P) / (g/kg)	全钾 (K) / (g/kg)	CEC /[cmol (+) /kg]
0~10	5.8	21.3	1.11	0.15	2.6	11.1
10~20	5.8	20.3	1.01	0.10	2.6	11.0

参 考 文 献

安徽省交通运输厅. 安徽省交通概况. 2014. http://www.ahjt.gov.cn/ahjt/jtgk/index

安徽省民政厅. 安徽省 2012 年行政区划简册. http://www.ahmz.gov.cn/thread-15319-1

安徽省农业资源区划信息网. 安徽省农业气候资源分析. http://60.166.49.154:81/zygx_7disp.asp?Qh_id=34&qh_type=1

安徽省人民政府. 2010. 安徽省土地利用总体规划大纲(2006~2020)(征求意见稿)

安徽省水利局勘测设计院和中国科学院南京土壤研究所. 1976. 安徽淮北平原土壤. 上海: 上海人民出版社

安徽省统计局. 安徽省 2010 年第六次全国人口普查主要数据公报. 2011. http://www.anhuinews.com/zhuyeguanli/system/2011/05/17/004047639

安徽省统计局和国家统计局安徽调查总队. 安徽省 2011 年国民经济和社会发展统计公报. http://ah.anhuinews.com/system/2012/02/26/004793297.shtml

安徽省土壤普查办公室. 1990. 安徽土壤.

安徽省土壤普查办公室. 1990. 安徽土种.

《安徽植被》协作组. 1983. 安徽植被. 合肥: 安徽科技出版社

卞传恂. 1987. 安徽省地表水资源及其特点. 安徽水利科技.

曹稳根. 1997. 安徽淮北地区盐碱土的成因及其改良措施. 淮北煤师院学报, 18(1): 73~76

陈鸿昭. 2002. 关于土系制图的原则和方法——以安徽宣郎广样区为例. 土壤通报, 33(2): 86~89

程燚, 钱国平, 邱宁宁. 2005. 安徽省耕地土壤现状及治理对策. 安徽农业科学, 33(2): 350~351

杜国华, 张甘霖. 1999. 淮北平原样区的土系划分. 土壤, (2): 70~76

冯学民, 蔡德利. 2004. 土壤温度与气温及纬度和海拔关系的研究. 土壤学报, 41(3): 489~491

龚子同. 1999. 中国土壤系统分类-理论•方法•实践. 北京: 科学出版社

顾也萍, 胡德春, 刘付程, 等. 2006. 安徽宣郎广岗丘区土壤发生分类类型在系统分类中的归属. 土壤学报, 43(1): 8~16

顾也萍, 钱进, 吕成文, 等. 2001. 安徽宣城样区土系的划分. 土壤, 33(1): 7~12

顾也萍, 王长荣. 1998. 新构造运动对安徽土壤分布的影响. 长江流域资源与环境, 7(1): 25~30

季学军, 沈思灯, 薛琳, 等. 2013. 基于野外调查信息的安徽省宣城市典型烟田的土系建立. 土壤, 45(4): 763~765

李德成, 张甘霖, 龚子同. 2011. 我国砂姜黑土土种的系统分类归属研究. 土壤, 43(4): 623~629

李贤胜, 杨平, 卢祖瑶, 等. 2008. 皖南山区土壤酸化趋势研究——以宣城市广德县为例. 土壤, 40(4): 676~679

林兰稳, 余炜敏, 钟继洪, 等. 2009. 珠江三角洲水改旱蔬菜地土壤特性演变. 水土保持学报, 23(1): 154~158

刘付程, 顾也萍, 史学正. 2002. 安徽休屯盆地紫色土的特性和系统分类. 土壤通报, 33(4): 241~245

刘万青. 2011. 安徽省土地利用及景观格局变化研究. 安徽农业科学, 39(33):20605~20607

刘义国. 2004. 安徽省地表水资源量的分析计算. 安徽水利水电职业技术学院学报, 4(3): 1~4

吕成文, 顾也萍. 2001. 土壤系统分类在大比例尺土壤制图中的应用——以安徽宣城样区为例. 土壤, 33(1): 38~41

任明英, 钱晓华. 1998. 砂姜黑土旱改水肥力变化的研究. 安徽农业科学, (3): 242~243

夏爱梅, 聂乐群. 2004. 安徽植被带的划分. 植物科学学报, 22(6): 523~528

徐楚生. 1993. 茶园土壤 pH 近年来研究的一些进展. 茶业通报, (2):1~4

叶培韬. 1985. 水改旱对若干土壤性状的影响. 湖北农业科学, (8): 18~19

张甘霖, 龚子同. 2012. 土壤调查实验室分析方法. 北京: 科学出版社

张甘霖, 王秋兵, 张凤荣, 等. 2013. 中国土壤系统分类土族和土系划分标准. 土壤学报, 50(4): 826~834

张慧智. 2008. 中国土壤温度空间预测与表征研究. 南京: 中国科学院南京土壤研究所

张慧智, 史学正, 于东升, 等. 2009. 中国土壤温度的季节性变化及其区域分异研究. 土壤学报, 46(2): 227~234

中国科学院南京土壤研究所和中国科学院西安光学精密机械研究所. 1989. 中国土壤标准色卡. 南京: 南京出版社

中国科学院南京土壤研究所土壤系统分类课题组, 中国土壤系统分类课题研究协作组. 2001. 中国土壤系统分类检索(第三版). 合肥: 中国科学技术大学出版社

中国土壤系统分类研究丛书编委会. 1993. 中国土壤系统分类进展[M]. 北京: 科学出版社.

Guo J H, Liu X J, Zhang Y, et al. 2010. Significant acidification in major Chinese croplands. Science, 327(5968): 1008~1010

附录　安徽省土系与土种参比表（按土系拼音顺序）

土系	土种	土系	土种	土系	土种	土系	土种
白湖系	复石灰湖砂泥田	贾寨系	挂淤黑土	誓节系	淀板田	兴洋系	石灰泥田
白庙系	夹砂淤土	荆芡系	支湖锈斑淤马肝土	双墩系	马肝田	新河系	泥骨土
百善系	砂心淤土	炯炀系	黄白土田	双港系	麻砂土	新潭系	石灰性紫泥田
斑竹园系	斑竹园砂砾土	九联系	湖砂泥田	双河系	砂泥田	新兴系	黑姜土
曹安系	轻盐面砂土	康西系	黄姜土	双桥系	黑土	新洲系	砂心砂泥土
曹店系	淤坡黄土	柯坦系	冶山砾质黄砂土	水东系	扁石泥田	西阳系	西阳砂砾土
查湾系	查湾砾质黄土	孔店系	黑粒土田	顺河店系	顺河黄砂土	西庄系	黏身潮砂泥田
陈汉系	渗砂泥田	老郢系	黄白土	蜀山系	马肝田	嬉子湖系	湿泥骨土
陈桥系	黄黑土	雷池系	砂心石灰性砂泥土	苏子系	潮泥骨田	杨村系	石灰性砂泥田
陈文系	砂泥田	李寨系	白淌土	塔畈系	砂泥土	杨堤口系	重碱面砂土
陈小系	青白土	龙湖系	脱青湖泥田	太白系	强青潮砂泥田	姚郭系	官山鸡粪土
双池系	渗麻砂泥田	罗河系	敬亭耕种棕红土	太美系	砂泥土	奕棋系	渗紫砂泥田
崔家岗系	复石灰马肝田	马店系	间层淤土	唐集系	青白土	驿山系	潮砂泥田
大渡口系	石灰性泥土	马井系	面砂土	砀山系	两合土	永堌系	淤潮泥土
大户吴系	后楼锈斑黄白土	毛集系	砂土	谭家桥系	祥云砾质红泥土	永康系	棕色石灰土
大坦系	大洪岭夹砾砂红泥土	毛雷系	淤心两合土	坦头系	青潮砂田	油坊系	强青马肝田
大谢系	上位黏磐马肝土	梅城系	青紫泥田	桃岱系	马肝土	袁寨系	淤心面砂土
大新系	砂心两合土	弥陀系	表潜潮砂泥田	桃花潭系	慈光阁暗黄土	于店系	红花淤土
大苑系	青土	牛集系	砂身两合土	天堂寨系	山地草甸土	于庙系	红花淤坡黄土
东光系	厚淤黑土	泥溪系	青泥田	天柱山系	驼岭砾质暗棕	昝村系	马肝田
东胜系	石灰性泥土	欧盘系	潮泥土	铁冲系	铁冲暗棕土	漳湖系	黏身砂泥田
独山系	岗集砂砾土	前邓系	上位夹砂两合土	童家河系	谢家岭黄土	张家湾系	四合红土
范岗系	青马肝田	前胡系	坡黄土	桐梓岗系	宣城棕红壤	章家湾系	石灰性紫土
方塘系	板桥暗黄砂泥土	前孙系	灰白土	汪南系	黏磐黄棕壤	张山系	长山砾质鸡粪土
干汊河系	龙山马肝土	前坦系	隆阜酸性猪血泥	王湾系	下位夹砂两合土	赵圩系	青黄土
拐吴系	渗黄白土田	七里河系	黄马肝田	瓦屋系	棕色石灰土	找郢系	后楼锈斑黄白土
官桥系	上位黏磐黄白土	七岭系	扁石红壤性土	徽城系	金川黑碎石土	柘皋系	青丝泥田
官山系	黄黑土	青草湖系	湖砂泥田	渭桥系	渭桥酸性猪血砂	郑村系	潮砂泥田
郭河系	澄白土田	庆丰系	石灰性泥骨田	魏庄系	白姜土	正东系	黄泥田
郭家圩系	砂黄土	漆铺系	三里山红土	文家系	苏桥黄白土	中埠系	牛埠红棕土
古饶系	砂心淤土	齐云山系	富里砾质暗黄泥土	五城系	槐园石灰性猪血砂	中埤系	湖泥田
黑塔系	覆泥黑姜土	泉塘系	脱青湖泥田	吴圩系	砂身两合土	中袁系	黄土
洪家坞系	复石灰潮泥田	仁里系	七里鸡肝土	向阳桥系	强青砂泥田	邹圩系	青白土
璜源系	西山中性猪血砂	箬坑系	仙寓岭暗黄棕土	小阚系	黄白土	渚口系	祁山红泥土
华阳系	缺树坞石灰性猪血泥	桑涧系	黄马肝田	新城寨系	覆两合黑姜土	左家系	下湖莲砾质土
湖阳系	复石灰潮泥田	三门系	三门薄鸡肝土	谢集系	麻砂泥田		
蒋山系	宣城棕红壤	单龙寺系	单龙寺砾质黄泥土	兴北系	黄白土田		

(P-3193.01)

ISBN 978-7-03-051334-2

定价：198.00 元